6G 之道：
解码未来通信的底层逻辑

王振世 编著

机械工业出版社

6G将实现通信、感知一体化，延伸人类的多种感知，助力整个世界的数字孪生，并结合人工智能等技术实现智慧泛在、赋能万事万物。感官外延的通信开始步入快车道，全面解放了人类自我的通信感受和体验，最终实现"万物智联、数字孪生"的美好愿景。

本书采用从总体到细节的顺序，提纲挈领地介绍了移动通信工程师需要掌握的6G基本概念和关键技术。从6G和5G的对比中，本书梳理出技术发展的脉络，帮助读者了解技术继承点在哪里，技术突破点在哪里。本书尽量以图表的方式来阐述技术，观点清晰、行文信息密度高。在阐述6G的技术底层原理和演进趋势时，尽量使用通俗易懂、简洁活泼的语言，使读者阅读起来轻松愉快。

本书是6G技术的科普读物，适合移动通信的项目管理者、营销人员、售前支持人员、工程服务人员、管理人员和在校大学生等。本书也可以作为各类院校通信工程、网络工程、物联网工程和计算机等专业的6G技术教材（建议在60学时以上）或参考读物。

图书在版编目（CIP）数据

6G之道：解码未来通信的底层逻辑 / 王振世编著.
北京：机械工业出版社，2025.7. -- ISBN 978-7-111-78053-3

Ⅰ. TN929.59

中国国家版本馆CIP数据核字第20253H40A0号

机械工业出版社（北京市百万庄大街22号　邮政编码100037）
策划编辑：李馨馨　　　　　　　　　　责任编辑：李馨馨　王　荣
责任校对：高凯月　杨　霞　景　飞　　责任印制：张　博
北京机工印刷厂有限公司印刷
2025年7月第1版第1次印刷
184mm×240mm · 19印张 · 388千字
标准书号：ISBN 978-7-111-78053-3
定价：99.00元

电话服务　　　　　　　　　　网络服务
客服电话：010-88361066　　　机　工　官　网：www.cmpbook.com
　　　　　010-88379833　　　机　工　官　博：weibo.com/cmp1952
　　　　　010-68326294　　　金　书　网：www.golden-book.com
封底无防伪标均为盗版　　　机工教育服务网：www.cmpedu.com

前言

写作背景

无线信息的高速公路越拓越宽，上面跑的车也越来越快，而且样式不断翻新。人们对移动通信的需求可以从满足必要通信逐渐发展到满足感官外延、解放自我。这就使得移动通信制式不仅追求在有限的带宽上承载更高速率、更高质量、更丰富的业务，而且还追求功能的灵活定制，架构的可扩展性、兼容性。

5G 的概念已经遍及大江南北，每个人都从自己的角度感知着 5G。6G 的概念已呼之欲出，每个人都从各个角度了解着 6G。5G 时代，万物互联，信息随心至、万物触手及，实现了人与人、人与物、物与物的全面互联。6G 将实现通信感知一体化，延伸人类的多种感知，助力整个世界的数字孪生，并结合人工智能等技术实现智慧泛在，赋能万事万物。感官外延的通信开始步入快车道，全面解放了人类自我的通信感受和体验，最终实现"万物智联、数字孪生"的美好愿景。"天地与我并生，而万物与我为一。"庄子描绘了一个超越了事物时空界限的万物一统的世界。这个美好愿景在 6G 时代将延伸到工业领域甚至外太空领域。

人工智能、云大物联、安全绿色、区块链、卫星通信等技术的规模应用，迫切地需要搭上 6G 的快车来释放自己的能量。6G 的架构要发生深刻变革。在网络架构变革方面，人们看到的关键词就是"AI"和"内生"：端到端的人工智能，与生俱来的能力一体化是 6G 网络架构的总特点。

移动网络只用了短短数十年，就在全球广泛使用，构建了全联接的世界；互联网、移动通信网、物联网、工业互联网等各种网络正在快速融合，面向未来，万物互联的智能世界正加速到来。随着 6G 部署的脚步越来越急促，6G 前瞻性的知识，你储备好了吗？面对 6G 时代广阔的职场空间、无限的商机，6G 的技术架构，你掌握好了吗？

写作特点

有志于了解和掌握 6G 技术的人，可能是对过去的移动技术有一定了解的人，但已有的移动通信知识可以是进一步掌握 6G 技术的垫脚石，也可以是理解 6G 技术的障碍。为此，本书在写作过程中，对不同制式的技术进行了大量对比。介绍 6G 知识点的同时，要回答和其他无线制式，尤其是和 5G 相比，到底有哪些不同。从 5G 和 6G 的对比中，能够梳理出技术发展的脉络，帮助读者了解技术继承点在哪里，技术突破点在哪里，从而让有一定移动知识的读者在比较中学习，使已有的无线知识成为掌握 6G 技术的桥梁，而不是理解 6G 的鸿沟。

其次，本书对 6G 技术的阐述遵循一个原则：文不如表、表不如图。尽量以图表的方式来阐述技术，保证观点清晰、行文信息密度高。用工程师的话说，满满的全是技术干货。即使如此，由于 6G 的技术庞杂，且关于 6G 的 3GPP 标准没有成形，本书没有穷尽 6G 技术的方方面面，而只是介绍了 6G 总体概述、无线和架构的关键技术，这些都是 6G 技术进一步发展的基石，也是 6G 国际标准最终成形的底层逻辑。

生活中的故事和技术原理在哲理层面上是相通的，只不过技术原理穿上了数学符号、物理定律的外衣，使得它神秘莫测、难以接近。本书在阐述 6G 的技术原理和技术特点的时候，尽量使用通俗化的语言，总结了很多 6G 方面的打油诗、行业俗语，使读者阅读起来轻松愉悦。在不知不觉中，你已掌握了 6G 的精髓。

本书介绍的 6G 知识点是多数移动通信工作岗位必须了解的 6G 基础知识。6G 的空口协议栈、信令流程、组网规划、优化维护、智能运维等更高阶的知识，由于 3GPP 关于 6G 的第一个标准还在路上，读者还需持续关注其进展。

初学 6G 的人，最忌讳的就是一开始碰到大量的专业术语、复杂的数学公式，就好比一进门，被抢了一闷棍，顿时丧失了走进去的信心。本书采用从总体到细节的顺序提纲挈领地介绍了移动通信工程师需要掌握的 6G 基本概念和关键技术。本书如同一本纵贯全国的交通地理手册，靠着这个手册，能够方便地找到某个乡镇，但这个乡镇里的小路就得自己熟悉了。本书是从大多数 6G 从业者学习需求的角度来讲的，是给初学开车（6G 这辆时代列车）的人使用的，而不是给设计车的人使用的。

本书结构

本书分为以下三篇。

第一篇是 6G 的总体概述，是所有有志于从事 6G 相关岗位的人都应该了解的内容。第 1 章站在一定的高度俯瞰了 6G 的需求、愿景和指标。第 2 章从 3GPP 协议发展的角度梳理了从 5G 到 6G 的技术演进的脉络，以此为基础阐述了 6G 关键技术特性发展的趋势。第 3 章介绍了 6G 的使用场景和典型应用，介绍了 6G 如何赋能各行各业的应用。

第二篇介绍了 6G 的无线技术。在 5G 无线技术的基础上，6G 在智能超表面（第 4 章）、太赫兹技术（第 5 章）、卫星通信技术（第 6 章）融合等方面会有明显的突破。

第三篇介绍了 6G 网络架构的变革技术。第 7 章介绍了 6G 网络架构的 5 个变革方面、算网一体的网络架构以及 6 个网络架构的使能技术。第 8 章介绍了 6G 的无线网络的服务化架构。第 9 章介绍了内生 AI 的基础概念以及网络 AI 的分级演进趋势。第 10 章介绍了个性化空口的 AI 架构。6G 网络架构是 6G 技术的基础知识，是从事 6G 技术岗位的人应该了解的内容。

适合读者

本书是 6G 技术的科普读物，适合具有一定无线基础知识的 6G 入门者阅读，如移动网络项目管理者、营销人员、售前支持人员、工程服务人员、管理人员、在校大学生。对于 6G 某一方面的研发人员或网络优化运维人员来说，本书只适合其了解 6G 的基础技术，具体的实现细节还需参考协议类、流程类、优化运维类书籍。本书也可以作为各类院校通信工程、网络工程、物联网工程和计算机等专业的 6G 技术教材（建议在 60 学时以上）或参考读物。

致谢

本书的写作前后持续一年半的时间。我在这个漫长的写作过程中，得到很多亲人和朋友的关心和帮助。

首先感谢本书参考文献中所列书籍、报告的作者，他们的智力工作给我提供了源源不断的素材，拓展了我对 6G 的思考维度，使我受益终生。再次感谢父亲和母亲，是他们的持续鼓励和默默支撑，使我能够长时间专注于移动通信的培训和著书。其次，要感谢其他家庭成员，温暖的家庭生活是我持续奋斗的原动力。接着，要感谢本书策划编辑追求卓越的工作精神，感谢她充分为读者考虑的持续付出。最后，感谢所有的读者朋友，你们的持续关注是我最大的欣慰。

由于作者水平有限，书中难免有疏漏之处。欢迎各位读者对本书提出改进意见。在阅读本书过程中发现的任何问题可以反馈给作者。

作者联系方式：cougarwang@qq.com。

王振世

目录 contents

前言

第一篇　6G 总览

第 1 章　万物智联、性能倍增——6G 需求、愿景和指标

1.1　6G 发展的五大驱动力 / 4
1.2　6G 总体愿景 / 7
　　1.2.1　通信需求的五个层次 / 7
　　1.2.2　万物智联、数字孪生的愿景 / 8
　　1.2.3　愿景支撑关键词：一体化、融合、内生、泛在 / 8
1.3　6G 的需求和场景 / 11
　　1.3.1　6G 的需求特征 / 12
　　1.3.2　6G 的需求场景 / 18
1.4　从 5G 到 6G 指标演变 / 20
　　1.4.1　增强 5G 指标 / 20
　　1.4.2　6G 新关注的指标 / 23

第 2 章　既一脉相承，又创新突破——从 3GPP 协议发展脉络看 6G

2.1　3GPP 协议 5G/6G 版本演进 / 25
　　2.1.1　5G 第一阶段协议版本主要技术特征 / 26
　　2.1.2　5G 第二阶段协议版本技术特征 / 27
　　2.1.3　6G 协议版本的技术趋势 / 31
2.2　典型技术 3GPP 协议版本演进 / 33
　　2.2.1　频率和带宽的演进 / 33
　　2.2.2　调制阶数的演进 / 34
　　2.2.3　MIMO 阶数的演进 / 34
　　2.2.4　载波聚合的演进 / 35
　　2.2.5　网络切片能力的增强 / 36
　　2.2.6　网络 AI 能力的演进 / 37

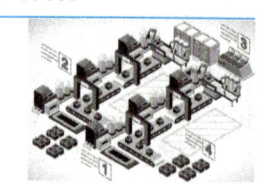

2.3 6G 协议关键技术特性的突破 / 38

- 2.3.1 空天海地一体 / 38
- 2.3.2 DOICT 融合 / 39
- 2.3.3 网络可重构 / 40
- 2.3.4 感知、通信、计算一体化 / 41
- 2.3.5 无线使能技术标准化 / 43

第 3 章 沉浸智能、通感一体、立体泛在——6G 应用场景

3.1 6G 应用方案框架 / 48

- 3.1.1 6G 基础业务类型 / 48
- 3.1.2 云网、算网融合的端管云架构 / 50
- 3.1.3 行业方案设计思路 / 51

3.2 新场景、新应用 / 53

- 3.2.1 极致沉浸式多媒体业务 / 54
- 3.2.2 全功能工业 4.0 类应用 / 62
- 3.2.3 智能轨道交通应用 / 72
- 3.2.4 感知、定位类应用 / 78
- 3.2.5 通感一体化应用 / 89
- 3.2.6 移动服务全球覆盖 / 101

第二篇　6G 无线技术

第 4 章 不适应环境，就改变环境——智能超表面

4.1 RIS 原理 / 108

- 4.1.1 可重配智能表面 / 108
- 4.1.2 信息超材料 / 110
- 4.1.3 智能超表面的核心特征 / 112

4.2 RIS 关键技术 / 113

- 4.2.1 RIS 硬件结构与调控 / 113
- 4.2.2 RIS 基带算法 / 114
- 4.2.3 RIS 系统与网络部署 / 123

4.3 RIS 应用场景 / 133

- 4.3.1 消除覆盖盲区 / 133
- 4.3.2 物理层辅助安全通信 / 133

4.3.3　多流传输增强 / 134
4.3.4　边缘覆盖增强 / 134
4.3.5　大规模 D2D 通信 / 135
4.3.6　物联网中功率和信息同时传输 / 135
4.3.7　室内覆盖 / 136

第 5 章　中低频不足，高频出彩——太赫兹技术

5.1　太赫兹频段技术特征 / 138
5.1.1　太赫兹频段 / 138
5.1.2　太赫兹波的内在特征 / 139
5.1.3　太赫兹的大气衰减特性 / 140

5.2　太赫兹通信核心技术 / 142
5.2.1　太赫兹信号的产生 / 143
5.2.2　太赫兹信号的接收 / 144
5.2.3　太赫兹天线 / 145

5.3　太赫兹技术应用场景 / 149
5.3.1　太赫兹通信能力应用 / 149
5.3.2　太赫兹探测感知应用 / 153

第 6 章　地面不足，卫星来补——6G 卫星通信系统

6.1　6G 卫星通信的概述 / 158
6.1.1　卫星通信和地面蜂窝通信的比较 / 158
6.1.2　卫星通信系统的分类 / 159
6.1.3　6G 和卫星通信系统结合 / 160

6.2　非地面通信与地面一体化架构 / 161
6.2.1　卫星透明转发与再生转发 / 162
6.2.2　NTN 下的多连接 / 165
6.2.3　卫星与 6G 一体化组网 / 166

6.3　6G 卫星通信关键技术 / 167
6.3.1　按需确定性服务 / 167
6.3.2　极简接入技术 / 168
6.3.3　时序关系增强技术 / 169
6.3.4　移动性管理和会话管理 / 170
6.3.5　高效天基计算技术 / 171

第三篇 6G 组网架构

第 7 章 内生这个，AI 那个——6G 网络架构技术基础

7.1 6G 网络架构总体变革方向 / 176
- 7.1.1 从单一的网络集中化向网络节点分布化的方向转变 / 177
- 7.1.2 从堆叠增量式设计向智简一体化设计转变 / 179
- 7.1.3 从外挂式设计向内生设计的转变 / 182
- 7.1.4 从网元专用到端到端网络服务化的转变 / 186
- 7.1.5 从人工运维到网络智能自治的转变 / 187

7.2 算网一体 / 190
- 7.2.1 算力网络的发展 / 191
- 7.2.2 6G 算力网络的架构 / 194
- 7.2.3 6G 算力网络关键技术 / 196

7.3 6G 网络架构使能类技术 / 202
- 7.3.1 可编程网络 / 203
- 7.3.2 轻量化信令方案 / 205
- 7.3.3 确定性数据传输 / 206
- 7.3.4 可信数据服务 / 209
- 7.3.5 语义通信、语义驱动 / 213
- 7.3.6 数字孪生技术 / 216

第 8 章 独立构建、独立扩展——6G RAN 功能服务化架构

8.1 RAN 功能服务化原理 / 223
- 8.1.1 服务化架构 / 223
- 8.1.2 基于云原生的服务化技术 / 225
- 8.1.3 RAN 服务化的应用 / 226
- 8.1.4 RAN 服务化功能重构 / 229

8.2 RAN 服务化架构设计与演进 / 230
- 8.2.1 6G 服务化 RAN 设计原则 / 230
- 8.2.2 服务化 RAN 架构分层演进 / 232

8.3 服务化 RAN 关键技术能力图谱 / 235
- 8.3.1 基础设施层关键技术 / 235

8.3.2 网络功能层关键技术 / 238
8.3.3 编排管理层关键技术 / 241

第 9 章 AI 增强网络、网络赋能 AI——内生 AI

9.1 6G 的 AI 基础概念 / 245
    9.1.1 AI 的基础知识 / 245
    9.1.2 AI 及其三要素 / 246
    9.1.3 AI 与机器学习 / 247

9.2 网络的 AI 和 AI 的网络 / 247
    9.2.1 AI 促进网络架构的转变 / 248
    9.2.2 人工智能和 6G 网络的关系 / 248
    9.2.3 人工智能 AI 的部署方式 / 249
    9.2.4 AI 服务提供 / 251
    9.2.5 网络 AI 的 QoS：QoAIS / 253

9.3 网络 AI 分级定义 / 255
    9.3.1 AI4NET 类别 / 256
    9.3.2 连接 4AI 类别 / 258
    9.3.3 算力融合类别 / 260
    9.3.4 数据服务类别 / 262
    9.3.5 算法融合类别 / 263
    9.3.6 编管服务类别 / 266

第 10 章 要想有个性，必先有智慧——AI 使能个性化空口

10.1 内生 RAN AI / 270
    10.1.1 AI 的空口传输技术 / 270
    10.1.2 空口控制面 AI / 271
    10.1.3 物理层 AI / 273

10.2 发射机/接收机 AI 技术 / 275
    10.2.1 端到端无线链路 AI 设计 / 275
    10.2.2 发射机/接收机模块 AI 算法设计 / 277

10.3 大规模 MIMO 的 AI 技术 / 278
    10.3.1 从集中走向分布 / 279
    10.3.2 基于 AI 的 CSI 反馈 / 280
    10.3.3 基于 AI 的信道估计 / 281
    10.3.4 基于 AI 的 CSI 预测 / 282

10.4 无线 AI 算法的好坏问题 / 283
 10.4.1 无线 AI 方案的评估指标 / 283
 10.4.2 数据集的建立准则 / 285
 10.4.3 泛化性提升技术 / 286

10.5 无线 AI 演进方向 / 287
 10.5.1 无线网络资源管理的 AI 技术 / 287
 10.5.2 物理层 AI 技术主要挑战 / 288
 10.5.3 物理层 AI 技术标准化演进进程 / 289

参考文献 / 290

第一篇

6G 总览

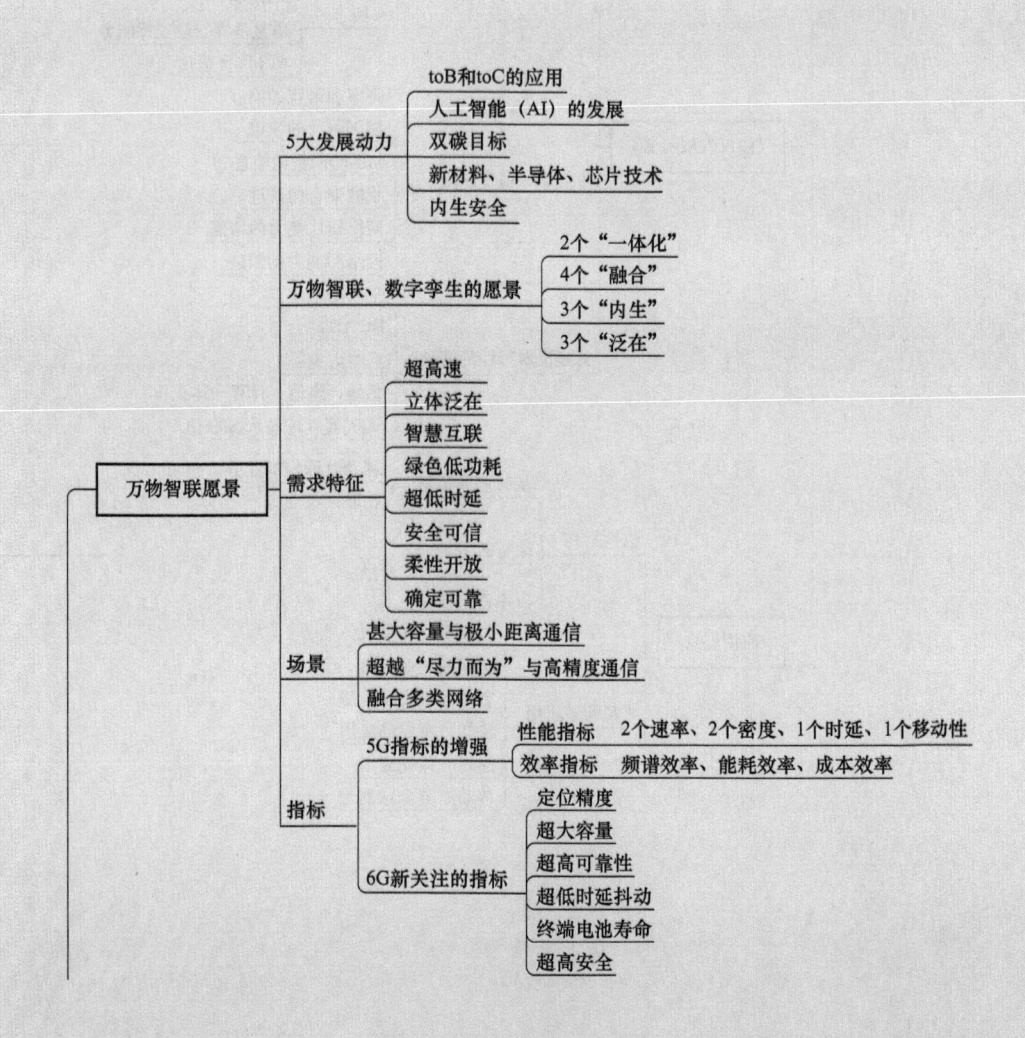

- 万物智联愿景
  - 5大发展动力
    - toB和toC的应用
    - 人工智能（AI）的发展
    - 双碳目标
    - 新材料、半导体、芯片技术
    - 内生安全
  - 万物智联、数字孪生的愿景
    - 2个"一体化"
    - 4个"融合"
    - 3个"内生"
    - 3个"泛在"
  - 需求特征
    - 超高速
    - 立体泛在
    - 智慧互联
    - 绿色低功耗
    - 超低时延
    - 安全可信
    - 柔性开放
    - 确定可靠
  - 场景
    - 甚大容量与极小距离通信
    - 超越"尽力而为"与高精度通信
    - 融合多类网络
  - 指标
    - 5G指标的增强
      - 性能指标　2个速率、2个密度、1个时延、1个移动性
      - 效率指标　频谱效率、能耗效率、成本效率
    - 6G新关注的指标
      - 定位精度
      - 超大容量
      - 超高可靠性
      - 超低时延抖动
      - 终端电池寿命
      - 超高安全

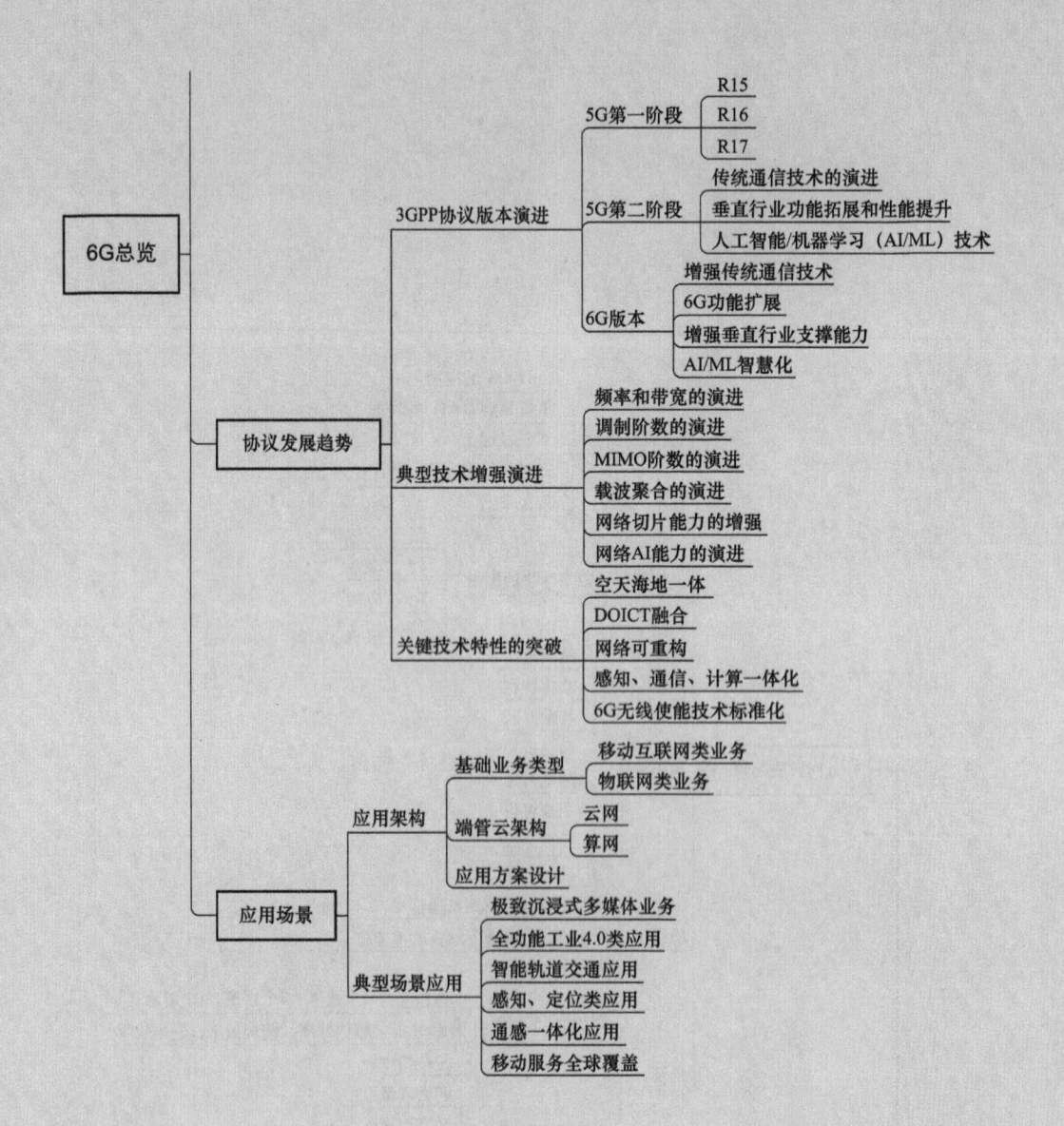

```
                                                                    ┌── R15
                                            ┌── 5G第一阶段 ──┼── R16
                                            │                       └── R17
                                            │                       ┌── 传统通信技术的演进
                        ┌── 3GPP协议版本演进 ──┼── 5G第二阶段 ──┼── 垂直行业功能拓展和性能提升
                        │                   │                       └── 人工智能/机器学习（AI/ML）技术
                        │                   │                       ┌── 增强传统通信技术
                        │                   │                       ├── 6G功能扩展
                        │                   └── 6G版本 ────────┼── 增强垂直行业支撑能力
                        │                                           └── AI/ML智慧化
                        │                                           ┌── 频率和带宽的演进
                        │                                           ├── 调制阶数的演进
        ┌── 协议发展趋势 ──┼── 典型技术增强演进 ────────────────┼── MIMO阶数的演进
        │               │                                           ├── 载波聚合的演进
        │               │                                           ├── 网络切片能力的增强
        │               │                                           └── 网络AI能力的演进
        │               │                                           ┌── 空天海地一体
        │               │                                           ├── DOICT融合
        │               └── 关键技术特性的突破 ──────────────┼── 网络可重构
┌─ 6G总览 ─┤                                                         ├── 感知、通信、计算一体化
        │                                                           └── 6G无线使能技术标准化
        │                                           ┌── 基础业务类型 ──┬── 移动互联网类业务
        │                                           │                └── 物联网类业务
        │               ┌── 应用架构 ──────────┼── 端管云架构 ──┬── 云网
        │               │                                           └── 算网
        │               │                           └── 应用方案设计
        └── 应用场景 ──┤                                           ┌── 极致沉浸式多媒体业务
                        │                                           ├── 全功能工业4.0类应用
                        └── 典型场景应用 ──────────────────┼── 智能轨道交通应用
                                                                    ├── 感知、定位类应用
                                                                    ├── 通感一体化应用
                                                                    └── 移动服务全球覆盖
```

第1章

万物智联、性能倍增
——6G 需求、愿景和指标

本章将掌握

(1) 6G 网络发展的驱动力。
(2) 6G 网络的总体愿景。
(3) 6G 网络的需求特征。
(4) 6G 网络的需求场景。
(5) 5G、6G 的关键能力指标对比。

> **《6G 指标能力》**
>
> 6G 覆盖，空天海地，
> 无缝连接，速率上 T。
> 精确定位，时延极低，
> 甚大容量，带宽上 G。
> 数字感官，极小距离，
> 提高精度，超越尽力，
> 场景驱动，渲染全息。

站在未来看现在，一览众山小；站在现在看未来，无限风光在险峰。

6G 是什么？6G，第六代移动通信技术，是 5G 之后的延伸，一个仍在预研阶段的概念性移动网络技术。6G 将在 5G 基础上从服务于人、人与物，进一步拓展到支撑智能体的高效互联，实现由万物互联到万物智联的跃迁，如图 1-1 所示。

有人说 6G 就是 5G＋卫星网络；有人说 6G 就是感知＋定位＋全连接；有人说 6G 就是人工智能（AI）＋通信网络。这些认知都是在通信网络最基础的功能"连接"的基础上衍生和增强新的能力。卫星网络衍生了"覆盖"，"感知和定位"衍生了终端捕获信息的能力；而人工智能（AI）增强了网络的智慧。

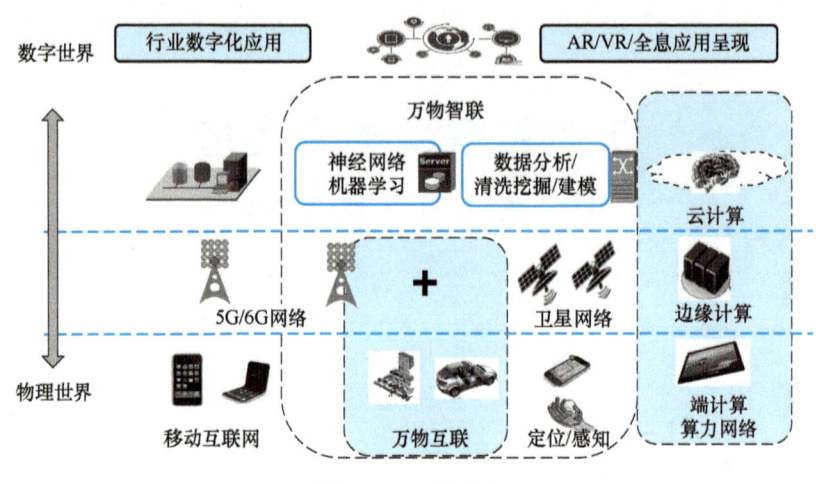

图 1-1　6G 是什么

还有另外一个视角看 6G，那就是两个字——"融合"。

6G 可以是物理世界、人类世界和数字世界各场景的融合。6G 就是"数字孪生或元宇宙"的坚实底座。物理世界的每一个事物、人类世界的每一个人在数字世界里都有映射。它们的一切特征、活动轨迹、演变规律在数字世界里也有相应的模型。

如果从用户的角度，用两句话概括 6G。一、6G 会渗透社会的各个领域，将和各个垂直行业深度耦合；二、6G 以用户为中心构建全方位的智慧连接的生态。

1.1　6G 发展的五大驱动力

> toC 场景已出彩，
> toB 应用要铺开。
> 万物互联新时代，
> 泛在智慧仍徘徊。
> 绿色环保新耗材，
> 安全内生保障在。
> 五大驱动多元态，
> 千呼万唤 6G 来。

1. toB 和 toC 的应用

目前我国已经建成全球最大的 5G 网络。高速率、大带宽的应用，刺激着个人消费者多巴胺的分泌，流量消耗起来了，网络容量的需求也上去了。在消费级移动互联网领域，应用消费不断升级，仍然满足不了青春跳动的节奏，全息影像、扩展现实（Extended Reality, XR）、云服务、触觉反馈、自动驾驶，各种创新应用的规模增长，对网络的带宽、连接数、时延、可靠性、定位精度提出超越 5G 的要求。

各行各业都在数字化转型，信息化和工业化融合，促使工业互联网领域对精确、及时的通信需求与日俱增。元宇宙和数字孪生相关的应用会在工业互联网上大放异彩。但这一切需要网络能力的支撑。工业化是移动网络技术发展的方向。像数字孪生这样工业化程度较高、距离消费市场较远的领域，在 5G 时代发展较为缓慢，急切地需要新的网络技术和网络架构来加快这一进程。

C 端的丰富多样的酷炫应用和 B 端的工业化高精度应用，呼唤着已经堆积起来的 6G 候选技术尽快标准化，成为 6G 发展的第一动力。

2. 人工智能（AI）的发展

人工智能（AI）促进各行各业变革，被认为是对 6G 网络架构影响最大的颠覆性技术。从 5G 时代开始，人工智能和机器学习就被用来根据无线电环境的静态和动态属性，来优化不同的网络操作和选择。

例如，基于人工智能的波束成型算法，可提高频谱效率；利用神经网络和模糊逻辑来完善移动性管理算法。人工智能也可用于提升信道编码、信道估计和 MIMO 预编的性能。但是，在 5G 网络系统中，人工智能（AI）系统往往是一个外挂，或者可以被看作是一个 OTT（Over the Top 过顶）业务，5G 网络很难随时随地提供人工智能的服务。

随着网络架构中计算、存储、连接的资源越来越分布化，AI 算法、数据库、应用编程接口（API）等也可以高度分布化，甚至可以和网络的各节点有机地组合，分布在系统的各个层级中。集中式的云 AI 向分布式的内生 AI 转变的过程伴随着网络架构变革的关键过程。随着 AI 分布化联网的架构演进，人们可以随时随地获取到无处不在的 AI 服务。所谓智慧泛在就是 AI 作为一个服务（AI as a Service, AIaaS）可以随时随地提供给用户。

人工智能（AI）的架构内生性和智慧泛在性是网络架构变革的内在动力，也是促进网络向 6G 演进的重要推动力。

3. 双碳目标

节能低功耗可持续是移动网络发展的永恒主题，是终端和基站的标准协议中绕不开的内容。5G 基站的能效提升是指单位比特流量的能耗降低，但作为一个整体，5G 基站的能耗较大，这就使得有些地方的运营商在流量较低的时候，不得不关闭载波、关断基站。有些物联网应用需要广泛部署大量的物联网感知终端，这些终端部署下去不可能经常充电，这时就需要有绿色环保低功耗的终端技术。

移动网络本身要为"碳达峰、碳中和"的目标做出贡献，同时基于移动网络的智能电网、智能物流、智能工业也会更节能、更环保。因此，绿色低功耗的可持续发展是6G网络演进的重要动力。

4. 新材料、半导体、芯片技术

半导体技术、芯片技术的更新换代往往是数字通信技术发展的动力，而新材料、新工艺的发展又是其底层动力。随着无线频谱向太赫兹演进，对器件提供灵活控制的新型可重构材料（石墨烯、液晶、相变材料等）、光伏材料、等离子材料的应用逐渐成熟，并将大幅推动无线空口技术向高频、大带宽方向的演进。

5. 内生安全

内生安全的需求也是6G网络架构演进的内在动力。

安全系统很长时间以来是应用系统和移动网络系统的"外挂"，起到了类似于门卫的作用。但是，安全不应是网络的一个附加特性，而应是网络与生俱来的特性。

安全系统的部署正从集中模式迈向多方参与、共建共赢、开放包容的多模信任模型。随着数据技术（Data Technology，DT）时代的到来，数据的所有权和访问权成为创造价值的主要因素，同时也是数据运营与运维的重要内容，这对移动网络架构的隐私保护能力提出了挑战。网络运营商或应用服务提供商有责任对数据进行隐私保护，但是网络应该确保数据主体的数据拥有权，网络对数据的控制、操作和处理需要获得数据主体的授权。

推动移动网络的更新换代的要素有很多，包括应用、AI（算法、算力、数据）、节能环保、材料、安全等，如图1-2所示。单一的市场主体不可能具备所有这些要素，构建一个开放、持续的多元生态系统是6G网络演进必不可少的要素。

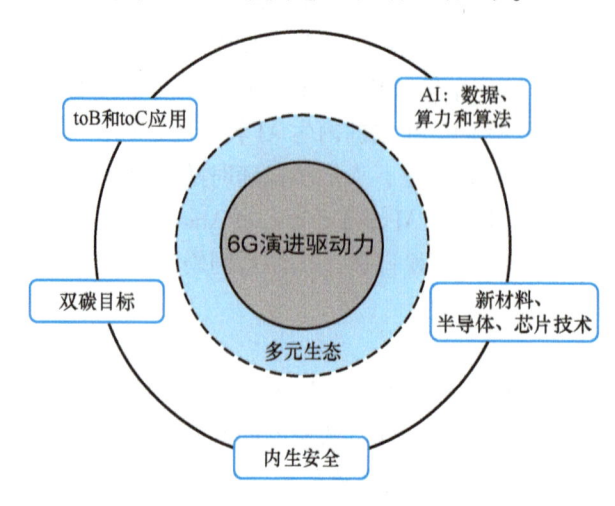

图1-2　6G发展的五大驱动力

1.2 6G 总体愿景

人们对通信的需求促进了通信技术和通信系统的发展，而通信系统的更新换代又打开了束缚通信需求的枷锁，将通信需求推向更高的水平。这是一个螺旋式上升的发展过程。

1.2.1 通信需求的五个层次

人们对通信的需求可以划分成五个层次：必要通信、普遍通信、信息消费、感官外延、解放自我。低级需求被满足后，高级需求才会出现，如图 1-3 所示。

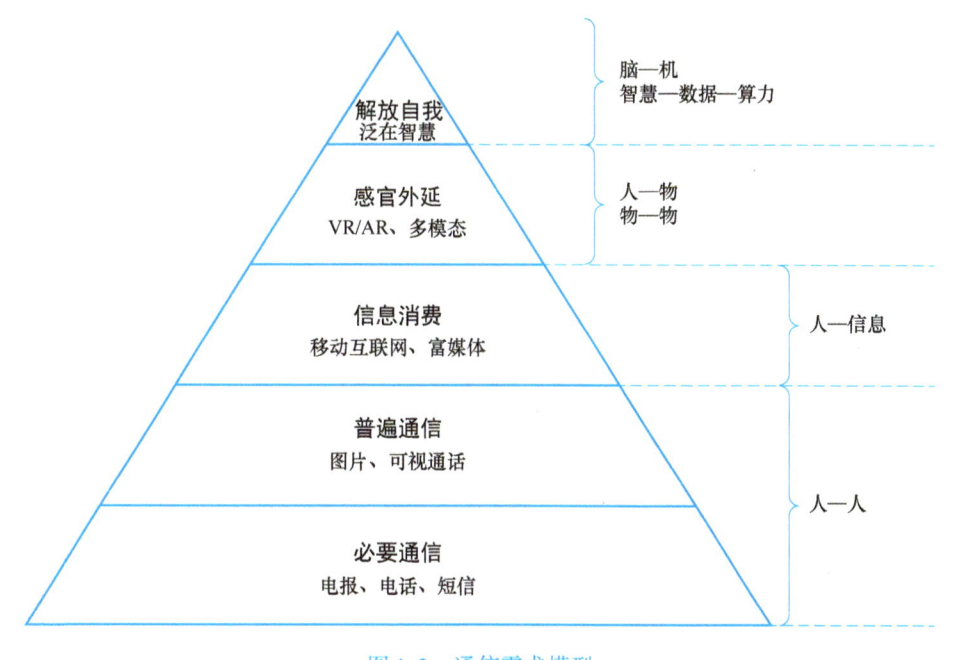

图 1-3 通信需求模型

人与人之间的通话需求、短信沟通是最基本的需求。进入 3G、4G 时代，随着智能手机的普及和消费互联网的发展，数据业务流量呈现出爆发式增长，这个阶段的通信需求不再局限于必要通信，而是面向休闲或效率提升的普遍通信了。但仍属于人与人之间的通信。

到了 5G 时代，万物互联，"信息随心至，万物触手及"成为现实，人与人、人与物、物与物之间实现了全面互联，这一阶段的通信需求渗透到各行各业，信息消费已经成为人们日常生活的重要组成部分，感官外延的通信需求开始步入快车道。

展望未来，6G 将实现通信感知一体化，延伸人类的多种感知，助力整个世界的数字孪生，并结合人工智能等技术实现智慧泛在，赋能万事万物，全面地解放人类自我的通信感受和体验。

1.2.2 万物智联、数字孪生的愿景

移动网络的发展遵循着"使用一代、建设一代、研发一代"的发展节奏。目前6G正处于研发的关键阶段,网络将从移动互联迈向万物互联,并最终进化至万物智联。6G将采用颠覆性的无线技术与创新的网络架构,构建物理世界人与人、人与物、物与物、数与算力等的高效智能互联,旨在打造一个泛在精细、实时可信、有机整合的、可以实时精确地反映和预测物理世界真实状态的数字世界,助力虚拟与现实深度融合的全新时代,最终实现"万物智联、数字孪生"的美好愿景。

从5G开始,经历6G、7G,就是数字世界和物理世界深度融合的过程,如图1-4所示。陆、海、空的万物智能互联的时代,每时每刻将产生规模庞大的数据信息。物理世界每一个事物在数字世界里都有映射,物理世界事物的一切特征、活动轨迹、演变规律在数字世界里也有相应的模型。随着数据越来越多,数据的价值将变得比石油还珍贵。6G、7G时代将是DT(Digital Technology,数据科技)主导的时代,将会产生出广阔的数据共享和数据交易市场。

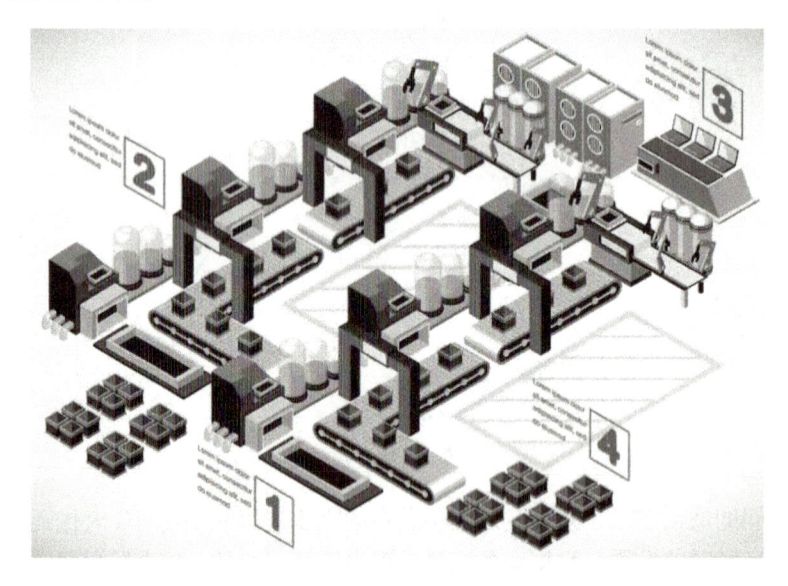

图1-4 数字孪生工厂可视化

1.2.3 愿景支撑关键词:一体化、融合、内生、泛在

6G的愿景虽然美好,但它也需要2个"一体化"、4个"融合"、3个"内生"、3个"泛在"的支撑,如图1-5所示。

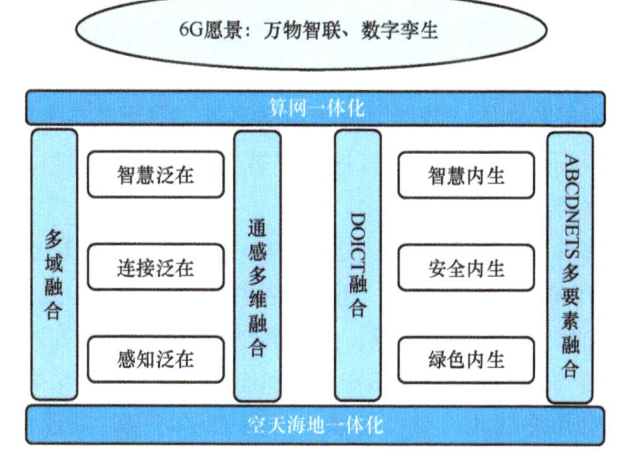

第1章 万物智联、性能倍增——6G需求、愿景和指标

图1-5 6G总体愿景

2个"一体化"是指空天海地一体化、算网一体化。4个融合是指DOICT（数据、运营、信息、通信技术）融合能力、通感多维融合、多域融合、ABCDNETS（人工智能、区块链、云计算、大数据、边缘计算、物联网、安全）多要素融合。3个内生是指绿色内生、安全内生、智慧内生。3个"泛在"是指感知泛在、连接泛在、智慧泛在。

6G的覆盖目标从"水平"拓展到"立体"，构建跨太空、跨空域、跨海域、跨地域的空天海地一体化网络。6G基于统一的网络层技术，实现卫星、地面网络、其他非地面网络节点和平台等的互联互通和协同发展，消除空天海地不同节点间的数字鸿沟，随时随地满足"人、机、物、各种智慧体"之间安全可靠的无限连接需求，实现真正意义上的全球无缝覆盖。

所谓"泛在"就是无所不在。3个"泛在"的基石就是空天海地的立体无缝覆盖，尤其是海洋、荒漠、太空等人迹罕至地区的覆盖。6G的无缝覆盖不仅可以支撑全球各个角落的用户空天海地泛在广域接入，还可以支撑全世界各个角落的感知节点、智慧体节点（或算力节点）泛在广域接入。

6G时代，感知无处不在、无时不有。终端将呈现多元化的形态，除手机、电视等个人通信设备之外，各种类型的传感器、物联网芯片、通信模组也会越来越成熟。可穿戴设备（智能手环、智能眼镜、跑鞋等）、智能家居领域（智能机顶盒、智能家电、智能开关等）、车联网、工业控制等各个领域都将有形态各异的终端。6G时代，终端将不断向支持高移动性、高安全性、高稳定性、高集成度、低时延、低功耗、低成本、多种接入方式的方向发展。这就是所谓的"四高、三低、一多"趋势。各类终端都可以无死角地接入6G网络，这就是感知泛在。

在我国，首先实现的是大带宽流量的泛在连接，随后是低时延的连接和大规模的连接。为了实现连接的泛在化，各种复杂场景的无线覆盖尤为重要。6G 相对于 5G 来说，重点要考虑石油、化工、发电等工业生产区域的覆盖，"连接泛在"的范围要延伸到工业物联网的范围。

由于 6G 的无缝覆盖和立体化特性，分布在网络各层算力节点上的人工智能（AI）能力可以作为服务提供给任一角落的用户。这种"智慧泛在"的特性可以激发 AIaaS（AI as a Service，AI 作为一个服务）的市场潜力。

多域融合，就是多种接入方式，统一接入架构。6G 将包含多样化的接入网，如固定网络、WiFi 网络、移动蜂窝网、卫星网络，还包含各种通信媒介，如无人机通信、水声通信、毫米波通信、太赫兹通信、可见光通信等。多域融合也是 3 个"泛在"的基础之一。

通感融合，即通信与感知融合，是感知泛在和连接泛在的必然结果，意思是通信网络侧具备感知能力，可以感知终端或传感器的状态。感知层可以收集通信环境的数据，通过 6G 网络实时传给优化平台进行处理，从而实现基于终端的状态去优化通信网络的性能。

6G 时代，通感是互联的，"你中有我，我中有你"，多维的感官信息既是通信的内容，又可以成为通信手段的一部分。传感器技术与无线通信，再加上计算、控制的深度耦合，将是推动虚拟世界和现实世界融合的重要一步。

从通信维度，多维感知数据的实时采集和智能处理可成为 6G 系统的基础能力。从感知维度，听觉、视觉、触觉、嗅觉、味觉及行为特征、环境特征等丰富的多维感知数据，结合 6G 的通信技术，智能交互，为用户提供新颖的感官体验，形成通感互联的新应用，如人机情感交互、人机意念远程互通、智慧交通应用等，如图 1-6 所示。

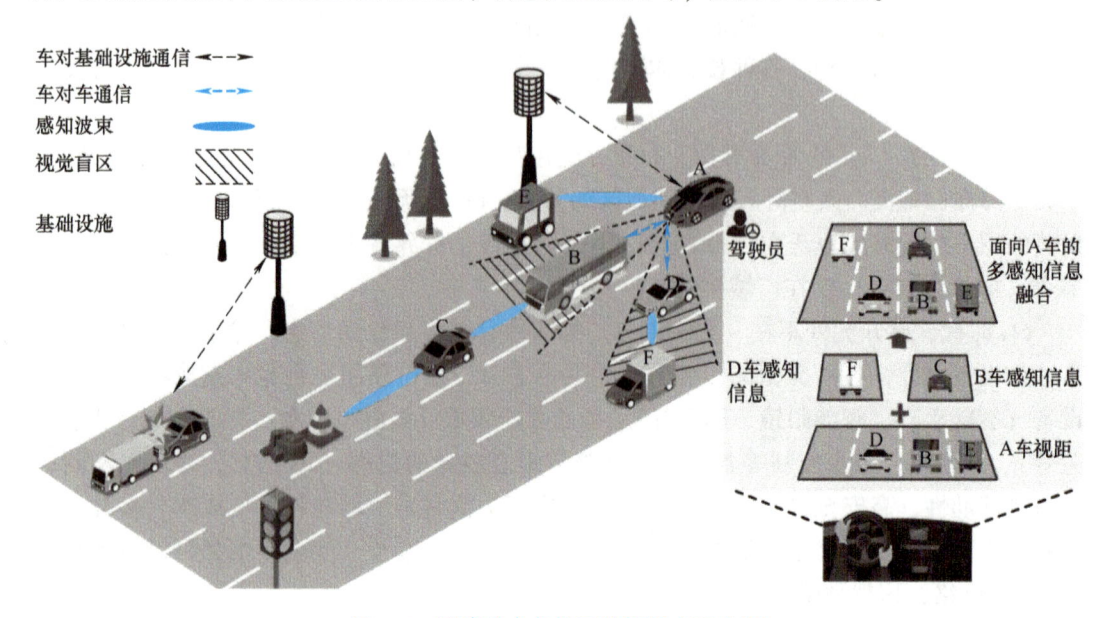

图 1-6　通感融合条件下的智慧交通应用

6G 是 DOICT 的融合，这是 6G 端到端信息处理和服务架构的总趋势。其中，CT（Communications Technology，通信技术）是移动通信网络的根基，可用来增强空口，简化组网架构；IT（Information Technology，信息技术）包括 NFV、SDN、云、安全等多个方面，可以使能更多 toB 或 toC 应用，灵活适应更多场景；在 ICT 融合的基础上，再融合 OT（Operation Technology，运维操作技术），就是 6G 网络与工业控制类应用进行深度融合。OT 是用于监测、控制和管理工业和制造业生产过程的技术，可用于工厂自动化、工业物联网、智能制造等实现产品生产的自动化和数字化控制，提高了生产过程的效率和质量，与工业协议深度协同，实现生产过程可监视性、可控性、可维护性和可靠性；DT（Data Technology，数据技术）是信息化和智慧化的基础，可助力网络挖掘价值信息，使能人工智能，实现运营运维的智慧化。

6G 是网、云、数、智、安、边、端、链（ABCDNETS）等多要素的深度融合、用来支撑算网一体化服务的新型信息基础设施，是云网融合、算网融合的必然趋势。其中，可编程网络能力与云原生技术的融合，可以使 6G 网络具有资源动态灵活调度和业务灵活快速提供的能力。云边端的分布式算力资源可以支撑基于大数据的人工智能应用。

所谓"内生"，就是"天生的，与生俱来的"，而不是后来叠加上去的。在 ABCD-NETS 多要素融合和 DOICT 融合的条件下，6G 网络需要构建绿色内生、安全内生、智慧内生的新型网络架构。

6G 网络的速率、带宽需求远远大于 5G 网络，自身能耗问题也成为瓶颈。节能高效、低碳减排将成为 6G 网络及广泛分布的各层设备节点的天然要求。6G 网络采用去中心化安全可信协作机制，每个节点具有可配置的内生安全属性。6G 网络中每个节点都有 AI 能力，具有端到端的感知学习能力，能够理解用户需求、精确描述用户业务特征，进而自适应地匹配最佳网络资源，保障用户服务质量。6G 网络的智慧内生，可以提升网络性能，预测用户轨迹，实现网络的自主调优，实现无线资源管理、移动性控制、业务疏导、网络节能、安全控制等智能控制。

1.3 6G 的需求和场景

4G 以前的移动制式都是先有关键技术，然后看这些技术能满足什么样的需求。和以往移动制式设计过程不同的是，5G 和 6G 是先确定需求，然后确定选择哪些技术来满足这些需求。

大家知道，5G 网络的峰值速率是 4G 网络的一百倍，是 Gbit/s 级别的；6G 网络的峰值速率要比 5G 网络再高一百倍，是 4G 的一万倍，达到 Tbit/s 级别。

在 6G 时代，你问一个年轻人：什么是下载，什么是时延？他可能茫然，因为他根本没有这方面的概念。

如果说使用 5G 下载一部电影在 1 秒内完成，使用 6G 下载一部电影仅用数十个毫秒，人类将不会再感知到下载的过程。在这个网速下，从自己的硬盘中读数据和从云盘上读数据的速度已经没有什么区别，将来的年轻人甚至都不知道本地硬盘的概念了。

1.3.1　6G 的需求特征

随着移动应用在各种新场景不断涌现，5G 系统在运维过程中出现一些实际的问题，人们对 6G 的需求也越来越明确，如图 1-7 所示。

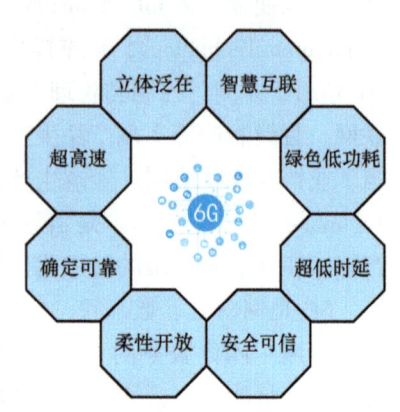

1. 超高速

首先，对数据业务速率越来越高的追求，是移动网络发展永恒的主题。6G 需要比 5G 满足更高容量的需求。高清电视、虚拟现实（Virtual Reality，VR）、全息投影要想给用户沉浸式的体验，如图 1-8 所示，就需要高数据速率的支撑，越沉浸需要的速率越高。

图 1-7　6G 需求的特征

a）虚拟现实 　　　　b）全息投影

图 1-8　超高速带宽需求

4K 高清电视分辨率为 3840×2160 像素，专业 4K 设备的分辨率为 4096×2160 像素；2K 电视的分辨率则是 1920×1080 像素，专业 2K 设备的分辨率为 2048×1080 像素。也就是说，4K 高清所需的速率至少是 2K 的 4 倍，那么 8K 高清的速率需求至少是 4K 的 4 倍，2K 的 16 倍。分辨率和速率需求的关系见表 1-1。

表 1-1　分辨率和速率需求

	2K		4K		8K	
分辨率/像素	2048×1080（专业设备）1920×1080（电视）		4096×2160（专业设备）3840×2160（电视）		8192×4320（专业设备）7680×4320（电视）	
帧率/fps	60		60	120	60	120
原始速率需求/Gbit·s^{-1}	3		12	24	48	96

(续)

	2K		4K		8K
H.265 压缩率	350~1000	350~1000	350~1000	350~1000	350~1000
压缩后速率需求/Mbit·s^{-1}	3~10	12~40	24~80	48~160	96~320
实际应用速率需求/Mbit·s^{-1}	12.5	50	100	200	400

我们计算一下，4K 高清电视一路需要多大的速率。假设帧率为 60fps（frame per second，每秒帧数），3 种颜色，每种颜色 8 个 bit，4K 高清电视需要的传输速率为

$$3840 \times 2160 \times 8\text{bit} \times 3 \times 60\text{fps} \approx 1.2 \times 10^{10} \text{bit/s} = 12\text{Gbit/s}$$

当然，高清视频中不是每一帧的所有比特都要传送，每一帧相对于上一帧没有变化的比特是不需要传送的，这就涉及视频压缩的问题。H.265 标准的压缩比为 350~1000。4K 高清视频经过 H.265 标准压缩后，数据业务速率需求约为 12~40Mbit/s。从实际应用来看，传输 1 路 4K 高清电视需要 50Mbit/s 以上的带宽。如果是 8K 高清电视的话，传输 1 路需要 200Mbit/s 以上的带宽。

这仅仅是一个用户中的 1 路，帧率是 60fps 的情况下的值。在 VR 应用场景中，为了效果更加逼真，往往需要多路视频，那么需要的数据业务速率会更高。用户规模增加后，所需要的速率也会大幅增加。

增强现实、虚拟现实、超高清（3D）视频、移动云、全息影像等业务给用户的极致体验，会带来移动流量的成千上万倍增长，将推动人类信息交互规模的大跨步升级。

2. 立体泛在

无所不在的感知，随时随地的连接，无处不有的智慧，很多应用依赖于这三点才能被用户普遍接受。一个应用是否能够广泛地推广开，依赖于网络覆盖的水平。

为了随时随地使用 6G 业务，需要 6G 网络是泛在网络，也就是说，空天海地每个角落都要有 6G 的信号，如图 1-9 所示。例如，空中无人机的作业，要求空中要有 6G 覆盖；工业自动化领域，要求每个车间都要有 6G 覆盖；车联网和编队行驶，要求偏远山区的道路上，也要有 6G 覆盖。6G 应用的大规模推进，客观上需要 6G 建成泛在网络。

3. 智慧互联

6G 网络是万物智联的网络。6G 能包容万物，具备千亿设备的连接能力，支撑超高流量密度、超高连接数密度。万物智能互联、无缝实时融合。智慧城市、智能家居、车联网、智能交通、环境监测等应用会使数以千亿计的设备接入 6G，如图 1-10 所示。

举例来说，每一家庭的马桶都是智能马桶，也都通过 6G 进行智慧联网。每次使用后，马桶都会给主人做一个 12 个指标的尿常规检查，并且把检查结果和健康建议发送到主人的手机上，如"尿嘌呤过高，要注意低脂肪饮食，多喝水"等。

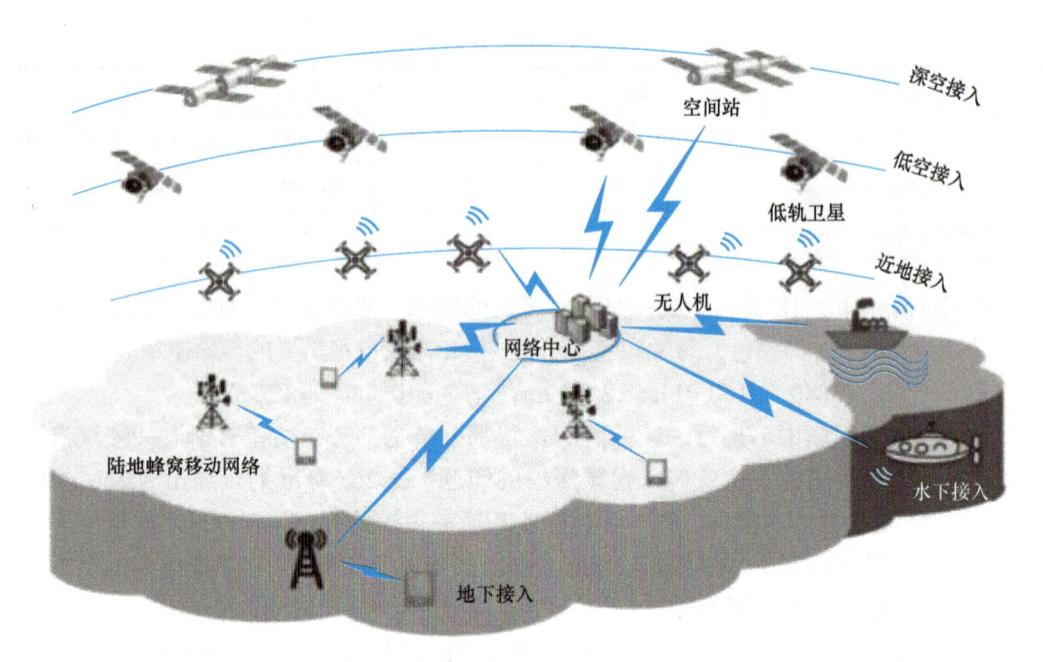

图 1-9 空天海地立体泛在接入

图 1-10 智慧互联

4. 绿色低功耗

在万物智联的 6G 时代，每一个井盖、每一个马桶、每一个可穿戴设备、每一个工业物联网传感器都是终端，如果这些终端经常需要充电或者换电池，维护成本太高，使用太麻烦，人们很快就会弃用这些东西。这就要求，物联网的终端要把低功耗、绿色可持续作为一个重要的指标，如图 1-11 所示。在流量不大、用户不多的时候，致密化部署的 6G 基站采用节电的算法，践行绿色基站的理念，也是 6G 网络的关键需求。

图 1-11　绿色低功耗物联网

5. 超低时延

自动驾驶、远程手术、工业自动化这些场景对时延的要求更苛刻，如图 1-12 所示。在自动驾驶场景，120km/h 的车辆，10ms 的时延，就意味着 33cm 的行驶距离。这个时延也可能导致严重的交通事故。在远程手术切除人体病变部位的时候，延时 10ms，可能使得远程手术刀位置不对，导致医疗事故。工业自动化领域，远程控制机器操作，延迟过大，控制精确度就会降低，导致废品率的增加。因此，为了使得这些应用得以落地，6G 的时延设计是越低越好。

6G 的网络时延也要从毫秒级降到微秒级。无人驾驶、无人机等设备的用户交互体验、操控体验也将得到大幅提升，即时感强，用户感觉不到任何时延，即零时延体验。

"零"时延意味着什么？即时感、所见即所得；远程即控感、天涯咫尺。信息突破了时空限制，距离不再是考虑事情的主要因素，"零"时延将促使很多行业进行产品或服务的"降维"升级。也就是说，以前要考虑到距离或时延带来的影响，现在不需考虑，而是要考虑如何做好少了距离维度后产品或服务的设计问题。专家资源分布不均将不再是问题，远程医疗、远程教育、远程工业控制、自动驾驶会走进人们的生活。

6. 安全可信

由于技术发展路径不同，使用场景不同，互联网、物联网的安全性要比通信网的差很多。移动通信网、工业物联网的安全需求远远大于民用物联网，如图 1-13 所示。

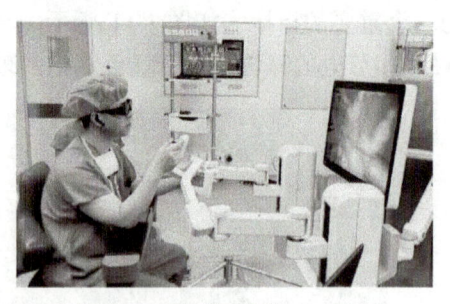

a）自动驾驶　　b）远程手术

c）工业自动化

图1-12　超低时延需求

从网络运营的维度，6G网络具备灵活可扩展的安全架构、动态自适应的安全能力、智能自主的安全决策、跨域协同的安全控制、开放协同的安全生态，全面提升网络可管可控、安全可信能力，适应复杂业务、柔性网络以及联合运营的安全需求。

从用户体验的维度，6G网络更加安全可信，全面保障用户隐私，提升业务安全能力，进而保障社会、生产、生活的全面信息化和业务融合，为用户在不同业务间无缝、便捷切换提供信心保障。

图1-13　安全可信需求

7. 柔性开放

6G网络是面向不同行业、不同场景的多模态网络，提供即插即用的标准接口，为物理世界全要素之间的交互双方提供即时连接服务，这就决定了6G网络必须是柔性开放的，如图1-14所示，可以按需编排，按需部署，按需弹性伸缩，以适配各种业务的差异化需求，赋能千行百业。

6G网络可以通过网络编排功能，根据网络运行特征，按照一定的数据模型和业务模型编排出端到端的逻辑网络，为运营商提供高效的运营运维能力，提升网络的灵活性和健壮性，满足特定接入、独立组网、数据安全等各种需求。

面向垂直行业和特定场景，6G网络通过用户流量的智能动态路由，实现不同用户、业务流量的智能疏导，快速响应不同业务对网络的多样化需求；通过按需编排、按需弹性伸缩，实现组网和功能的灵活化，为客户和应用提供多元化的网络能力，实现通信新生态的跨越。

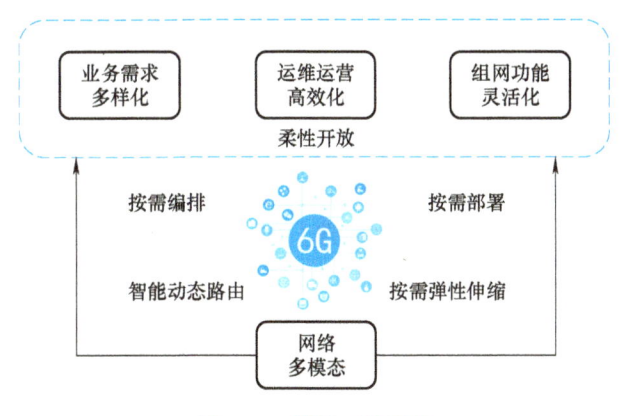

图 1-14 柔性开放需求

8. 确定可靠

产业数字化转型是全球经济发展的大趋势，而移动通信网络是实现数字化转型的重要基础设施。确定可靠网络可助力产业数字化转型，为用户提供"准时、准确、可靠"的数据传输服务。移动网络通过提供确定可信的转发能力，可满足工业智能制造、智能电网、车联网等对网络的时延、可靠性和稳定性要求极高的垂直行业需求，丰富和拓展移动网络的业务发展空间，如图 1-15 所示。

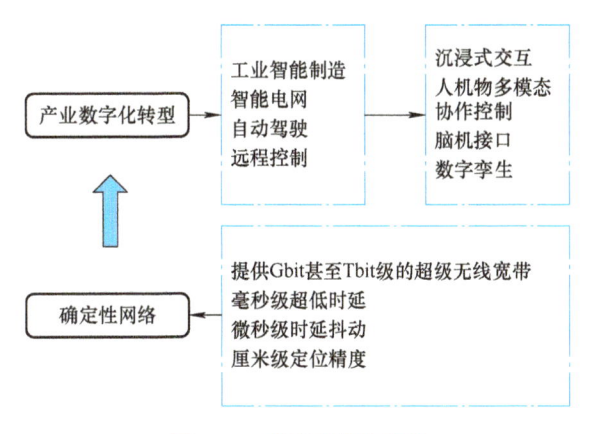

图 1-15 确定可靠性需求

当前移动网络有空口确定性差、端到端转发确定性难以保证的短板。6G 将通过网络架构增强和一系列确定性关键技术的演进，补齐当前这些短板。确定可靠网络服务的达成，依靠的不仅是一系列确定性关键技术的组合，也依赖于面向业务和运营的端到端闭环管理流程。

6G 典型的服务场景，如沉浸式交互、人机物多模态协作控制、脑机接口、数字孪生都需要确定可靠的业务传输需求。6G 网络的确定性体现在：提供 Gbit/s、甚至 Tbit/s 级的超级无线宽带、毫秒级超低时延、微秒级时延抖动和厘米级定位精度等。

1.3.2　6G 的需求场景

互联网思维，思考问题的角度，不是从一个业务所需的技术出发，而是从一个业务面向的用户和场景出发。5G 时代，利用互联网思维定义了三大应用场景：eMBB（enhanced Mobile BroadBand，增强移动宽带）场景、uRLLC（ultra-Reliable Low Latency Communications，高可靠低时延连接）场景、mMTC（massive Machine-Type Communications，海量机器类通信）场景。

一个实际应用通常会具备某一个鲜明的场景特征，但并不是和其他场景泾渭分明。也就是说，一个应用，通常会对带宽、时延、连接数都有要求，只不过有一个为主而已。例如，自动驾驶类应用，是典型的低时延类业务，但也有一定的连接数需求和行车记录仪的带宽需求。智慧城市类应用，是一个典型的大连接类业务，但是有些平安城市类应用对高清视频监控有需求，也可以是一个大带宽类的业务；有些时候，智慧城市也需要有应急响应能力，这要求时延低于一定的水平。虚拟现实（VR）类应用是典型的大带宽类业务，但如果在交互式的 VR 游戏里，又要求是低时延的；在多人携带可穿戴设备的虚拟现实应用场景中，也需要满足一定的连接数要求。

5G 定义的 eMBB、uRLLC 和 mMTC 三大场景，无法适应 6G 时代的新生态系统以及产生的垂直行业应用需求。按照 5G 定义三大场景的方法和 6G 的需求特征，定义了一个新版本的 6G 三大需求场景：进一步增强超移动宽带（further enhanced Ultra Mobile BroadBand，feUMBB）、超低时延可靠性和安全性（ultra Low Latency、Reliability and Security，uLLRS）以及超高感知低时延通信（ultra High Sensibility and Low Latency Communication，uHSLLC）。总体来说，要求 6G 系统有极高的速率传输数据，几乎没有延迟，对环境极其敏感。这个版本的 6G 三大场景有一定的应用和业务的适应性。

有的组织将 6G 的增强超移动宽带进一步分为：超高速宽带和高移动性宽带。将 6G 的大连接场景分为：低速率巨连接、高速率大连接。再加上超低时延高可靠、灵活通感和稀疏广域通信。这个版本的 6G 场景一共定义了 7 个。

6G 系统是地面基站与卫星通信的融合网络，从而真正实现全球的无缝覆盖。6G 通信技术不仅仅是网络容量和数据业务速率的再次突破，它还缩小了物理世界和数字世界的鸿沟。和 5G 相比，6G 具有更广的包容性和延展性。6G 不再是围绕着传统运营商而建立的生态系统，而是会在传统运营商之外产生新的生态系统。

2019 年，国际电信联盟（ITU）召开"网络 2030"研讨会，在会上，站在 6G 建设新的生态系统的角度，对 6G 的三大场景达成了如下共识。

（1）甚大容量（Very Large Capacity，VLC）与极小距离通信（Tiny Instant Communication，TIC）

AR/VR 和全息影像在 5G 时代已经崭露头角。在 6G 时代，将迎来 T 比特（Tbit/s）级别的数据业务速率，6G 网络的 AR/VR 和全息影像将支持更多路的超高清视频流的传送，影像将更加立体、更加细腻，互动更加逼真。科幻电影里的世界将进入生活、进入社会。远程数字感官将会延伸人类的感官，天涯咫尺、感同身受。

（2）超越"尽力而为"（Beyond Best Effort，BBE）与高精度通信（High Precision Communication，HPC）

5G 网络有些业务仍然是"尽力而为"（Best Effort，BE）业务，在速率上、时延上、精度上是不作保障的。6G 网络将不仅有"尽力而为"的业务，还有超越"尽力而为"的业务。网络为业务作吞吐量保证、时延保证（及时保证/准时保证/协调保证）、精度保证。5G 网络仍然是有数据包丢失的网络，是有损的网络，而 6G 是无损网络。在 6G 网络中，一些低时延高可靠性、高确定性的应用，如工业自动化、远程医疗、自动驾驶等将走进生活或生产的每个角落。

（3）融合多类网络（ManyNets）

6G 将引入卫星通信，以实现无缝覆盖，从而解决 5G 网络遗留的盲点，实现空天海地的无缝覆盖。6G 网络除了移动网络之外，将融合卫星网络、互联网规模的专用网络、各种边缘计算网络、各种特殊用途网络、各种密集异构网络，将会提供各种网络-网络接口、网络-应用接口、网络-终端接口，提供运营商-运营商、运营商-非运营商的第三方生态之间的定性沟通协调数据流。

4G 时代、5G 时代、6G 时代的三大场景的演进和发展路线，如图 1-16 所示。

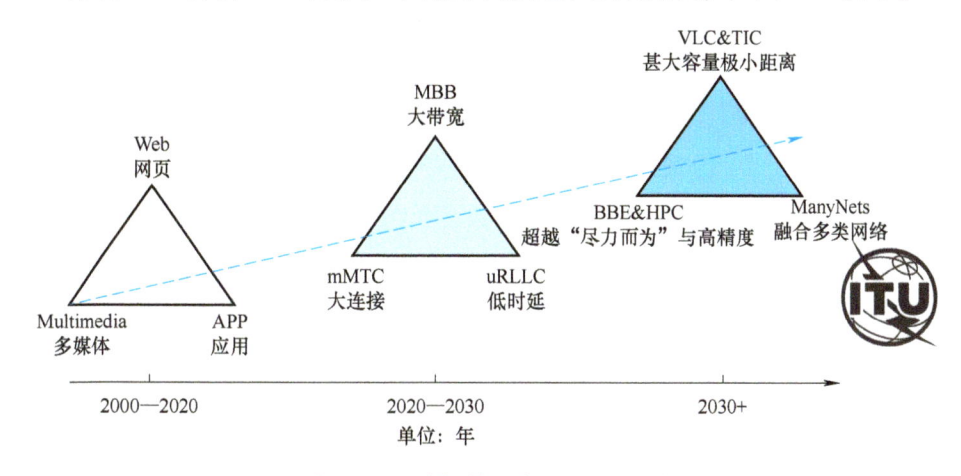

图 1-16 三大场景的演进和发展路线

6G 的三个场景就是选取 6G 无线技术和网络架构技术的出发点和归宿。6G 无线技术和网络架构技术，最终要满足三个场景的需求；三个场景的行业应用发展又会进一步促进 6G 无线技术和网络架构技术的向前发展。

1.4 从 5G 到 6G 指标演变

6G 中需要支持数字孪生、沉浸式沟通、认知和智能互联，这是一个完全连接的世界。在这个世界中，物理世界在数字领域中被高度详细地表示出来，在那里它可以被分析和处理。人类、各类物体、应用、智能、算力、数据等都可以作为连接的客体，分布在网络的各个位置，形成完全智能互联的全连接 6G。

6G 既要满足多样化的场景与业务需求，又要实现各种资源的高效利用。这就要求 6G 系统满足一定的指标要求。可以从两个大的方面考察 6G 的指标能力：一个是增强 5G 关注的指标，如图 1-17 所示；另一个是完善 6G 新关注的指标。

1.4.1 增强 5G 指标

5G 关注的指标包括：场景性能指标和效率指标，如图 1-17 所示。

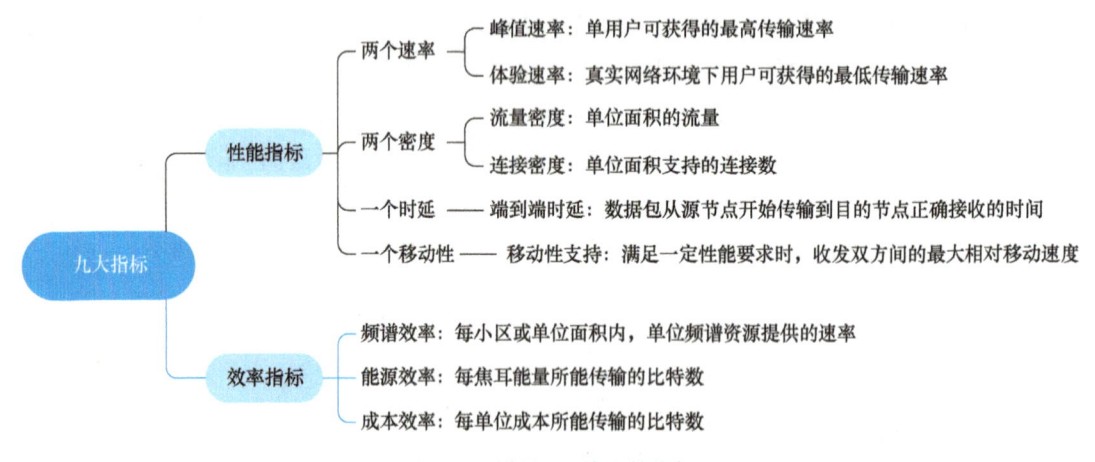

```
                    ┌─ 两个速率 ─┬─ 峰值速率：单用户可获得的最高传输速率
                    │            └─ 体验速率：真实网络环境下用户可获得的最低传输速率
        ┌─ 性能指标 ─┤
        │           ├─ 两个密度 ─┬─ 流量密度：单位面积的流量
        │           │            └─ 连接密度：单位面积支持的连接数
九大指标 ─┤           ├─ 一个时延 ── 端到端时延：数据包从源节点开始传输到目的节点正确接收的时间
        │           └─ 一个移动性 ── 移动性支持：满足一定性能要求时，收发双方间的最大相对移动速度
        │
        └─ 效率指标 ─┬─ 频谱效率：每小区或单位面积内，单位频谱资源提供的速率
                    ├─ 能源效率：每焦耳能量所能传输的比特数
                    └─ 成本效率：每单位成本所能传输的比特数
```

图 1-17 增强 5G 关注的指标

5G、6G 共同的场景涉及人们居住、工作、休闲和交通等各种区域。在这些区域中，有各种典型业务的需求，如增强现实、虚拟现实、超高清视频、全息投影、云存储、车联网、智能家居、OTT 消息等。这些场景的性能水平可以用"两个速率""两个密度""一个时延"和"一个移动性"共 6 个指标来衡量。"两个速率"是指峰值速率和体验速率；"两个密度"是指流量密度和连接密度；"一个时延"是端到端时延；"一个移动性"是指高速移动的支撑能力。

高效可持续地进行移动网络的建设、部署、运维，是 6G 网络生命力的关键。"三个效率"是评估网络可持续高效发展的指标：频谱效率、能源效率和成本效率。

6 个场景性能指标和 3 个效率指标，一共是 9 个指标，是 6G 网络在 5G 基础上增强关键能力的衡量标准。其对比见表 1-2。

表 1-2 5G 和 6G 9 个指标的对比

移动制式	两个速率		两个密度		一个时延	一个移动性	三个效率		
	峰值速率	用户体验速率	流量密度	连接数密度	时延	移动性	频谱效率/[bit/(s·Hz·Cell)]	能源效率/(bit/J)	成本效率/(bit/Y)①
5G	20 Gbit/s	100 Mbit/s	10Mbit·s^{-1}/m^2 10Tbit·s^{-1}/km^2	100 万/km^2 1/m^2	空口 1ms	500km/h	1 倍	1 倍	1 倍
6G	1 Tbit/s	1~10 Gbit/s	1Gbit·s^{-1}/m^3	100/m^3	空口 0.1ms	1200km/h	10 倍以上	10 倍以上	10 倍以上

① 指每单位成本所能传输的比特数。Y 指某种货币单位。

面对移动网、互联网和物联网各类场景与业务融合发展和差异化需求，ITU 定义的 6G 关键能力要比 5G 更上一个台阶，传输速率、连接数密度、端到端时延、可靠性、频谱效率、网络能效等指标都要实现大幅跨越，大多数性能指标都将提升 10~100 倍，从而满足各种垂直行业多样化的网络需求。

先讨论"两个速率"。

依托于 6G 的更高的带宽和更先进的空口技术，6G 网络的传输能力，即峰值速率和体验速率，相对于 5G，要有百倍左右的提升。5G 峰值速率为 10~20Gbit/s，6G 的峰值速率可达每秒 1TB。但是峰值速率是一个理论值，真正用户能够体验到的速率和终端等级、无线环境、传输带宽、核心网、服务器带宽、用户规模等有很大的关系。6G 的用户体验速率可达到 1~10Gbit/s。

再看"两个密度"。

流量密度是单位面积的数据业务流量大小。在 5G 时代，4K/8K 的高清视频、VR/AR 互动、全息投影等业务的出现，每平方米的流量密度达到 10Mbit·s^{-1}/m^2，即 10Tbit·s^{-1}/km^2。6G 时代，随着 8K 高清视频、高清 VR、全息交互、工业视觉等应用的大范围推广，6G 的流量密度要比 5G 高 100 倍。

5G 时代，有个重要场景就是大连接，用以连接海量的物联网终端，如智慧城市、自动驾驶、工业物联网场景。5G 连接数密度的目标值为 100 万/km^2，相对 4G 提升了 10 倍。6G 时代要适应传感器规模更大的物联网场景，所以连接密度也要求比 5G 高 100 倍。

但这里需要说明的是，6G 更强调空间覆盖能力，因此流量密度和连接密度不再是以面积（m^2或km^2）为单位，而是以体积（m^3）为单位。5G的流量密度为10Mbit·s^{-1}/m^2，而6G的流量密度每立方米（m^3）可达1Gbit/s。5G的连接密度为100万/km^2，相当于每平方米（m^2）只有1个连接；而6G的连接密度可达每立方米（m^3）超过百个。

端到端时延，包括空口时延、网络时延、处理时延等。面向人与人之间的通信业务，对时延敏感性不大，空口时延10ms，用户面时延到100ms可以满足要求。5G、6G时代，工业物联网、自动驾驶、工业控制、远程医疗等业务场景对时延要求非常严格，虚拟现实和增强现实业务的端到端时延要求在10ms以下，自动驾驶车辆业务的端到端时延要求在5ms左右，工业自动化的端到端时延则需在1ms以下。这些场景的5G空口时延都要求降到1ms以内。

6G基于网络架构创新和无线关键技术的增强，将支持更低的端到端时延。6G的时延指标也要相对5G来说提高10倍，空口时延缩短到0.1ms，是5G的十分之一。6G要实现"瞬时极速"以支持全息通信、VR/AR游戏、高清赛况转播等，为用户带来极致的沉浸式体验。"瞬时"意味着极低的时延，"极速"意味着极高的数据速率，以此支撑6G多元化的业务类型，满足用户更加多样化的场景需求。

移动性方面，基于OFDM（正交频分复用）技术的网络对高速情况下的多普勒频移较为敏感。在5G时代，需要支持的高速列车速度需达到500km/h。6G的移动性指标将会提高到接入移动速度为1200km/h，飞机上的移动通信成为可能。

4G、5G、6G的6个共同的场景性能指标的比较（用相同的指标单位），如图1-18所示。

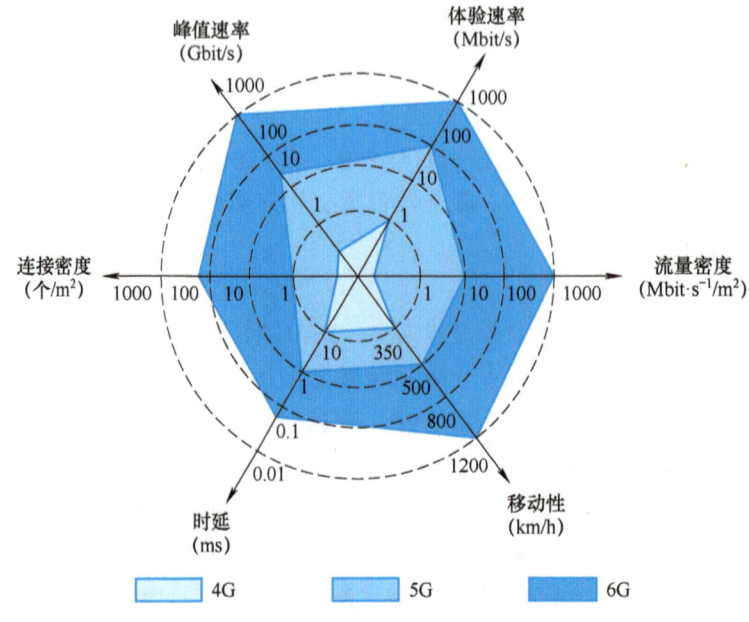

图1-18 4G、5G、6G无线制式性能指标比较

6G 相比 5G 在网络建设、部署、运维的效率方面，要大幅提升。三个效率指标 6G 也会比 5G 有大幅提升，预计在 10 倍以上。频谱效率提升 10~50 倍，能效和成本效率提升十倍以上。

频谱效率，单位是 $bit·s^{-1}·Hz^{-1}/cell$ 或 $bit·s^{-1}·Hz^{-1}/km^2$，指每小区或单位面积内，单位频谱资源提供的比特速率。从多小区多信道条件下的香农公式出发，可以得出 6G 网络提升频谱效率的方向。更大规模天线阵列（MassiveMIMO）、超密组网（UDN）、1024QAM（正交幅度调制）、大带宽等技术都是提升频谱效率的利器。

能耗效率，单位是 bit/J，是指每焦耳能量传输的比特数。对物联网终端，比如智慧城市、智能抄表、环保监测等，降功耗、节能是最根本的需求。同 5G 相比，6G 一个比特的能耗降低到 1/10 以下，或者说单位能量的比特数增加 10 倍以上。但是要注意，6G 的业务速率比 4G 也提升了 100 倍以上。从实际测量的结果来看，一个 6G 基站的能耗和一个同等类型的 5G 基站的能耗差距并不大。

成本效率，单位是 bit/Y，每单位成本所能传输的比特数。6G 基站的成本一般来源于基础设施、网络设备、频谱资源和用户推广等。6G 利用新技术可降低硬件成本、频谱资源成本和获取用户成本。从单位比特所消耗的成本来看，会有 10 倍以上的下降。但由于 6G 的业务速率比 5G 提升了 100 倍以上，所以从单站成本的角度上看，成本不会明显下降。

1.4.2　6G 新关注的指标

和 5G 关注的指标不同的是，6G 新关注并极力强调的指标包括定位精度、超大容量、超高可靠性、超低时延抖动、终端电池寿命和超高安全等指标。

由于太赫兹技术的使用和感知分辨率的提升，6G 的定位精度在室内需达到 1cm 以内，在室外则为 5cm 以内，才能满足工业控制和自动驾驶对定位精度的要求。6G 的超高容量是指单基站容量可达 5G 基站的 1000 倍。6G 的超高可靠性表现在连接的中断概率小于百万分之一。6G 时延抖动是 5G 时延抖动的百分之一，以适应工业物联网确定性通信的需求。6G 的终端电池寿命要达到 20 年，以适应绿色低功耗可持续的大连接物联网场景。6G 的超高安全性指标还没有明确数值要求。

第 2 章

既一脉相承，又创新突破
——从 3GPP 协议发展脉络看 6G

本章将掌握

(1) 了解 3GPP 5G、6G 相关版本的技术特性的演进趋势。
(2) 了解 3GPP 协议典型技术的演进规律。
(3) 了解 6G 协议的关键特性趋势。

> 《3GPP 协议》
>
> 协议要演进，
> 频带总升高。
> 空天海地一体来，
> 人工智能到。
> 网络可重构，
> 内生特性牢。
> 已是六代协议来，
> 通感领风骚。

二十多年来，3GPP 成为引领全球移动通信业发展的主导性标准化组织。3GPP 协议一直是移动制式的"圣经"。5G 征程过半之后，3GPP 组织面临两大方面的问题：一是，5G 移动网在垂直行业方向探索实践之后面临新的挑战，技术协议上要进行哪些修正和完善；二是，面向 6G 如何进行技术标准上的铺垫和准备。

2.1　3GPP 协议 5G/6G 版本演进

2018 年 6 月，3GPP R15 标准正式冻结，成功打响了 5G 的"第一枪"。3GPP R15，主要定义了 5G 无线接入，就是 5G NR，主要侧重于大带宽（eMBB）场景，分两个阶段：非独立组网（Non-Stand Alone，NSA）和独立组网（Stand Alone，SA）。

2020 年 7 月，3GPP 宣布 R16 标准冻结，这标志着 5G 第一个演进版本标准完成。相对于 R15 版本，R16 则更侧重于低时延（uRLLC）场景。2022 年 6 月，3GPP R17 版本冻结，R17 侧重于大连接（mMTC）场景。

随着 R18 首批课题的立项，5G 正式进入了以 R18、R19、R20 版本为代表的 5G-Advanced 阶段，也称之为 5.5G 时代，是 5G 到 6G 之间的过渡阶段。5.5G 在增强 5G 已有三大场景（eMBB、uRLLC 和 mMTC）的基础上，新增另外三种场景：分别是 RTBC（宽带实时交互）、UCBC（上行超宽带）和 HCS（通信感知融合）。R18 阶段，也是 6G 技术趋势和愿景的研究阶段。5.5G 技术是 5G 技术的演进和发展，也是 6G 技术的储备和预演。

2024—2027 年，即 3GPP R19-R20 标准化阶段，是 6G 频谱、性能的研究阶段；2027—2029 年，即 3GPP R21 标准化阶段，是各国向 ITU 提交 6G 评估结果的阶段。预计 R21 就是 6G 的第一个正式版本。在 2029—2030 年，即 3GPP R22 标准化阶段向 ITU 提交的 3GPP 6G 标准，将在移动宽带、固定无线接入、工业物联网、车联网、扩展现实（eXtended Reality，XR）、大规模机器通信、无人机与卫星接入等方向进行空口协议演进与增强，并研究和制定更高频段，例如太赫兹的相关标准。

3GPP 5G/6G 协议版本发布时间节奏如图 2-1 所示。

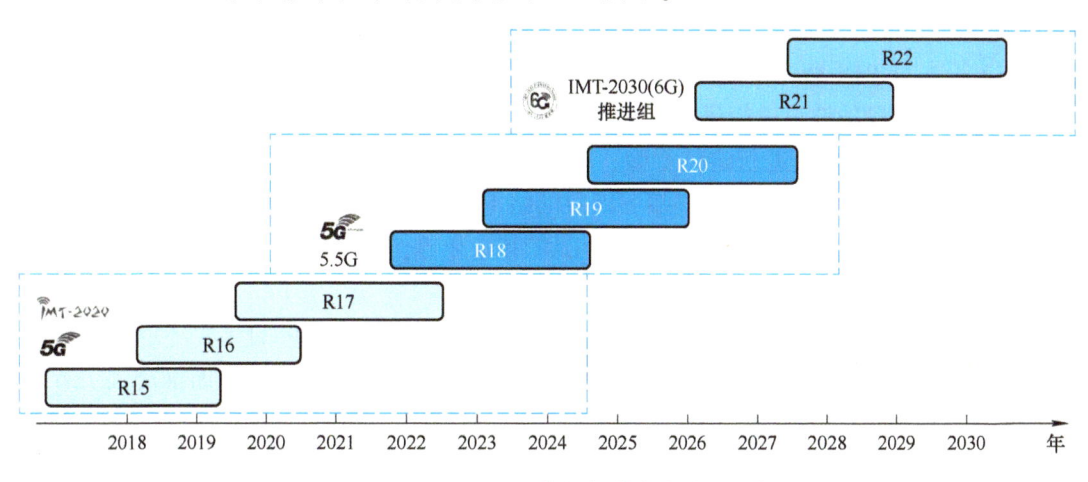

图 2-1　3GPP 5G/6G 协议版本发布时间节奏

2.1.1 5G第一阶段协议版本主要技术特征

5G NR（New Radio，新空口）的定义是R15版本的核心内容。R15版本中，5G核心网主要完成服务化架构设计、网络切片、接入和移动管理设计、5G QoS（服务质量）管理框架设计等。R15版本在LTE（长期演进）制式上研究了1024QAM高阶调制方式和增强型V2X技术。

R16版本进一步落地低时延（uRLLC）场景所需的技术，从而增强对垂直行业及工业物联网（Industrial IoT，IIoT）应用的支撑。提高可靠性、降低延迟需要改进协议来实现，尤其是改进物理层的协议，如增强时间敏感网络的相关功能，包括精确的参考定时和以太网报头压缩等。

R16版本还需增强对垂直行业、非授权频谱（NR-U）、接入回传一体化（Integrated Access and Backhaul，IAB）的支持。该版本支持6GHz以下授权频谱和6GHz以上频段的非授权频谱的统一接入。在使用毫米波的场景下，需要非常密集地部署基站，如用光纤连接密集部署的小基站从成本或安装的角度是不合适的。使用接入回传一体化技术，可以降低对光纤回传网络的部署需求。

R16版本还着重解决了V2X应用中的技术问题，包括编队驾驶、车辆到基础设施功能增强、传感器扩展、半自动驾驶或全自动驾驶，以及远程驾驶等。

R16版本专门研究了功耗改进技术，旨在通过无线资源控制（RRC），降低设备的耗电量。R16版本还将非正交多址（NOMA）推进到实现阶段。

R17版本进一步增强了对大连接场景（mMTC）的支持。针对物联网终端，进行可见光通信的支撑，针对物联网中小数据包的传输进行优化。D2D直联通信采用SideLink技术，R17版本进一步增强SideLink技术，使其能够应用于V2X、商用终端以及紧急通信领域。

R17版本对R15版本中定义的FR2毫米波频段上限（52.6GHz）进行了扩展，对52.6GHz以上频段的波形进行研究，同时定义了高达2GHz的信道带宽。还针对基于物联网（IoT）和低时延场景进行定位增强，如工厂/校园定位、V2X定位、空间立体（3D）定位，定位精度可达到厘米级。终端可以向网络上报其支持的定位技术，如OTDOA（可观察到达时间差）、A-GNSS、E-CID、WLAN和蓝牙等，网络侧根据终端的能力和所处的无线环境，选择合适的定位技术。

R17版本对无线侧（RAN）数据收集能力进行增强。基于大量的无线环境的现网采集数据，可以增强自组织网络（SON）功能和最小路测功能（MDT），进而推动人工智能在优化维护领域的应用。

R17版本还支持多SIM卡操作、NR多播/广播、NR卫星通信，增强了NR非授权频谱的接入能力以及终端和网络设备的节能水平。

5G 第一阶段各版本技术特征如图 2-2 所示。

R15：侧重 eMBB
- 5G NR 定义
- 5GC 核心网
- 高频/超宽带传输 eMBB
- Massive MIMO
- 灵活的帧结构和物理信道结构
- 1024QAM
- 引入 uRLLC
- 增强型 V2X
- SBA
- 网络切片

R16：侧重 uRLLC
- 增强 uRLLC 支撑工业物联网（IIoT）
- 时间敏感网络的增强功能
- 垂直行业增强
- 非授权频谱（NR-U）
- 接入回传一体化（IAB）
- 非地面 5G 通信
- NR-V2X
- 软件定义网络（SDN）
- 大数据：机器学习和人工智能（AI）
- 功耗改进
- 双连接增强功能
- 非正交多址（NOMA）

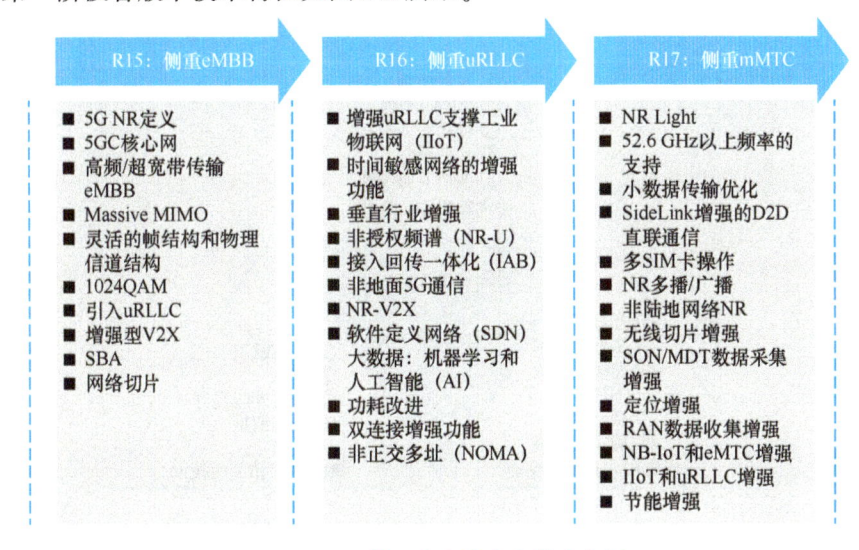

R17：侧重 mMTC
- NR Light
- 52.6 GHz 以上频率的支持
- 小数据传输优化
- SideLink 增强的 D2D 直联通信
- 多 SIM 卡操作
- NR 多播/广播
- 非陆地网络 NR
- 无线切片增强
- SON/MDT 数据采集增强
- 定位增强
- RAN 数据收集增强
- NB-IoT 和 eMTC 增强
- IIoT 和 uRLLC 增强
- 节能增强

图 2-2　5G 第一阶段各版本技术特征

2.1.2　5G 第二阶段协议版本技术特征

3GPP 5G 的第二阶段，即 5.5G 或 5G Advanced（简称 5G-A），是 6G 的桥梁。从使用的角度，主要面向六大主要技术特征：沉浸实时、智能上行、工业互联、通感一体、千亿物联和天地一体，如图 2-3 所示。R18 主要面向 eMBB 持续增强的方向。在 R19 和 R20 版本，面向主要新业务和新场景的持续增强，要增强网络、终端、云等端到端的技术能力，主要是支撑 4 个关键技术特征：下行万兆、上行千兆、增强千亿物联和内生智能。这些是万物互联到万物智联的转型过程中构建的数字、智慧、绿色低碳的基础设施底座的关键技术特征，也是 6G 基础技术的特征预演。

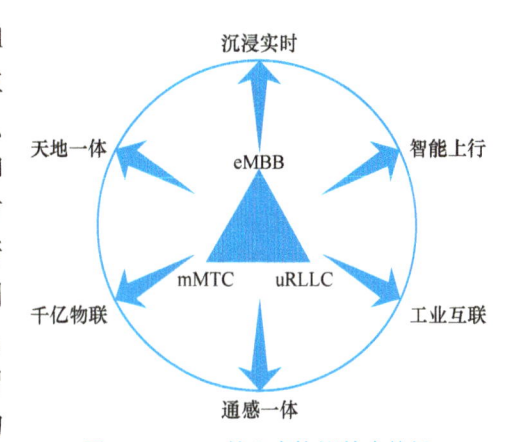

图 2-3　5.5G 的六大协议技术特征

从协议演进的路线角度，5.5G 的技术特征可分为三类，如图 2-4 所示：一是传统通信技术的演进，二是垂直行业功能的拓展和性能提升，三是和 AI/ML（人工智能/机器学习）相关的技术。

传统通信技术的演进，比如，覆盖增强、MIMO 增强、移动性增强、功耗增强、网络节能增强等；垂直行业性能的拓展，比如车联网、工业物联网、非公共网络（NPN）、铁路网络、确定性网络等；AI/ML 可用于波束赋型、定位、性能提升、动态调度等。

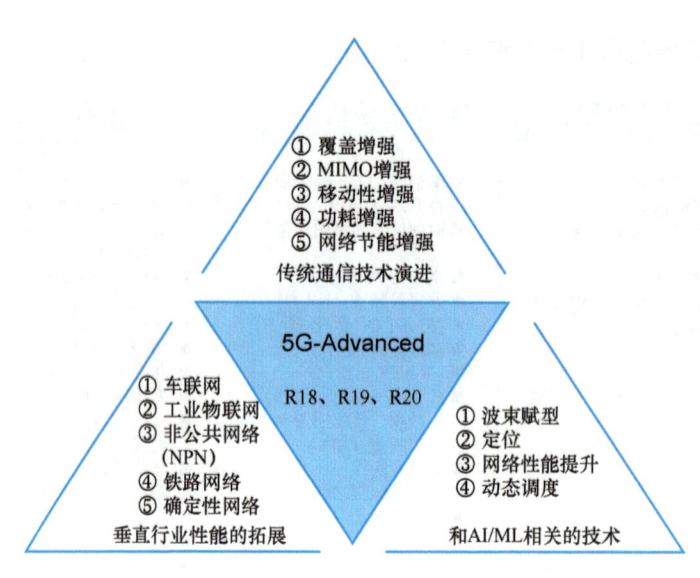

图 2-4　5G-Advanced 协议演进的技术特征

1. 传统通信技术的演进

为了不断提升运营商网络的容量、覆盖等关键性能指标，提升用户体验，3GPP 协议在现有功能和网络能力的热点方向上持续进行增强。

在 R18 版本中提出了同时同频全双工的概念，即在同一个频段的同一时隙里同时进行上行和下行的传送。这一技术有利于增强覆盖，降低时延。R18 版本为后续 6G 的同时同频全双工技术的发展奠定了基础。

在 5.5G 及 6G 的后续每一个 3GPP 版本中，都会涉及 MIMO 技术的增强，如多基站间的联合传输时的 MIMO、多天线终端上行传输的性能、高频段的 MIMO 性能提升等。

5.5G 传统通信技术演进的热点方向见表 2-1。

表 2-1　传统通信技术演进的热点方向

技术方向	技术热点
双工增强	同时同频全双工
覆盖增强	增强参考信号 DMRS 捆绑，功率域增强，PUSCHMSG5 重复，上行接入增强
MIMO 增强	多基站间的联合传输时的 MIMO，多天线终端上行传输的性能提升，高频段的 MIMO 性能提升，天线规模数的增加
多载波增强	多载波调度增强，高频载波配置，灵活上下行载波配置，多载波单小区操作
移动性增强	跨 CU（某站集中单元）移动增强，高频移动增强，快速的主小区激活，链路失败恢复
节能增强	按需符号、时隙、载波关断，按需系统消息增强，多传送/接收点（TRP）动态调配，低功耗技术

2. 垂直行业功能拓展和性能提升

5.5G 需要不断地丰富其行业应用，适应各行各业、多业务多场景的商业部署条件，增加 5G 变现、商业化的能力。所以 3GPP 协议在垂直行业方向上不断地拓展功能、提升性能，垂直行业技术热点方向见表 2-2。

表 2-2 垂直行业技术热点方向

技术方向	技术热点
非公共网络（NPN）	移动性问题，业务连续性，高频段部署，和卫星网络配合，物联网场景
增强网络切片	网络切片接入功能增强：不同类型的切片限制接入；降低切片服务中断影响；切片控制/配置增强
基于测距的定位算法	测距服务需求的相关规范；UE 之间的测距操作、对许可频谱下的测距功能的控制、测距的关键性能指标（距离精度和方位精度等）和安全性
铁路智慧车站	智能疏散、智能验票、智能查询、站台运行监控、乘客支持服务
铁路离网通信	Off-Network 技术，自动列车保护、列车自动操作、实时视频、虚拟耦合数据通信等

非公共网络技术都是垂直行业方案中面临的问题，需要在 5.5G 协议相关版本中进行规定。包括非公共网络（NPN）与公共网络之间移动性的问题，业务连续性的问题，高频段部署问题、和卫星网络配合问题，物联网场景支撑的问题等。

网络切片是 5G/6G 系统的基础功能，也是支撑垂直行业方案的重要特点。网络切片的技术也需要在后续的版本中不断增强。它按照垂直行业功能和性能的需求，灵活、动态地对网络资源进行部署和调整。比如，对网络切片接入功能进行增强，包括：当存在不同类型的限制（比如无线资源、频段等）时，支持 UE 接入网络切片；当网络切片分配的资源发生变化时，将服务中断影响降到最低；支持向第三方公开网络的切片控制/配置等服务。

当前，基于测距的定位算法在智能家居、智慧城市、智慧交通、智慧零售、工业 4.0 等领域越来越受欢迎。但不同的垂直行业的不同应用对距离精度、角度信息精度、最大测距范围、测距时延等性能指标要求不尽相同。5.5G 协议完善测距服务需求的相关规范，涵盖 UE 之间的测距操作、运营商对许可频谱下的测距功能的控制、测距的关键性能指标（距离精度和方位精度等）和安全性方面等。

铁路智慧车站可以为乘客提供各种运营服务和增值服务。通过 5G 网络、平台和 AI 等融合提供温馨提示、智能疏散、智能验票、智能查询等服务。3GPP 协议研究站台运行监控、乘客支持服务等与铁路智能车站服务相关的用例。不仅能完善铁路车站服务体系，还可提高服务效率，降低服务成本。

未来的铁路通信是铁路运营数字化的重要组成部分。在铁路移动通信领域，除了基于网络的通信外，还包括独立于网络的 UE 与 UE 之间的直接通信，这就是 Off-Network

（离网）技术。当网络出现故障，或者在偏远山区没有网络覆盖时，铁路通信可以采用 Off-Network 来进行通信。

Off-Network 是铁路通信领域的新术语，已在 3GPP MCX 标准中引入。即使在网络可用的情况下，铁路通信也可以采用 Off-Network。

3GPP 研究基于 Off-Network 的未来铁路移动通信系统的新用例，如 QoS、优先级、UE ID 和位置识别、多播/广播/单播、通信范围、潜在频谱等相关技术。除了语音通信外，Off-Network 通信应用于自动列车保护、列车自动操作、实时视频、虚拟耦合数据通信等关键任务的数据通信。

3. 人工智能/机器学习（AI/ML）技术

5G 网络的规模日益扩大，业务场景日益多样，垂直行业应用日益丰富，网络管理和运维愈加复杂。大量手动配置和人工诊断分析，带来较高的运维成本。

因此，为了推动网络自治，实现智慧运维，3GPP 在 R16 版本引入了标准网元 NWDAF（NetWork Data Analytics Function，网络数据分析功能）。NWDAF 是 AI + 大数据的引擎。一方面，NWDAF 自动调整和配置来适应网络自身架构的快速变化；另一方面，NWDAF 需要根据业务环境和运维要求的变化，自动完成网络更新和运维管理。

在 5G-Advanced 阶段，3GPP 协议进一步增强系统的 AI/ML 能力，如图 2-5 所示，包括如下内容。

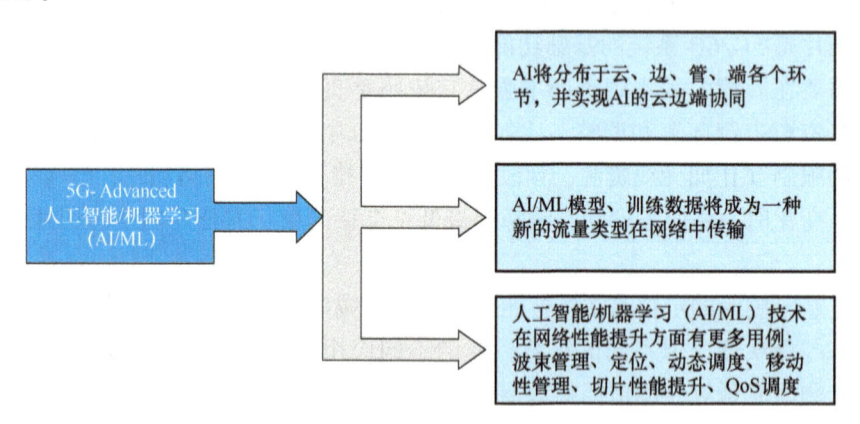

图 2-5　5G-Advanced AI/ML 协议演进技术方向

（1）AI 将分布于云、边、管、端各个环节，并采用云边端协同进行 AI 处理的方式

人工智能/机器学习广泛地分布于 5G 网络中各节点及网络控制管理系统中。云端负责模型训练，再将生成的模型下发到边缘/终端进行推理和分析；受限于终端的计算能力和功耗，终端会将数据传送到边缘进行推理，并执行来自边缘的命令。

由于集中训练会给云端带来巨大的计算负担，加之数据隐私保护原因，一些场景不允许将本地数据上传到云端进行训练，还会推出云端和本地相结合的联邦学习与分布式学习模式。

（2）AI/ML 模型、训练数据将成为一种新的流量类型在网络中传输

3GPP 在研究 5G 网络中传输的 AI/ML 模型的流量特性与性能需求。5G-Advanced 研究 AI/ML 模型上传/下载所要求的速率、时延、可靠性、覆盖、容量等网络性能需求，分割 AI/ML 操作、AI/ML 模型与数据的分发共享、联邦学习与分布式学习等场景下的流量特征识别和性能需求，等，以更好地支持图像识别、语音识别、机器人、智能汽车等 AI/ML（机器学习）业务。

（3）人工智能/机器学习（AI/ML）技术在网络性能提升方面有更多用例

5G 网络会产生大量用户和网络数据，并结合移动通信领域的专业经验，形成一个分布与集中相结合的人工智能/机器学习的体系。AI/ML 技术对网络管理数据进行处理和分析，在网络性能提升方面、运维操作方面输出更多的管理操作用例，以促进网络管理及编排的智能化和自动化，助力实现运维域的闭环管理。

5G-Advanced 在网络性能提升、运维操作方面的用例包括但不限于：波束管理、定位、动态调度、移动性管理、切片性能提升、QoS 调度等。

2.1.3　6G 协议版本的技术趋势

在 5G-Advanced 协议三大方向的基础上，3GPP 挖掘有潜力的候选技术，推动向 6G 的协议版本演进，如图 2-6 所示。

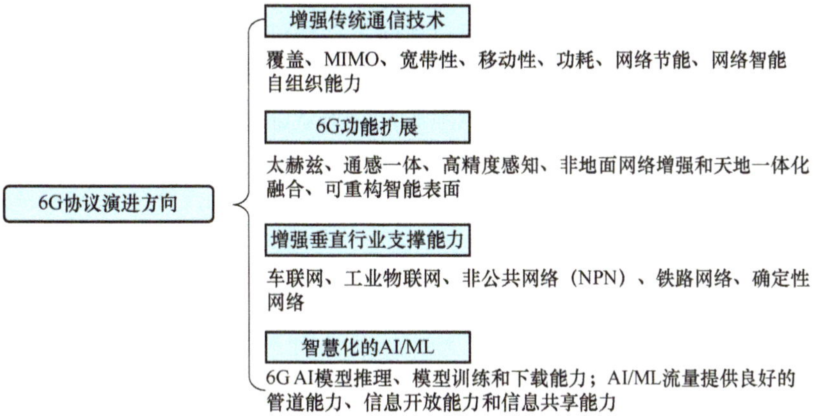

6G 协议演进方向

- **增强传统通信技术**
  覆盖、MIMO、宽带性、移动性、功耗、网络节能、网络智能自组织能力

- **6G 功能扩展**
  太赫兹、通感一体、高精度感知、非地面网络增强和天地一体化融合、可重构智能表面

- **增强垂直行业支撑能力**
  车联网、工业物联网、非公共网络（NPN）、铁路网络、确定性网络

- **智慧化的 AI/ML**
  6G AI 模型推理、模型训练和下载能力；AI/ML 流量提供良好的管道能力、信息开放能力和信息共享能力

图 2-6　6G 协议版本技术演进方向

1. 增强传统通信技术

覆盖、MIMO、宽带性、移动性、功耗、网络节能、网络智能自组织能力是移动协议版本的永恒主题，每一个协议版本都会在这几个主题上发力。这里仅列举其中的 MIMO 技术、宽带性探讨一下。

超大规模天线阵列（Extremely Large Antenna Array，ELAA）在5.5G时代的毫米波频段上，带宽可扩展至400MHz以上，天线单元多达1024个或更高。在6G时代，Massive MIMO（或者是ELAA），将继续演进，带宽扩展到800MHz及以上，天线单元数大于1024个，或者在更低的频段上实现更大的带宽。空口体验速率达到10Gbit/s及以上，兑现了万兆能力。MIMO天线使用非常窄的波束将平均频谱效率从$10\text{bit}\cdot\text{s}^{-1}/\text{Hz}$提高到$50\text{bit}\cdot\text{s}^{-1}/\text{Hz}$以上，同时其覆盖距离和C-Band相当。

6G在宽带性方面继续演进，有两个主要的技术方向：上行超宽带（UCBC）、宽带实时交互（RTBC）。

（1）上行超宽带（UL Centric Broadband Communication，UCBC）：6G大幅提升移动通信网络的上行传输性能，即实现更深的覆盖、更大的上行传输带宽。业务场景如：高清视频上传、工业场景的机器视觉、室内场景的上层用户体验速率等。

（2）宽带实时交互（Real-time Broadband Communication，RTBC）：6G将在更大带宽实现更低交互时延的通信，使能沉浸式互动业务。

2. 6G功能扩展

太赫兹、通感一体、高精度感知、非地面网络增强和天地一体化融合、可重构智能表面是6G协议版本上新扩展的功能。

6G的主要新频段包括用于城区容量的7~20GHz新中频、用于广覆盖的470~694MHz的新低频和超过90GHz的用于最高峰值数据速率和感知的太赫兹频谱。

通信感知融合（Harmonized Communication and Sensing，HCS）或通感一体，即传统通信能力和6G感知能力相融合：包括用户面演进高精度定位和测距能力、多模态感知增强整合传感通信（ISAC）等。

天地一体化网络融合是指6G通信的服务范围将从陆地扩展到卫星、海底、天空，真正实现天、空、海、地四维一体通信。为此，6G在协议上不仅要增强地面网络的技术，也要整合和增强非地面网络（Non Terrestrial Network，NTN）。

3. 增强垂直行业支撑能力

6G协议将继续增强垂直行业的支撑能力，如车联网、工业物联网、非公共网络（NPN）、铁路网络、确定性网络等。

举例来说，在6G协议的车联网部分，将增强V2X（Vehicle-to-Everything）功能，提升车辆间的侧链（SideLink）通信能力，并继续增强车联网网络切片的功能，以满足日益复杂的智能交通需求。

6G协议的工业物联网部分将增强控制类终端的低时延接入能力、推动接入与回传集成的持续演进、提升非许可频段空口能力、增强定位能力、推进通信传感技术集成演进、提供更加灵活的网络拓扑能力等。

4. AI/ML智慧化

人工智能是6G协议的主要特征，在移动网络已有智慧化能力的基础上增强6G各个节点及整个网络的大数据能力、6G AI 模型推理、模型训练和下载能力。同时，6G 网络可以为 AI/ML 流量提供良好的管道能力、按需的信息开放能力和高质量的信息共享能力。

6G 协议利用 AI/ML 增强网络自组织优化、性能智慧提升能力、策略控制能力、组播广播能力、智能超表面的环境自适应能力、通感一体化业务场景能力等。6G 协议会继续增强在自动驾驶、医疗健康监测、工业物联网等应用的人工智能算法。

在 6G 协议中的人工智能有如下技术特征：

（1）分布式可信 AI 架构：例如通过联邦学习来支持多个网络功能之间、终端之间、网络功能与终端之间、网络与行业应用的 AI 单元之间共同学习训练。这样既能有效增强训练效果，又保护了数据隐私。为了解决终端的数据孤岛问题，充分利用大量终端本地数据形成有效全局数据集；应用层支撑分布式/联邦学习进行算力分担，高效完成模型训练。

（2）以认知技术为基础，将移动通信领域的专家经验内置到算法逻辑中，充分利用实际移动网络生成的运营运维大数据，增强网络运营智能化、自治化程度，助力 6G 实现复杂多样的业务目标。

（3）意图驱动网络使得运营商能够定义期望的网络目标和业务目标，6G 系统可以自动将其转化为实时的网络行为，通过意图维持对网络进行持续的监控和调整，从而保证网络行为同业务意图相一致。

（4）使能多层、跨层之间的数据分析框架：分析核心网域、管理域、应用域的大数据，以优化业务目标。

2.2 典型技术 3GPP 协议版本演进

协议上推出一个技术或功能，在网络的实际部署后，就会有迭代增强的演进需求。技术和功能持续不断的演进，推动着 3GPP 协议版本的不断更新。

2.2.1 频率和带宽的演进

移动制式的发展历程，就是使用频段不断向高处发展，信道带宽不断增加（见图 2-7），峰值速率不断提升的过程。

频段向高处发展的一个主要原因在于，低频段的资源有限；高频段，意味着可用频带资源丰富。频率越高，允许分配的带宽范围越大，信道带宽也可以很大，单位时间内所能传递的数据量就越大，网络容量将大幅提升。

LTE 的频率在 2000MHz 左右，信道带宽为 20MHz，下行单信道支持的峰值速率为 100Mbit/s。5G 时代，频率在 6GHz 以下（FR1），信道带宽最大可到 100MHz；使用的频率如果在 6GHz 以上（FR2），信道带宽最大可到 400MHz，5G 的峰值速率可达 20Gbit/s；5.5G 时代，使用 52.6GHz 以上的毫米波，信道带宽最大可达 800MHz；6G 时代，太赫兹进入移动制式的空口，支持的信道带宽可以是 1.2GHz（1200MHz）以上，6G 的峰值速率可以到 100Gbit/s，甚至是 1Tbit/s。

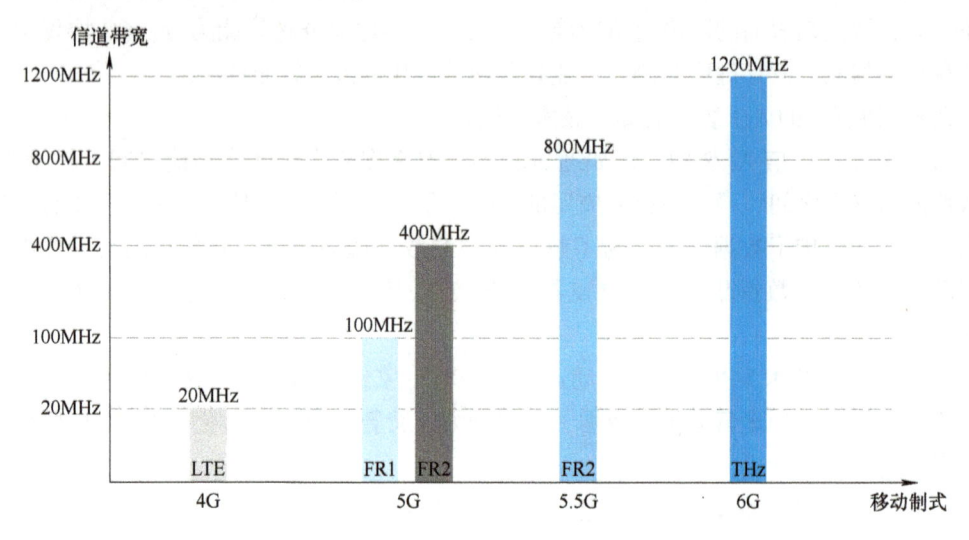

图 2-7　4G、5G、5.5G、6G 最大信道带宽发展趋势

2.2.2　调制阶数的演进

看一下调制方式发展的脉络，如图 2-8 所示。在 R99 和 R4 的版本中，下行数据传输的调制方式只支持 QPSK（四相移相键控）；到了 R5 的 HSDPA（High Speed Downlink Packet Access，高速下行分组接入）技术，下行数据传输的调制方式可支持 QPSK、16QAM；到了 R7 版本，下行数据传输的调制方式最高阶可到 64QAM；LTE 主要使用的最高阶调制方式就是 64QAM，但到了 R13 版本，最高阶调制方式支持到了 256QAM；5G R15 版本主要使用的调制方式是 256QAM，但协议研究的最高阶已经到了 1024QAM；5.5G 时代，协议研究的最高阶能到 2048QAM。可以预计的是，6G 时代，协议支撑的调制阶数可达 4096QAM，但到时现网使用的调制阶数可能是 256QAM、1024QAM、2048QAM 和 4096QAM 并存。

2.2.3　MIMO 阶数的演进

MIMO 技术也经历了从低阶到高阶，从天线数目很少，到大规模天线的发展过程，如图 2-9 所示。MIMO 技术从 R7 版本开始使用 2×2MIMO 开始，到 R8 版本支持 4×4MIMO、R10 版本 8×8MIMO，R13 版本发展到 64×64MIMO，R14 版本支持 3D MIMO、FD MIMO（Full-Dimensional MIMO，全维 MIMO）技术；到了 R15 版本，提出大规模天线阵列（Massive MIMO）的概念，最高可支持 256×256MIMO。R17 版本，天线阵列的规模将达到 1024×1024MIMO；在 5.5G 协议版本中，天线规模可以达到 2096×2096MIMO；在 6G 的协议版本，天线规模可以达到 4096×4096MIMO 及以上。随着纳米天线的出现，一个站点的天线数目成千上万，将成为常态。

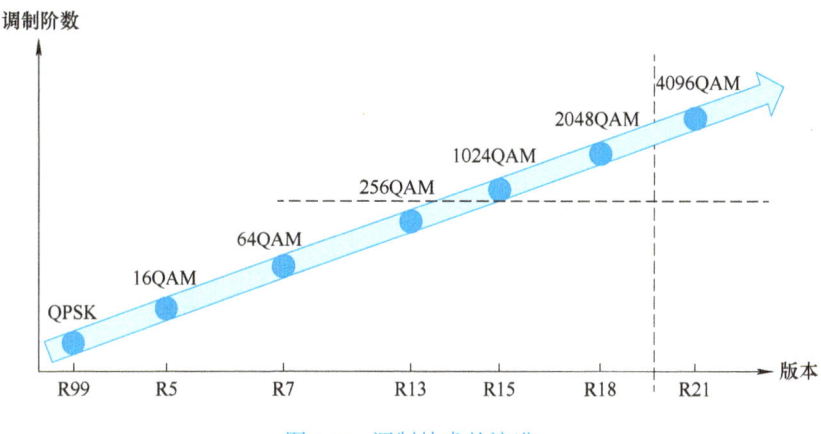

图 2-8　调制技术的演进

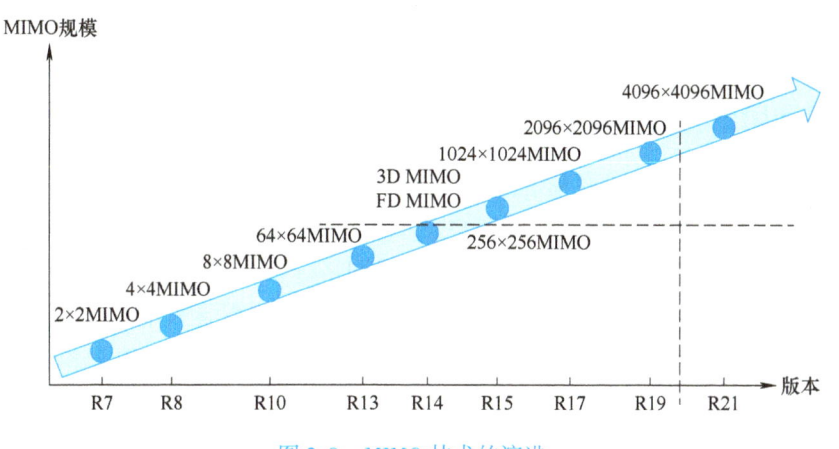

图 2-9　MIMO 技术的演进

2.2.4　载波聚合的演进

载波聚合（Carrier Aggregation，CA）技术的发展如图 2-10 所示。在 R10 版本中，提出 CA 技术，可以让 2～5 个 LTE 成员载波（Component Carrier，CC）聚合在一起，LTE 每个载波 20MHz，5 个载波聚合在一起，可以实现最大 100MHz 的传输带宽；R11 版本又增强了 CA，支持了上行的载波聚合和非连续的带内载波聚合；R12 版本允许

TDD（时分双工）载波和FDD（频分双工）载波进行聚合；R13版本支持聚合的载波（CC）数目从5个20MHz增加到32个20MHz；R15版本可以聚合16个100MHz的载波，支持的传输带宽比R13版本的32个20MHz载波要大许多。与此同时，R15增强了CA的机制，允许在终端处于空闲态下提前测量候选载波的无线信号质量，提前初始化射频信道；R16版本的载波聚合涉及6GHz以上频段的载波聚合；R17版本完成52.6GHz以上频率的载波聚合技术的制定；在6G的协议版本中会支持太赫兹频率的载波聚合。

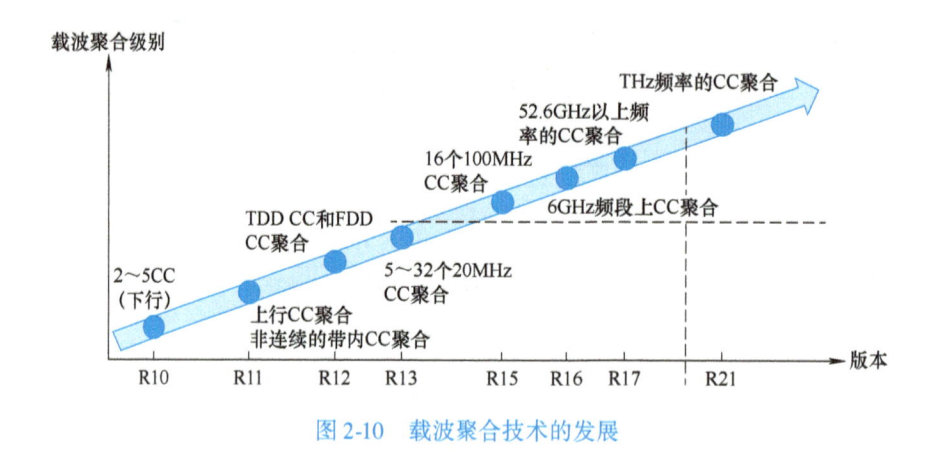

图 2-10 载波聚合技术的发展

2.2.5 网络切片能力的增强

网络切片是5G时代运营商基于同客户签订的业务服务水平协议（Service Level Agreement，SLA），为不同垂直行业、不同客户、不同业务，提供相互隔离、功能可定制的网络服务，是一个提供特定网络能力和特性的逻辑网络。

3GPP协议的R15版本定义了5G的网络切片，主要侧重于大带宽类的网络切片，同时也定义了核心网在注册和会话建立过程中选择切片的流程。在R16版本增强了低时延高可靠工业物联网类切片的功能；R17版本增强了无线切片的功能，同时完善了大连接类切片的能力。

在R18～R20，网络切片的技术也在不断增强，3GPP协议对网络切片接入功能进行增强，包括：当存在不同类型的限制（比如无线资源、频段等）时，支持UE接入网络切片；当网络切片分配的资源发生变化时，将服务中断影响降到最低；支持向第三方公开网络的切片控制/配置等服务。

6G时代协议继续增强垂直行业的切片支撑能力，如车联网、工业物联网、非公共网络（NPN）、铁路网络、确定性网络等。在6G网的车联网协议中，增强V2X（Vehicle-to-Everything）车联网的网络切片能力。6G网络的工业物联网协议将增强切片对控制类终端的低时延接入，增强定位能力、通信传感集成演进能力等。

从 5G 到 6G 的网络切片能力增强演进如图 2-11 所示。

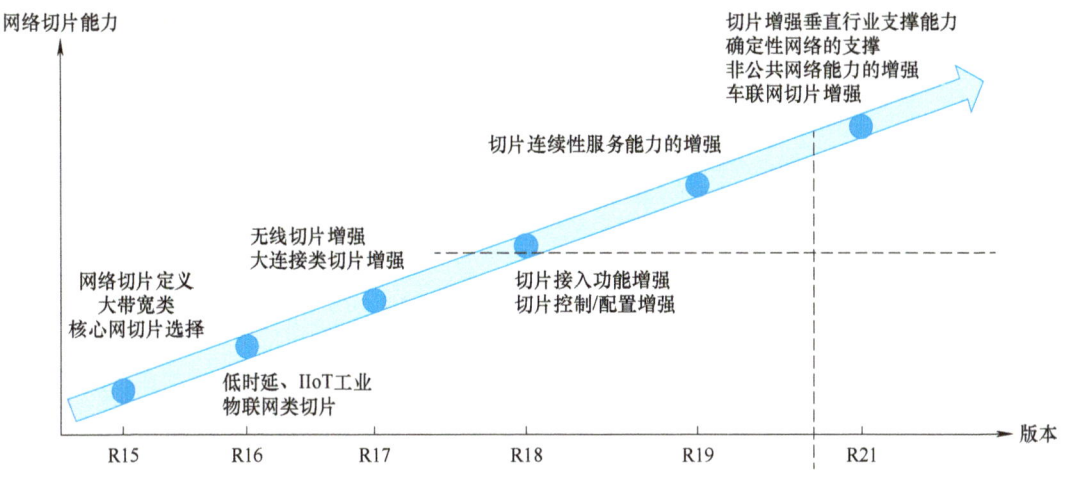

图 2-11　网络切片能力的 3GPP 协议演进

2.2.6　网络 AI 能力的演进

5G R16 版本在 5G 核心网中引入了标准化的 NWDAF（网络数据分析功能）。通过 NWDAF，3GPP 协议把人工智能大数据分析引入网络架构之中，从网络架构层面支持网络数据的收集、分析，为网络运营商和服务提供商提供有价值的用户行为和网络状态的洞察。SDN 技术和人工智能技术的结合是网络自治化的基础。

R17 版本对无线侧（RAN）数据收集能力进行增强。基于大量的无线环境的现网采集数据，可以增强自组织网络（SON）功能和最小路测功能（MDT），进一步可促进人工智能在优化维护领域的应用。

在 5G-Advanced 阶段，3GPP 协议进一步增强系统的 AI/ML 能力。AI 将分布于云、边、管、端各个环节，并采用云边端协同进行 AI 处理的方式；AI/ML 模型、训练数据成为一种新的流量类型在网络中传输；AI/ML 在网络性能提升、运维操作方面的用例包括但不限于：波束管理、定位、动态调度、移动性管理、切片性能提升、QoS 调度等。

内生人工智能是 6G 协议的特征，6G 各个节点都有增强的 AI 模型推理能力、模型训练和下载能力。同时，6G 网络可以为 AI/ML 流量提供良好的管道能力、按需的信息开放能力和高质量的信息共享能力。6G 协议利用 AI/ML 增强网络自组织优化、性能智慧提升能力、策略控制能力、组播广播能力、智能超表面的环境自适应能力、通感一体化业务场景能力等。

网络 AI 能力的协议版本演进如图 2-12 所示。

图 2-12　网络 AI 能力协议版本演进

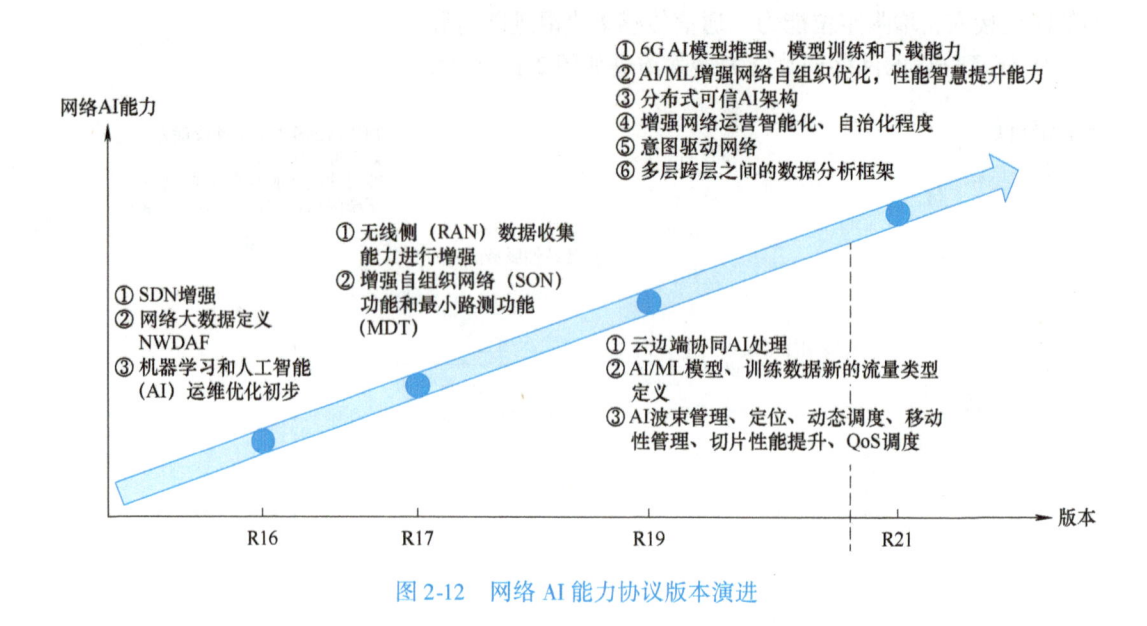

2.3　6G 协议关键技术特性的突破

面对新应用、新体验带来的更高的指标需求，比如 Tbit/s 级的峰值速率、Gbit/s 级别的用户体验速率、接近有线连接的时延等需求，6G 需要一整套新技术、新架构、新设计。这里从架构和无线技术等方面介绍 6G 无线网络标准化协议中需要突破的关键技术。

2.3.1　空天海地一体

6G 网络是泛在无缝的立体覆盖，不但要满足飞机、高铁、轮船等机载、船载互联网的服务需求，还要支持即时抢险救灾、环境监测、森林防火、无人区巡检、远洋集装箱信息追踪等海量物联网业务，实现人口稀少区域低成本覆盖等需求。

空天海地一体化网络，实现通信网络全球全域的三维立体"泛在覆盖"，是 6G 阶段的关键特征。包括不同轨道卫星构成的天基、各种空中飞行器构成的空基以及卫星地面站和传统地面网络构成的地（陆）基三部分，如图 2-13 所示。

6G 的空天海地一体化网络的标准协议可以从地面网络（TN）、非地面网络（NTN）及二者的融合等几个方向，构建覆盖范围广、可灵活部署、超低功耗、超高精度和不易受地面灾害影响的技术特征体系。协议构建可先聚焦手机直连卫星需求，研究空地一体同频组网干扰规避方案，推进 NTN 的透明模式后向兼容技术方案，形成星地融合的标准化演进网络架构。

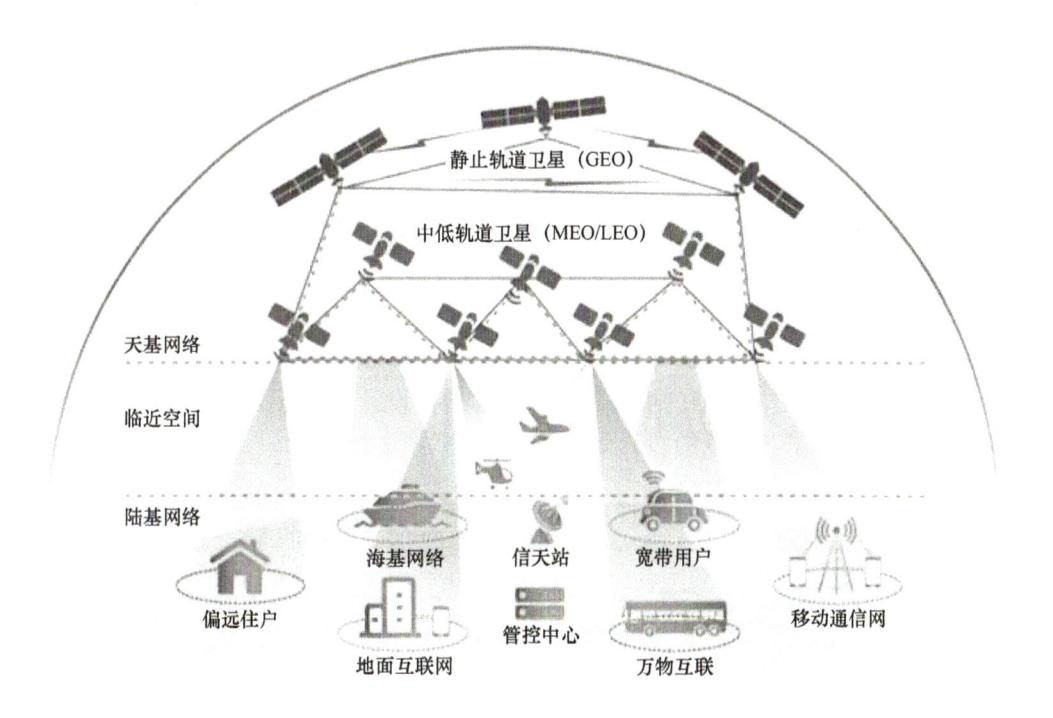

第 2 章 既一脉相承，又创新突破——从 3GPP 协议发展脉络看 6G

图 2-13 空天海地一体化协议体系

2.3.2 DOICT 融合

6G 是通信技术（CT）、信息技术（IT）、大数据技术（DT）、AI 技术、操作控制技术（OT）深度融合的新一代移动通信系统，如图 2-14 所示。6G 网络"数字孪生、智慧泛在"，协议体系需从信息采集、信息传递、信息计算、信息应用多个环节的端到端设计。

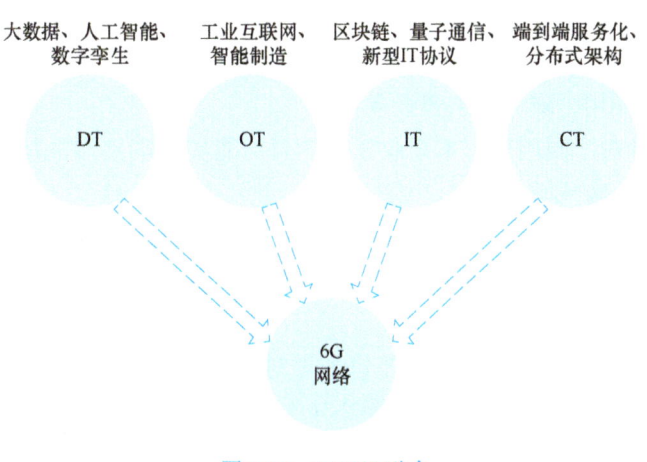

图 2-14 DOICT 融合

IT 和 CT 深度融合推动网络全维可定义，是柔性网络的基础。DT（大数据）和 ICT 深度融合，推动人工智能与大数据成为网络智慧化的基础。OT（操作控制技术）与 DICT 深度融合推动确定性网络发展，是网络自治系统与工业数字孪生系统的基础。

6G 协议构建 DOICT 一体化体系，在大数据流动的基础上实现云、网、边、端和业务的深度融合，建设以区块链为代表的可信环境技术，提升各方资源利用效率，协同升级云边计算能力、网络能力、终端能力和业务能力。

2.3.3 网络可重构

6G 网络协议采用更加灵活的可编程、可重构架构设计以适配分层资源灵活调度、功能按需配置、业务需求与场景的多元化、个性化，如图 2-15 所示。

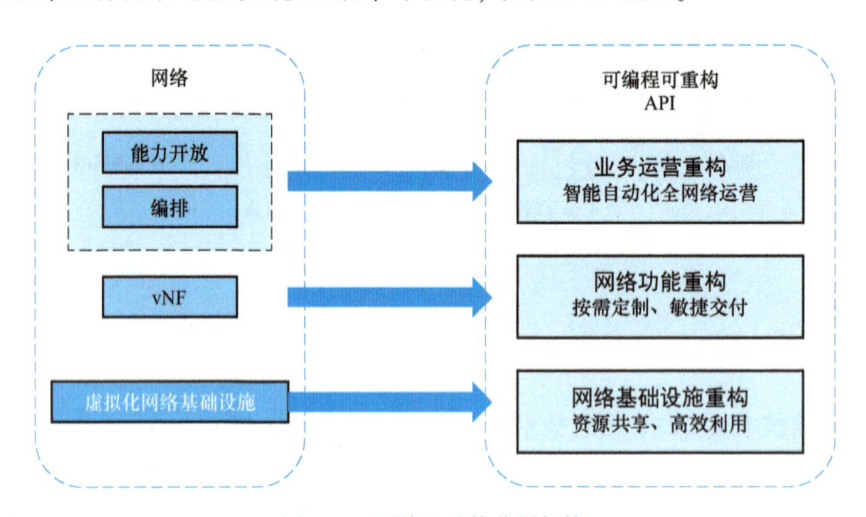

图 2-15 网络可重构分层架构

底层虚拟化的硬件资源是可重构的。基于共享的、虚拟化的硬件资源，网络为不同用户、不同业务和功能灵活地分配相应的网络基础设施资源和空口时频资源，实现底层资源的共享和高效利用，降低网络建设成本。

6G 网络可以针对不同用户、不同业务、不同功能实现端到端的按需服务配置，在提供极致服务的同时，实现敏捷交付。

极简的网络架构、灵活可扩展的网络特性以及开放的 API 能力、可安排的网络服务支撑 6G 网络实现运营重构，为后续网络维护、升级及优化提供极大的便利，进一步降低运营商网络运营成本。

面向 6G 智慧内生的特征需求，由于每个时刻网络都需要根据业务的需要，对网络资源、业务功能和运营逻辑进行重构，如图 2-16 所示，因此，可重构可编程协议需要网络具备更强的计算能力以及可扩展能力。

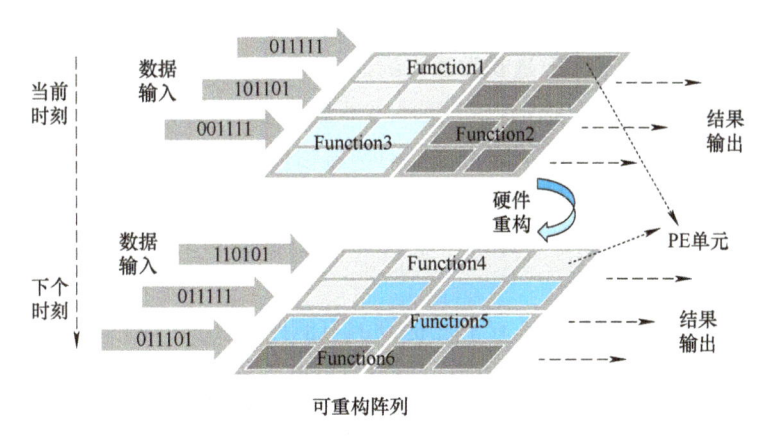

图 2-16 时刻都要进行可重构计算

2.3.4 感知、通信、计算一体化

通信和感知，我们怎么也没有想到它俩会在一起。基站是为"通信或无线连接"而存在的专用设备，雷达则是"感知"设备。不同领域的两种设备，表面上迥异，实则"基因"相同。在 6G 时代，它俩能合体，一定有着共同的底层逻辑。

感知，可以分射频感知和非射频感知。射频感知是通过发送电磁波信号，接收回波信号，处理反射信号来提取环境中对象的信息。非射频感知就是从周边获取图片和视频来提取环境信息。

谈到射频感知，很容易想到雷达的工作职责。雷达的基本原理，就是发出无线电信号，然后通过探测和分析接收到的反射信号来进行高精度的感知工作。

简单来说，当无线电信号遇到不同介质或物体时，它们会由于反射、折射、散射而产生不同的变化。如果能够准确地测量和分析这些变化，就可以得到物体或介质的特征信息，比如形状、大小、位置、材质等。这就相当于雷达用无线电波"感知"到了物体或介质。尤其是太赫兹电磁波，有着较强的探测和感知物质特征的能力。除了普通雷达，还有激光雷达、计算机断层扫描、磁共振成像等设备也能提供专业的感知能力。

由上可知，通信和感知在底层是有相通之处的。

首先，通信和感知都需要使用无线电频谱资源，而频谱资源是非常稀缺和宝贵的。通信能力与感知能力具有一致的大带宽频谱需求。如果能够让同一个无线电信号既能传递信息又能进行感知，那么就可以节省频谱资源，并提高频谱利用率。

其次，通信和感知都需要使用类似的硬件设备（比如天线、放大器、滤波器等），而硬件设备也是非常昂贵和复杂的。通信能力与感知能力具有一致的对大孔径天线的需求。如果能够让一套设备既能支持通信、又能支持感知，相当于节省了硬件成本。

再次，通信和感知都需要进行类似的信息处理（比如编码、调制、解调、解码等），这个过程是非常复杂的。如果能够让一套算法既能实现通信、又能实现感知，以有限的代价换来了双倍的能力，那一定是非常诱人的。

如果能在基站里面融入雷达的功能，采用一套设备同时实现通信和感知的功能，并达到通信辅助感知，感知辅助通信的境界，对两者均可谓是一种双赢。

如上所述，通信和感知系统的融合，就叫作"通信感知一体化"，简称"通感一体化"或者"通感"。感知万物包括感知网络自身和感知周边环境。通感一体化的"感知"是感知周边环境。

狭义的通感一体化系统是指具有上面提到的有测距、测速、测角、成像、目标检测、目标跟踪和目标识别等能力的通信系统，早期也叫作"雷达通信一体化"。

而广义的通感一体化，则是指具有感知一切业务、网络、用户和终端，以及环境物体的属性与状态的通信系统，其在感知上可具有超出传统雷达的能力。

在6G时代，通感一体化并不是终点，通感+计算一体化才是目的。在信息传递过程中，信息采集和信息计算不再分布在不同的网元，打破终端进行信息采集、网络进行信息传递和云边进行计算的烟囱式信息服务框架。

信息采集与信息计算可以融合在端侧。感知、通信、计算一体化协议是提供无人化、浸入式和数字孪生等感知、通信和计算高度耦合业务的底层要求。

感知、通信、计算一体化具体分为功能协同和功能融合两个层次。

在功能协同框架中，一方面，感知结果可用于辅助通信接入或管理，提高服务质量和通信效率，辅助通信能力的提升；另一方面，通信系统可以利用相同的频谱甚至复用硬件或信号处理模块完成不同类型的感知服务，可以扩展和增强感知维度和深度，如图2-17所示；计算可以进行多维数据融合和大数据分析，感知可以增强计算模型与算法性能；通信可以带来泛在计算，计算可以助力超大规模通信。

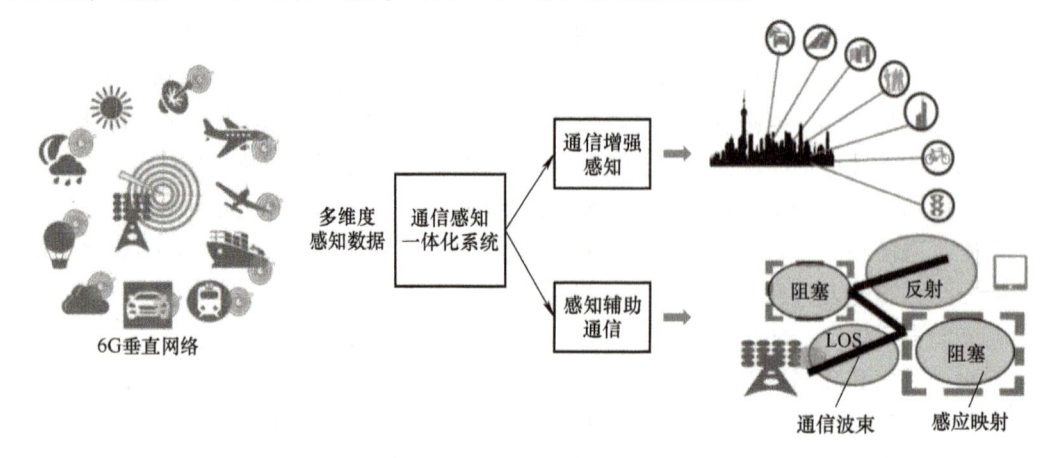

图2-17 感知和通信协同

感知通信计算可以在软件定义芯片技术发展的基础上，实现功能可重构。在功能融合框架中，感知信号和通信信号可以用一体化波形设计与检测，共享一套硬件设备。雷达通信一体化技术已成为热点，将太赫兹探测能力与通信能力融合以及将可见光成像与通信融合成为 6G 潜在的技术趋势。感知与计算融合成算力感知网络，计算与网络融合实现网络端到端可定义的微服务架构。

2.3.5 无线使能技术标准化

对于 6G 无线侧协议栈的标准化的过程中，应关注如图 2-18 所示的使能技术。

1. 全频谱再利用

为了满足 6G 系统的高带宽需求，有效地重新利用现有的低、中、高频段频谱资源至关重要。也就是说，需要设计联合使用许可和非许可频谱的技术方案。6G 的空口使用基于认知无线电的方案。

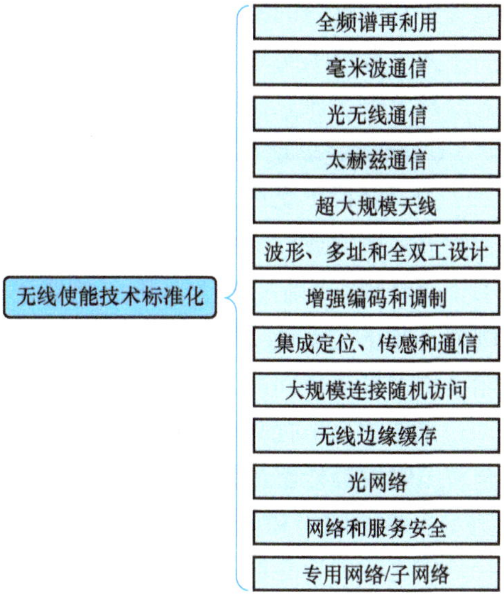

2. 毫米波（mmWave）通信

与中低频段相比，毫米波的可用带宽要大得多。5G NR 中使用了低于 50GHz 的毫米波，6G 则需要使用更多的毫米波频段（高于 100GHz）。这就要求 6G 在 100GHz 的频段上设计高效的波束发射和波束接收，实现低功耗、低成本和高吞吐量的调制编码方案。

3. 光无线通信

尽管有小蜂窝概念和新的无线电频谱分配，但移动通信需求的指数增长可能会导致中低频段出现拥塞。光无线通信（Optical Wireless Communication，OWC），它的频谱资源约为整个 300 GHz 射频频谱的 2600 倍。在红外和可见光频谱中使用光无线通信，可以缓解拥塞，延伸空口覆盖，提升系统容量。光无线通信，尤其适合部署在密集的室内中。

图 2-18 无线使能技术标准化方向

4. 太赫兹（THz）通信，包括半导体技术和新材料

在太赫兹波段（0.1～10THz）实现通信的技术也被视为满足更高数据速率要求（如 Tbit/s）的关键。太赫兹无线电从毫米波区域的大型相控阵发展而来，传统的半导体和封装技术并不能满足太赫兹的应用。

太赫兹技术要想得到大规模应用，需要基于新材料（如石墨烯）的半导体及封装技术进一步成熟。在此基础上，还需要研究太赫兹的波形和调制、波束成型、无线信道特性、非正交多址、全双工、智能反射面（IRS）等技术。

5. 超大规模天线（mMIMO）

mMIMO 的概念已经在 5G 引入，特别是对于更高的频率，由于波长较短，大量天线可以封装在一个小区域内，从而产生了 mMIMO 和 ultra mMIMO 的概念，以及在基站和 UE 处双重 mMIMO 的概念。

当前以小区/网络为中心的方法可以改为以用户为中心的方法，其中可以通过选择附近接入点（AP）的子集，来动态确定服务于特定 UE 的集群。它与分布式 mMIMO 操作的结合导致了所谓的无小区（cell-free）mMIMO。在这个概念中，所有 AP 都能够在没有任何小区限制的情况下，协同地服务 UE，具有相干传输和接收的可能性，并且可以在网络上提供几乎统一的服务。

为了有效地实现分布式 MIMO，6G 需要解决波束管理、高频段非相干操作的实用方法以及全数字波束控制。

6. 波形、多址和全双工设计

为了保持正交性，CP-OFDM 需要严格的同步。其他波形，例如滤波器组多载波、通用滤波多载波或广义频分复用，已在不同的应用场景提出。在高移动性场景中，还引入了正交时频空调制。作为补充，放宽正交性的约束，可更有效且更灵活地使用无线信道。例如，非正交多址（NOMA）或速率分裂多址（RSMA）可以产生更大的可实现速率，还能提供无授权访问的方法。

先进的自干扰和交叉链路干扰消除技术可以潜在地将频谱效率提高一倍，并使带内全双工收发器能够提供广泛的好处，例如用于中继和双向通信。

7. 增强编码和调制

信道编码旨在纠正传输错误，因此是确保"可靠性"的关键。然而，它是最复杂的基带处理块之一。现代信道编码方案，如 Turbo、LDPC 和 Polar 码，以其优异的性能，进入了多种通信标准，包括 2G、3G、4G 和 5G。

6G KPI 和应用场景对编解码器设计提出了新的要求，因此需要研究接近香农极限的高级信道编码和调制方案，以实现极高的吞吐量、极高的可靠性、极低的功耗和较低的编码/解码延迟，如 Tbit/s 吞吐量信道解码器等。

8. 集成定位、传感和通信

高精度位置感知已被确定为许多应用的关键促成因素，包括自动驾驶汽车、未来工厂、智慧城市、虚拟/增强现实和公共安全。集成定位、传感和通信将实现智能网络管理，以提高频谱和能源效率，并减少延迟。6G 以更高频率、更大带宽、更多天线、更密集的网络和 D2D 链路运行的无线系统，以及可能的专用基础设施，使得厘米级精度的无线电定位成为可能。

9. 大规模连接的随机访问

在未来的网络中，数以百万计的设备将被连接，对于其中许多设备来说，只会生成非常零散的数据。如何在不消耗整个网络资源和节点能量的情况下协调这样一个网络需要仔细研究。

随着设备数量变得非常庞大,基于重传接入协议的可靠性将带来严峻挑战。因此,设备在不与基站进行任何资源协商的情况下,为限制或避免重传,传输较短数据包的免授权方法非常有实用性。

10. 无线边缘缓存

点播视频流和互联网浏览等应用的特点是异步内容重用、高度可预测的需求分布、延迟容忍、质量可变。当前的移动系统在应对此类应用时通常存在一些问题,例如,宏小区的无线容量不足,小小区的有线回程较弱或昂贵。在这种情况下,无线边缘缓存提供了一种高效的解决方案。缓存可以减少网络负载和干扰,从而提高频谱效率和能源效率,并减少通信延迟。

但是缓存通常是在核心网络中实现的,6G如何在无线网络中高效地实现缓存尚需研究。

11. 光网络

6G的发展将继续依靠光基础设施的持续进步,从而提高容量、降低延迟、增强可编程性与可重构性、提高环境适应性,并显著降低功耗。

光和无线技术紧密集成,将形成融合的网络基础设施,将采用一个通用的传输和交换平台,支持从分组到时隙和波长通道级别的各种交换粒度。

光子集成技术的进步将为大量新的IT和网络设备铺平道路。在这些设备中,光学、射频和数字电子功能可以结合在一起。

光网络的所有这些技术进步,包括在设备级别增加可编程性和远程配置性,对网络控制、自动化和自主性等关键领域提出了更高的要求。

12. 网络和服务安全

虽然6G被构想为一种高度分布式的计算和连接架构,基于智能分布式AI/ML实现控制和服务编排,从而推动关键管理功能的软件化和自动化,但这也催生了一个比当前5G网络更广泛和更复杂的攻击面。

于是,系统不仅需要面对直接的网络安全威胁,还需具备识别自动化功能异常行为的能力,并将其影响降至最低。为了保证系统的可靠性和可信度,系统需要采用零接触微分割和切片等技术方案,同时强化分布式AI/ML功能和模型,以有效防范故障和网络攻击。

13. 专用网络/子网络

随着5G网络逐步服务于垂直行业,工业自动化对超可靠性和低延迟的需求日益增长,导致对适用于特殊用途网络或更小范围"子网络"的需求不断增加。

专用网络或子网络会在6G性能指标的提升中发挥重要作用。典型的专用网络或子网络包括：人体内子网络、机器人内子网络、车内子网络和无人机群子网络。例如，人体内子网络可用于控制生命关键功能，如糖尿病患者的无线心脏起搏器或胰岛素泵；车内子网络可无线支持 CAN 总线和汽车以太网操作，用于发动机控制、防抱死制动和辅助驾驶。

专用网络或子网络被定义为在独立模式下工作，但同时也需要连接到广域 3GPP 网络。由于其局部拓扑结构以及对特殊性能属性（如极端延迟或可靠性）的需求，这些网络将成为 6G 架构演进的关键驱动因素。

专用网络或子网络的空口设计应根据具体应用需要进行调整。特别地，为了获得频率和干扰分集，可以采用大子载波间隔（例如，超过 120kHz）、超短传输间隔、盲分组重复和信道跳频等技术来实现亚毫秒延迟和极端可靠性。

虽然这些技术组件的基础在 5G 时代已经奠定，但在 6G 中，这些技术需要进一步发展和优化，以应对更为极端的要求。

第 3 章

沉浸智能、通感一体、立体泛在——6G 应用场景

本章将掌握

(1) 6G 的基础业务类型。
(2) 6G 应用基于算网的端管云架构及行业方案设计的思路。
(3) 6G 云化 XR、全息通信、工业互联、智能轨道交通、感知定位、通感一体、全域覆盖等重要新应用。

> 《6G 应用》
> 空天海地全覆盖，
> 数字孪生智慧来。
> 通感互联全息术，
> 定位高精有平台。

从 5G 到 6G 的演进路上有两条路：技术和应用，每条路都"繁花锦簇"。技术路上，信息处理的功能和架构从信息传送向信息采集、信息计算扩展。应用路上，业务要素从人向智能体、物理空间向虚拟空间扩展。AI 应用、沉浸式应用和数字孪生等应用正渗透到垂直应用领域。应用道路虽更受注目，但显然它对 6G 的端到端网络的技术道路提出了更高诉求。

6G 移动制式的一切技术为了承载其上的应用。泛在的感知、泛在的智能通过 6G 立体泛在的连接相通。多感官的信息通过 6G 送往各个层级的算力平台，这些平台提供基于知识库、现实感知的机器学习能力、综合分析的推理能力、智慧服务的应用能力。

如果说，5G 在消费级互联网游刃有余，但在工业互联网领域则稍逊风骚；那么，6G 在消费级互联网上信马由缰，在工业互联网领域则是引吭高歌。

3.1 6G 应用方案框架

> 《6G 应用架构》
> 架构云管端，
> 应用管道宽。
> 云网加算网，
> 极致多感官。

6G 将是在 5G 技术基础上的升级，将带来更高速度、更低时延、更广应用的移动通信服务。结合 6G 协议的进展和网络部署的实际情况，6G 应用的发展有以下 4 个特点：

1）6G 首先实现上行传输性能的大幅提升，如：高清视频上传、工业场景的机器视觉、室内场景的上层用户体验速率等。

2）6G 在消费级互联网领域宽带实时交互类业务、沉浸式互动业务将大放异彩。

3）工业互联网是 6G 的重点方向，虚实孪生、元宇宙是 6G 应用的重要形式。

4）6G + 平台 "ABCDNETS" 是 6G 应用发展的网络能力基础。平台 "ABCDNETS" 是指人工智能（AI）、区块链（Blocks）、云（Clouds）、大数据（bigData）、网络技术（Networks）、边缘计算（Edge）、终端技术（Terminal）。在这些技术基础上叠加结合具体工业场景的需求，可以实现具体行业的应用。

6G 的服务对象将从物理世界的人、机、物拓展至虚拟世界的 "境"。通过物理世界和虚拟世界的连接，实现人-机-物-境的协作，满足人类精神和物质的全方位需求。

万物皆终端，人体和环境周围都遍布各式各样的终端，6G 将提供无所不在的连接体验，构建一个万物智联的世界。

近年来的风口如自动驾驶、元宇宙和数字孪生等领域，5G 的数据速率已成为瓶颈，6G 将全面支撑云化 XR、多感官混合现实、全息通信、情感和触觉交流、智慧交互、通感一体、普惠智能、机器间协同、全自动交通、数字孪生、空间通信、全域覆盖等复杂场景。

3.1.1 6G 基础业务类型

3GPP 定义了 4 种基本业务类型：

1）会话类业务（Conversational）：如语音类、视频通话类业务。这类业务对时延、丢包率等指标最为敏感。

2）流媒体业务（Streaming）：如流媒体音频、流媒体视频。这类业务侧重于保证数据流中各实体信息传送的连续性，抖动是其重要的 QoS 指标。

3）交互类业务（Interactive）：如浏览类、搜索类、游戏类、位置类、交易类业务。拿 Web 浏览类业务来说，在进行网页浏览的过程中，用户向远程实体（如服务器）请求数据，同时服务器进行回应。

4）背景类业务（Background）：如短消息、文件上传下载、邮件类等。这类业务不需要用户实时参与，只需在后台默默地完成便可，无须向用户实时邀功。

上述业务分类是 3GPP 为了适应 5G 之前的网络制式而提出的基础业务分类方法，显然不适应 6G 网络制式。所以，在 4 种基本业务类型的基础之外，考虑到 6G 的业务支撑能力，将 3GPP 业务类型进行拓展，如图 3-1 所示。

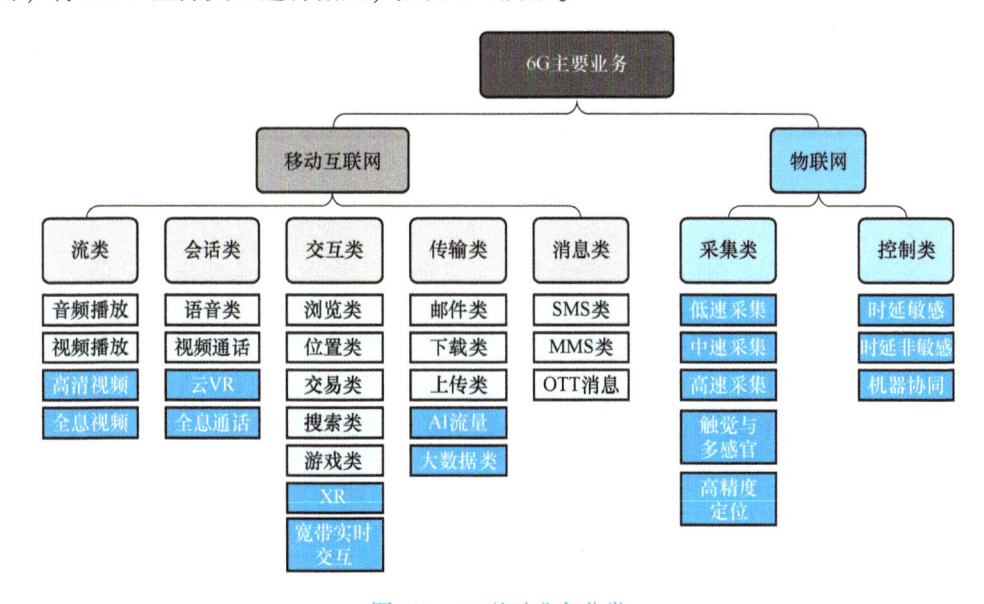

图 3-1　6G 基础业务分类

6G 的基本业务类型和 5G 一样，从大的方面，可以分为移动互联网类和物联网类。移动互联网类包括 5 种基本业务类型，是基于最初的 4 种基本业务类型扩展的，将其中的背景类业务扩展成为传输类业务和消息类业务。物联网业务（含采集类和控制类）是在3GPP 基本业务中从 5G 时代开始新增的类型。

在移动互联网的流类、会话类、交互类业务类型里，增加了 6G 高带宽支撑的计算机图形类（CG，Computer Science）业务、如高清视频流类业务、全息视频流类业务、云 VR（虚拟现实）会话类业务、全息通话类业务、XR（虚拟现实 VR、增强现实 AR、混合现实 MR）的游戏类交互业务、宽带实时交互类业务等。人工智能是 6G 的基石，6G 新增 AI 类数据和大数据类流量的传输支撑。

6G 物联网采集类的业务从速率需求的角度可以分为高速、中速、低速和极低速，如

图 3-2 所示。6G 物联网支撑触觉类感知或其他多感官类采集任务，也支撑高精度水平和垂直定位类业务。6G 物联网控制类业务从时延需求的角度可以分为多个梯度，也可以分为时延敏感型和时延不敏感型的业务。机器间协同类也是 6G 物联网控制类非常常见的业务。

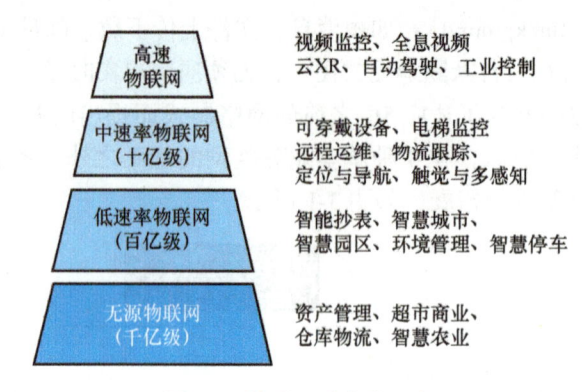

高速物联网：视频监控、全息视频、云XR、自动驾驶、工业控制

中速率物联网（十亿级）：可穿戴设备、电梯监控、远程运维、物流跟踪、定位与导航、触觉与多感知

低速率物联网（百亿级）：智能抄表、智慧城市、智慧园区、环境管理、智慧停车

无源物联网（千亿级）：资产管理、超市商业、仓库物流、智慧农业

图 3-2 物联网采集类业务

3.1.2 云网、算网融合的端管云架构

6G 应用解决方案架构的设计套路仍是"端管云"架构，如图 3-3 所示。但在云网一体化、算网融合的背景下，"端管云"之间呈现你中有我、我中有你的状态，算力分布在云边端各个层级，6G 网络的控制节点分布在集中式云上，而用户面节点则大多位于分布式云上。

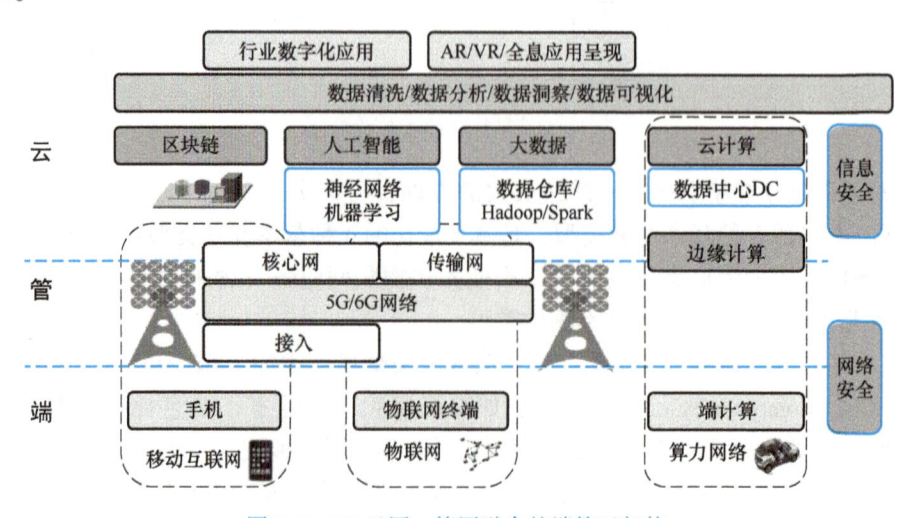

图 3-3 6G 云网、算网融合的端管云架构

所谓"云网融合"，云就是云计算，网就是通信网。准确来说，云计算包括计算能

力、存储能力以及相关的软硬件。而通信网，则包括接入网、承载网、核心网等电信网络的方方面面。从技术层面来看，云计算的特性在于 IT 资源的服务化提供，网络的特征在于提供更加智能、灵活的连接，而云网融合的关键在于"融"。

算力网络也将是 6G 应用方案的基础。算力能够感知到应用需求和网络状态。6G 的网络和计算深度融合，助力应用方案的创新、网络资源效率的提升。

从"端管云"的作用来看，"端"就是人、物和 6G 网络的界面和接口，是信息发送的源节点，也可以是信息接收的目的节点，同时也可以是本地数据分析和处理的计算节点。人类的信息接收和发送、物联网感知层信息采集和控制命令的接收都依赖于"端"侧。

"管"就是 6G 网络，它满足了将"端"侧采集到的信息进行远距离快速传输和大范围共享的需求，管道中的各个节点除射频模块外，可以部署在高度云化的环境中。

"云"就是指平台层，可以是集中云，也可以是边缘云，借助人工智能＋大数据的技术，满足随着连接数指数级增长带来的数据分析和计算的需求。

3.1.3 行业方案设计思路

智慧泛在，即无处不在的智慧服务是 6G 应用的典型特征，包括智慧和泛在两个能力。

智慧指云平台的能力。云平台能力其实也包含两个方面的能力：平台能力和场景应用能力。

平台能力指人工智能（A）、区块链（B）、云计算（C）、大数据（D）、安全（Security）等智能技术能力。"ABCDS"的作用在于铸就"平台"，憨粗"管道"，放飞"感知"，增强"应用"。

场景应用能力，即万物皆上云，就是指各行各业的应用软件能够在云平台上运行。"智慧"实际上促进了 6G 应用的"量"的突变，6G 网络承载的业务越来越丰富，类型也越来越多，从语音、VR/AR 再到全息视频、触觉、多感官。

泛在是指信号的连接能力，天空海地，跨越人联、物联，迈向万物智联；从人联网、物联网到触觉互联网、工业互联网，无所不及。6G 网络的"泛在"不只是覆盖范围从水平到立体的拓展，更多的是要求连接的"质"上突破，如超大带宽、超低时延和超高可靠。

智慧泛在是 6G 应用的关键词，跨界融合是 6G 应用的创新钥匙。垂直行业是 6G 施展网络能力的关键所在。那么 6G 垂直行业应用解决方案如何设计？

首先确定行业应用的需求，确定基本的、智慧化的功能特性。如图 3-4 所示。一个行业可能需要多个通用的应用功能。比如交通行业，需要数字孪生、普惠智能的功能，也可能需要沉浸式的 XR 功能，需要对道路、车辆上的大量传感器的感知能力进行智慧化的整合，形成有价值的应用。

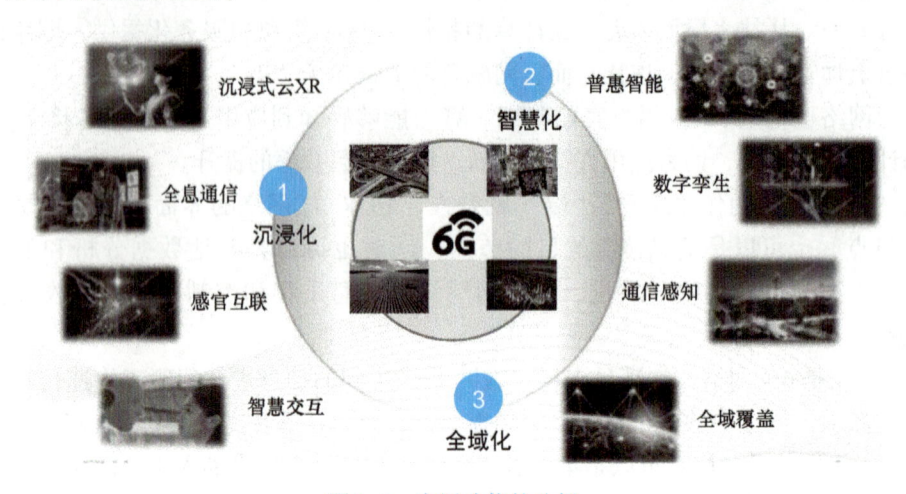

图 3-4 应用功能的选择

然后根据垂直行业应用的需求特征，确定空天海地的大覆盖场景需求，当然地面覆盖的细分场景更多。接下来，选定需要的泛在连接的能力，即需要 6G 网络满足的指标要求，如带宽、时延、可靠性、连接数、超高精度、高移动性等，如图 3-5 所示。

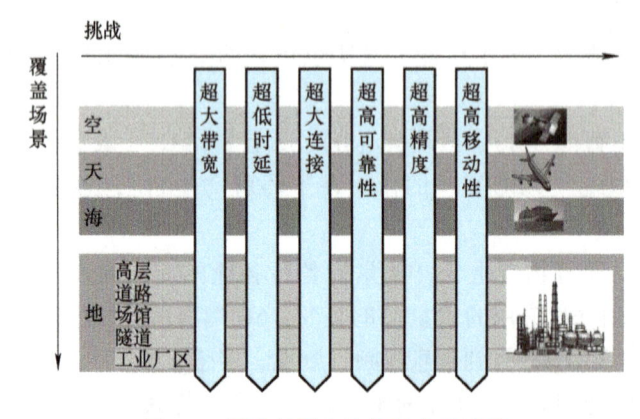

图 3-5 覆盖场景和连接能力的选择

最后是选择切片模板，设置切片参数，调试切片的过程。互联智能是 6G 应用方案的一个显著特征。智慧和泛在是 6G 网络切片的关键要素，同时 6G 在多维感知、数字孪生、安全内生等新维度增强了切片能力。因此，6G 垂直行业方案通过选择合适的增强型切片模板、设置合理的切片参数，来构建人机物的智慧互联、智能体高效互通的应用。

一个垂直行业解决方案如果能说清楚它有哪些应用功能，适合哪些覆盖场景，支持哪种应用场景，相应的连接指标是多少，使用哪些业务类型，需要哪些智慧处理能力，这样就可以确定需要的网络支撑能力，确定智慧增强切片的输入参数，从而确定

3.2 新场景、新应用

> 《6G应用》
> 沉浸全息我办公，
> 协同控制工业中。
> 感知定位全覆盖，
> 智能轨道一交通。

各行各业的信息交互场景和业务需求，与6G超强的管道连接能力组合，会产生各种个人消费型的应用和产业互联网型的应用。人工智能（AI）辅助型的个人应用将会指数级地扩展个人的智慧，使人们在从事个人活动的时候可以做到"手眼通天、耳听六路、眼观八方"。产业型应用场景，凭借着6G超低时延和超高可靠性的连接能力、智慧化的协同控制能力，大幅提高工业生产效率和运营效率，如智能交通、自动驾驶、VR+AR、全息交互、智慧城市、智能电网、工业互联网、智能物流等。

元宇宙把传统的二维视听体验推向三维的全感官互动，通过全息、XR、数字孪生等技术实现，助力实现跨时代的沟通互动体验，它具备三个特征：现场感、持久性、共享性。三维时空催生虚拟人和实体化机器人，依靠AI引擎实现，实现极致体验的视听交互、多感官交互、情绪情感的交互。

我们体验一下6G时代的工作和生活

你有早晨打篮球的习惯，可是最近经常出差，没有时间约朋友一起打球。这天你有了360°高清VR设备和打篮球的可穿戴数字设备。早上6:00，你开始在虚拟的篮球场和朋友们打篮球了。云VR设备具有极佳的沉浸式视觉体验和极低的交互时延，你感觉就像真的在篮球场打篮球一样，长时间虚拟打球，你也不会感到眩晕。

你是一个汽车制造厂的工程师，职责是优化汽车定制化流程。领导约你9:00研讨生产流程。由于公司建设了基于6G网络的全自动化汽车生产流程，你和领导无须像以前一样身处嘈杂的流水线，而是和领导在生产线的远程控制室。整个生产车间里，空无一人，忙忙碌碌的是各种机器设备。通过超低时延和超高可靠的6G连接，你和领导可以获得各种类型的生产流程直观数字化显示，也可以远程操作设备对生产流程进行优化。

> 下午,你乘坐时速1000km的全封闭智能轨道交通去青海见客户。这个轨道交通是全自动驾驶的动车,列车运行的状态、轨道周边环境都立体地呈现在车厢不远的前上方。
>
> 青海的野生动物科考地方地处无人区,手机信号很差,不时会出现网络中断的情况。朋友告诉你,只要使用地面和非地面一体化接入的6G终端,无论身处何地,都可以享受高质量的移动宽带接入。你换上6G手机后,可以无缝连接到地面或非地面网络,获得较好的宽带体验。
>
> 在前往市区的途中,你遇到一起油罐车翻车着火的事故。6G辅助的地球观测系统检测到了这一异常情况,并且用高精度定位的功能锁定了油罐车的位置,然后将数据实时传回控制中心。控制中心通过分析燃料成分,发现油罐车有爆炸危险。于是,立即通过汽车通信系统将这一危险情况通知你,并建议你与事故区域保持安全距离。你根据建议及时变更了路线,安全地抵达了市区。与此同时,地球观测系统还向交警和消防人员发出了通知警报,相关部门做好了相应应急预案。

上面这段故事涉及的6G应用,按照出场先后顺序有:沉浸式云VR、多感知互动、工业物联网应用、智能轨道交通、自动驾驶、偏远地区移动宽带、高精度定位、实时地球观测与保护等。当然,6G时代,各行各业还会涌现出很多新的应用。下面介绍一下这些常见的、代表性的6G应用。

3.2.1 极致沉浸式多媒体业务

6G时代,人们面对的不仅仅是一个简单的万物互联的现实社会,而是一个不受时间、空间限制的虚拟场景与真实场景交融的"虚实孪生"世界。元宇宙作为前沿数字科技的集成体,推动数字世界与物理世界的融合发展,实现数字经济高质量发展。

从网络性能的角度上讲,6G具备的更高传输速率、更低时延、更高可靠的连接性能,支持精确的空间互动。沉浸式多媒体业务需要6G网络支持Tbit/s级超高带宽、亚毫秒级超低时延的高可靠特性,同时要求6G网络具有对感官信息、用户行为习惯、环境信息的强大采集能力和通感互联特性。这样,沉浸多媒体技术提供了实时交互的途径和丰富的数据源,将满足用户身临其境、感同身受的逼真体验。

从用户体验上来讲,沉浸多媒体体验是一种高沉浸式、高自然度交互的业务形态,极大满足人类对于人与人、人与物、人与环境之间,在多重感官、甚至在意识层面的不受时间、空间的限制的联通交互、通信感知和普惠智能,助力实现真实环境中物理实体的数字化和智能化,极大提升用户的主观体验和工业场景的信息交互质量,可应用于文化娱乐、医疗健康、教育、工业生产等众多领域。

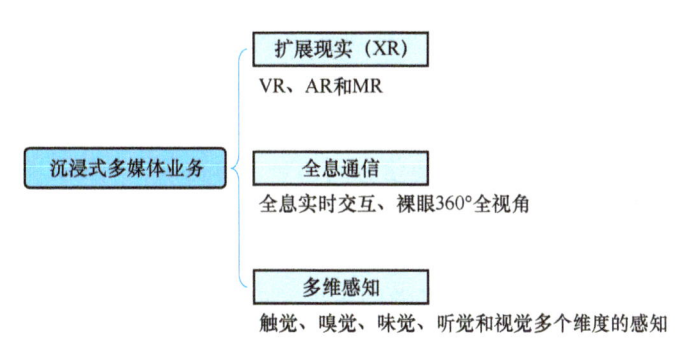

（1）沉浸式多媒体业务的类别

多媒体业务是指同步处理多种不同类型媒体的电信业务。多媒体业务可以涉及多个参与方和多个连接，在单一通信会话中支持资源和用户的增删。沉浸式多媒体业务是指可以为用户提供高逼真度体验的多媒体业务。高逼真度体验可基于多媒体技术的结合实现，如感知信息获取、媒体处理、媒体传输、媒体同步和媒体呈现。

6G 时代的生活愿景中，孪生数字世界具有与现实世界高度一致的沉浸式体验。人们可以通过数字域扩展自己的感官。高分辨率的视觉、空间、触摸触觉、力触觉和其他感官数据应以高吞吐量和低延迟进行交换，从而创造身临其境的体验。

沉浸式多媒体业务主要有三种业务类型，如图 3-6 所示：扩展现实、全息通信和多维感知。

```
                     ┌─ 扩展现实（XR）
                     │   VR、AR 和 MR
                     │
沉浸式多媒体业务 ────┼─ 全息通信
                     │   全息实时交互、裸眼 360°全视角
                     │
                     └─ 多维感知
                         触觉、嗅觉、味觉、听觉和视觉多个维度的感知
```

图 3-6　沉浸式多媒体业务

1）扩展现实（Extended Reality，XR）。扩展现实（Extended Reality，XR）是指所有由计算机技术和可穿戴设备产生的真实与虚拟相结合的环境和人机互动，是实现虚拟化交互和远程呈现的关键技术之一。它包括虚拟现实（Virtual Reality，VR）、增强现实（Augmented Reality，AR）和混合现实（Mixed Reality，MR）等代表性的形式。

XR 是一个结合了 VR、AR 和 MR 技术概念的集合，沉浸式 XR 是 XR 更深入发展的形式，被称为未来交互的终极形态。它通过感官信息的完全模拟和实时交互，实现用户体验扩展与人机互动，给用户创造身临其境、感同身受的逼真体验。6G 沉浸式 XR 业务相比于现有 5G 网络下的 AR/VR 业务而言，需要提供更高的业务特性以满足用户体验，这些业务特性包括超高分辨率、高帧率、宽色域、高位深、高动态范围、宽色域、宽视场角、编码压缩技术、传输方式等，以及更自然的交互方式。因此，6G 沉浸式 XR 业务对平台、网络和终端都提出了新的挑战。

2）全息通信。全息技术可以立体重现包括人体、设备、建筑、自然景观等在内的任意物体。全息通信基于裸眼或借助头盔式显示器（Head Mounted Display，HMD），将被摄对象的全息信息流通过网络传输至指定地点，再利用全息投影或成像技术立体重现被摄对象，并完成和被摄对象间的通话、操控等实时交互性操作，使人们不受时间、

空间的限制，打通虚拟场景与真实场景的界限，使用户享受身临其境般的极致沉浸感体验。

从理论上说，全息显示技术不仅可以实现 360° 三维投影展示，还能实现投影内容与用户之间的互动。但是，当前全息显示技术还有很长的路要走，主要表现在两点：首先全息技术目前主要体现在图像呈现环节的光学处理上，无法实现数据交互处理；其次，当前全息显示技术的实现仍然需要介质来充当"投影幕布"，离真正的裸眼全息还存在相当的差距。

到 6G 时代，全息实时交互能实现用户与全息 3D 对象之间的互动，在用户观看全息呈现内容的同时，用户的行为动作和指令可以实时影响到被呈现的对象，从而真正实现人机互动。6G 时代将会实现全息三维显示，无须佩戴任何装备，只靠裸眼就可以 360° 全视角地看到 3D 呈现效果，并且从不同角度观看都会展示出不同的信息，带给用户身临其境的视觉体验。

3）多维感知。多维感知是触觉、嗅觉、味觉、听觉和视觉多个维度的感知。现阶段触觉研究较多。视觉和听觉一直是传递信息的两种基本方式，然而人类用来接收信息的感官除了视觉和听觉以外，触觉、嗅觉和味觉等其他感官也在日常生活中发挥着重要作用。

随着传感器技术等的进步，人体感觉的采集和重现正在成为可能，6G 网络将会把多种感官（如味觉、嗅觉、触觉甚至情感等）纳入交互通信的功能。多维感知之间的协作参与通信将会成为重要的发展趋势。

为了支撑感官互联的实现，需要保证触觉、听觉、视觉等不同感官信息传输的一致性与协调性。感官数字化表征方面，各种感觉都具有独特的描述维度和描述方式，因此触觉、味觉和嗅觉等需要新的编码方式，并统一其单独和联合的编码方式，以支持其在通信网络中的传输。多种感官数据还需要进行同步和整合，以保证用户体验。

多维感知可应用于包括健康医疗、技能学习、娱乐生活、道路交通、办公场景和情感交互等领域。

（2）沉浸式多媒体业务技术架构

为了实现沉浸式 XR、全息通信以及多维感知等 6G 沉浸式通信应用，6G 网络需要对多维度交互应用场景数据的视频、音频、触觉及文本等多媒体信息进行采集、编码处理、传输、渲染呈现，包含了从数据采集到多维度感官数据还原的整个端到端过程。

6G 沉浸式通信总体架构如图 3-7 所示，包含应用层、网络层和感知层。该架构旨在支持 6G 沉浸式多媒体业务的实时交互和业务控制。基于三层架构，实现 6G 沉浸式通信的潜在关键技术主要包括五个方面：终端类技术、媒体处理技术、编解码技术、业务控制技术与网络传输技术。

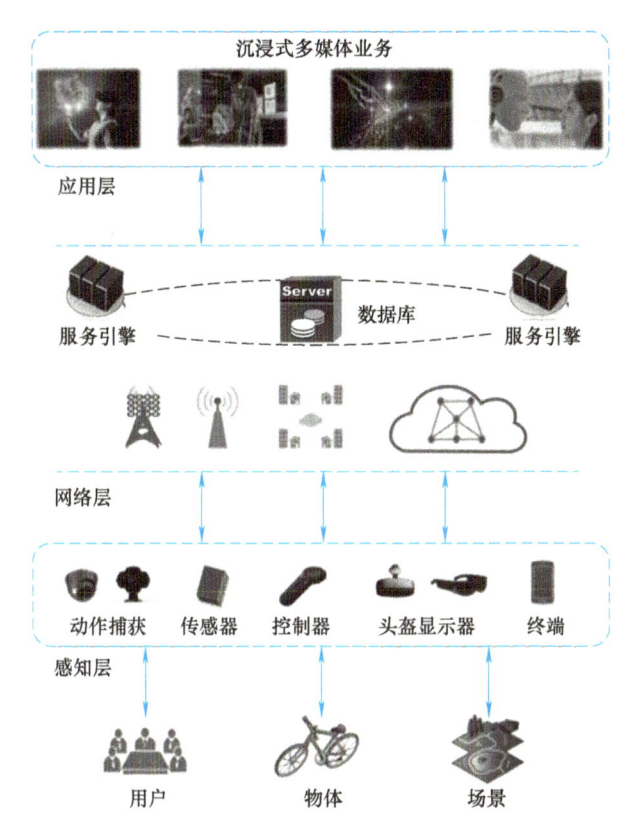

图 3-7 6G 沉浸式多媒体业务总体架构

感知层中的设备，获取并显示来自用户的交互信息。感知层由一系列感知设备和呈现设备组成。感知设备主要包括摄像机、传感器、定位器、陀螺仪、手持控制器、传声器等。用户的视觉、听觉、触觉和其他媒体信息由感知设备收集、编码和预处理，之后转换为上行媒体流用于网络传输。呈现设备包括显示设备（如激光投影仪和高清屏幕）、头盔式显示器 HMD（如 AR 眼镜和 XR 一体机）、外部设备（如智能终端和扬声器）以及辅助设备（如机械臂）等。这些设备对由网络层处理过的下行媒体流进行解码，并将相应的交互信息在用户端呈现。

网络层传输来自感知层的上行媒体流以及来自应用层的下行媒体流，并提供如媒体智能分发、多并发流协同控制、QoS 智能感知和调度、数字建模等服务能力。网络层包含承载子层和服务引擎子层。

承载子层提供具备 QoS 保证的路由和传输能力，支持实时交互。由于沉浸多感业务平台支持集中部署和分布式部署两种方式，所以网络路由也有全分布模式和集中 + 分布的混合模式两种部署方式。

全分布模式无须配置中央服务器，通信节点根据保存的路由数据直接建立业务连接。

在混合模式中，接入服务器接收业务请求，执行相应的业务逻辑后，通过查询统一数据库获取接收方所在的接入服务器地址，完成业务路由。混合模式由集中的数据库存储路由数据，可靠性更高，更适合应用于沉浸多感网络。

服务引擎子层为顶层应用程序提供业务控制和媒体处理功能，主要包括：

1）数字建模引擎：提供物理世界（如物体、空间等）到数字世界的映射，构建虚拟孪生体。

2）多并发流实时交互控制引擎：提供应用和终端、终端与终端之间的全息信息、音视频、触觉等多种并发媒体流的实时通信和交互控制。该引擎根据具体场景和业务逻辑，协同控制沉浸多感媒体并发数据流的建立、交互、同步和整合。沉浸多感媒体数据需要上千个并发数据流进行传递，例如全息数据及其格式清单、全息数据传输优先级、音频流、视频流、文本数据、触觉反馈数据、触觉控制数据等。

3）QoS智能感知调度引擎：及时感知并实时上报QoS参数和业务状态，并对QoS策略做出优化调整。

4）通信感知引擎：提供目标位置周边的环境信息，实现对目标的检测、定位、识别、成像等感知功能。

5）媒体智能分发引擎：根据媒体流的算力需求及媒体处理单元算力资源的状态和能力，将多媒体数据智能分发到媒体处理单元进行处理。媒体智能分发处理根据媒体流的编码、压缩、渲染等算力需求，结合云、网、端等多种算力资源的状态和能力，将海量多媒体数据智能地分发到合适的算力节点进行处理。例如，将涉及大量计算的渲染放在计算能力强大的云中心进行处理，将媒体流的编解码分发到网络边缘的多个算力节点共同协作处理完成。媒体智能分发处理技术能根据用户对象类型、属性和业务需要选择合适的媒体服务器。

6）高精度定位引擎：提供各种接入方式终端的精准定位信息，实现高精度实时感知服务。

应用层调用网络层中服务引擎的能力，支持沉浸式XR、全息通信、触觉通信等应用。根据不同的业务需求支持和开发各种应用程序。应用层通过调用网络层的服务引擎提供可视化、交互式、沉浸式的应用程序。平台需对沉浸式业务提供渲染、同步、编码、分发、存储、管理等功能，并支持全景视频/全息/感官数据的传输。视频/全息内容的渲染可以在计算处理能力强大的云端进行，也可以在靠近用户侧的边缘网络进行处理，并且，同一用户侧的视频流和音频流需要同步，以保证能百分百还原呈现在对端的用户侧。

（3）应用场景

极致沉浸式多媒体业务在个人消费者领域和垂直行业领域都有广泛的应用场景，如图3-8所示。

举例来说，XR眼镜作为下一代沉浸式个人智能计算终端，将重构"人-物-场"的连接关系，创造新的生态入口。针对行业用户，XR 眼镜将覆盖工业远程监控、现场模拟操作、自动驾驶、远程医疗等场景；针对消费级用户，XR 眼镜将覆盖办公、出行、娱乐、教育、线上线下社交等日常使用场景。图 3-9 为 XR 眼镜。

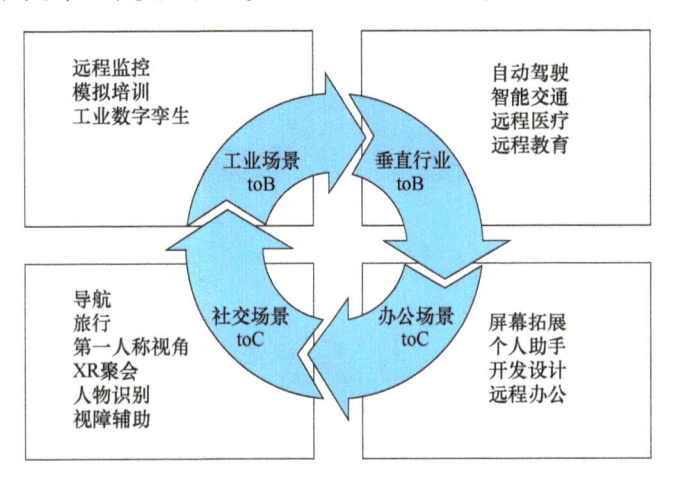

```
远程监控                    自动驾驶
模拟培训                    智能交通
工业数字孪生                远程医疗
                           远程教育
     工业场景      垂直行业
       toB          toB

     社交场景      办公场景
       toC          toC
导航                         屏幕拓展
旅行                         个人助手
第一人称视角                 开发设计
XR 聚会                      远程办公
人物识别
视障辅助
```

图 3-8　沉浸式业务应用场景

图 3-9　XR 眼镜

远程手术是远程医疗的关键应用之一。6G 网络超低延迟和高可靠性连接，将远程端的患者的全息图像呈现在本地端，当然本地端的医生的全息图像也可以呈现在远端，医生可以通过触觉感知设备来操控远端的辅助设施完成手术，如图 3-10 所示。

全息通信业务改变了传统的通话双方或会议参与者的呈现模式。参与者的全息图像被全连接的网络传送至指定地点，以全立体的形式展现并和指定地点的其他参与者的立体图像进行语音、文本和图像交互，如图 3-11 所示。

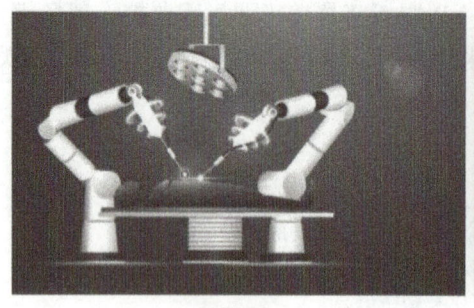

| 远程A端 | 本地B端 |

图 3-10　远程手术

图 3-11　全息会议

6G 时代下，无论开车、骑车还是步行导航，6G 与全息技术结合，都可以不用低头看手机，而是在眼前投出一幅三维立体的城市全息地图。6G 时代的高级人工智能会主动与你进行互动，主动帮你进行各项事务的处理，主动为你提供各类建议。

XR 技术、全息投影技术和多感官交互技术往往配合起来使用。触觉交互是多感官交互技术比较成熟的应用，在真实场景中，包含触觉反馈的远距离控制技术可以实现工业远程精细化控制、高精度远程医疗手术、远程教育、电子商务等服务场景。在虚拟场景中，触觉反馈的技术用于游戏、虚拟现实增强、元宇宙建设等应用中。在现实场景及虚拟场景的应用如图 3-12 所示。

（4）业务对网络的指标需求

由于沉浸式 XR 涉及极为丰富的业务体验，需要 6G 提供更高的数据传输速度、更低时延、更高可靠的网络性能。以 16K 分辨率为例，沉浸式 XR 网络传输速率需求达到 0.98Gbit/s。同时，如果想让人们在使用 XR 时不产生眩晕感，沉浸式 XR 的端到端时延必须低于 MTP（Motion To Photons）要求，即小于 20ms。

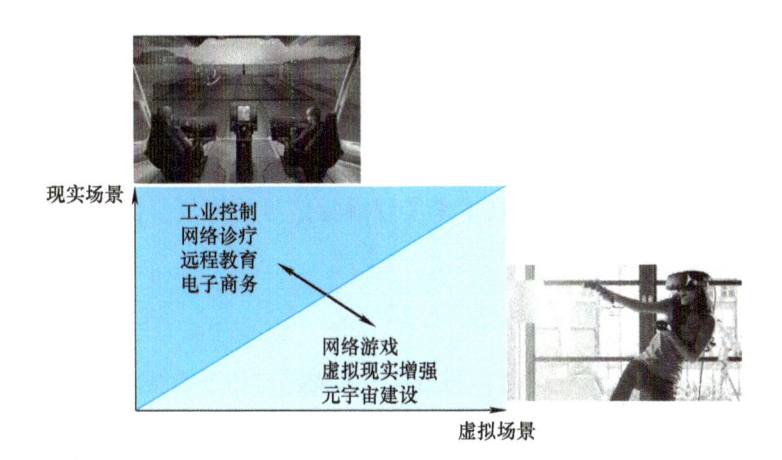

第3章 沉浸智能、通感一体、立体泛在——6G应用场景

图 3-12 触觉交互应用场景

全息图相对于传统的音频和视频，是一种新的媒体格式。对全息类业务，平台除了支持传统的音频和视频编码传输，还需要支持对全息图数据的编码和传输。每路全息通信 6G 网络至少应支持大约 1000 个并发流。这些并发流除了传统的信令流、音频流、视频流，还可能包括触觉、嗅觉等媒体流。为了保证能百分百还原被采集的对象，这些并发流之间需要保持严格的同步。此外，6G 网络应具有感知业务状态如终端的移动、QoS 状态和网络运行状态的能力，并能根据平台下发的策略对 QoS 进行调整。

全息技术的发展对网络提出了更高的要求。以传送原始像素尺寸为 1920×1080×50 的 3D 目标数据为例，RGB 数据为 24 bit，刷新频率 60fps，压缩前速率约为 149.3Gbit/s，按照压缩比 100 计算，压缩后速率约为 1.5Gbit/s。对于一个普通人大小的全息图像，通常需要 1Tbit/s 以上的传输速率。为保证全息交互的实时性，全息通信的端到端时延为亚毫秒至十毫秒级别，并且这些并发流之间将为有限的到达时间差，即保持严格的同步。

由于全息通信将采集对象在对端以 1:1 进行全息还原、呈现，例如人脸、指纹、声音等敏感的生物特性信息在传输的过程中需要网络提供极高的安全保障。全息图像的编码和渲染都需要网络提供强大的算力支持。

对于全息通信应用于远程操控、远程手术等特殊场景，由于信息的丢失意味着系统可靠性的降低，且为满足时延要求，传输的数据通常不可以选择重传，所以要求数据传输具有实时性和超高安全性与可靠性。在全息远程操控场景下，传输速率通常为 Gbit/s 量级，时延为亚毫秒至十毫秒量级，可靠性要求为 10^{-6} 量级。

依照采样面积、信号采集器件的精度，实时的触觉信号传输速率一般为 20kbit/s ~ 10Mbit/s。人体对触觉感知的灵敏度为 1ms 以内，也就是说，通信时延需要保持在 1ms 以内，才能使网络传输触觉时，大脑不会产生时延感，这一点远比音频和视频信号的传送时延苛刻。高突发、主从交互的触觉信号在传输过程中会对网络也提出超低延迟和超高可靠性的要求，即要求延迟小于 1ms，而可靠性高于 99.99999%，丢包率不超过 0.001%。同时，触觉信号携带的多维信息要求传输具有协同一致性。多维信息协同传输时，数据量将会随着传输的感觉信息数量的增加而增加，所以通信网络的最大吞吐量需要成倍地提升。此外，触觉信号的突发性和不可预测性，易使接收端收到时序错乱的触觉信号。因此，终端需要支持相关技术来实现触觉信号的恢复，保障终端用户的触觉感知质量。

3.2.2 全功能工业 4.0 类应用

工业 4.0，就是第四次工业革命，利用基于万物感知和万物智联的高级信息物理系统（CyberPhysical System，CPS），来实践工业自动化，提高工业生产的灵活性、通用性、易用性和运行效率。

"工业 4.0"应用主要面向三大主题，如图 3-13 所示：

一是"智能工厂"，重点实现智能化生产系统及网络化分布式生产设施。

二是"智能生产"，主要有整个企业的生产流程的智能管理、人机互动和使用的 3D 技术的工业生产过程等。

三是"智能物流"，主要通过互联网、物联网、物流网，整合物流资源，充分发挥现有物流资源供应方的效率，这样需求方能够快速获得服务匹配，得到物流支持。

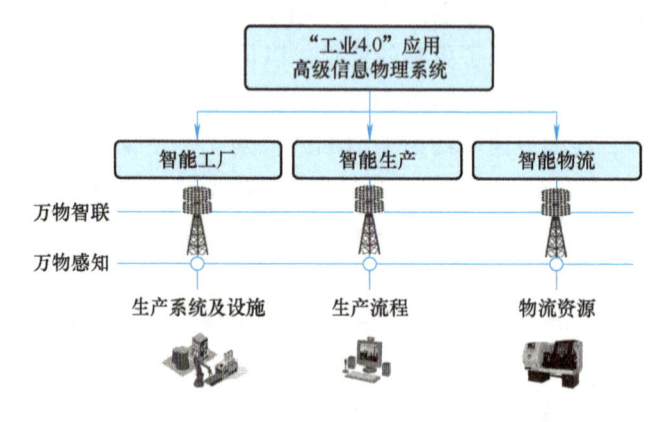

图 3-13 工业 4.0 应用主题

1. 工业物联网及三大业务流

工业 4.0 类应用的本质是工业的数字化转型，即实现产品对象数字化、产品作业过程数字化以及产品运行数字化。数字化转型，就是把 OT（控制技术）与 ICT 深度融入核心作业系统，如管理运营支撑系统、研发系统和核心生产系统，通过行业数据的采集、开放、分析、共享，形成行业知识，并将行业知识注入现有产品对象、流程、工艺等生产要素、生产装备、作业流程等全要素。

工业物联网是数字化转型的网络基石，利用信息技术提升传统工业的创新能力，赋能工业数字化转型和智能化升级，实现智慧工业。

工业物联网连什么？

人、机、物的全面互联，即机器、原材料、控制系统、信息系统、产品以及人之间等全要素、全产业链、全价值链的连接。

工业物联网用什么来连？

6G网络是工业物联网发展的重要支撑。工业物联网是6G移动通信技术与工业设备、工业流程、工业资源全方位深度融合所形成的智能化综合信息基础设施。6G网络使能的智慧工业可以通过无处不在的超强连接、广泛分布的强大计算资源，将工厂内的生产设备、操作人员、物料、环境及产品等连接起来，利用高精度、高可靠的工业传感器实时感知监测生产环境的各种参数，采集的数据通过6G网络传输至云端平台，并被汇总、存储和处理。

这些要素连起来有什么用？

1）通过工业资源的网络互连、数据互通和系统互操作，方便工业数据的全面深度感知、实时传输交换、快速计算处理和高级建模分析。

2）实现制造原料的灵活配置、制造过程的按需执行、制造工艺的合理优化和制造环境的快速适应，智能控制、运营优化和生产组织方式等变革。

3）基于计算机模拟和实时仿真的技术手段，将实际工业运行行为建模到计算机系统中，构建工业数字孪生，形成工业全生命周期的虚实共生互操作、智能高效闭环的工业体系新范式，实现设备预测性维护、远程监控、智能供应链等各种新型的工业智能化应用。

4）聚合工业机理模型和工艺经验的沉淀，实现从数据到知识、再到工业智能的蜕变和价值挖掘，从而构建服务驱动型的新工业生态体系，打造工业企业智能化发展的新兴业态和应用模式，达到资源的高效利用，促进工业的高质量发展。

工业企业有三大业务流：生产制作流、产品生命周期流和价值创造流。生产制造流是汇聚枢纽，价值创造流打通上下游数据，产品生命周期流构建设计与制造协同平台。工业互联网的价值就是对这三个"流"的集成和优化，如图3-14所示。

从"价值创造流"的维度来看，现代工业制造企业通常以实现客户需求为价值创造导向，客户需求是价值源头，实现过程涉及复杂的、跨域的、动态的和全球化的供应链结构，涵盖从原材料到零部件、从模组到个性化选项、从在制品到制成品、从硬件到软件、从用户使用到回收的所有环节。工业企业借助6G网络实现全供应链信息整合与分享、对物流状态进行实时收集、对流通环节（如运输、仓储等）进行在线监控和预警、对客户销售到生产环节进行可视化管理，提高工业企业内部与可信合作伙伴间高效生产调度与资源配置。

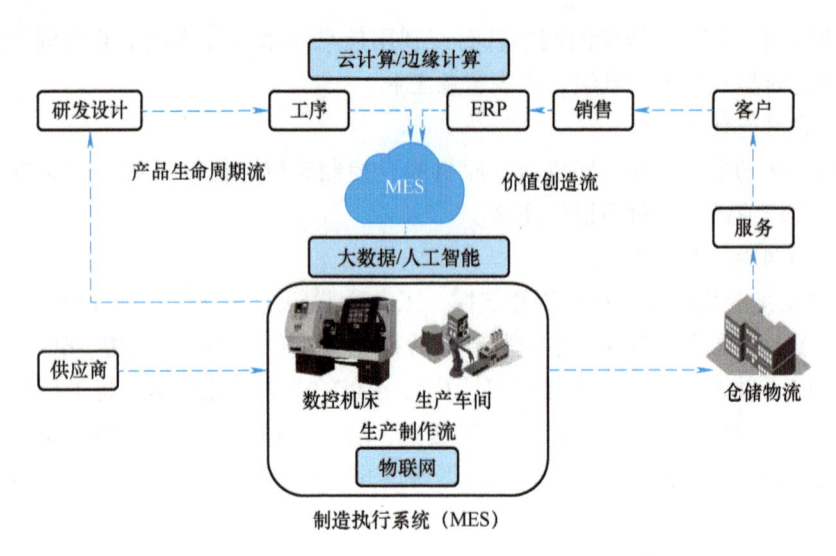

MES：Manufacturing Execution System，制造执行系统
图 3-14 工业企业的三大业务流

从"产品生命周期流"的维度来看，现代工业制造企业的首要目标是为用户持续提供具有价值的创新产品和服务。这一价值创造和实现过程可以分成 3 个主要阶段：研发设计、生产制造和交付服务。在研发设计阶段，研发和设计人员可以通过工业互联网平台综合利用多源信息，如用户体验实时反馈、用户期望和用户痛点问题洞察、供应商新材料、新组件、新功能、车间新装备新工艺等、及时更新的机理模型、基于云化的协同开发软件等，进而加速差异化产品创新过程、缩短产品研发迭代周期、缩短产品上市时间；在生产制造阶段，生产运营部门可以利用这些来自客户现场的实时信息来规划和安排备件生产，既可以充分利用产能，又可以缩短用户服务时间，满足客户需求和客户对产品的体验预期；在交付服务阶段，工业互联网和相关工业 APP 的部署将能进一步赋能现场维护和一线客服人员，及时准确地反馈现场产品状态、维护需求、客户体验、使用中出现的问题以及改良建议等。这些来自现场的一手资料对于企业实施大数据分析、洞悉产品实时性能并比对设计预期性能、改进未来产品设计和创新大有裨益。

从"生产制造流"维度来看，工业企业三大业务流最终汇聚到生产制造环节。在生产制造阶段，通过 OT 和 ICT 的深度融合和工业互联网平台整合，综合利用工业软件（如 ERP、PLM、SCM、CAX、3D 仿真、MES 等）和多源信息（如生产节拍、产品良率、车间设备健康状态、供货状态、实时 SPC 数据、用户定制需求变动等）对生产计划、产线排序、资源调度、原料和零部件送达计划、仓储物流等，做出及时调整和优化，对设备进行预测性维护，实现计划外零宕机，从而提高生产运营整体效率和产能、降本提质。

2. 工业 4.0 类应用体系架构

随着工业控制器、传感器等越来越多的设备连入云端，传统以云为中心的端管云架

第 3 章 沉浸智能、通感一体、立体泛在——6G 应用场景

构难以满足对海量设备数据进行实时分析处理的需求。云-边-端协同的架构更好地满足工业现场实时业务处理需求和工业企业整体协调调度的需求，如图 3-15 所示。

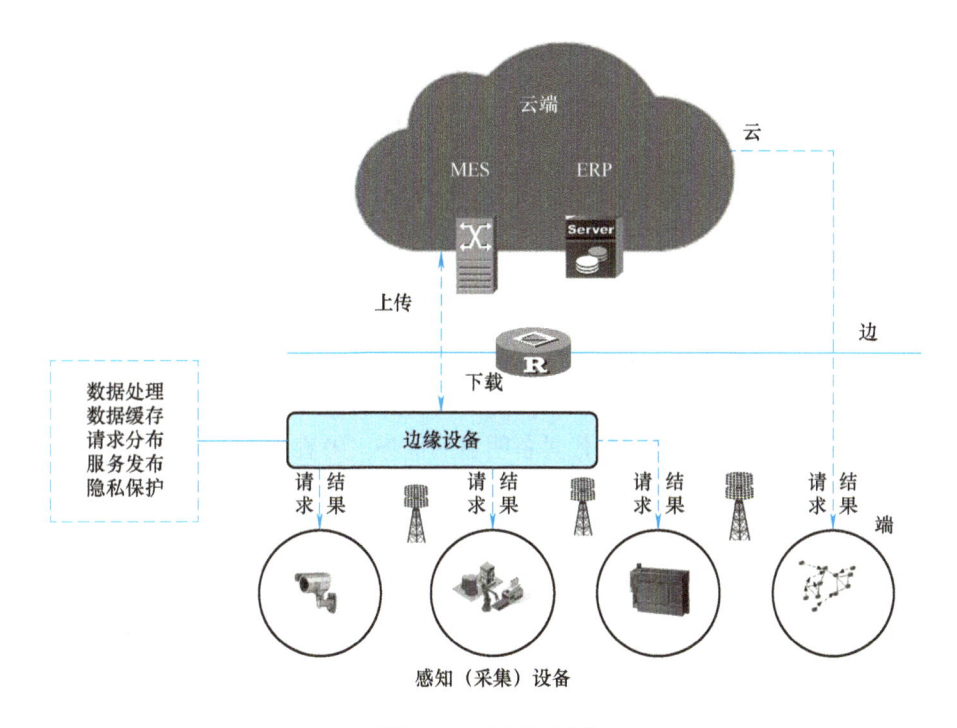

图 3-15 云边端协同

在工业现场等要求时延 <5ms 的场景，以及无网状态中，集中云计算的方式无法满足企业实际需求。云计算聚焦非实时、长周期数据的行业整体分析，支撑周期性维护以及业务决策。边缘计算聚焦实时、短周期现场数据分析，减少了到中央存储库的回程通信量。这样可以支撑本地业务的实时智能化处理与快速执行响应，并在边缘智能节点形成本地闭环，并形成自治域。

（1）多样化计算架构

工业领域涉及原材料、产品、设备、运营、售后等制造相关的复杂场景，必然带来了数据的多样性，如文本、图片、视频、波形等。这里计算的需求，已经远远超出传统办公协同和管理信息系统的场景，尤其是在生产环节的多场景，需求更加突出。

计算密集型应用需要计算平台执行逻辑复杂的调度任务，而数据密集型应用则需要高效率地完成海量数据并发处理，单一计算架构难以满足所有业务诉求。工业场景多种多样，为了让 ICT 技术融入各种工业场景中，形成在设计仿真、生产制造、供应链协同、运维服务等环节适配的知识生产工具，计算能力的多样性成为必然，如基于 ARM 的边缘计算、图像处理计算（GPU）、人工智能芯片的智能计算 NPU，如图 3-16 所示。

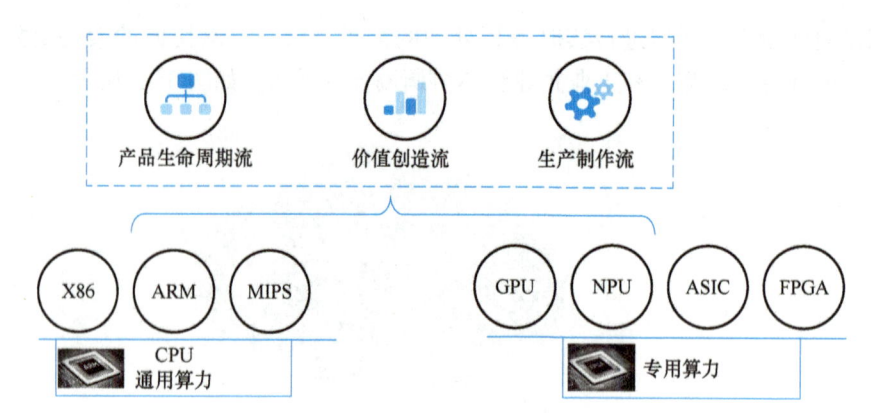

图 3-16　多种计算架构并存的组合解决方案

以 ARM 为代表的 RISC 通用架构处理器,以及具备特定定制化加速功能的 ASIC 和 FPGA 芯片等,在场景多样化计算时代具备明显的优势。随着 TPU、NPU 等人工智能处理芯片在智能摄像头等领域的广泛部署,通用处理器加上深度学习加速芯片成为典型的工业场景计算架构。多种算力芯片见表 3-1。

表 3-1　多种算力芯片

类　别	芯　片	英文全称	中文名称
通用算力芯片	ARM	AdvancedRISC Machine	高级精简指令集芯片
	RISC	Reduced Instruction Set Computer, RISC	精简指令集
	MIPS	Million Instructions Per Second	每秒钟执行的百万指令数 采取精简指令集(RISC)的处理器架构
	CPU	Central Processing Unit	中央处理器
专用算力芯片	ASIC	Application Specific Integrated Circuit	专门应用的集成电路芯片
	DPU	Data Processing Unit	数据处理器
	NPU	Neural Network Processing Unit	神经网络处理器
	TPU	Tensor Processing Unit	张量处理器
	FPGA	Field Programmable Gate Array	现场可编程逻辑门阵列

(2) 工业互联网新型体系架构的部署

新型工业互联网体系架构的核心价值为工业企业构建新的数据 + 行业知识(工业 Know-How)驱动的应用架构。实时数据 + 行业知识组成的数据湖是智能化业务底座。工业互联网新型架构的企业数据治理和建设数据湖的周期比较长,所以应该分阶段完成部署,开始的时候支持"轻量"部署方式。

工业企业往往有传统的基于现场总线的监控管理系统(基于 ISA95 架构)。基于 6G

的新型工业互联网架构需要和这个已有存量的系统互联互通、无缝集成、"双活运行",
如图 3-17 所示。新型架构和已有存量系统要建设统一的数据湖。已有系统的实时数据通
过现场总线传送到新型工业互联网架构的数据湖中。企业可以在工业互联网新型架构构
建起数字化应用,然后分阶段将存量系统的应用逐步搬迁到新架构上。

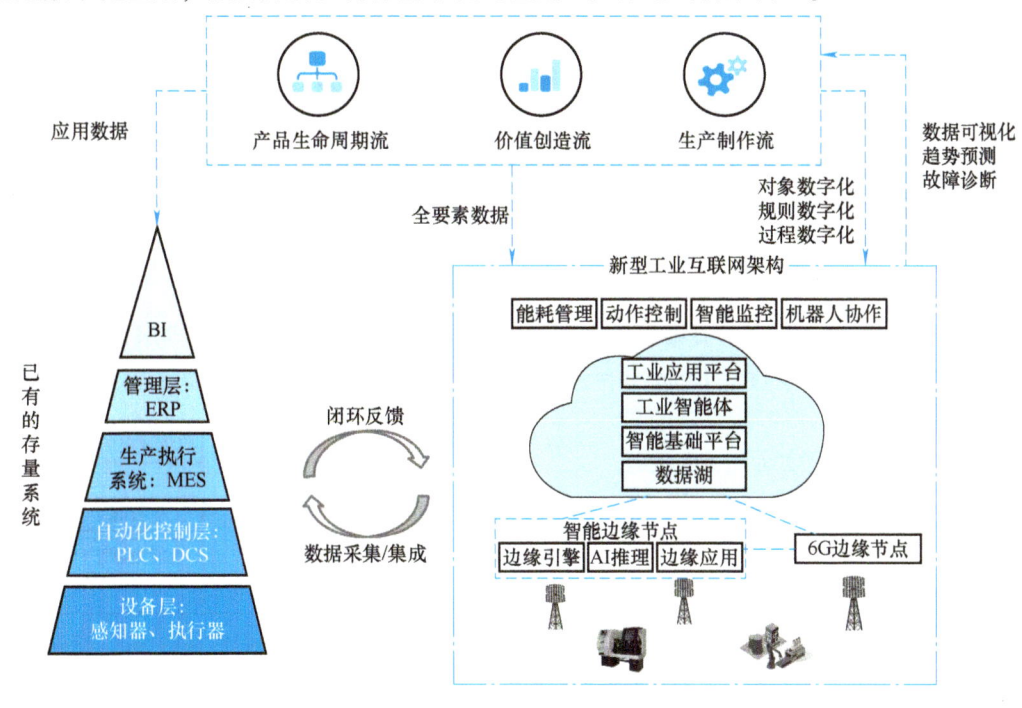

图 3-17 工业互联网融合演进架构

（3）工业互联网新型体系架构的要素

新型工业互联网体系架构要完成三大业务流的三个数字化：生产对象数字化、规则
数字化、过程数字化。工业应用平台从三大业务流程获取各维度全要素的数据,然后完
成能耗管理、动作控制、智能监控、机器人协作等多个应用的数据预处理、数据建模、
模型部署和管理、模型评估、智能数据处理、问题分析,最后将可视化的结果、趋势预
测的结果和故障诊断的结果反馈到三大业务流程中。

工业现场问题的抽象化和复杂化使各类需求不断纳入人工智能（AI）的处理范围。

一是传感、网络、计算技术及数字化的发展使更多的数字化对象和问题能以数据的
方式呈现出来,构成了算法应用的基础。

二是对工业问题的数字化、智能化、抽象化,搭建了算法和应用的桥梁。

人工智能 AI 技术是制造业实现质量提升和业务优化转型的关键技术手段。工业机理
和 AI 深度结合,强化了制造企业的数据采集和处理能力、信息融合和分析能力、知识提
取和洞察能力、决策自主和执行能力、价值创新和实现能力。

工业互联网新型体系架构关键要素包括 6G 网络、平台、安全、数字孪生、工业智能、应用等。通过与传统工业体系架构之间相互作用、深度融合，构成了新型工业体系架构。

6G 网络是各要素连接的基础，工业互联网的网络体系将连接对象延伸到机器设备、工业产品和工业服务。

平台是工业互联网的核心，采集、汇聚大量现场数据并分析、处理沉淀为行业知识，催生以边缘为核心的自适应智能生产，支撑制造资源的泛在连接、弹性供给、高效配置。

工业智能是驱动，基于对海量数据清洗、处理、挖掘和萃取出来的行业知识积累，嵌入到生产系统并迭代优化。

(4) 工业互联网平台分层架构图

工业互联网平台通常由现场设备层（感知层）、网络连接层（通信层）、智能边缘算力层、工业 IaaS 层（数据中心虚拟化基础设施）、工业 PaaS 层（平台基础层）以及工业 SaaS 层（应用软件层，行业 Know-How + 应用层）组成，如图 3-18 所示。

工业互联网平台的端到端的解决方案是由泛在的感知层、6G 的连接能力，再加上边缘智能分析 + 云基础设施 + 工业 PaaS 层 + 工业 SaaS 层，共同构建开放价值生态的体系。

泛在的感知层加生产对象、规则、过程的"数字化"让工业互联网"有数据"，工业应用"6G 网络化"让数据"能流动"，边缘算力层实现任务"及时处理"，虚拟化基础设施让计算、存储、网络等资源动态调度，"人工智能化"则实现数据价值的有效转换，即能把正确的数据在合适的时间，以正确的方式传递给正确的人和机器。最终支撑工业互联网应用解决工业制造过程的各种问题。

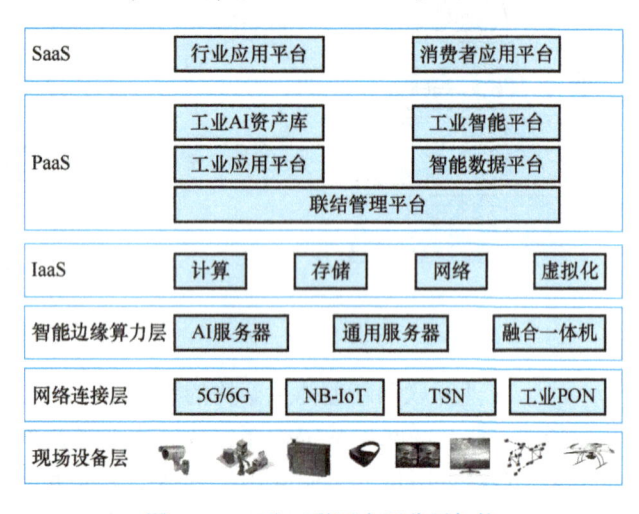

图 3-18 工业互联网应用分层架构

现场设备层应实现多维度、多领域、多粒度的感知能力。6G 网络本身具备太赫兹感知、环境能量采集等感知能力。现场设备层应融合多种传感能力、提升感知能力。

1) 实现感知能力的升级，进一步提高感知精度和准确性。
2) 提高感知层移动性和智能化，解决部署、供电等难题。
3) 增强融合的多感知能力，并实现感知能力泛在化。

网络连接层需要实现超低时延、超低可靠性、超低功耗、超低成本、免维护的通信能力。

1）6G 网络具备超低时延、超低可靠的连接能力，满足严苛工业物联网场景中信息交互的高可靠性、低时延要求。

2）6G 绿色基站能够根据话务需求打开或关闭载波和时频资源，同时要支撑工业物联网的终端反向散射、环境能量采集、智能能耗管理等超低功耗的能力。

3）通过异构网络融合，形成统一的、无缝衔接的 6G 网络体系，实现对异构网络资源和服务的优化整合。

智能边缘算力层，通过实时计算、泛在智能算力、智能异构算法等能力，推动工业互联网从"万物互联"向"万物智联"跃迁升级。6G 工业互联网的应用场景要求边缘算力层具备更高的智能和更低的算力成本，并融合计算实现低时延、高可靠、高安全、低能耗，以满足逐渐增长的节点数量以及异构设备的计算需求。

云平台包括 IaaS 基础设施层、PaaS 平台层和 SaaS 软件应用层。虚拟化的基础设施资源包括计算、存储和网络资源。PaaS 平台层包括各行业大数据和人工智能方面的通用功能和工业制造类的应用协同支撑功能。

云平台的数据处理功能包括数据过滤、数据存储、数据管理、信息模型等能力。一方面通过数据过滤、数据存储、数据管理等功能，提高数据的利用效率和资源利用率，实现有效存储、管理、查询、分析和利用；另一方面通过数字孪生数据和模型，提供统一架构和语义统一解析，支持万物智联。

人工智能将不同领域的技术和智能相互关联，支撑工业物联网应用更高效、更稳定、更智能。智能主要包括领域模型、大模型等能力。人工智能助力实现 6G 工业物联网各系统的自优化、自愈、自治、自生，从而提升 6G 工业物联网端到端智能水平。

SaaS 应用层包括实时交互、虚拟化控制等各行各业的应用能力。工业物联网的智能化和个性化，满足智慧工业等各类应用场景的需求，将"数字世界"融入"工业现场世界"中，实现物与物、物与人、人与人之间的实时交互，推动智慧工业应用的整体运行。

3. 工业 4.0 类应用场景

工业物联网有着广泛的应用，几乎可以涵盖所有的工业领域，主要应用场景包括资产智能化、生产智能化、产品全生命周期管理及网络化协同四大类，如图 3-19 所示。这四大类应用场景涵盖了工业领域的原材料、产品、设备、运营、售后等制造相关的全要素、全价值链和全系统。

（1）资产智能化是工业互联网典型应用场景之一

工业互联网通过资产智能化管理，帮助企业提高设备服务的可视化和可靠性，减少维修成本和非计划性宕机。资产智能化管理主要包括四类：

1）设备健康管理。对设备健康度进行判断和预测，从而合理备件，计划生产，减少计划外设备停机时间，也即"可靠性分析"。

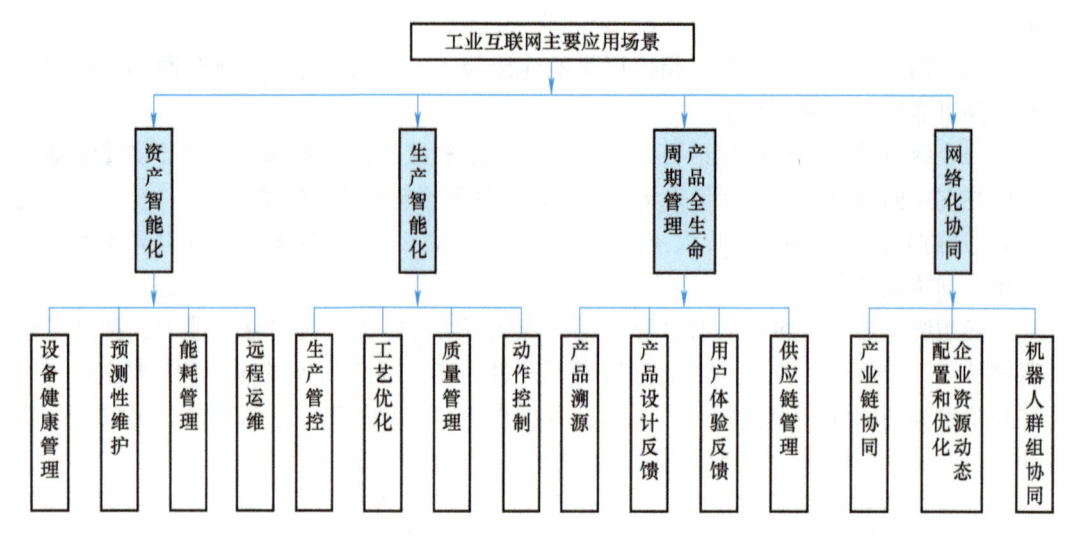

```
                          工业互联网主要应用场景
                                 │
        ┌────────────────┬───────┴────────┬────────────────┐
     资产智能化         生产智能化       产品全生命周期管理    网络化协同
        │                │                │                │
   ┌──┬─┼──┬──┐      ┌──┬┼──┬──┐      ┌──┼──┬──┐      ┌──┼──┐
  设 预 能 远        生 工 质 动        产 产 用 供      产 配 机
  备 测 耗 程        产 艺 量 作        品 品 户 应      业 置 器
  健 性 管 运        管 优 量 作        溯 设 体 链      链 和 人
  康 维 理 维        控 化 管 控        源 计 验 管      协 资 群
  管 护              理   化 理        反 反 管   同  源 组
  理                          制        馈 馈 理      动 协
                                                       态 同
```

图 3-19　工业互联网主要应用场景

2）预测性维护。通过在关键领域嵌入传感器和网络设备来获取关于资产的位置、质量和状态的实时数据，结合设备历史数据，构建数字孪生系统，及时监控设备运行状态，提前预知设备的异常状态，从而最小化设备停机的可能。

3）能耗管理。通过提供综合能源（电、水、油、气）的用能监控，基于现场能耗数据和分析，对设备、产线能效进行优化配置，提高能源使用效率，实现节能减排。

4）远程运维。在设备地理位置分散的企业，人工巡检、运维的成本高，一旦出现设备故障很难第一时间发现。工业物联网技术可以对偏远地区的设备进行实时数据监测，发现问题并及时处理，尤其在航空航天、船舶、轨道交通、工程机械、能源等行业，能大幅降低设备宕机带来的损失。

（2）生产智能化是工业互联网最为常见的应用场景之一

该场景也是目前落地较多的场景，主要包括生产管控、工艺优化、质量管理和动作控制。

1）生产管控是通过在工业生产现场部署传感器、控制器等智能设备，全面掌握机器、设备的运行情况，并利用大数据模型分析生产现场，实现对生产现场的实时管控、实现流程自动化。

2）工艺优化是利用传感器、仿真建模等，实现工业真实生产状态的可视化，有效帮助操作人员更合理地操作，降低运营成本。其在钢铁和轨道交通行业有较多应用案例。

3）质量管理是利用传感器来监控最终产品的质量，同时自动化反馈最终产品的相关活动。通过实时数据采集和仿真，根据历史数据的比对分析，对潜在的质量问题进行分析。

4）动作控制是自动化生产过程的重要组成部分。传感器用来感知生产过程的状态，生产决策中心处理从感知层收集来的数据，并进行分析、处理和决策，然后对机器执行部件进行控制、移动、旋转。

(3) 产品全生命周期管理

该场景是指从产品的需求开始，到产品淘汰报废的全生命历程管理，包括产品设计、制造、操作和服务等环节。具体应用场景包括以下四种：

1）产品溯源是以条码技术为手段，对产品的物料、半成品、成品实行自动识别、生产过程监控，实施全透明的管理，事后可对产品进行溯源，实现供应链相关环节的实时可见性和可追溯性。

2）产品设计反馈是利用工业互联网平台，产品传回数据反馈到设计部门进行设计改进，提升设计研发速度，帮助企业迭代优化产品，以实现柔性生产和个性化定制，快速响应市场。

3）用户体验反馈是借助工业互联网平台，将用户使用的体验反馈到平台，从而改进产品方案，加速创新迭代。

4）供应链管理场景中，物流和仓储管理非常重要。工业互联网平台可以实时跟踪现场物料消耗，结合库存情况安排供应商进行精准配货，优化库存管理，有效降低库存成本和物流成本，提高物流系统整体效率。

(4) 网络化协同

网络化协同是指制造商、销售商乃至消费者之间的协同，也可以是机器人群组之间协同。协同既包括组织内部的协作、产业链上下游组织间的协作，又包括机器人群组之间的协同。

1）产业链协同场景中，工业互联网平台通过有效集成企业内部、企业与供应链上下游、跨供应链的设计、生产、物流和服务等不同环节，由串行制造转变为并行制造，降低了产品研发设计和生产周期，大大降低成本。具体包括协同设计、协同生产、协同物流及共享服务等。目前协同设计在轨道交通、航空航天、船舶、汽车等垂直行业已经有较多成熟案例。

2）企业资源动态配置和优化场景中，工业企业通过工业互联网平台，对外开放空闲制造能力，动态配置原材料、资本、设备等生产资源，实现制造能力在线租用和利益分配。可相互交换商品和业务信息，共同执行业务流程。

3）机器人群组协同场景中，机器人与机器人、机器人与机器之间通过协同配合完成比较复杂的任务。高精度协同任务依赖于机器人对环境感知的精度、人工智能对机器人群组数据智能推理的能力和各机器人协调动作的精度。

4. 业务对网络指标的需求

智慧工业核心生产控制场景的业务对移动通信 QoS 要求较高。例如，生产线紧急处理的继电控制器，对于传输时延和传输可靠性有极高要求，时延需要达到微秒级别，抖动需要达到稳定的百纳秒级，可靠性需达到 7 个 9，时钟同步精度要求达到稳定的百纳秒级；影像采集类业务需要更高带宽支持；质量管控类业务对安全和隐私保护的要求很高，需防止敏感信息泄露和网络攻击；大规模的工业感知设备对高密度通信、实时互动、智能协作、低功耗等也提出了较高要求；异构的 DCS、PLC 等智能控制系统对 6G 网络提出了高兼容性的能力要求。

6G 高可靠、低时延和大上行等能力，将推动工业企业从信息孤岛走向智能联接，机器人等新生产力融入行业，生产环节柔性化的重塑，助力跨时代的行业升级。

3.2.3 智能轨道交通应用

轨道交通行业是国家经济发展的支柱行业之一。轨道交通将向着客运服务网络化、运输组织智能化、安全监控自动化等方向发展。智能轨道交通网络的潜在应用包括自动列车驾驶、协同列车网络、列车互联、超高清（4K/8K）列车视频、列车自组织网络和超精确（厘米级）列车定位等。

1. 智能轨道交通技术特性

6G 技术向全场景、全频段、全覆盖等维度不断拓展，助力轨道交通走向智能网联，成为住宅、办公室之外的"移动第三空间"。

轨道交通与其他场景应用的区别有三点：

1）轨道交通是线性覆盖为主，点+线结合的场景，传统面覆盖技术如宏基站、微基站的多层次网状覆盖不适合轨道交通。

2）轨道交通的高速移动性，导致多普勒频移严重，空口需要进行对抗多普勒频移的设计。

3）轨道交通专网与大网、线路网络与站点网络切换频繁，存在巨大的空口开销。

6G 时代，轨道交通通信场景呈现更加多元化和复杂化的趋势。除了传统低频段车-地通信，6G 轨道交通还将包括车-车通信、空-地通信、物联网通信感知一体化场景等新场景，这对 6G 轨道交通信道测量和建模的研究提出了新的挑战。

1）轨道交通车-车通信对保障轨道交通无人驾驶、自动驾驶、全自动运营等应用非常重要。6G 轨道交通车-车通信场景中，收发端列车的快速双移动会带来更大的多普勒频移，会引起复杂的信道时变性。列车运行过程中收发端较长的通信距离，车体近端反射体、散射体的分布特性，复杂环境非视距传播等因素会极大地影响车-车无线信道的特性，对信号的可靠传输带来挑战。

2）无人机（Unmanned Aerial Vehicle，UAV）可以作为空中基站辅助提升山区、隧道等复杂场景下轨道交通的通信质量。无人机空-地通信具有较高的飞行高度、三维高移动性、高视距传播概率等特点。但由于无人机载荷、供电以及特定频段下大气、雨、雾等自然因素造成的信道衰落，轨道交通场景下 6G 的空-地信道测量难度较大。

3）轨道交通场景下，针对铁路建设、装备、运营的各个环节，6G 物联网可通过海量传感设备实时采集系统中各类设备、人员和环境的信息，并进行实时的信息交互，实现轨道交通系统中设备、人、车等多要素的全连接，以支撑轨道交通建设环境的监测检测、运营环境的监测检测。但轨道交通场景下，6G 的物联网信道调度复杂性增大。

由于车-车、空-地、物联网通感信道的特殊性，轨道交通建设 6G 专网非常必要。6G 轨道交通专网从平面向立体延伸、从中低频段向高频段延伸。无人机、智能超表面、毫米波、超大规模天线、精准波束追踪等技术成为 6G 轨道交通覆盖的扩展技术。

超高移动性导致传统蜂窝网络中频繁的切换和巨大的开销。切换是轨道交通无线通信系统的重要环节，也是保障高可靠、连续性覆盖的关键。实际铁路往往要经历高架桥、隧道、平原、丘陵、山区等复杂多样的地形，高速移动场景对切换算法提出了更高的要求。

无蜂窝大规模 MIMO（Multiple-Input Multiple-Output）网络架构可保证无缝切换和高质量的覆盖。在基于位置的切换算法中，当列车驶入重叠带时，相邻两基站动态调整波束成形增益，实现随移动终端的波束跟踪。这样可以提高终端设备接收到的信号强度，从而提升切换成功率。

轨道交通的特点是移动轨迹固定。人工智能技术具有自学习、优化和演进的特点。因此可以采集轨道交通物联网的海量数据，利用人工智能、机器学习技术，在列车运行时在线学习和训练不同信道场，然后对信道信息进行分析处理，对短时间内的信道及其容量变化进行精准的实时预测，可以助力提升轨道交通的通信体验。

在轨道交通网络中，为了保障关键信息、应用服务以及运营的安全性，需要可靠、安全的智能分析与计算。这就需要融合一系列安全相关的技术，尤其是内生安全技术。

为保证自动列车的行驶速度达到 1000km/h 以上，6G 的空口需要设计新的支持超可靠、超低时延（ultra-Reliable Low Latency Communications，uRLLC）帧结构。这种帧结构需要结合多普勒频移纠偏算法，在超可靠性和超低延迟之间找到平衡。

轨道交通网络的实时映射分析，包括对列车运行状态进行感知处理，对列车司机（如紧张、醉酒、困倦、兴奋等）的行为进行监控、预测和决策，对高铁的安全运营具有重要意义。

通过应用 6G 新网络架构和新技术，智能轨道交通的网络、广播、通信、互动和安全将得到极大改善，从而大幅提升人们的出行体验和效率。

2. 轨道交通的智能网络架构

轨道交通涉及高架、隧道、车站、山地等多种场景，信道场景复杂多变，列车路轨沿线基站都是线状覆盖，信号强度随着列车在相邻基站之间的位置改变而呈现起伏波动，无法带来稳定的信道容量，会严重影响上层业务的服务质量。人工智能与大数据挖掘的深度泛在融合，部署在边缘位置，可以快速适应空口信道条件的波动，优化空口承载能力。

轨道交通专网场景中，6G 无线覆盖可分为地面部分和车载部分，如图 3-20 所示。地面 6G 基站系统分为铁路线路覆盖系统和站点覆盖系统。

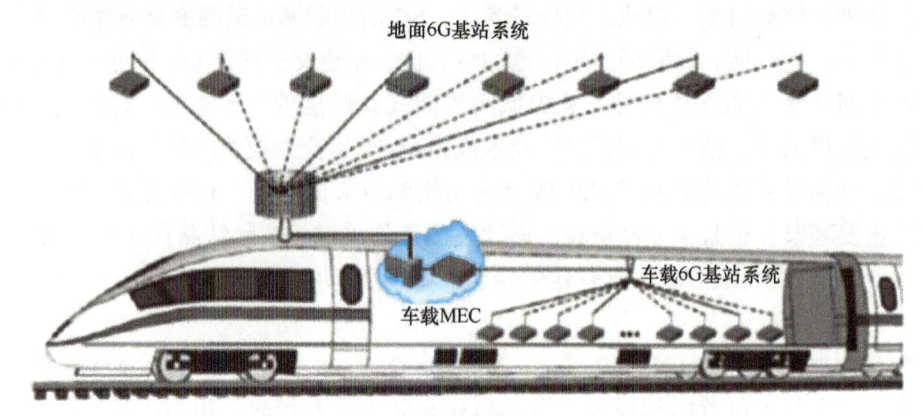

a) 线路覆盖部分

b) 站点覆盖部分

图 3-20　轨道交通应用 6G 无线覆盖部分

轨道交通场景中，边缘智能架构可分为两层，一层为列车内的移动边缘智能实体，另一层为列车间的边缘数据中心。列车内的边缘智能服务器同列车间的边缘数据中心间协同交互通信。边缘数据中心支持异构网络的接入和计算资源的池化，为列车间智能化协同提供了坚实底座。移动边缘智能在轨道交通场景中为车载边缘计算实体，主要实现用户在车内低时延类业务的提供，以及车内接入用户对实时信道获取的智能化预测。边缘数据中心则补充移动边缘智能实体因业务场景限制等因素未能实现的用户需求。6G 轨道交通的边缘智能网络架构如图 3-21 所示。

从保证轨道交通业务服务质量和资源合理分配的角度出发，6G 时代的轨道交通地面边缘智能网络需要满足云化、智能化和服务化的特征。

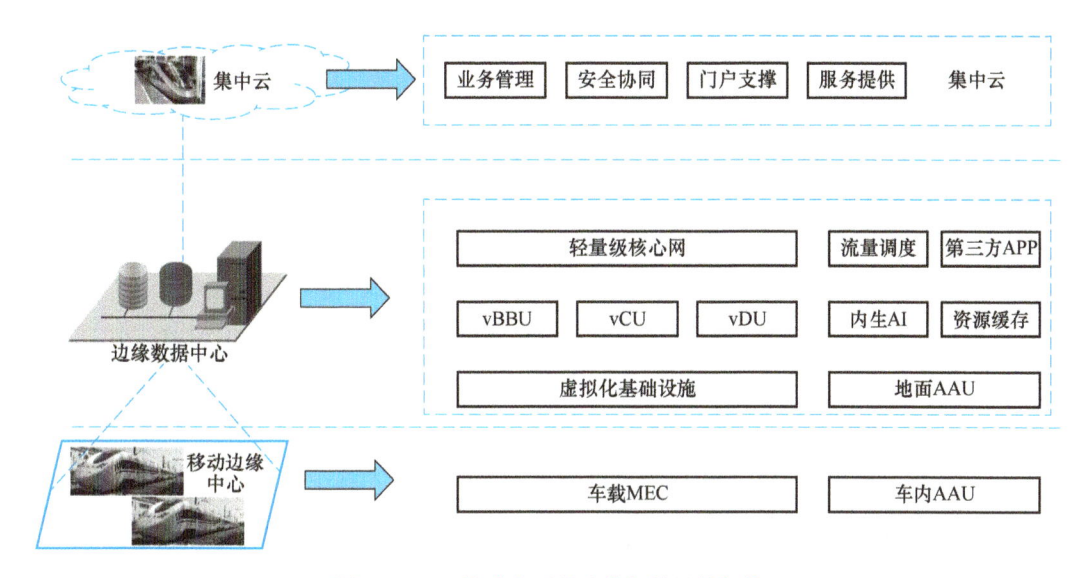

图 3-21　6G 轨道交通的边缘智能网络架构

（1）云化

轨道交通场景需满足灵活安装、灵活接入和业务灵活部署的特征。云化部署方式有助于资源的统一调度、业务的快速部署和网络功能的灵活组合，保证轨道交通各种功能的可靠性，为管理人员提供更简洁的运维方式。

（2）智能化

轨道交通应用应在 6G 网络内，利用内生智能构建智慧大脑，满足多种接入场景信道的动态变化、车厢内高并发业务需求，以及资源的合理调度和业务内容缓存等多种需求。智能交通的智慧大脑协同部署多种智能化算法和应用，实现智能交通。智能轨道交通系统是以强大的轨道交通大脑为核心的。

（3）服务化

采用 RAN 服务化的方法加速轨道交通场景应用的实施落地。RAN 服务化助力架构模块化、无状态、独立化，这样，RAN 功能就可以灵活快速部署，支持 6G 轨道交通场景智能化应用的快速部署。

6G 车内无线边缘智能，在智能轨道交通中起到如下作用：

1）跟踪车-地通信动态变化的信道情况，边缘智能给出最优空口调度策略。

车载 MEC 完成本列车的信道预测模型基于机器学习的实时训练。在列车不运行时，采用离线的联邦学习技术交换不同列车的本地模型训练参数，从而使所有列车上的信道识别与预测模型收敛于全局最优的统一模型，再用全局模型来更新每列车载的机器学习模型。

车载 MEC 基于列车运行中的实时信道预测，并结合列控传感器、监控视频等业务到达的模型，可以对上行无线传输采用动态随机最优化策略，来满足不同业务的服务质量需求。

2）边缘智能支持车厢内大量用户终端的并发计算卸载业务。

车厢内不同用户终端由于使用的应用不一样，所需的计算服务也不一样。车厢超密集网络场景下用户使用的应用存在动态计算卸载问题。这样就使得网络边缘计算负载大幅波动。边缘智能通过密集分布终端的计算卸载策略，实现计算的能耗最少，处理时延最小。

轨道交通数字孪生网络架构如图 3-22 所示。整个网络模型分为三个部分，分别为用户层、边缘层、应用层。

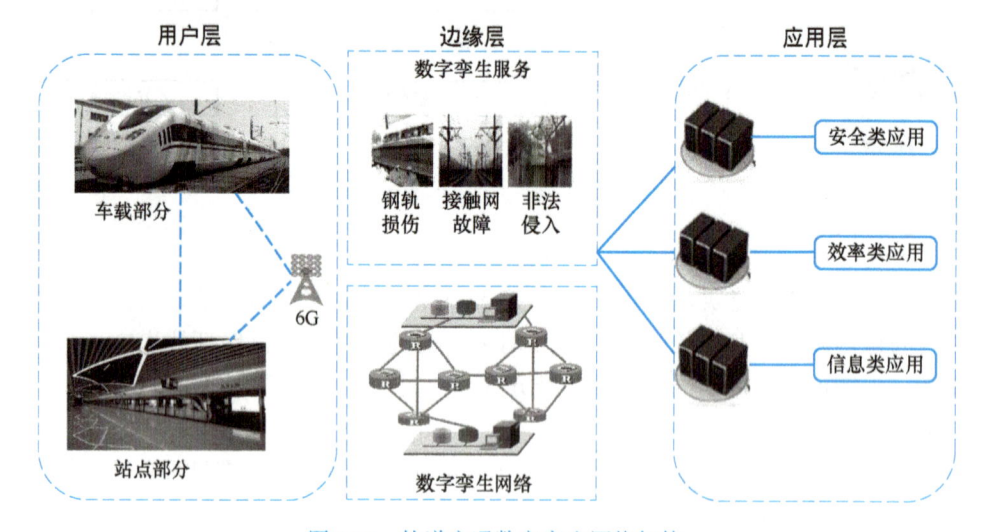

图 3-22 轨道交通数字孪生网络架构

用户层由车辆与物联网终端设备等组成。在边缘层，每个用户层物理实体具有一个数字孪生画像，运行于边缘服务器之上。由于用户层物理实体间所存在的关联，边缘层每个数字孪生体之间同样相互连接，并进一步形成数字孪生网络。运行在边缘层的数字孪生网络可以动态实时地反映轨道交通系统的运行状态与实体间的相互关系。在应用层，基于人工智能算法等对数字孪生网络进行计算分析，然后为用户层下一步动作提供进一步的决策与反馈。

轨道交通列车控制系统（简称列控系统）是一个庞大而又复杂的安全控制系统，主要由中心设备、车站设备、轨旁设备和车载设备组成，上述设备通过列控安全数据网络进行数据信息交换，提供安全控车服务。在早期的列控系统网络设计过程中，更多地关注功能安全（Safety）而非网络信息安全（Security），主要通过网络物理隔离和边界防火墙实现最基本的防护，以应对网络攻击威胁。随着信息化的快速发展，一直以来被认为相对封闭、专业和安全的轨道交通控制系统已不再是一座安全的"孤岛"，致使列控系统设备、主机、网络、数据极易遭受来自外部及内部的网络安全攻击。轨道智能交通系统应该基于6G的内生安全的专用网络架构应对所面临的安全威胁。

3. 智能轨道交通场景

智能轨道交通的业务在列车运行中主要包括列车运行控制类业务和旅客通信信息业务两类。

列车运行控制业务包括自动驾驶控制、运行状态监测、列车内外部实时视频监控等。特点是实时性要求高，上行传输信息量远大于下行信息传输。上传包含传感器采集信息、视频图像、机器学习模型参数等多种数据。这些数据具有类型异构、业务到达模型和服务质量要求差异大等特点。但由于列车运行控制的传感器和视频监控等业务的流量到达模型有很强的规律性和可预测性，这就为上行传输资源分配和调度的人工智能算法提供了可利用的模型信息。

对于旅客通信信息业务，通过车载基站可以为乘客提供更好的网络覆盖，边缘计算平台提供多种业务的内容缓存和计算卸载等服务。但这也会导致大量位置集中用户的并发业务对车载基站无线资源和边缘计算存储资源的竞相占用。特别地，当大量的用户终端同时在边缘计算服务器上进行计算卸载，并发的无线传输会形成严重的互相干扰，从而提高每个终端的通信传输错误概率，造成边缘计算服务器的任务队列拥塞，结果是延长了每个任务的等待时延。

自动驾驶是轨道交通和车联网发展的重要场景。目前国际自动机械工程师协会将自动驾驶技术分为0到5级别，如图3-23所示。

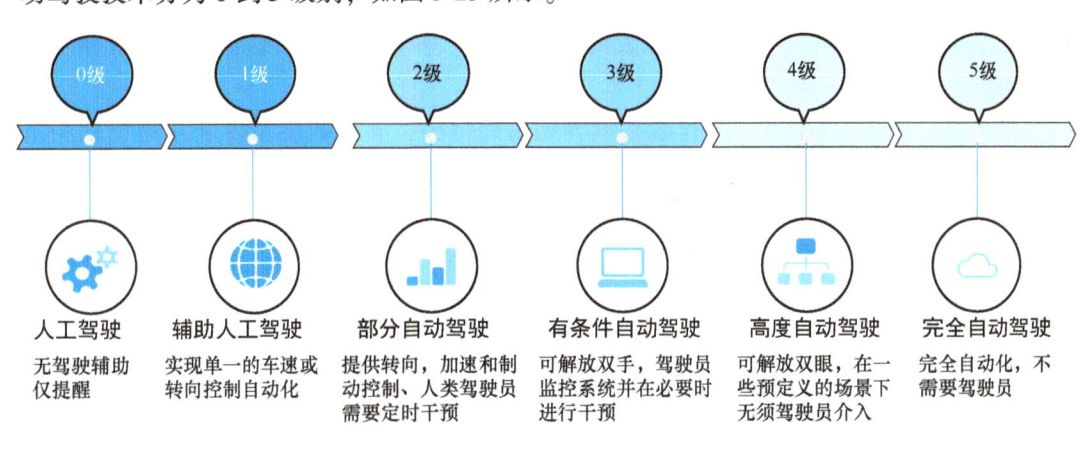

0级	1级	2级	3级	4级	5级
人工驾驶	辅助人工驾驶	部分自动驾驶	有条件自动驾驶	高度自动驾驶	完全自动驾驶
无驾驶辅助仅提醒	实现单一的车速或转向控制自动化	提供转向，加速和制动控制、人类驾驶员需要定时干预	可解放双手，驾驶员监控系统并在必要时进行干预	可解放双眼，在一些预定义的场景下无须驾驶员介入	完全自动化，不需要驾驶员

图3-23 自动驾驶发展进程

轨道交通要实现完全自动驾驶，需要列车像人一样具有"环境感知、分析决策、行动控制"这三大功能。而每项功能都需要分解到每一个微小环节，达到极致安全和可靠的地步。

实现完全自动驾驶的技术需要在以下方向突破。

1）传感器的探测精度、距离，面对恶劣天气的补充功能。
2）高精地图对路况的全面输入和及时更新。
3）机器视觉的升级和精度（对图片、数字、信号灯，甚至模糊路标的识别能力，在某些信息缺失下的经验判断）。
4）智能交通大脑对大数据处理的及时程度和人工智能分析决策能力。
5）6G网络低时延技术、99.999%可靠性技术和安全技术达到要求。

4. 业务对网络指标的需求

高效可靠的专用通信系统是轨道交通智能化建设的必要保障。在超高速交通场景下，一些终端移动速度将超过1000km/h，需满足超高速下的超高安全性和超高精度定位需求。5G定义的ITU指标仅支持500km/h的移动速度，对安全和定位精度没有定义。6G网络提供比5G更全面的性能指标，如超低时延抖动、超高安全、立体覆盖、超高定位精度等。6G网络应满足智能轨道交通应用的多元化服务质量（QoS）需求，为智能轨道交通的实时触觉交互、定制开放服务、通信融合、广播、计算、传感、控制、安全和人工智能的使用等奠定强连接的基础。

3.2.4 感知、定位类应用

说一个人的认知有高有低，是评价其对事物或环境的现状及发展趋势的把握程度。

通信系统的认知高低实际上就是感知能力的大小。感知作为6G移动通信系统关键的新能力之一，是搭建物理世界与数字世界的桥梁，是实现丰富数字孪生应用的关键。定位能力也是感知能力的一种，是对位置的感知能力。感知万物包括感知网络自身和感知周边环境。

感知周边环境是6G网络融合数字世界和物理世界，支撑数字孪生和万物智联的基石。6G网络具备在不影响通信功能的前提下，感知探测环境和目标的能力。

感知能力是一种获取周边环境信息的能力，聚焦无线信号感知，即通过分析无线电波的直射、反射、散射信号，完成定位、测距、测速、成像、检测、识别、环境重构等功能，获得对目标对象或环境信息（如属性和状态等）的感知，如物体的位置、方向、高度、速度、距离，还可以判断物体的形状，甚至人的动作手势，实现对物理世界的感知探索。

移动通信各种制式一直致力于通信能力和通信性能的持续提升，而射频电磁波具有的无线感知能力并没有得到深度挖掘和应用。6G的感知技术不仅是雷达、摄像头、传感器、蓝牙、Wi-Fi这些外在的感知，最重要的是太赫兹技术、智能超表面技术、大规模天线技术等使得6G具备内生感知的能力。外在感知和内生感知协同互助，不仅丰富了6G环境感知的应用范围，更可以提高环境感知的精确度。通信信号接收和处理完成物理环境的探测、目标定位和跟踪、移动同步成像、测距制图以及光谱分析等。同时，6G网络架构也需要具备多基站协同感知能力和环境感知能力，以及它们的开放能力。

在 6G 移动通信系统中，感知将不只是通信网络的优化或辅助工具，而是 6G 网络中的内生能力，被认为是实现 6G 网络内生智能的数据入口，与通信能力互助共生，并为 6G 开辟新的应用前景。

1. 感知技术的技术特性

6G 使用的太赫兹、甚至可见光等新频段，既有通信，又有感知能力。6G 系统内生的感知能力以通感一体化技术、多模态感知能力为核心，依托的是空天地一体化技术、内生 AI 技术。人和物理设备的数字化完成后，就可以在 6G 的数字域中智慧化地交换信息，然后呈现出各种应用分析结果。

感知的分类方式有多种：

（1）从感知原理的角度来讲

可以分为非射频感知和射频感知两类。

射频感知：发送射频信号，然后通过接收和处理反射信号来了解环境，主要包括雷达感知、Wi-Fi 感知和蓝牙感知等。

非射频感知：通过从周边（如相机）获取的信号、图片和视频等来了解环境，主要包括接触式传感器感知、光感知和声波感知。

（2）从是否主动去感知的角度来讲

可以分为主动式和被动式两种。

被动感知：感知者（网络侧或终端）通过获取目标对象发射的电磁波（如太赫兹波）进行感知，或通过反射来自感知者和目标对象之外的电磁波进行感知，比如中国射电天文无源成像类感知技术。

主动感知：感知者（网络侧或终端）发送电磁波，经过目标对象反射后，感知者接收回波进行感知，比如发射探测信号的雷达类感知技术。其中接收反射波的节点不一定就是发送探测信号的节点，即感知方的多个节点之间可以通过某种形式的联合处理实现主动感知。

（3）从感知者与感知目标是否交互的角度

可以分为：交互式和非交互式两种。

交互感知：感知者（网络侧或终端）与目标对象（网络侧或终端）之间通过信息交互，对电磁波发送的主体、时间、频率、格式等内容进行约定（含实时通过握手交互方式约定，以及通过标准规范等方式的事先约定），感知者对接收到的电磁波进行感知，比如现有通信系统实现定位的方式可以认为是交互感知。

非交互感知：感知者（网络侧或终端）与目标对象之间不进行信息交互。

（4）从感知目标的距离远近的角度

可以分为：中远距离感知和近距离感知。

中远距离的感知技术，如雷达、传感器、摄像头和声波/超声波等感知技术。应用于近距离的感知技术，如 Wi-Fi、蓝牙和 UWB（Ultra Wide Band，超宽带）等感知技术。

在中远距离感知技术中，雷达感知是通过发射电磁波对目标进行照射并接收其回波，由此获得目标至电磁波发射点的距离、距离变化率（径向速度）、方位、高度等信息。

传感器感知是通过敏感元件及转换元件，把特定的被测信号按一定规律转换成某种可用信号的数据采集。

摄像头感知是利用光谱感知技术实现感知成像，通过接收目标辐射和反射的可见光来获取目标相关信息。声波/超声波感知是利用声波/超声波对目标进行照射并接收其回波，依据不同材质目标对声波/超声波反射特性不同而对目标进行识别。

在近距离感知技术，Wi-Fi 感知利用 Wi-Fi 信号传播过程中发生的反射、折射、散射等现象，通过分析在接收端的多径叠加信号，对 Wi-Fi 感知范围内目标信息以及环境信息进行感知。

蓝牙感知是通过在接收端获取的信号强度，估算发送端和接收端距离，实现对目标位置信息的感知。

UWB 感知是通过发送和接收具有纳秒或纳秒级以下的极窄脉冲来实现感知，主要用于定位和成像业务。

（5）从感知维度的多少

可以分为：多模态感知和单模态感知。

多模态感知是指通过不同模态的感知以不同的方法或视角进行信息的采集，数据提取、分类和信息融合，协作或辅助完成某一个业务需求。单模态感知仅依靠单一维度进行感知数据的采集、分析。

广义上来讲，多模态感知不仅包含描述同一对象的多传感器感知，如无人机追踪时用到多个不同采样周期的雷达传感器进行观测定位；也包含文本、声音、图像、视频等不同模态信息的协同感知，如车联网场景的定位、监控等应用需要联合车载摄像头、车载雷达、无线感知等不同制式的感知信息共同完成。

相较于单一的感知技术，多模态感知技术有以下优势：

1）识别精确度更高。多模态感知技术并非单一数据特征的简单叠加，而是通过设计高效的融合算法，实现无线信号、图像等数据特征的结合，可以实现信息互补，进一步提高识别的精确。

2）应用范围更广。单一的感知技术往往存在一定的功能局限性，只适用于部分特定场景，而多模态感知能够较大程度上补齐单一感知技术存在的应用缺陷，扩大感知的应用场景。

因此，6G 的行业应用大量的多模态感知数据，在网络各个层级进行整合分析和智能处理，然后实时决策。

2. 感知定位类应用的架构

感知定位类应用的实现架构可以分为四层：感知层（也可称终端层）、网络层（感知网络、定位网络、通信网络）、平台层和应用四层，如图3-24所示。行业的不同应用类别需要不同的终端感知能力，对应不同的网络切片技术。

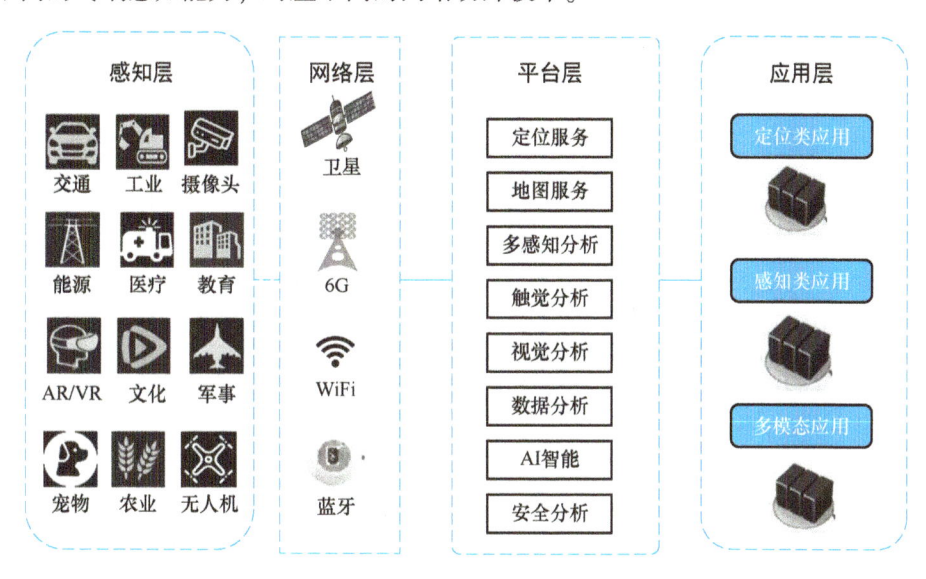

图 3-24 6G 感知定位类应用系统架构

6G 时代感知无处不在、无时不有；感知定位类应用的感知层对应的终端呈现多元化的形态，可以分行业类型、业务类型、感觉类型。行业类感知终端分为：工业、农业、军事、医疗、交通、教育等；业务类型有定位类、存在检测类、测速类、成像类、识别类、检测类等；感觉类型有视觉、听觉、触觉、味觉、嗅觉等。事实上，一个应用场景的终端里可能会有多种感知能力，比如，日常用的手机就有几十种传感器。

6G 时代，终端将不断向支持高精度、高分辨率、高移动性、高安全性、高稳定性、高集成度、低时延、低功耗、低成本、低虚警概率的方向发展。这就是感知层发展的"六高、四低"的趋势。

网络层是以 6G 为主体的多种制式，比如说上到卫星，下到 WiFi 和蓝牙。多种网络制式、多种来源的感知信息，可以带来感知精度和感知分辨率的提升。比如说定位类业务：结合 6G + 蓝牙 + WiFi + UWB 等多个网络维度的算法完成定位，可以大幅提升定位精度。

平台层提供感知定位服务的通用支撑能力。平台在人工智能（A）、区块链（B）、云计算（C）、大数据（D）等智能技术能力之上支撑视觉、触觉、听觉等各种感知的分析和处理，可以完成多种感知合成的分析，还可以提供基于位置大数据的多种能力的定位服务、地图服务。

应用层针对行业客户的需求，利用6G的感知定位能力，完成业务各场景功能层面的呈现，实现海量感知数据赋能千行百业。

3. 感知定位类应用的场景

6G的感知定位可以应用于各个领域，每个领域也可以有很多应用场景，如图3-25所示。

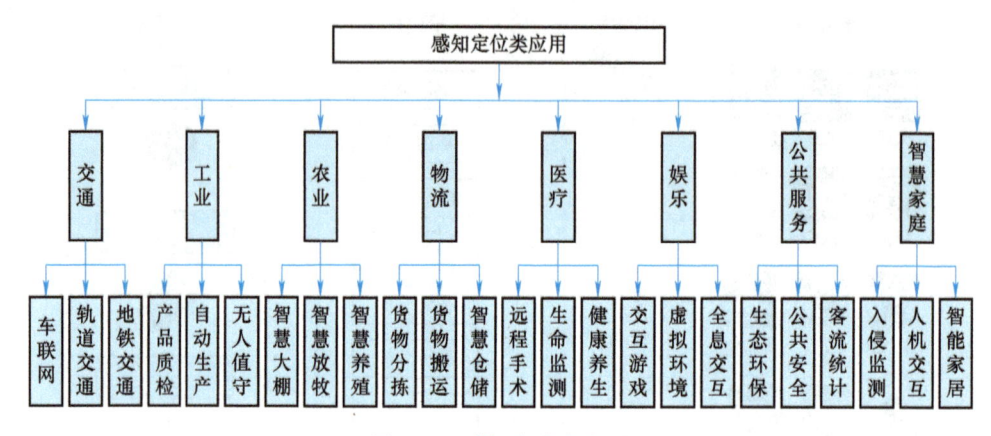

图3-25 感知定位类应用

一个具体的应用，有时需要同时感知多个维度的信息。比如说，同时对物体的是否存在及其位置进行感知。3GPP根据感知的对象不同，可将感知业务的类型分为目标检测和跟踪、环境监测和动作监测三类。根据感知数据采集的侧重点不同，可以把3GPP的感知业务类型进一步细分为如图3-26所示的存在检测业务、定位业务、测速业务、成像业务、识别业务和监测业务。

评价一个应用感知能力的指标有感知精度、感知分辨率、检测概率和虚警概率。感知精度是指在距离、角度、速度等不同维度的感测值与实际值之间的差异。感知分辨率是从图像、音频、触感等不同维度区别不同物体的能力。检测概率和虚警概率是指物体某个被测指标是否存在检测不到的概率，或者检测出错的概率。

感知定位类业务在6G网络下典型的性能指标见表3-2。有些感知数据的采集只能借助特定独立的感知技术来实现。例如在生态环保应用场景中，对环境进行监测的感知业务需要采集

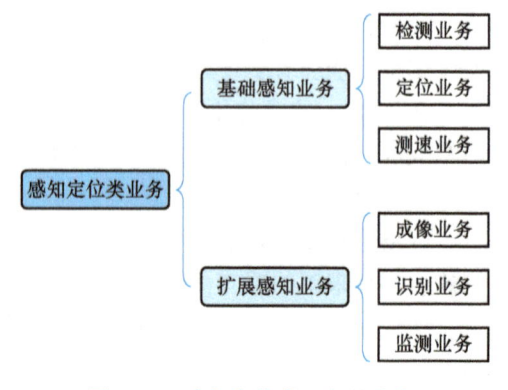

图3-26 感知定位类业务的分类

噪声、空气颗粒度、空气气态污染物等信息。这些信息的采集只能通过相应的传感器来实现。这时感知的性能指标和网络性能关系不大，只和传感器的性能有关系。

表 3-2 感知业务典型的性能指标

感 知 能 力	指 标 范 围
感知距离	10～1000m
感知时延	10～1000ms
距离精度	1cm～10m
速度精度	10cm/s～10m/s
角度精度	0.1°～2°
距离分辨率	1cm～10m
速度分辨率	0.2～10m/s
角度分辨率	0.1°～3°
检测概率	95%～99.9%
虚警概率	1%～5%

存在检测业务主要用于对被感知物体是否存在进行检验,是基础感知业务之一。用于检测是否有入侵者的场景下也称为入侵检测,是存在检测业务类型的一种。存在检测业务的评估一般通过检测概率、虚警概率和漏检概率等来表征。表 3-3 对存在检测业务场景进行了总结,并根据检测概率的要求划分为 3 档:"一般"定义为检测概率的要求在 95%以上,"严格"定义为检测概率的要求在 99%以上,"非常严格"的定义为检测概率的要求在 99.9%以上。

表 3-3 存在检测业务指标场景总结

检测概率等级	检测概率要求	应 用 场 景
一般	95%	无人机 园区管理(智能安防) 仓储物流-货物输送、货物分拣、货物堆垛 社会服务-公共安防、客流统计 智慧家庭-入侵检测
严格	99%	车联网 园区智能巡检 医疗和健康-疾病监测与诊断、疾病康复训练 公共安防(安全检测) 室内环境重构
非常严格	≥99.9%	工业-产品质检 公共安防(高铁周遭检测)

定位业务主要用于获得被感知物体的位置信息。定位业务也可以被表达为距离测量和角度测量的组合,是基础感知业务之一。表 3-4 对定位业务场景进行了总结,并根据定

位的精度要求划分为4档："一般"定义为精度要求在米级，"中等"定义为精度要求在分米级，"严格"定义为精度要求在厘米级，"非常严格"定义为精度要求在毫米级以下。

表3-4 定位业务指标场景总结

定位精度等级	精度要求	应用场景
一般	m级	园区管理（车辆管理、人员管理） 农业-智慧放牧 无人机
中等	dm级	车联网 园区管理（智能安防、园区智能巡检）、车间内生产环节（厂内物流） 智慧大棚 疾病检测与诊断、疾病康复训练 虚拟环境重构 公共安防（危险入侵检测）、客流统计 智慧家庭-入侵检测
严格	cm级	车间内生产环节（智能制造） 智慧水产养殖 智能交互娱乐 实时室内环境重构
非常严格	mm级	仓储物流-货物输送、分拣、搬运、堆垛

测速业务主要为了获得被感知物体的速度信息。测速业务可以和定位业务结合使用实现对被感知物体的实时跟踪，是基础感知业务之一。测速业务在工业、仓储物流、交通等领域广泛应用。表3-5对测速业务场景进行了总结，并根据测速的精度要求划分为4档："一般"定义为精度要求在10m/s级，"中等"定义为精度要求在m/s级，"严格"定义为精度要求在dm/s级，"非常严格"定义为精度要求在cm/s及以下。

表3-5 测速业务指标场景总结

测速精度等级	精度要求	应用场景
一般	10m/s级	无人机（无人机入侵监控）
中等	m/s级	无人机（无人机路径管理和避障）、园区管理（车辆管理）
严格	dm/s级	车联网 园区管理（智能安防、园区智能巡检、人员管理）、车间内生产环节 医疗和健康、疾病检测与诊断、疾病康复训练 智能交互娱乐 公共安防（危险入侵检测） 入侵检测
非常严格	cm/s级	仓储物流-货物搬运

成像业务主要涉及对室内和室外的环境成像，以及对物或人的细粒度目标成像，是扩展感知业务之一。太赫兹成像技术由于有高分辨率的成像效果，而在各个领域使用。在工业领域可用于无损质量检测；在智慧交通、家庭领域中可获得高分辨地图，实现环境重构，辅助智能决策调度；对物体目标的成像可以获得目标的属性，如识别目标是人、小轿车或公交车等；通过对人体目标的成像也可以获得更细粒度的人体行为活动特征，实现更精准的手势/动作识别。对于成像业务，定位精度要求一般在 mm 级别。表 3-6 根据成像目标的不同，对其所在应用场景进行了分类总结。

表 3-6 成像业务场景总结

成像类型	应用场景
物	园区管理、产品质检 公共安防
人	客流统计 疾病检测与诊断
室内环境	虚拟环境构建 实时室内环境重构
室外环境	车联网 虚拟环境构建

识别业务主要包括目标识别、手势识别、动作识别等，是扩展感知业务之一。识别业务一般需要结合特定的算法。对识别类业务的评估一般通过识别准确率来判断。识别准确率可以理解为对手势、动作、姿态、目标属性/身份等判断的正确概率。表 3-7 对识别业务场景进行了总结，并根据识别准确率的要求划分为 2 档："一般"定义为识别准确率的要求在 1 个 9，"严格"定义为识别准确率的要求在 2 个 9。

表 3-7 识别业务指标场景总结

识别类业务等级	识别准确率要求	应用场景
一般	90%	虚拟环境构建 疾病监测与诊断 公共安防、客流统计 人机交互
严格	99%	园区管理（车辆管理、人员管理） 智慧放牧 智能交互娱乐 疾病康复训练

监测业务需要对被感知目标进行持续一段时间的探测，具体的监测对象包括人、物、环境等，是扩展感知业务之一。对人进行监测的场景主要包括：对人的活动如呼吸、睡眠、运动等进行监测。对物进行监测的场景主要包括：对车辆、无人机、生产设备等进行持续的监控，如在工业生产中对设备进行运行状态识别和故障检测等。环境监测场景主要包括：气体类型及浓度监测，土壤含水量、养分、酸碱度监测，气象、水质等环境变化情况监测。由于不同环境参数的量纲差异较大，无法选择统一的评估标准进行表征，需根据不同场景具体分析，表3-8提供了监测类业务的概况总结。

表3-8 监测业务场景总结

监测类型	应用场景
人	园区管理（智能安防、人员管理） 生命体征监测、疾病检测与诊断、疾病康复训练 智能交互娱乐、虚拟环境构建 客流统计
物	园区管理（智能安防、园区智能巡检、车辆管理）、车间内生产环节 仓储物流、货物堆垛
环境	园区管理、车间内生产环节 智慧大棚、智慧放牧、智慧水产养殖 仓储物流、仓储管理 社会服务、生态环保

4. 业务对网络指标的需求

6G系统在这些定位感知类业务的场景下主要完成感知数据采集后的回传。一部分感知数据的采集既可以借助6G通信感知一体化技术（或内生感知技术）来实现，也可以借助外挂的感知技术来实现，例如距离、角度、速度、识别、成像等。在这些场景下感知的性能与6G系统的频段、带宽、算力、时延等能力息息相关。通过对这些感知关键指标的分析，可以得到感知业务对6G网络性能的需求。

有些感知指标使用6G通信感知一体化技术来实现代价太大或难以满足精度（如仓储物）流领域的位置感知，由特定的传感器来满足该指标的要求。在独立传感器业务场景下感知的性能与6G系统的网络能力并无直接关系，但感知数据采集后的传输对6G系统的带宽、传输时延等通信能力存在一定需求。

6G感知对网络的需求主要集中在频段和带宽要求、时延要求、覆盖要求、算力要求、安全要求、移动性要求、多模态感知和纳管要求、终端要求等方面。

（1）频段和带宽方面

大部分感知业务的精度和网络的带宽正相关，足够大的网络带宽是获得高精度感知结果的保障。高低不同的频段无线感知的能力存在较大差异。一方面，6G网络的广覆盖需要低频支持，低频是 6G 网络广域感知的基础。但低频的频谱资源有限，难以满足高精度的感知需求。

6G 网络中，高精度感知要求具备连续大带宽的频段，如毫米波频段、太赫兹频段和光频段。但高频大带宽的无线信号有效传播距离较小，所以感知的范围会受到限制。

6G 感知要求 6G 无线是全频段的、高低频率同时支持的。6G 感知对带宽的需求和所支撑的业务相关。一般百 MHz 级的带宽即可满足大部分业务的需求。若需要提供成像业务，则带宽的需求将更高。

（2）时延方面

不同场景下的感知业务对时延的需求差异较大，如车联网的自动驾驶、远程医疗场景等对感知的时延要求较为苛刻。而某些应用场景（如入侵检测）对感知时延的要求较为宽松。

因此，6G 网络应具备根据业务感知时延的需求，快速和动态地调整感知资源配比的能力。一些应用场景要求感知数据的获取频率高、时延低、感知精度高，网络边缘侧就需要具备一定的存储、计算能力，及时完成感知数据的融合与处理。

（3）覆盖方面

6G 感知的性能表现主要依赖于 6G 网络的覆盖水平。为了能够获得无时无刻、无处不在的感知能力，6G 网络的覆盖应该是全广域覆盖的。6G 感知的典型业务场景往往在室内环境，如灾害救援等。所以 6G 网络需要具备深度覆盖能力。但草原、沙漠等开阔、用户密度较低的场景，陆基系统来实现感知的全覆盖成本过于高昂，也难以覆盖极偏远地区等地理区域，可借助空基系统、天基系统、地基系统和海洋网络，通过空天地海一体技术来提升感知的覆盖范围，打破各自独立的网络系统之间数据共享的壁垒，实现感知的全域覆盖。

（4）算力方面

感知和算力的融合是 6G 网络发展的必然趋势。感知的应用涉及业务类别广泛，包括识别类业务（如动作识别、身份识别、情绪识别等）、基于位置的服务类业务（如定位、跟踪等）、实时检测类业务（如入侵检测、呼吸检测等）等。这些业务均需要较高的感知准确度。只有借助不同的识别算法、估计算法、检测算法才能满足各类场景的性能要求，因此算力资源必不可少。

算力资源的分布也在很大程度上影响感知时延。自动驾驶、智能机器人和无人机等的感知应用，都需要借助感知、通信和算力的多维协同。实时共享的分布式算力可对感知数据进行定制化的特征抽取及信息融合处理；先进算法模型将原始感知信息转化为可被终端或用户直接理解的意图及语义信息，实现从环境感知到环境认知的能力增强。

（5）安全方面

感知业务对 6G 网络安全提出以下几个方面的能力要求：

第一，对不同类型的数据隐私进行分类和保护。数据传输过程中采用先进的加密算法和技术，保证传输的安全性，防止敏感信息被泄露或被滥用。

第二，建立可信的通信环境，提供可靠的端到端安全保障，包括身份认证、访问控制、数据备份等，确保通信感知一体化系统的安全可靠。

第三，6G 感知网络需要提供自动化的安全防御、强大的威胁检测和应对能力，及时发现并应对各种新型攻击手段。

（6）移动性方面

由于感知目标涉及人、车、无人机等移动目标。6G 网络需要根据感知目标的速度，克服多普勒频偏，保证通信性能。增强的系统参数设计可以降低系统的时频敏感性，如增大子载波间隔、加大参考信号的时域发送密度等。同时，也要有效利用多普勒信息，提升动态目标高精度感知性能。

6G 网络需要根据感知目标的位置，实现感知主设备的智能切换，当感知目标处于多个基站同时覆盖的范围内时，选择最佳感知设备，同时加强站间协作，以满足感知性能的要求。

（7）多模态感知融合与纳管方面

在现有的感知应用中，存在雷达、摄像头、传感器、蓝牙、Wi-Fi 和 RFID（射频识别技术）等多种感知方式，将产生大量异构的感知数据。而在 6G 感知中，为了获取更加全面的业务信息、更加精确的感知结果，适应不同的感知场景。通感一体的感知将与传统的感知方式长期共存。因此 6G 系统需要设计新的边缘网络架构，统一纳管多种制式的感知方式、感知设备与数据，并支持不同感知能力和结果的快速融合。

（8）6G 终端要求

为了让 6G 系统提供各种高精度的感知服务，6G 终端除了通信能力的增强，还需要具备满足特定需求的感知能力，具体体现在以下几方面：

1）感知需求处理。终端的感知能力能够满足感知需求的处理，能够将感知需求映射为执行感知业务的参数配置。这些感知包括：通信感知一体化无线信号的时频资源、功率和波束等参数，各类传感器的测量配置。在终端的感知能力不能完全满足感知需求的情况下，能够触发多设备感知或多链路感知协作的请求。终端为满足多样化的感知需求，需要具备一定的资源协调和调度能力。

2）感知信息采集，有两种途径：各类传感设备采集、无线信号获取感知信息。

各类传感设备采集包括基于终端上部署的温/湿度计、气压计、陀螺仪、加速度计、磁力计、定位模组等传感器采集特定感知信息，或者通过光、声或无线电波等作为感知传导的媒介，利用摄像头、传声器或者雷达模组完成感知信息的采集。

6G 终端要具备通过接收无线信号获取环境信息的能力，即通信感知一体化的能力。通过对接收信号的分析，不仅能够得到所承载的信源信息，还能够提取出反映传播环境特征的感知信息。为满足高精度感知需求，终端需要支持更高频段、更大带宽，结合各频段的特性进行联合感知，同时尽可能减小与网络设备或其他终端的同步误差。

3）感知结果计算，终端通过各类传感设备或无线信号获取感知信息后，需要进行多维度感知信息的融合或计算，从而得到满足需求的感知结果。尤其是基于无线信号的感知，需要终端通过感知信号处理技术，对接收到的无线信号进行测量计算，得到时延、多普勒、角度、信号强度等基本感知信息，并进一步根据感知需求计算得到目标位置、运动轨迹、手势动作、生命体征、天气情况、物体形状、材质、环境地图等感知结果。

为满足不同感知应用的时延和精度要求，6G 终端需要具备更强的计算能力，用于完成感知数据的分析和处理，端侧 AI 能力的加持也将使得终端能够支持更加丰富的感知业务。

4）感知信息传输，重点是满足各类感知业务传输的实时性和准确性。终端计算的感知结果传输至感知应用方，或者将采集到的感知信息传输至感知结果计算节点。为支持海量感知数据的传输，终端的通信能力需要进一步增强，向着更高速率、更低时延、更高可靠性的方向发展。

3.2.5 通感一体化应用

"通感"一词在文学上是一种修辞手法，为了形容一个事物、一句话联通了视觉、味觉、听觉、嗅觉、触觉等多种感官。修辞手法中的"通感"用于"通信感知一体化"的简称，有异曲同工之妙，点明了 6G 通信网络一网多能的特色。通信感知一体化，利用无线电波让人们在通信的同时，也开了感知的"天眼"，让人们能够"看见"更多，"了解"更多，"创造"更多。

通感一体化的目标不在于取代雷达、摄像头或者其他传感器，而是利用通信基础设施完成感知，最大优势是"顺势而为"。基站作为通信基础设施是无处不在的，且在铁塔上，电源、天馈、传输等资源均具备。如果只需通过软件升级就可以拥有感知能力，何乐而不为？

感知-通信-计算一体化的应用场景包括无人化业务、浸入式业务、数字孪生业务、体域网业务等。在无人化业务领域，提供智能体交互能力和协同机器学习能力；在浸入式业务领域，提供交互式 XR 的感知和渲染能力，全息通信的感知、建模和显示能力；在数字孪生业务领域提供物理世界的感知、建模、推理和控制能力；在体域网领域提供人员监控、人体参数感知与干预能力。

通信感知一体化技术是 6G 系统中的基础性核心技术，助力 6G 创造千万价值应用，实现万物感知、万物互联、万物智联的新时代。

1. 通感一体化的技术特性

通感一体化（Integrated Sensing And Communication，ISAC），就是通信和感知的融合。

通信感知一体化是指基于软硬件资源共享或信息共享，同时实现感知与通信功能协同的新型信息处理技术，可以有效提升系统频谱效率、硬件效率和信息处理效率。通感一体化技术将利用无线信号实现对目标的检测、定位、成像、识别等感知功能，获取周围物理环境信息，这些信息通过基站和手机之间的无线电波发送或者接收。

通信感知一体化的核心设计理念是要让无线通信和无线感知两个独立的功能在同一系统中实现且互惠互利。

一方面，通信系统可以利用相同的频谱甚至复用硬件或信号处理模块完成不同类型的感知服务。

另一方面，感知结果可用于辅助通信接入或管理，提高服务质量和通信效率。

6G 网络通信和信息感知融合就是指 6G 在提升通信性能的同时，具备了感知万物的能力。感知万物，就是实现对网络自身状态、承载的业务内容和周边环境、外在目标的智能自适应的感知。这样，6G 网络不仅是提供信息传输和交互的载体，更让移动网络本身成为一种能够产出有价值信息的庞大资源。

通信感知一体化的目标就是在同一频谱、同一设备上同时支持通信和感知功能，可提升频谱利用率、降低设备成本，使能通信和感知两个功能的高效协同和互惠互利。6G 的设计目标就是内生集成智能、通信和感知，因此通感一体化在 6G 网络中对频谱的需求整体上是全频段的，但同时也要结合不同频段的频谱特性，来分析和评估不同频段可达到的感知性能指标和可满足的感知业务能力。

感知，需要利用无线电信号进行目标检测、定位和信息提取，目的和人们司空见惯的通信是不同的，因此其实现原理和评价体系也是不同的。对于目标检测，雷达（支持通感的基站也一样）需要发射信号并接收由回波信号、噪声和其他干扰组成的混合信号，从这些蛛丝马迹中判断检测目标是不是存在。

假设目标已经移动到了感知区域，如图 3-27 所示，系统随即成功检测到了，这当然是最好的；如果系统没有检测到，这就叫作"漏检"。而如果目标并不存在，如图 3-28 所示，系统却像"狼来了"一样上报自己检测到了，这就叫作"虚警"。

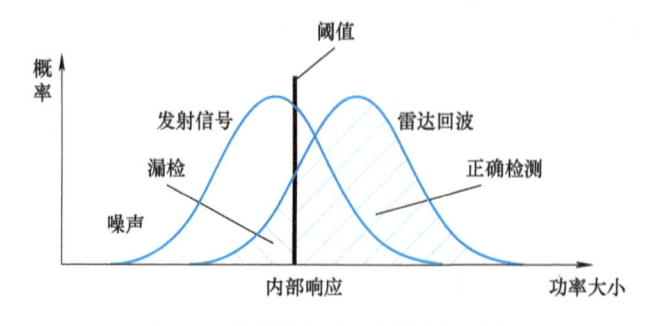

图 3-27 目标存在时正确检测和漏检

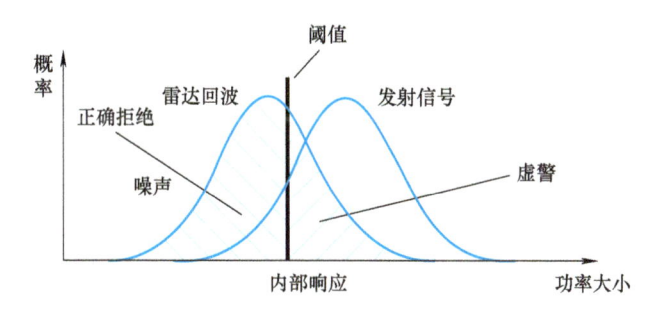

图 3-28 目标不存在时正确拒绝与虚警

因此人们对于感知系统目标检测功能的需求是在低虚警概率下，尽可能高地提升检测概率。一般来说，信噪比越高，检测概率也就越高。

在实现成功检测的基础上，就可以对目标进行精确定位，也就是进行距离、速度、角度等数据的感知。

目标距离的感知主要是通过测量发射信号和目标回波之间的时间差来实现的，如图 3-29 所示。这段时间差是电磁波在雷达（基站）之间往返一次的时间，用它乘以电磁波的传输速度（也就是光速），然后再除以 2，就可以算出目标的距离。

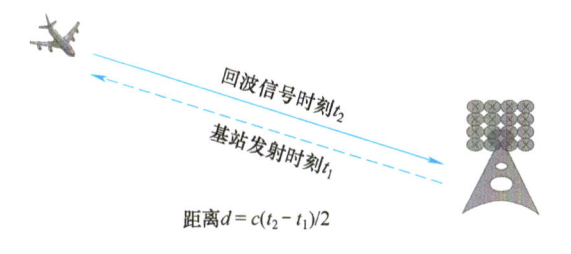

距离 $d = c(t_2 - t_1)/2$

图 3-29 通感一体化测距原理

目标速度的感知主要是利用目标运动产生的多普勒效应，通过测量目标回波信号的多普勒频移来推导目标速度，如图 3-30 所示。

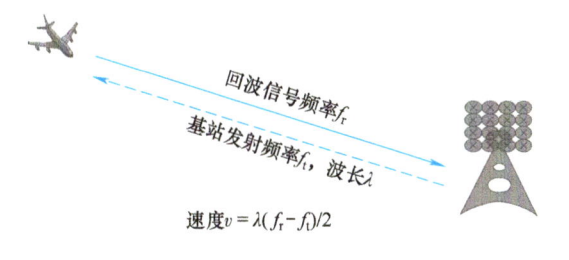

速度 $v = \lambda(f_r - f_t)/2$

图 3-30 通感一体化测速度

目标角度的感知主要利用天线多波束具有方向性的原理，不同方向输出的波束，目标的反射回波间的强度有差别，就可以据此来测定目标的角度了。如图 3-31 所示说明了测目标角度的原理。

对于上述的目标感知性能的评价,有分辨率、定位精度、无模糊范围和盲区等指标。

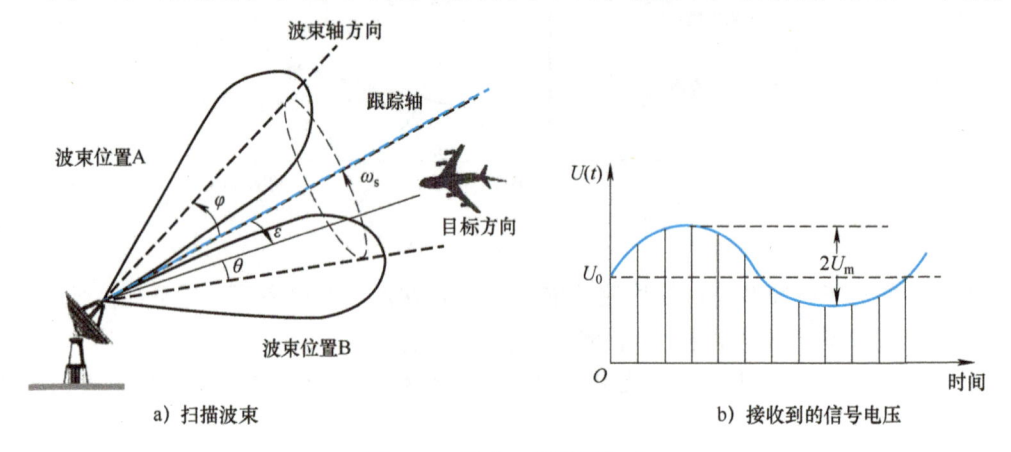

a) 扫描波束

b) 接收到的信号电压

图 3-31　通感一体化测角度

再回到通信,其性能通常以系统容量、时延、误码率等指标来衡量。打开测速软件尝试一下,便可以直观地看到评价通信性能的指标。

由于通信与感知两者的设计与优化目标不同、性能评价指标不同,通信性能最优的传输方案,感知性能可能并非最优,反过来也是一样的。

因此,要实现通信感知一体化,就要从底层考虑如何把这两个不同的功能和谐地融合在一起,如何优化发射信号,使得通信和感知的性能损失都能相对小一些。在总体上达成较优的设计目标。

首先是通信感知波形和帧结构的一体化。

目前用于通信的基站和用于感知的雷达使用不同的波形,为各自的目标服务。要在基站上融合感知功能,首要问题就是两者在波形上的共存。

雷达系统的常见波形有脉冲波与连续波这两种方式,如图 3-32 所示。

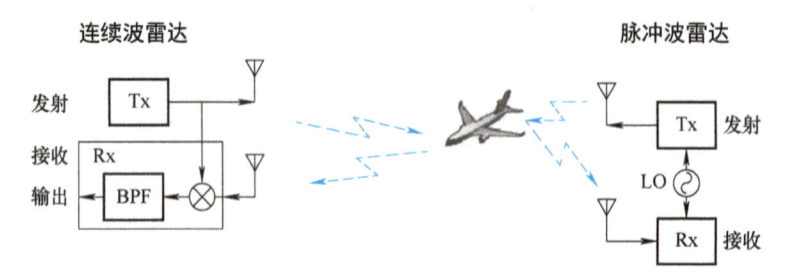

图 3-32　雷达的连续波和脉冲波

脉冲波雷达是周期性发送的矩形脉冲,接收在发射的间歇进行,发射的时候是没法接收的。如果目标距离比较近,反射回波到达雷达天线时,信号发射还没有结束,自然没法接收信号并进行目标检测，因此说脉冲波存在感知盲区。

连续波雷达发射的是连续的正弦波，可以发射和接收同步进行。如果信号不进行调制，就叫作单频连续波，主要用来测量目标的速度。

如果测量目标速度的同时，还要测量目标的距离，就需对发射的波形进行调制，如调频连续波（Frequency Modulated Continuous Wave，简称 FMCW）等，如图 3-33 所示。

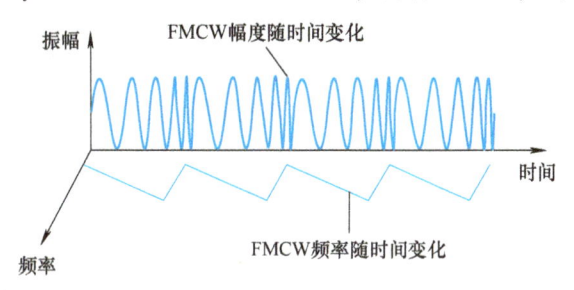

图 3-33 波形调制

在当前通信系统中，连续波占据主导地位，以正交频分复用 OFDM 波形为代表。

通感一体化波形设计主要有以下三大技术路线：以通信为中心的一体化波形设计、以感知为中心的一体化波形设计、通感联合的一体化波形设计。

通感联合的一体化波形固然是最终的目标，但实现的难度也大，性能上是通信和感知的折衷，目前还处于早期研究阶段。

典型的通感联合的一体化波形 OFDM-Chirp 的原理如图 3-34 所示，通信和感知数据通过频分复用分别被调制到完全正交的奇数子载波和偶数子载波上，因此可以做到感知和通信信号互不干扰。

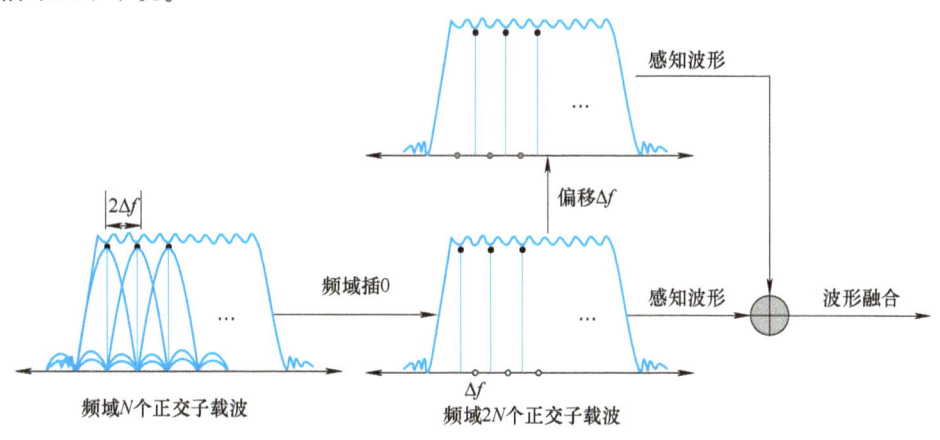

图 3-34 通感联合的一体化波形

典型的通感联合的一体化波形 OFDM-Chirp 如果要在基站侧集成感知功能，属于在通信主业之外的顺势而为，不能喧宾夺主，自然需要以通信为中心的波形设计。反之，如果在雷达上集成通信功能，感知自然是第一位的，自然需要以感知为中心的波形设计。

在 6G 移动通信网络中，移动运营商存在大量的基站基础设施，这属于已投资的沉没成本。让这些基站实现感知功能的代价相对较小，但却开辟了感知的新蓝海，因此需首先考虑采用以通信为中心的波形设计。

在传统的低频段（Sub-6G，6GHz 频率以下），通信和感知都采用 OFDM 连续波；在毫米波频段，通信继续采用 OFDM，而感知则采用雷达的波形。无论是 Sub-6G 还是毫米波，通信和感知都以时分的方式进行，并且通信的时隙占比远大于感知时隙。

6G 通感一体化的网络架构，在无线侧主要有两种方式：单站感知和多站协同感知。

所谓单站感知，也就是同一个基站需要发送感知信号的同时，接收目标的反射回波，单枪匹马、独立自主就可以完成感知功能，如图 3-35 所示。

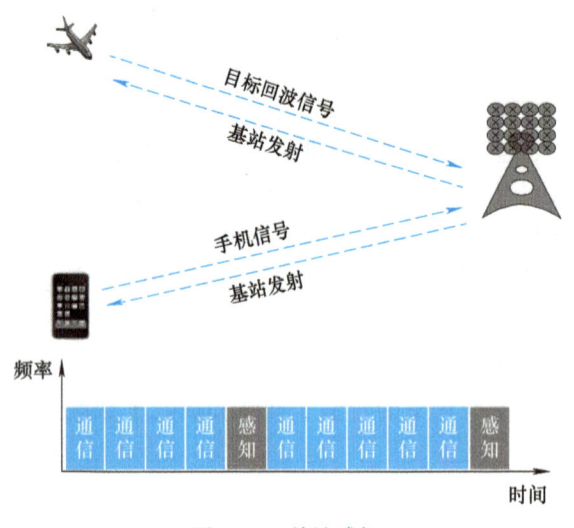

图 3-35　单站感知

所谓多站协同感知，是指多个基站之间进行充分的协作，如图 3-36 所示，基站 1 发出感知信号，经过目标反射之后，由基站 2 来接收并进行感知计算。

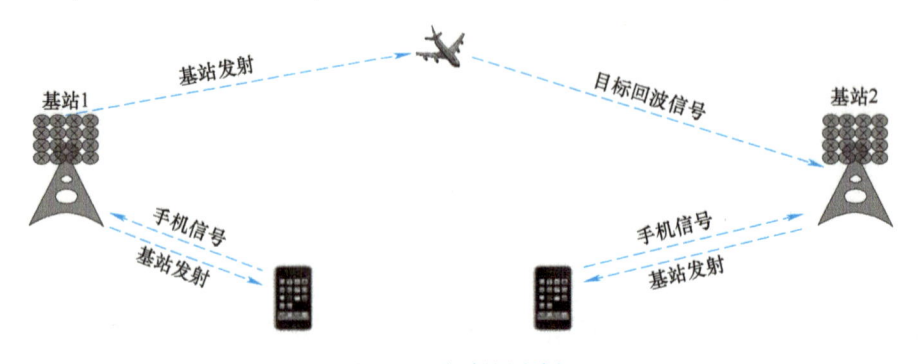

图 3-36　多站协同感知

移动通信网络中本来就存在多个基站,这种多站感知模式可以形成大面积、无缝覆盖的分布式感知系统。要实现多站感知,需要各个基站之间保持严格的同步关系。

2. 通感一体化的架构

通感一体化的网络架构,在核心网侧,还为感知功能增加一个基于服务化接口的网元,叫感知功能 SF(Sensing Function),这个网元可以再分为控制平面和用户平面。感知功能网元既可以和 6G 核心网融合部署,如图 3-37 所示,也可以独立部署,图 3-38 所示。

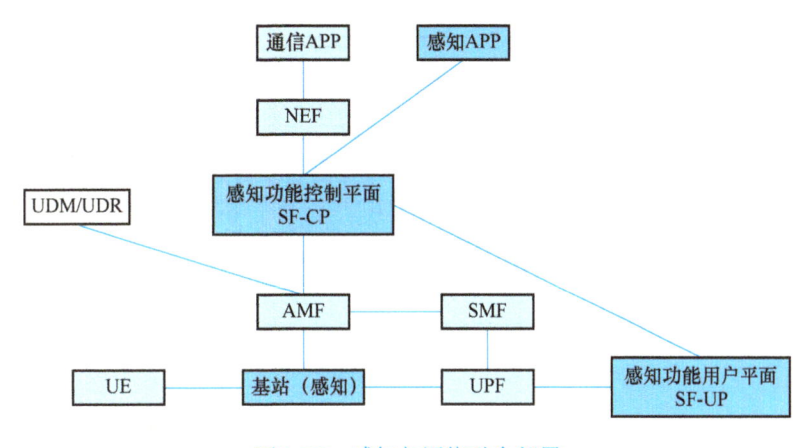

图 3-37 感知与网络融合部署

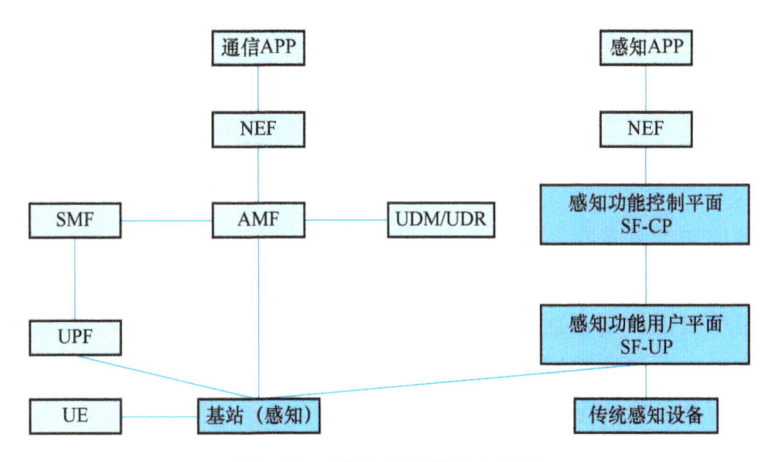

图 3-38 感知和网络独立部署

6G 融合架构可支持基站侧感知和终端侧感知,并能很好地兼顾通信和感知,兼容性好。独立部署可实现通信和感知的能力解耦,感知不依赖于核心网,并可以灵活地和已有感知设备对接,比较适合 6G 通感一体化初期部署。

随着 6G 通感一体化技术的发展，融合架构需要进一步分层，包括：应用层、内容层、融合层和通信感知基础设施层，如图 3-39 所示。

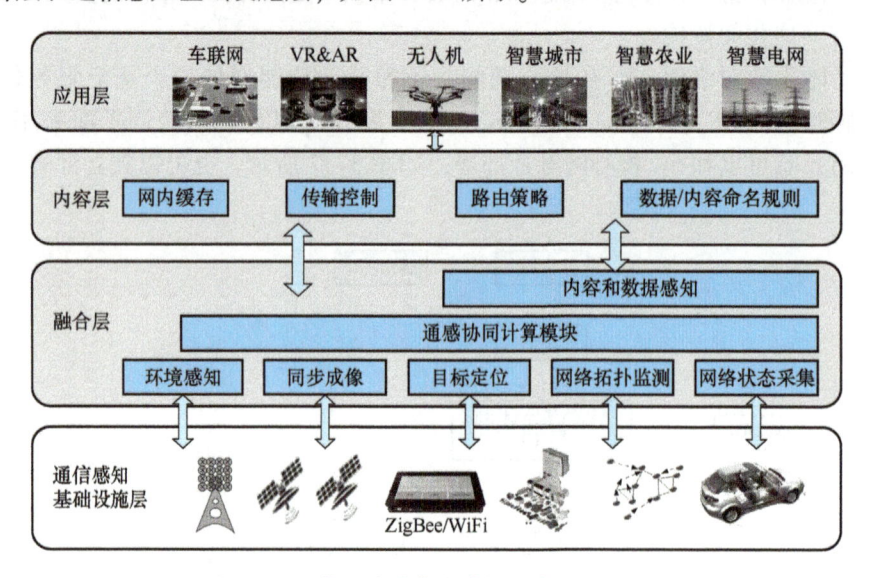

图 3-39　通信和多维信息感知融合的分层架构

（1）应用层

所有通信应用业务，语音视频、物联网感知类业务及虚拟现实非共享类业务。

（2）内容层

基于信息中心网络技术，解耦信息与位置关系，对内容、信息进行命名，制定内容、信息命名方案，如层次化可汇聚命名方案。内容、信息可以缓存在网络中的任何位置，满足网络对相同内容、信息请求的快速响应，提高网络利用率和数据的可用性。这种以信息为中心的通信模式为网络感知应用数据和内容提供了一种"原生"支持。

（3）融合层

融合层是通信和信息感知一体化网络系统的核心层。包含两个主要功能：

1）多维信息感知。利用射频感知、蜂窝网等无线通信设备作为传感器获取物理环境、目标定位跟踪识别、同步成像的信息数据；利用网络状态感知引擎获取网络设备的运行状态、网络连接的拓扑等网络状态信息；利用数据和内容感知引擎感知获取目标业务的数据和内容信息。支持多维信息能力开放。

2）通感协同计算。通感协同计算可以基于人工智能技术，如图 3-40 所示，对不同场景的应用逻辑进行编排，进行多维信息感知，原始感知数据采集后，对网络中信息进行不同维度和粒度的计算和决策，然后由控制器实时指导底层设备执行。比如，通感协同计算根据当前无线信号频谱特征决定感知精度、分辨率和误差，基于人工智能算法，多个基站之间协同计算实现满足精度要求的定位、成像等功能；从多个网元中采集网络状态，利用人工智能算法对网络状态进行故障分析和预测；可以结合联邦学习等技术，从网络中多个数据源获取网络目标数据，并进行计算，提取满足对应业务需求的价值信息等。

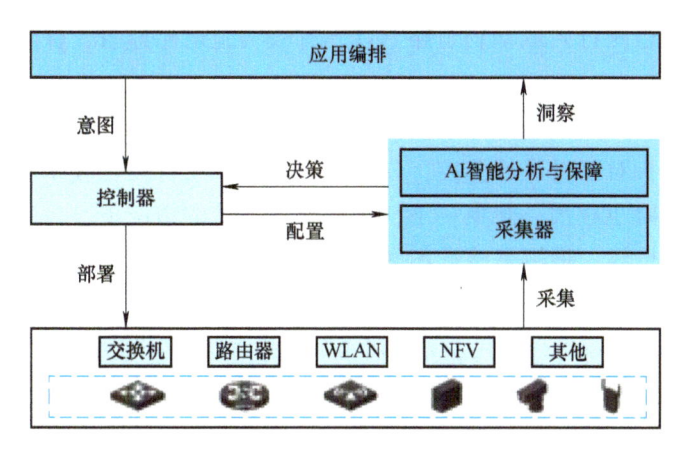

图 3-40　基于人工智能的通感协同计算

（4）通信感知基础设施层

6G 通感一体的基站、卫星、无线传感网、物联网终端、工业物联网中的各种感知设备都是通信感知的基础设施。

3. 通感一体化的场景和应用

通感一体化可以给通信基站和终端叠加功力，实现很多之前想象不到的应用。

（1）低空安防

随着消费级无人机的发展，由于难以监控，无人机随意乱飞现象非常严重。这虽然对个人来说问题不大，但对一些需要保密的单位来说，再严密的地面安防，也挡不住无人机飞入飞出、如入无人之境。

为防止无人机"黑飞"造成的泄密、碰撞及噪声等问题，需要高效、低成本地部署低空安防系统。目前无人机安防市场多种探测方案并存，但都面临技术、效率、成本等诸多限制。

通信感知一体化技术，可以让多个基站秒变雷达，直接部署在低空安防区域，再结合基站内部的算力资源，快速搭建低空安防系统。只要基站信号可达，就能实时定位和追踪入侵无人机，供安防系统下一步决策参考。

反过来，基于通感一体化提供的成像、地图构建和环境重构能力，系统可以化被动为主动，派出无人机进行侦察、物流派送等活动，并能根据多站感知能力，在未知的环境中执行自动导航和路径规划的任务。

（2）智慧交通

在车联网场景中，需要对道路本身和环境进行识别感知，对车辆位置、速度及运动方向进行识别，对道路上异常事件进行识别等。通感一体系统可实时感知道路上的车流状态，实现人、车、路的高效协同，保障交通安全，提升交通系统运行效率。

通感一体系统可利用通信基站站点高、覆盖广的特点，实时、大范围感知车道流量和车速信息，同时检测行人或动物道路入侵，有效实施道路监管，保障交通安全和提升交通效率。

（3）智能家居

虽说基于摄像头对家里进行监控，分析人的动作以及行为在技术上都是可行的，但个人隐私泄露的风险也很大。想象一下，在你毫不知情的情况下，自己在家中的一举一动早已成了楚门的世界，是不是感觉不寒而栗。基于摄像头的智能家居方案的适用范围有限，基于无线的解决方案已成为业内公认的发展趋势。

通信感知一体化系统可以利用基站或者 Wi-Fi 路由器发射的无线信号来实现对人的动作和行为的精细感知，为智能家居系统提供更加丰富的功能。

采用通感一体化，可实现人进入屋内灯亮，人离开屋子灯熄；可以通过不同姿势，切换操纵不同电器；当小孩爬到窗口阳台上，或者老人摔倒等危险发生时，给住户发送通知；在住户离家时有人进入，则会触发安防报警。

除了上述的家居控制、安防监控之外，室内的通感一体化还可以完成行为监测。系统通过跟踪、定位和识别，可以对人的行为进行监测，并完成分析与判断。

（4）社会治理

通信感知一体化还有社会治理等方面的用途，比如气候环境监测、公共安全管理等。

在气候环境监测场景中，借助无线网络无处不在的特性，基站可通过发送通信感知一体化信号，结合水分子、灰尘及各类化学物质对无线信号衰落的特性，分析获得一体化信号强度等变化特性，实现降水量、污染气体排放和空气质量的实时监测等。

在公共安全管理方面，通过感知功能的实时探测，可以实现诸如台风预警、洪水预警和沙尘暴预警等功能，为灾害防范提前预留时间。

（5）智慧医疗

健康医疗方面，通信感知一体化系统在实现高速通信的同时，还可以有效地实现健康监测和管理。

现有技术已经实现了利用通信信号实现人体的呼吸和心跳的监测。当发现呼吸和心率异常时，预警信息通过通信链路实时回传给用户，实现实时监测功能。

同时，太赫兹成像和光谱检查也将赋予医疗保健领域极大的想象空间。例如，太赫兹可以进行癌变组织的检测，如图 3-41 所示，以及对汗液、眼泪、唾液、外周血和组织液的监测。可以说，基于太赫兹的通感一体化系统，随时随地监控人们的健康状态，让一切病症无所遁形。

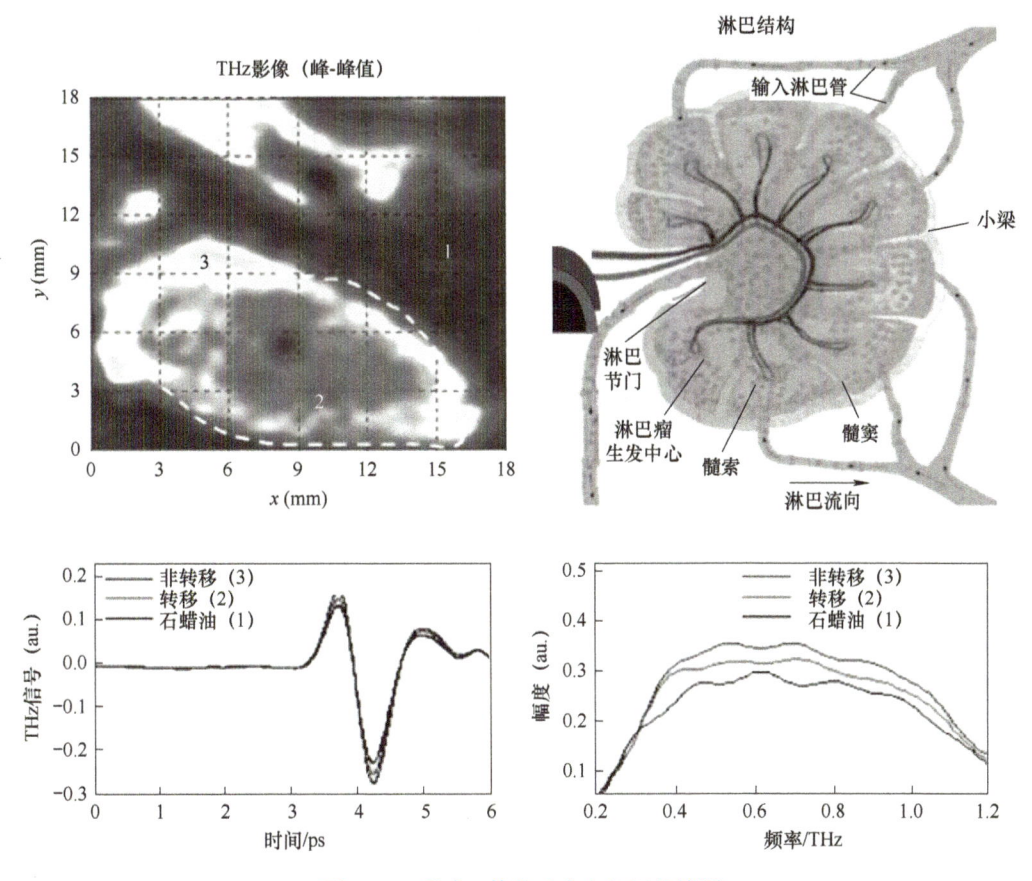

图 3-41 通感一体化对癌变组织的检测

4. 通感一体化面临的挑战

通信感知一体化在 3GPP R19 开始立项研究（TR22.837）。这张魅力画卷徐徐展开，将要从构思走向成型。但是，通信感知一体化标准的制定不是一帆风顺的，系统的实现也面临着一些挑战。

（1）自干扰

实现通信感知一体化，需要在发射信号的同时，接收从探测目标反射回来的回波信号，如图 3-42 所示。发射链路的信号强度一般情况下远大于接收链路。如果发送的信号和回波信号是同频的，那么，对接收链路会造成强烈的同频干扰。这种系统内自己对自己造成的干扰，就叫作"自干扰"。具体来说，"自干扰"根据来源的不同，有空间域的天线自干扰，还有射频域的自干扰和数字域自干扰。

天线间自干扰指发送端的天线信号直接泄露被接收天线接收。由于接收和发射天线的距离较近，干扰信号能量较大，给后续数据处理带来很大问题。

射频自干扰指发送端射频链路的信号泄露到接收端射频链路的现象。

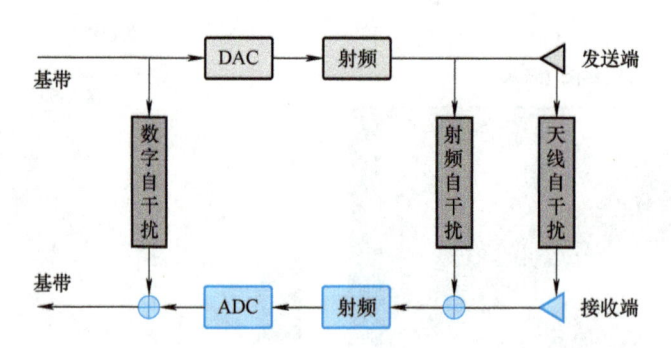

图 3-42　通感一体化系统的收发自干扰

数字自干扰指发送端部分数字域杂波信号泄露并叠加到接收端，形成干扰源。

上述的天线间的自干扰信号、射频自干扰信号、数字自干扰信号混杂在探测目标产生的回波信号中，降低了接收信号质量，导致有用信号的占比降低，增加了目标感知和检测的难度。

（2）同步问题

单站感知由于收发端共用同一时钟源，同步对感知的影响不大。但对于多站感知，由于信号的发送和接收是由不同基站来进行的，如果基站间不同步，会对感知精度产生很大的影响。

5G 通信系统基站之间，微秒级的同步误差可以满足低时延、高可靠通信的基本需求。然而对于通感一体化，定位精度至少达到分米甚至厘米级。收发基站之间 1 微秒同步误差，就会导致较大的距离感知误差。

因此，6G 要实现通感一体化，就必须采用软硬件算法，把基站之间同步误差控制在纳秒级甚至皮秒级。这是实现高精度感知的必要条件。

（3）算力问题

为了获取极致的感知体验，通感系统对感知的性能和感知的实时性提出了非常高的要求。

对于高速移动目标，如车辆的感知，为实时跟踪车辆的位置，需要短时间内快速处理感知数据，并获取感知结果，然后回传给用户。

对于无人机入侵的感知，由于无人机表面积有限，其反射的信号能量很小，需要用高复杂度的算法来求解精确位置。

对于健康医疗来讲，后台需要同时处理海量用户的健康检测数据，完成呼吸、心跳等参数的解算。

对于上述通感一体化的应用场景，一方面，需要设计高精度、高性能、高复杂度的感知算法，这就意味着非常高的算力要求。另一方面，感知实时性对感知结果的处理和回传提出极高的要求，需要系统提供更快的传输速率、采样率以及处理速率。

目前的通信系统，无论网络架构还是硬件架构，很难支撑如此大规模的算力。因此，在6G时代，需要将算力纳入通感一体化的概念，扩展为"通感算一体化"。

3.2.6 移动服务全球覆盖

移动服务全球覆盖是6G网络的一个重要能力。6G将地面与非地面网络融合为一个覆盖全球的多层次异构网络，消除全球网络覆盖的数字鸿沟，可以在偏远山区、船舶、飞机、海上钻井平台等地面覆盖不足的地方提供宽带和物联网服务，为车辆提供高精度的星地融合定位覆盖，为农业应用提供高精度实时成像服务，为救济抢险、抵御自然灾害提供宽带网络连接。

5G时代，人们想使用卫星网络，就不得不携带两部手机，一部是专用的卫星终端，而另外一部终端用来接入地面移动系统。6G终端将这两种接入业务融入一部手机中，确保业务无缝切换。

1. 立体泛在的无线宽带接入

全球有1/3多的人生活在山区或偏远地区，基本上网需求难以得到满足。地面和非地面的融合可以提升这些地区用户的宽带业务体验。海面航运的通信需求经常面临信号弱的难题，宽带卫星、船载站、地面站的融合可以为海面提供高带宽、实时、低成本的通信服务。比如说，南极的科考人员，在南极工作期间，如图3-43所示，有很多科考的视频和数据要通过卫星的宽带接入传回研究中心，在从科考站乘破冰船到布宜诺斯艾利斯的途中，也有很多视频要通过船载的卫星宽带服务传到社交媒体上。

a) 破冰船上的通信 b) 南极上空的卫星

图3-43 南极的卫星宽带接入

每年有40亿人次乘坐飞机，在多数飞机上，人们无法接入互联网，或者接入后速度很慢，且费用很高。6G空天地融合的网络为乘客提供高质量的移动宽带连接。

自然灾害可能会破坏地面网络，但6G网络将地面和非地面网络融合在一起，支撑公共突发事件的应急管理。应急管理需要空天地融合的应急通信系统，再加上指挥中心的应急管理调度软件，实现灾难预测、预警、应急响应和应急通信。比如说，在台风季节，市政部门利用卫星网络向渔民和船舶通知台风到达信息；地震过后，地面蜂窝网络遭到破坏，救援队伍使用非地面网络（包括卫星、无人机）与应急控制中心联系，如图3-44所示。

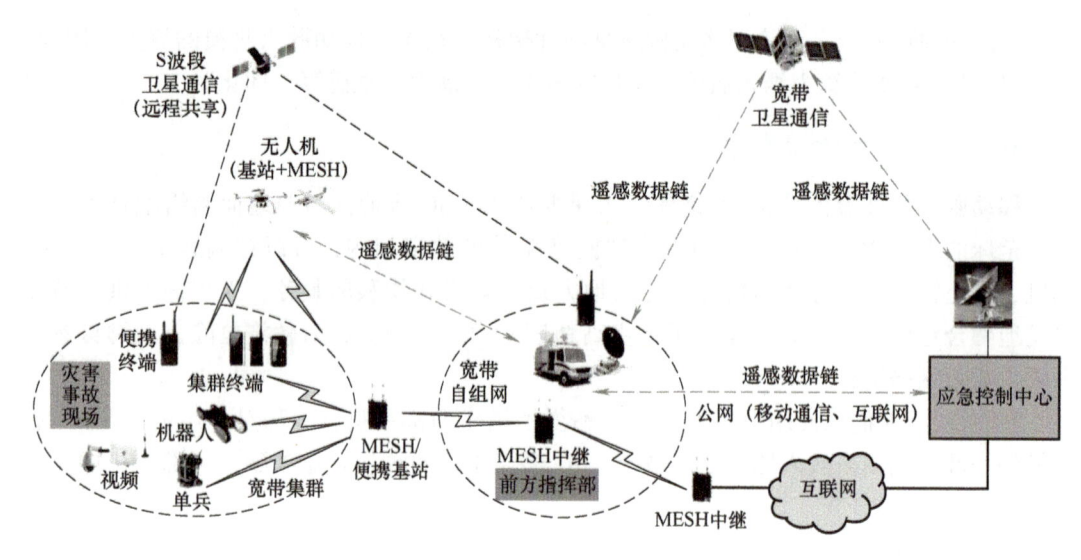

图 3-44　应急救援通信

2. 未覆盖地区的物联网业务

固定区域的物联网，主要依靠地面网络。但是在一些特殊的作业场景，地面网络往往难以满足物联网的覆盖和容量要求。

在一些海上作业场景中，如图 3-45 所示，海洋里部署了大量浮标传感器来收集浪高、水温、风速、深度等信息。这些信息可以帮助海员和渔民避开风浪较大的海域。

远洋运输中，如图 3-46 所示，如果能够及时了解每个集装箱的信息，在全程能够查看集装箱的温度、湿度、位置等信息，就能够确保集装箱运输的可靠安全。

图 3-45　海面浮标　　　　　　　图 3-46　集装箱运输

在南北极，为了监控企鹅或北极熊的活动轨迹和生活习性，科技工作者部署了大量传感器来收集相关信息，为南北极科考提供数据支撑。

海洋收集浮标信息的场景，海上运输集装箱收集信息的场景，南北极科考信息收集的场景，仅依靠地面网络，很难保证覆盖连续，很难保证业务不中断。6G 时代，处于这些地面网络未覆盖地区的物联网,能够随时随地连接网络、上报信息。

3. 高精度定位与导航

在自动驾驶、远程农业作业等很多领域,依赖于高精度的定位和导航。北斗和全球定位系统(GPS)等卫星导航系统现在应用已经很广泛了,要求定位时终端能够收到三颗卫星的信号,定位精度在10m左右;全球定位系统与低轨卫星星座融合的定位技术,室外场景的定位精度会提升到10cm左右;如果地面网络与非地面网络融合,结合定位算法,辅以WiFi、蓝牙等信息,会实现更高精度的、立体化的定位和导航能力,如图3-47所示。

图3-47 高精度定位导航

4. 实时地球观测与保护

卫星系统可以利用成像技术实现遥感和地球观测,如图3-48所示,实现对动物迁徙、植被变化、地表灾害、火灾现场、大型事故等场景的监测。成像技术分为光学成像和射频成像。但是卫星获取的图像和数据不能及时地下发到地面的控制中心,使得地球观测存在很大滞后性。6G时代,卫星和地面基站一体化融合后,卫星同时支撑通信和地球观测。地球观测到的信息可以利用天地通信能力传到地面。

图3-48 地球观测

第二篇

6G 无线技术

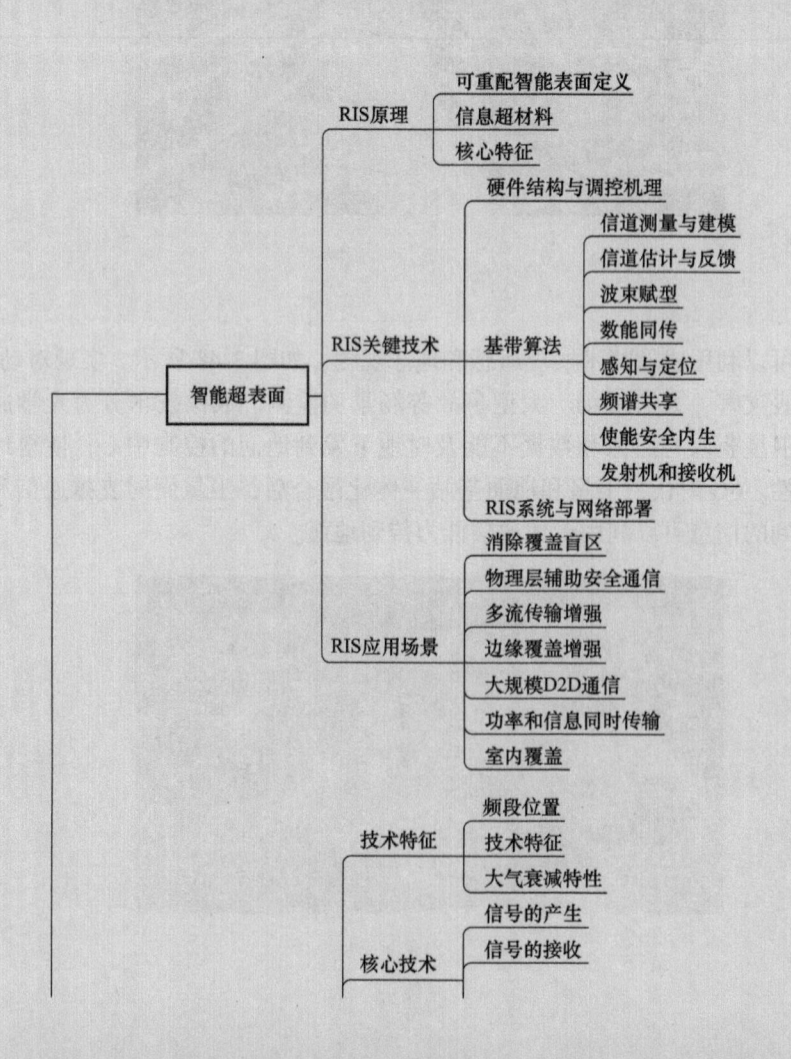

```
智能超表面
├── RIS原理
│   ├── 可重配智能表面定义
│   ├── 信息超材料
│   └── 核心特征
├── RIS关键技术
│   ├── 硬件结构与调控机理
│   ├── 基带算法
│   │   ├── 信道测量与建模
│   │   ├── 信道估计与反馈
│   │   ├── 波束赋型
│   │   ├── 数能同传
│   │   ├── 感知与定位
│   │   ├── 频谱共享
│   │   ├── 使能安全内生
│   │   └── 发射机和接收机
│   └── RIS系统与网络部署
├── RIS应用场景
│   ├── 消除覆盖盲区
│   ├── 物理层辅助安全通信
│   ├── 多流传输增强
│   ├── 边缘覆盖增强
│   ├── 大规模D2D通信
│   ├── 功率和信息同时传输
│   └── 室内覆盖
├── 技术特征
│   ├── 频段位置
│   ├── 技术特征
│   └── 大气衰减特性
└── 核心技术
    ├── 信号的产生
    └── 信号的接收
```

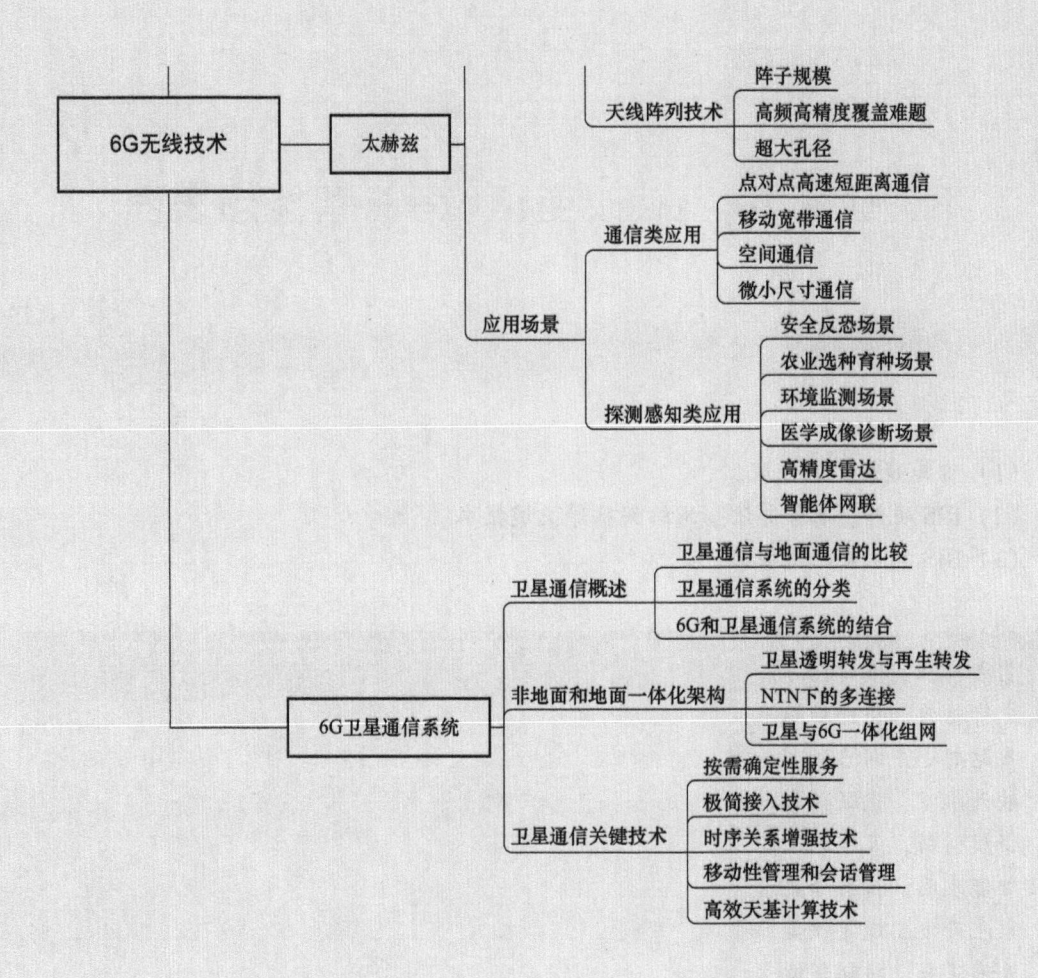

```
6G无线技术
├── 太赫兹
│   └── 应用场景
│       ├── 天线阵列技术
│       │   ├── 阵子规模
│       │   ├── 高频高精度覆盖难题
│       │   └── 超大孔径
│       ├── 通信类应用
│       │   ├── 点对点高速短距离通信
│       │   ├── 移动宽带通信
│       │   ├── 空间通信
│       │   └── 微小尺寸通信
│       └── 探测感知类应用
│           ├── 安全反恐场景
│           ├── 农业选种育种场景
│           ├── 环境监测场景
│           ├── 医学成像诊断场景
│           ├── 高精度雷达
│           └── 智能体网联
└── 6G卫星通信系统
    ├── 卫星通信概述
    │   ├── 卫星通信与地面通信的比较
    │   ├── 卫星通信系统的分类
    │   └── 6G和卫星通信系统的结合
    ├── 非地面和地面一体化架构
    │   ├── 卫星透明转发与再生转发
    │   ├── NTN下的多连接
    │   └── 卫星与6G一体化组网
    └── 卫星通信关键技术
        ├── 按需确定性服务
        ├── 极简接入技术
        ├── 时序关系增强技术
        ├── 移动性管理和会话管理
        └── 高效天基计算技术
```

第 4 章

不适应环境，就改变环境——智能超表面

本章将掌握

(1) 智能超表面的原理。
(2) RIS 硬件、基带算法、网络架构等关键技术。
(3) RIS 的主要应用场景。

靠太赫兹，空口飞起。
光纤转换，仍是难题。
基站超小，网络致密。
航天航空，克服频移。
新型材料，天线纳米。
智能表面，忙盲分集。
电池寿命，能量收集。
无线充电，功耗新低。
《RIS 有感》
智能表面可重配，
无线环境不常规。
人工信息超材料，
不是实相不是吹。

有道是：如果改变不了环境，那么就要学会适应这个环境。移动制式在其发展进程中，一直是围绕着如何适应复杂的无线环境而去下功夫。非视距、强干扰，基站和手机上的算法都要想办法去适应这些特点。客观上说，以往无线制式的基站和手机都是适应无线环境的高手，而且一代比一代强。

直到 5G 毫米波的引入。一片树林，几辆汽车，或是第一场雪的降临，都会让毫米波的信号突然哑火。更不用说疾驰的动车，鳞次栉比的建筑，穿透损耗之大让毫米波空有一身武艺（巨大的带宽优势），却传不出去或传不远。这就是毫米波规模商用的拦路虎，如图 4-1 所示。不论毫米波的发送端和接收方如何修炼自己，提升自己，也难以克服，看来锻炼自己，来适应恶劣的无线环境，这条前人走了很长时间的道路，已然该到拐弯的时候了。

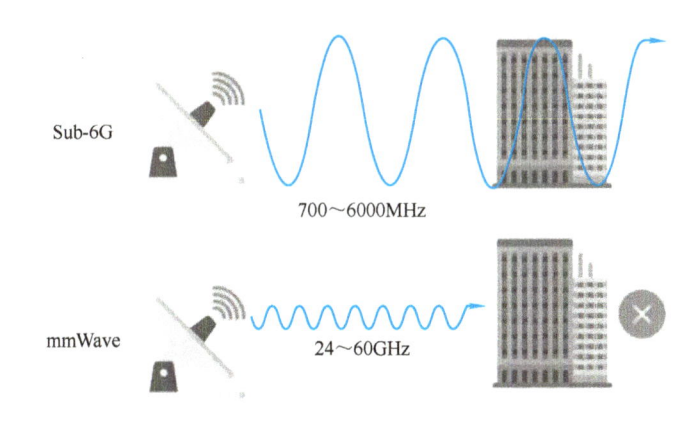

图 4-1　毫米波与低频段电磁波穿透能力对比

能不能通过改变无线环境，重塑无线传播信道，来适应高频的无线传输？

"一个理智的人，应该改变自己去适应环境。只有那些不理智的人，才会想去改变环境适应自己，但历史是后一种人创造的。"萧伯纳说。

在 6G 的无线技术中，也有一种技术，它不是为了适应无线环境，而是为了改造无线环境而产生的，有一种"虽千万人吾往矣"的勇气。

信号从发送端出来，经历复杂的反射、折射、散射、绕射、穿透、干扰等过程，到达接收端，如图 4-2 所示。6G 不但会通过增强基站和终端的能力，变革组网架构来提高适应无线环境的能力，还从改变无线环境的角度提出了一项技术，它的名字叫作"可重配智能表面（RIS，Reconfigurable Intelligence Surface）"，或叫"智能反射超表面（IRS，Intelligent Reflection Surface）"。RIS 技术在 5.5G 的协议中开始标准化，也被公认是 6G 关键技术之一。

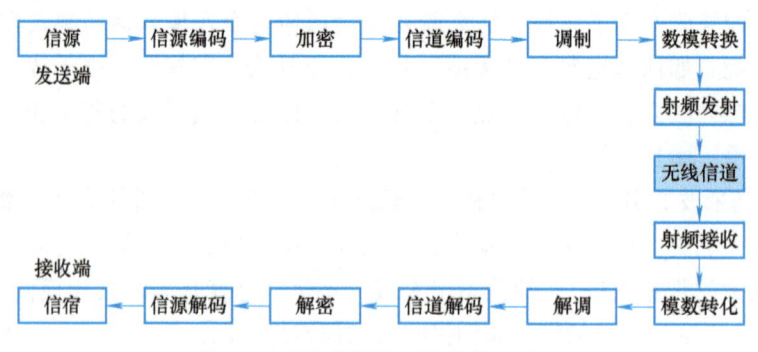

图 4-2　无线信号发送接收处理过程

4.1　RIS 原理

5G 以前的无线网络，电磁环境不受网络控制；而在 6G 智能无线环境中，可重配智能表面（RIS）将环境转变为一个智能可重构的电磁空间。RIS 已经成为可重配智能超表面的"江湖"称呼。

4.1.1　可重配智能表面

智能超表面（RIS）从外表上看，就是一张平平无奇的矩形薄板，如图 4-3 所示，却作为具有可重构特性的空间电磁波调控器，可以被灵活地部署在地物表面。

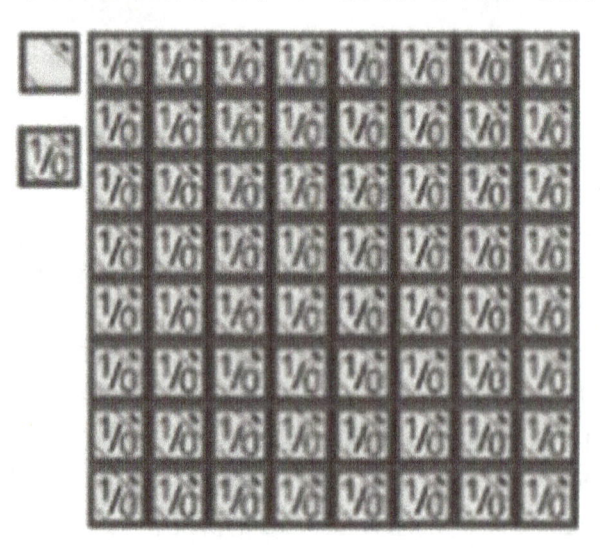

图 4-3　智能超表面示例

RIS 通过表面上的结构单元对电磁波进行控制，通过对每个结构单元的参数、位置进行调整，实现对反射、折射、散射的电磁波的幅度、频率、相位、极化等参数的调整，从而智能地重塑收发机之间的无线传播环境（智能无线环境），起到改变无线信道的作用，如图 4-4 所示。更神奇的是，这一操控是可以进行重新配置和调整的，可以通过人为编程来灵活设置或改变。

图 4-4　RIS 调控无线信道

RIS 在超表面上集成有源元件（如开关二极管、变容二极管等）或可调节材料（如液晶、石墨烯等）。超表面又分为固定参数超表面和动态可调超表面。早期的超表面在其物理结构固定后，相应参数也固定，功能和性能也随之确定，不支持按需动态调节，属于固定参数超表面。

通过改变外部激励，固定物理结构的超表面可以呈现动态可调或可重构的电磁特性，实现电磁单元状态的动态调控，将物理世界和数字世界有机地联系起来。这就是动态可调超表面。

动态可调超表面 RIS 不但可以调控电磁波，也可以调控信息，如图 4-5 所示。

RIS 可以动态调整超材料表面电磁单元的物理性质，如容抗、阻抗或感抗，进而改变 RIS 的辐射特性，如非镜面反射、负折射、吸波、波束赋型、极化转换等，从而实现对电磁波的动态调控。

图 4-5　动态可调超表面调控对象

采用数字化方式的超材料表面电磁单元可直接处理数字信息，结合人工智能可以对信息进行感知、理解、记忆和学习。

RIS 同时调控电磁波和数字信息的能力，会给 6G 无线通信的规划和优化带来新的革命性变化。

4.1.2 信息超材料

地球上已知的物质都是由微观原子构成的，大量的原子按照一定的方式聚集起来，就形成了宏观的物体，也决定了材料的物理性质。

与此类似，如果能设计出亚波长大小的"人工原子"，并按照精密的几何结构排列，就能实现很多天然材料所不具备的性质，如图 4-6 所示。这种超越天然材料的人工材料，理所当然地就被称作"超材料"。所谓超材料（Metamaterial，其中 Meta 表示超出、另类之意），实际上就是人造材料，自然界是不存在的。

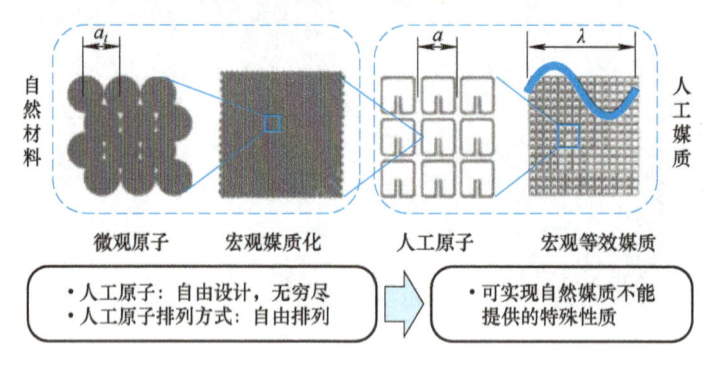

图 4-6 人工原子构成超材料

超材料被广泛用于操纵电磁波，实现了许多激动人心的物理现象，如负折射、电磁黑洞和幻觉光学等。

举例来说，有一种负折射材料，如图 4-7 所示，其光学性质与常见的玻璃、空气等透明物质的性质不同，其入射和折射光位于法线同侧，和常规折射的方向相反，也就是折射角为负。

图 4-7 负折射材料

第4章 不适应环境，就改变环境——智能超表面

有科学家利用超材料的光学性质，制作了隐身衣，如图 4-8 所示。

RIS 的技术基础是建立在"信息超材料"的基础之上。超材料表面由大量亚波长尺寸的阵元组成，通常由金属、介质或可调元件等人工二维材料构成。它具有一项传统材料无法实现的特殊性质：让光、电磁波改变它们的传播性质。

超材料可通过数字编码实现对里面人工原子状态的动态控制，从而实时操控电磁波，就叫作"信息超材料"。在不同的编码下，信息超材料可以通过反射形成不同形状的电磁波束，从而实现动态操控电磁波的目的。通过对信息超材料的深度设计，可以实现对入射电磁波多个维度的操控，包括频谱、相位、幅度、极化等，这就为其在 6G 系统的应用创造了条件。

图 4-8 隐身衣

信息超材料的基本结构如图 4-9 所示，每一个人工原子（或者叫超原子）都可以由含有偏压二极管的微电路组成。实际实现时，人工原子也可以采用 PIN 管、晶体管、石墨烯、温敏器件、光敏器件等其他材料。

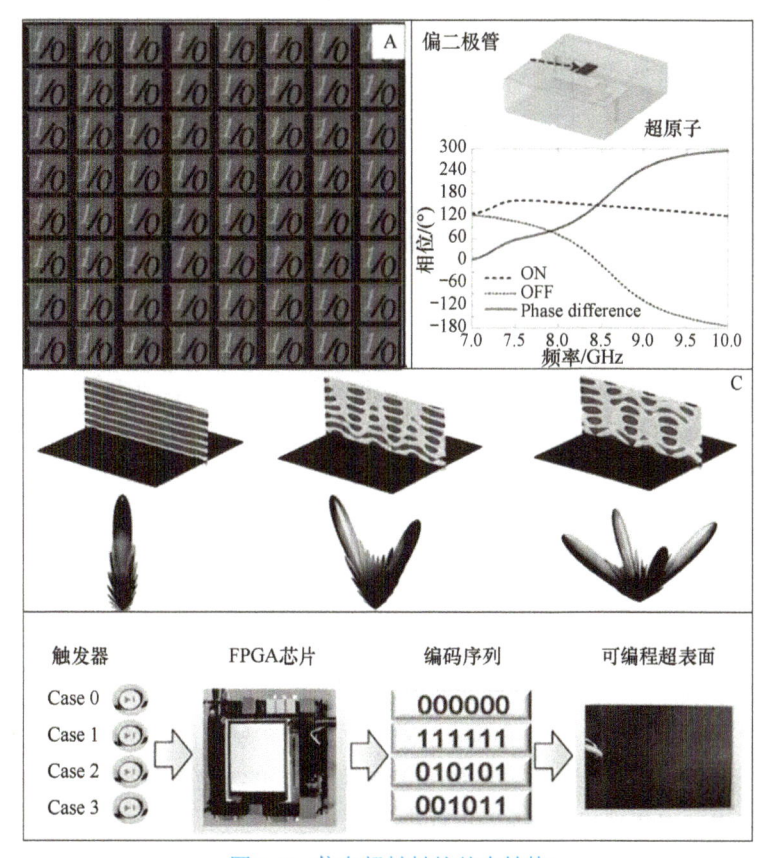

图 4-9 信息超材料的基本结构

在不同的电压下可以实现"ON"或者"OFF"等不同状态,对电磁波的响应也是不同的。"ON"和"OFF"这两种状态,正好可以对应到信息世界的 0 和 1,通过把这些单元配置为 0 或者 1,超材料也就具备了动态编码的能力。

4.1.3 智能超表面的核心特征

图 4-10 给出了一种 RIS 辅助下的无线通信的系统。基站对 RIS 进行控制,RIS 基于控制对自身结构单元的幅度和相位进行调整,从而实现对基站发射信号的有控制地反射。与传统中继通信相比,RIS 可以工作在全双工模式下,具有更高的频谱利用率。RIS 无需 RF 链路,不需要大规模供电,在功耗和部署成本上都将具有优势。

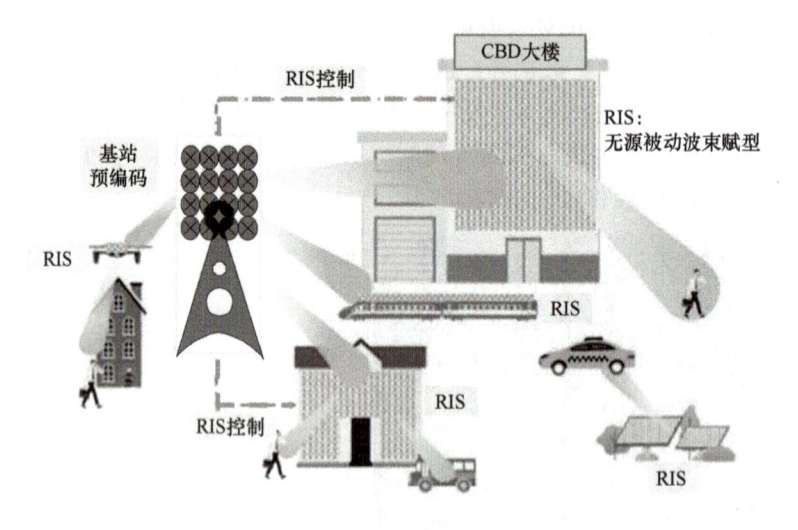

图 4-10 RIS 辅助下的无线通信

RIS 旨在作为具有可重构特性的空间电磁波调控器,可智能地重构收发机之间的无线传播。相比于传统 MIMO、网络控制中继,RIS 的核心特征在于如下几个方面:

1)准无源:RIS 表面的电磁单元可采用无源或近无源人工电磁材料,对电磁单元的调节需要有源控制。

2)连续孔径:RIS 表面可采用连续材料或紧密排布的电磁单元构成,可实现或近似实现连续孔径(口径由连续的几何面形决定的镜面结构)。

3)软件可编程:RIS 具有可编程物理特性,可对超表面的电磁单元编程控制,实现对电磁响应实时调控,从而实现对电磁波的动态控制。

4)宽频响应:RIS 可以工作在声谱、微波频谱、太赫兹谱或光谱等频段上。

5)低热噪声:RIS 利用对人工电磁材料物理特性的调控实现对电磁波的无源控制,通常不需要放大器、下变频等射频器件对接收信号进行处理,不会引入额外的热噪声。

6)低功耗:RIS 最好不用射频链路的高功耗器件,而是通过对人工电磁材料物理特性的调节实现对电磁波的控制。以 PIN 二极管为例，当 PIN 二极管导通时，其耗电仅为毫瓦或微瓦级。

7）易部署：作为二维平面结构，RIS 的形状具有可塑性，尺寸简单易扩展。具有较轻重量，对供电要求低，因此易部署于无线传播环境中的各种散射体表面。RIS 无需大带宽回传链路。

4.2 RIS 关键技术

RIS 的关键技术主要包括三个方面：①硬件结构与调控；②基带算法；③系统与网络架构，如图 4-11 所示。硬件结构与调控设计决定了 RIS 在电磁调控方面所具备的性能指标，如工作频段、带宽以及调控能力等，这些是 RIS 在无线通信中发挥作用的基础。基带算法主要指智能控制单元在控制 RIS 时需具备的各类功能，如区域覆盖增强、数能同传、感知与定位等，这些是 RIS 在无线网络中所能起到的作用。网络架构是 RIS 在移动系统中部署位置及相互关系，决定了性能提升、网络优化的整体潜力。RIS 在无线系统中的应用可使移动通信系统的网络架构发生翻天覆地的变化。

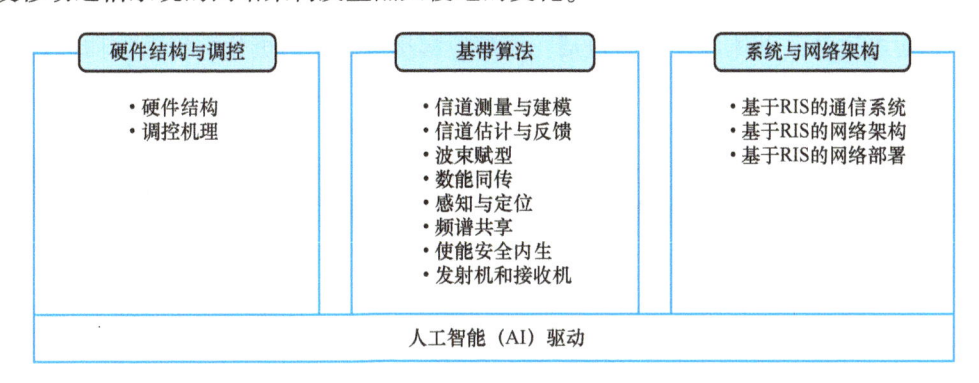

硬件结构与调控	基带算法	系统与网络架构
• 硬件结构 • 调控机理	• 信道测量与建模 • 信道估计与反馈 • 波束赋型 • 数能同传 • 感知与定位 • 频谱共享 • 使能安全内生 • 发射机和接收机	• 基于RIS的通信系统 • 基于RIS的网络架构 • 基于RIS的网络部署
人工智能（AI）驱动			

图 4-11 RIS 关键技术

4.2.1 RIS 硬件结构与调控

RIS 硬件架构主要包括可重构超材料表面和智能控制模块两部分，如图 4-12 所示。

超表面是实施电磁调控的载体，如同 RIS 的"躯体"，由一系列周期排布的电磁单元结构组成，智能超表面硬件结构如图 4-13 所示。设计理论包括：传统的周期电磁理论、惠更斯等效原理及广义的反射和折射定理。

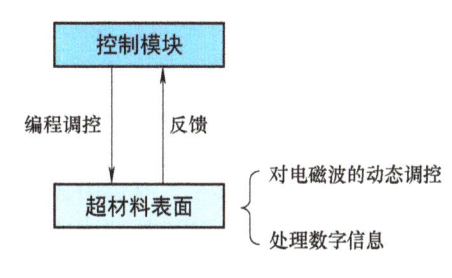

图 4-12 RIS 结构原理

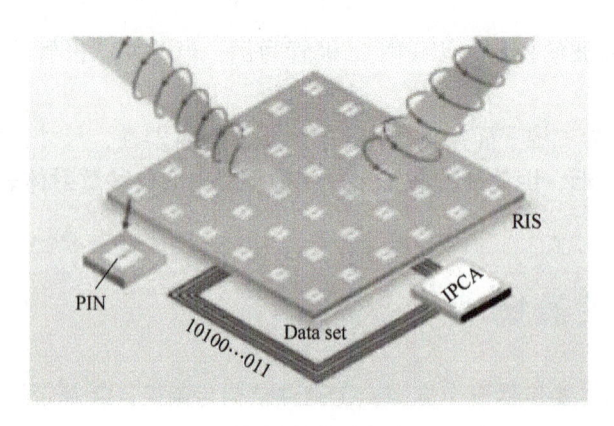

图 4-13 智能超表面硬件结构

智能控制单元则负责控制超表面所呈现的电磁功能，是 RIS 的"大脑"。控制模块具有可编程能力，可以对超材料表面通过编程灵活调控。通常以 FPGA、MCU 等可编程元件为核心，搭配与可重构超表面相应的控制/驱动电路，具有实时控制超表面功能的能力。控制电路设计可参考电路设计理论或现场可编程控制电路设计理论等。

电磁波的调控机理主要表现为不同的人工电磁超表面可实现不同特性的电磁波调控。单元结构对电磁波的具体调控能力包括：频率、幅度、相位、极化、传播方向以及携带轨道角动量（OAM）的波型等。根据具体调控能力的不同，可重构超表面大致可分为：幅度可重构、相位可重构、极化可重构等。

数字编码超表面的调控对象是若干离散的数字状态。在超材料的物理空间上进行信息操作和数字信号处理运算，使超材料由"被动"变"主动"，从"模拟"变"数字"。

4.2.2 RIS 基带算法

RIS 应用于通信系统需要合理设计空口传输技术、收发两端的基带算法，以便实现有限资源下的利用效率最大化。

1. 信道测量和建模

RIS 信道测量和建模是 RIS 无线算法设计、6G 网络规划和优化、性能评估的基础。没有 RIS 之前，无线信道主要在基站和终端之间；增加了 RIS 后，无线信道增加了"基站-RIS-终端"之间的级联路径和"RIS-RIS"之间的传播路径。

典型的 RIS 是拥有超大规模电磁单元、超大孔径的连续电磁超表面，而且还具有对电磁传播环境进行调控的基础能力。有的 RIS 是有感知能力的有源电磁单元，有的是无感知能力的无源电磁单元。

RIS 结构复杂多变，有集中式、分布式。6G 又是全频谱、全场景的无线网络。因此，RIS 无线信道测量、信道特性描述与信道建模中面临着较大的挑战。

RIS 信道测量与建模需要在 6G 无线信道模型的基础上进一步考虑 RIS 的物理模型抽象，见表 4-1。

表4-1 RIS 物理模型抽象

物理模型抽象	RIS 电磁单元模型	极化模型（单/双极化、极化泄露/扭转、各向异性）
		幅/相调控模型
		插损模型
	RIS 面板模型	BS-RIS 远场平面波馈入激励模型（BS：基站）
		BS-RIS 近场球面波馈入激励模型（BS：基站）
		波束域信道模型
		RIS-UE 近场模型
		RIS 码本模型

2. 信道估计与反馈

信道估计与反馈的关键是降低信道的开销，提升信道的反馈性能。

基于码本的信道估计是一种低复杂度信道估计方法。对于密集排布、距离收发端远、散射多径簇状分布的 RIS，可以将其信道建模为波束域信道模型，将信道估计转化为波束域信道角度估计。基于码本的信道估计与波束赋型协同方案是未来工程应用场景的典型方式。

RIS 信道分段特性和近场特性会对传统码本方案带来挑战，如何设计 RIS 信道码本是亟待解决的问题。

利用信道的双时间尺度特性进行分段信道估计。基于位置信息的信道估计方法，波束域信道估计进行近场信道的估计。

基站和 RIS 之间的信道维度（电磁单元多，通信链路多）高但变化缓慢，可视为准静态；而终端处于移动状态，终端到基站或 RIS 之间的信道时变但维度较低。UE 的低维移动信道估计频繁，但是高维准静态的 BS-RIS 信道不需要频繁估计。

反馈信息的内容和形式多样，如何降低反馈开销？

反馈部分用等效信道信息的方法，根据反馈信道参数的分布特性，优化分配反馈的比特数，可以降低反馈数据量。基于接收信号强度的 CSI（信道状态指示）虽存在较大的信道估计误差，但易于用较少的比特表达，可以减少反馈比特的数目。

为权衡信道估计精度和系统性能表现，基于波束训练的信道信息估计技术能够实现波束配置的同时，免去 CSI 的反馈；在同等信道信息精度条件下，主动 RIS 系统反馈分段信道信息占用更少的比特数目；分时反馈 CSI 可从整体传输周期的角度，减少总体信道信息反馈的比特数量。

基于 AI 的新方法充分利用采集数据的信息，可用来解决信道模型未知情况下的信道估计和反馈问题。随着通感一体化技术的发展，利用感知信息（位置、图像）辅助 RIS 信道估计和反馈将成为发展趋势。

3. 波束赋型

5G 的波束赋型设计主要是在基站和终端的收发端，通过预编码与均衡矩阵的设计，实现信号定向传输。而 6G 的波束赋型，除了考虑基站和终端，还要考虑 RIS。通过调控 RIS 每个电磁单元的相位，可以调整波束朝着特定方向发射信号，从而减少所需信号的发送功率、提高频谱效率、扩大覆盖范围，并同时削弱干扰。

但 RIS 的波束赋型的设计有很多挑战：

1）由于 RIS 电磁单元个数较多，由于复杂度的问题，很难为每一个电磁单元设计波束赋型的参数。降维与分组是平衡波束赋型精度和计算复杂度的有效方法。

2）RIS 通信中信道具有分段特性。当 RIS 具有主动测量感知信号的能力时，可以直接获得分段信道 CSI（信道状态指示）。发射机到 RIS、RIS 到接收机端的波束赋型向量的设计较为简单。

但是当 RIS 不具有主动测量感知信号的能力时，难以直接获得分段信道 CSI，RIS 到接收机的波束赋型的设计将是一个极具挑战的问题，需要联合基站的有源波束赋型和 RIS 的无源波束赋型进行设计，以提高系统容量和可靠性，并减少能耗。

3）为保证足够的波束赋型增益，在信道中部署 RIS 时，需要保证足够的面积。大面积 RIS 阵列的近场范围显著增大，如考虑 30GHz 毫米波系统中的典型 RIS 面积，近场范围可达数十至数百米，这样其覆盖的部分乃至全部用户都处于阵列的近场范围内。此时波束赋型不仅与用户方位有关，还与用户距离相关。传统基于向量的波束赋型在近场范围内有较大的波束赋型增益损失，因此需考虑近场波束赋型方法以及相应的 RIS 控制码本。

RIS 辅助通信系统的波束赋型设计一般从优化的角度出发，将相移矩阵设计问题转化为特定目标的优化问题，进而通过各类优化方法进行求解。此外，为降低运算复杂度，可以采用用户分组和 RIS 分块相结合的方法，充分利用空间资源，将高维度波束赋型进行降维，以低复杂度的设计实现多用户传输。

4. 数能同传

电磁波能够同时传递信息和能量。但现如今射频传输的能量和信息是分立处理的。6G 数（数据信息）能（无线能量）同传的统一设计，将能够在能量和信息之间进行权衡，以充分利用射频/微波频谱和网络基础设施进行通信和供电。

形象的说，数能同传的目标可以概括为：在性能和效率角度，实现信息和能量两者"1＋1＞2"；而在实施成本和系统复杂度上，实现两者"1＋1＜2"。

数能同传需要解决的难题有：能量与信息协同传输机制与最优化策略选择，新型电磁结构有源加载设计，RIS 对电磁波的高效自适应调控技术，多端口、宽角、全极化射频接收技术，宽带/多频、宽带大功率或微功率直流转换，高效功率合成、储能，降低无线通信发射机的设计复杂度、硬件成本和功耗等。

数能同传可以分为三个主要方向：无线携能通信（Simultaneously Wireless Information

and Power Transfer，SWIPT)、无线供能通信（Wireless Powered Communication，WPC）与两者融合的 WPC-SWIPT 系统。

RIS 无线携能通信方式，如图 4-14 所示，一个多阵元发射机，实现信息信号和能量信号的同步传输。

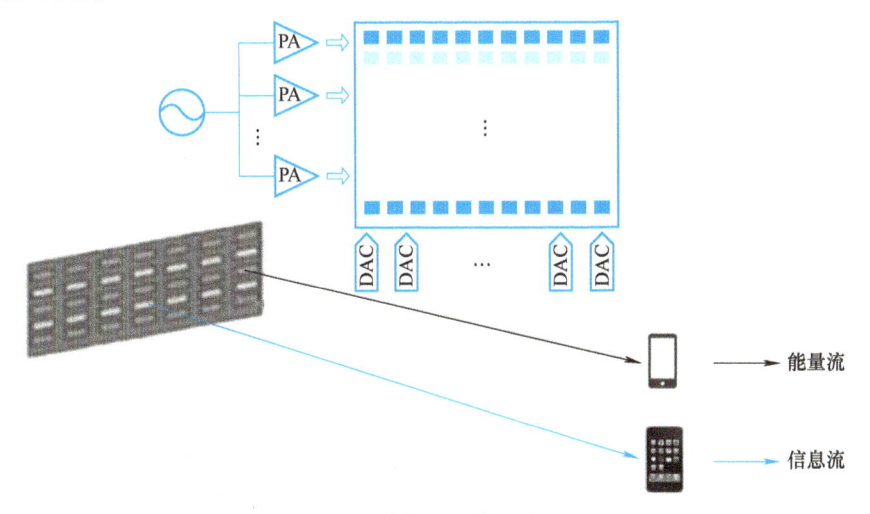

图 4-14　RIS 无线携能通信方式（SWIPT）

RIS 的电磁单元对基站发送的能量信号和信息信号的相位、幅度和极化方向进行实时调控，并将调控后的信号分别反射到相应能量接收机和信息接收机。能量接收机和信息接收机分别将接收到的信号用作能量接收和信息解调。

RIS 无线供能通信（WPC），如图 4-15 所示，将单位时间分为下行无线能量传输阶段和上行无线信息传输阶段。

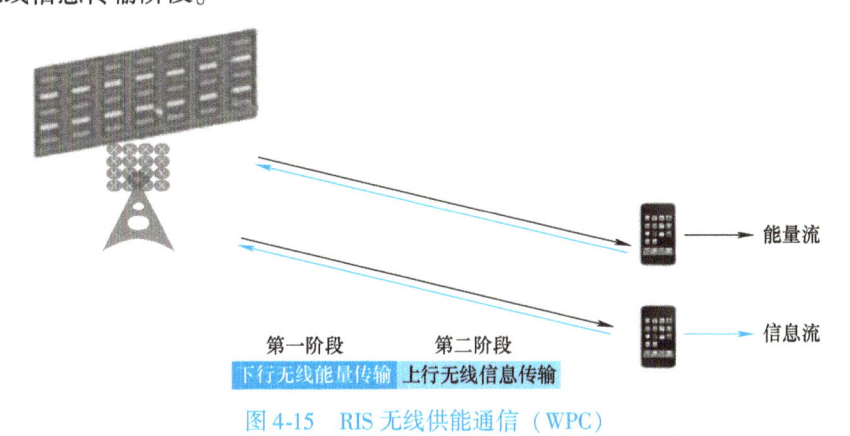

图 4-15　RIS 无线供能通信（WPC）

在下行无线能量传输阶段，能量受限设备，比如物联网终端，收集由 RIS 调制的射频能量信号并进行存储；在上行无线信息传输阶段，能量受限设备利用收集的能量发送信息给 RIS。RIS 通过对接收信号进行波束赋型处理，并将其反馈给基站。

该系统有以下优势：

1) 以低成本、低复杂度方式实现下行能量波束对准和增强上行接收信号强度。

2) 有助于延长能量受限设备的运行寿命。

5. 感知与定位

RIS 除了有基本的通信接入服务外，也能够实现电磁环境智能感知和目标定位、边缘节点主动信息缓存和处理。

无线系统的感知与定位能力和精度主要受限于无线收发机的空间与角度辨识能力和精度。传统无线设备无法细粒度地分辨电磁信号，并提取无线信号特征，导致无法实现对电磁环境和目标准确地感知与定位。多径效应是感知/定位的误差来源之一。

在 RIS 辅助的感知定位系统中，利用 RIS 设备的波束汇聚功能可排除多径效应的干扰，增强现有收发器的传输性能，从而提高感知/定位的准确度。

由于 RIS 的每个散射单元都可以单独进行相位调整，因此对来自不同方向的入射信号能显示出不同的灵敏度。因此，RIS 可以配置为被动监视无线电环境的传感器设备阵列。

通过统计分析、机器学习等手段，RIS 可以用来了解人类在无线网络中的行为或意图，优化无线通信系统的资源调度，使无线通信系统更加智能，进而改进通信性能和用户体验。

RIS 支撑通信与感知一体化（ISAC）。RIS 在每个单元接收到的信号，都可以解析出描述电磁传播环境的高分辨率图像，这样，就可以把复杂的多径传播转变为以图像表示的信息，然后可创建由位置信息和所测得的无线电参数组合而成的环境地图。

举例来说，RIS 可以感知和识别人体动作，在室内和室外场景中构建一个基于 RIS 的高精度的定位服务平台，可以更好地实现人机互动、虚拟体感现实，以及智能家居、智能健康等服务。

RIS 为通感一体化系统面临的技术难题提供了全新的途径，具有以下三大优势：

1) RIS 可提升通信和感知的覆盖范围：毫米波等高频段是实现通感一体化的主流频段，但其覆盖范围有限。RIS 可以扩展系统的通信和感知范围。当视距路径被遮挡时，RIS 通过构建虚拟视距（Virtual Line-of-Sight，VLoS）路径解决信号盲区覆盖问题，提供盲区通信和感知服务；而当视距路径存在时，RIS 通过提供额外的路径，实现信号增强，扩大系统覆盖半径。

2) RIS 可提升通信和感知性能：传统的通信或者雷达系统通过收发端的设计被动地适应无线传播环境。RIS 的引入将无线传播环境纳入通感一体化系统的设计中，提供了额外的空间自由度，通过收发端和无线传播环境的联合设计，可有效地提升通信和感知的整体性能。

3) RIS 降低通感一体化系统成本和功耗：RIS 的应用使得毫米波通感一体化系统的

设计从传统大规模 MIMO 系统转变至新型 RIS 辅助的中型 MIMO 系统，通过挖掘无源 RIS 的孔径增益和波束赋型增益，能够以较低的硬件成本和功耗实现较好的通感性能。

6. 频谱共享

频谱资源有限，是移动制式永恒的瓶颈。虽然高频毫米波和太赫兹频段，将在 6G 热点区域使用，高频段的严重路径损耗使得覆盖受限，难以满足高效率、低成本和大规模接入需求。

频谱共享是提升频谱效率，在满足共享规则下允许用户共享同频频谱资源，从而缓解频谱稀缺问题的重要途径。

RIS 通过智能地改变无源元件的反射系数对电磁波进行控制，可智能重构无线通信网络的无线信道、无线电传播环境，其能够有效地提高频谱效率和能量效率，并降低通信干扰。因此，RIS 与频谱共享相结合可以进一步提升频谱效率，扩大通信覆盖范围。

传统的频谱共享技术通常利用信号的频谱空间特性，例如利用极化或波束对信号进行调控，以缓解原频谱所有者和频谱共享用户之间的干扰。相比于以上技术，RIS 通过智能改变电磁单元的反射加权系数来重构无线信道，提供了更高增益的级联信道。在授权频谱共享中，RIS 辅助的频谱共享系统通过级联信道，进行频谱共享接入，可以提升频谱共享的频谱效率，进一步提高频谱利用率。

除此之外，在需要满足一定共享原则（如干扰约束）的频谱共享中，RIS 辅助的频谱共享系统能够在保证原频谱所有者或是具有高优先级用户的通信质量的同时，为频谱共享用户提供更多可用频谱资源，并避免对其他用户产生干扰。

RIS 用于频谱共享也有挑战。在实际网络中，RIS 不仅会对入射的"目标信号"进行优化调控，也会对其他"非目标信号"进行非预期的异常调控。非预期的异常调控可能导致 RIS 的优化调控失效，甚至降低系统的性能。

那该怎么办？

RIS 可以应用到频谱感知的微弱信号检测中，这样可以提升检测性能。在能量检测算法中，准确检测到原频谱所有者信号的检测概率取决于认知用户的接收信噪比。对于微弱信号，过低的信噪比以及较强的噪声不确定性会使得能量检测的性能极其不理想。

因此，通过 RIS 调整反射相位，使得 RIS 反射信号与直连信号，在频谱共享用户处实现相干叠加，从而获得更高的信号强度，这有效地弥补了能量检测在微弱信号检测方面的缺陷。在此过程中，RIS 仅作为增强信号强度的无源设备，不改变频谱感知的基本机制，可有效扩展至其他的频谱感知算法。

综上所述，RIS 实现了可靠的频谱共享，即一边提高频谱效率，一边提高频谱感知检测的准确性。

7. 使能安全内生

RIS 技术使用之前，无线信道具有不可操控性，基站和终端只能适应它，不能改变它。无线信道的安全性能受限。利用 RIS 实现无线内生安全技术，为无线接入安全提供重要的手段支撑，完成"靠天吃饭"到人为塑造基因的转变。

RIS 驱动的无线通信安全主要体现在以下几个方面：

（1）基于 RIS 的无线通信"一次一密"技术

香农从信息论证明了"一次一密"是用任何计算手段都无法破解的"完美保密"条件。无线物理层安全技术提供了从信道中获取和分发密钥的手段，但是密钥速率受限。在无线网络宽带通信场景的超高吞吐量的情况下，离实现"一次一密"的目标仍然相差甚远。

利用 RIS 能够对电磁波的幅度、相位、极化进行高效、快速、灵活调控的特点，通过"人工信道＋自然信道"的复合信道构造改变信道的可操控度，提升原有信道的动态性和随机性，最大限度地认知信道，并进一步按需改造信道，扩大物理层密钥生成的信道密钥空间，达到定制化信道生成能力，同时提高无线通信容量和无线密钥生成速率，逼近"一次一密"安全效果，如图 4-16 所示。

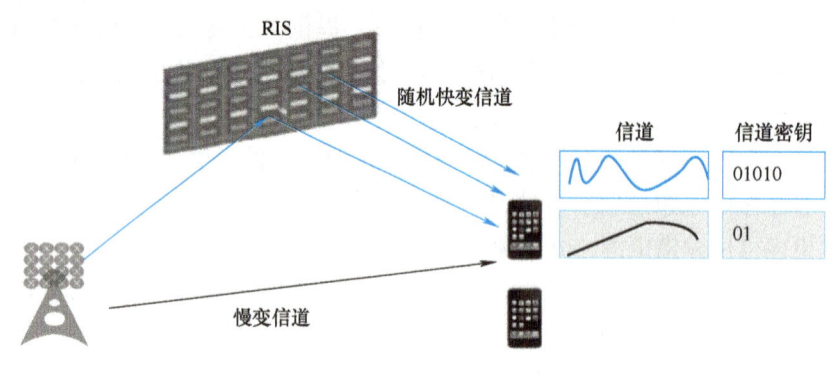

图 4-16　高速密钥生成

（2）基于 RIS 的轻量级安全增强技术

6G 网络的无线侧，存在轻量级的安全需求。一方面，由于信道差异性较小，合法窃听安全性能难以提升，利用 RIS 信道定制化能力，可增大信道差异，提高物理层安全传输性能；另一方面，由于在无线内生安全技术中，加密和认证具有密不可分的内在联系，利用 RIS 信道定制化能力，可把重构的信道指纹这一新质元素用于数据认证，结合通信一体化设计，无须引入额外资源，能够降低开销、提升能效，实现绿色安全的数据认证。

以往无线制式获取无线信号的传播特征，大多依赖大型多天线设备基于物理层特征的方法"被动"地进行，而轻量级的 RIS 单元可以通过调节无线信号的相位、幅值等特征"主动"地定制无线信道，实现灵活、可控的加密与认证。

基于 RIS 的加密与认证可与传统密码认证协议融合，在提供一次一密的同时，用于实现一次一认证，完成加密认证一体化设计，增强轻量级安全机制。

(3) 基于 RIS 的空域干扰抑制增强技术

RIS 驱动的无线通信安全，不仅包括传统意义上的信息安全"Security"，还包括广义的功能安全"Safety"。基于 RIS 的空域干扰抑制增强技术，RIS 每个阵元状态的时间易变性和大量单元粒子状态的空间多样性，改变传统同构天线阵列接收方式，形成空时二维可重构的新型天线阵列。通过对无线信道的差异化、精细化观测，提升信道矩阵的秩，使得信道去相关，降低多重信号之间的互干扰，在提高通信容量的同时，产生新的干扰抑制能力，实现通信和干扰抑制一体化。

以 RIS 技术在物联网安全中的应用为例。由于 RIS 技术通过反射环境中的无线信号实现数据传输，在反射过程中，设备可以捕捉到更多细粒度的无线信号传播特征。通过精确地控制和提取这些无线特征，为实现轻量级的 IoT 安全防护提供了可能。例如，利用信号到达角、信道状态信息和接收信号强度之类的细粒度物理层特征，来降低攻击威胁的技术逐渐成熟。RIS 单元具有功耗低、体积小、价格便宜等特点，并且可以通过灵活控制对设备信号进行传输，利用多个 RIS 单元，构建类似于大规模天线阵列的分布式 RIS 阵列。如图 4-17 所示，通过利用 RIS 单元对无线信号的反射作用，灵活控制标签的工作模式，人为构造无线信号的多径传播特征，从而实现对 IoT 设备身份的唯一限定。

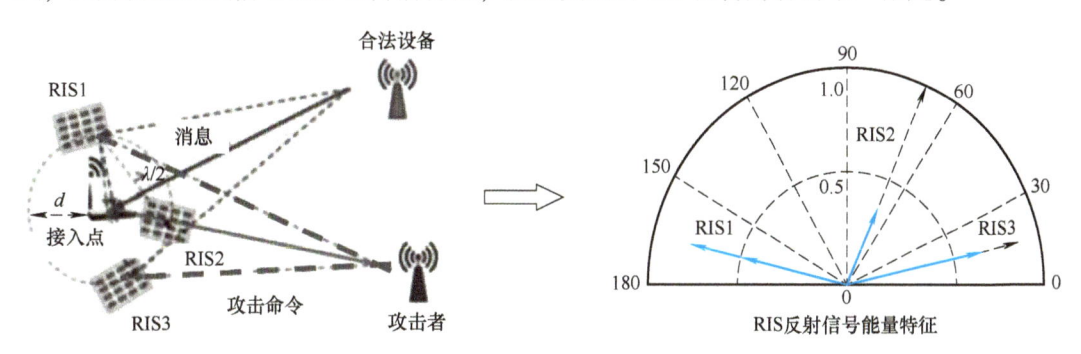

图 4-17 RIS 技术在物联网安全中的应用

8. 发射机和接收机

RIS 可以在外部信号控制下实现对反射电磁波或透射电磁波的各种参数的实时调控，包括电磁波的相位、幅度和极化方向等。除了可重塑无线信道之外，利用其对电磁波灵活调控的能力，可以将 RIS 应用于发射机和接收机设计。同时，由于 RIS 是由大量的低成本、低功耗的单元组成，RIS 辅助的基站设计可以降低基站的成本和功耗。

(1) 基于 RIS 的发射机

既然 RIS 是可实时编码的，那么将基带信号以编码的形式，导入到 RIS 控制器，再将目标频段的射频载波发射到 RIS 上，通过反射就可以将基带信号调制到载波之上了。

用 RIS 代替射频部分的发射机是根据发射信号调制方式的不同，主要包括基于 RIS 的直接调制发射机和基于 RIS 的空间调制发射机这两大类。

基于 RIS 的直接调制发射机基本原理如图 4-18 所示，使用 RIS 完成无线信号的直接调制和发射。馈源天线产生单音载波信号照射在 RIS 上，RIS 在外部基带信号控制下动态地调控反射电磁波的参数（图 4-18 为反射式架构示意，透射式基本原理与之相同），将信息直接调制在电磁波上。基于 RIS 的发射机架构不需要传统的复杂而低效的射频链路，节省高耗能的混频器、功放等器件，可以极大地降低无线通信发射机的设计复杂度、硬件成本和功耗。

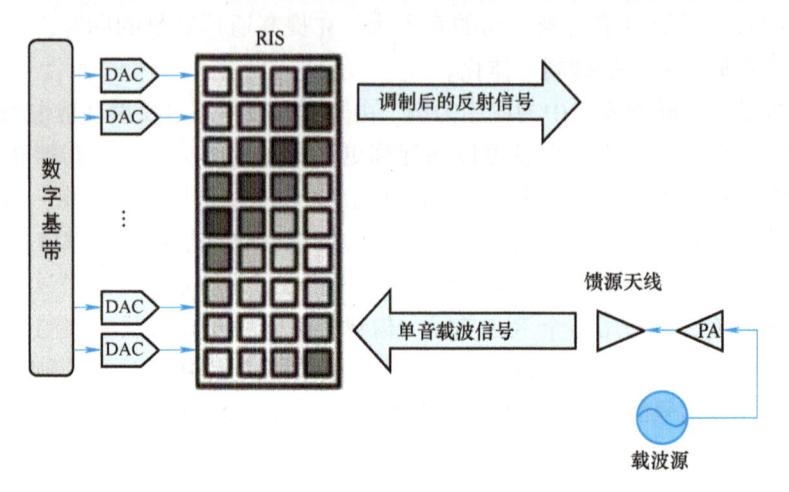

图 4-18 直接调制发射机架构（反射式）

基于 RIS 的空间调制发射机利用空间调制、天线选择等方法对 RIS 区域划分选择，实现额外信息传递。这种架构可以在利用 RIS 低功耗优势的同时，显著提升频谱效率。一种基于 RIS 的空间-相位联合调制发射机如图 4-19 所示，它利用 RIS 多阵元带来的空间维度，即阵元索引来加载 RIS 的信号，在每个时隙自适应地选择 RIS 阵元来被动地散射 RIS 信号。以传输"001"为例，如图 4-19 所示，"00"代表选择第一个阵元传输比特"1"。基于 RIS 的发射架构给 6G 无线发射机的设计提供了新的方向，有潜力在超大规模 MIMO 和毫米波、太赫兹通信发挥作用。

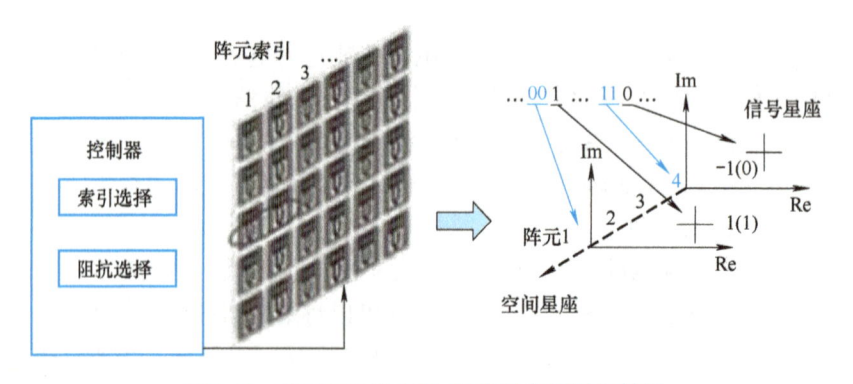

图 4-19 基于 RIS 的空间-相位联合调制发射机

当然，将 RIS 部署在基站侧，不是用来代替射频器件，而是用于替代传统发射机常用的波束赋型高功耗相控阵天线，如图 4-20 所示。利用 RIS 调控馈源入射的信号，使之定向反射或透射，以形成高增益窄波束，从而能够以更低的成本和功耗实现与传统相控阵相同的波束赋型功能。

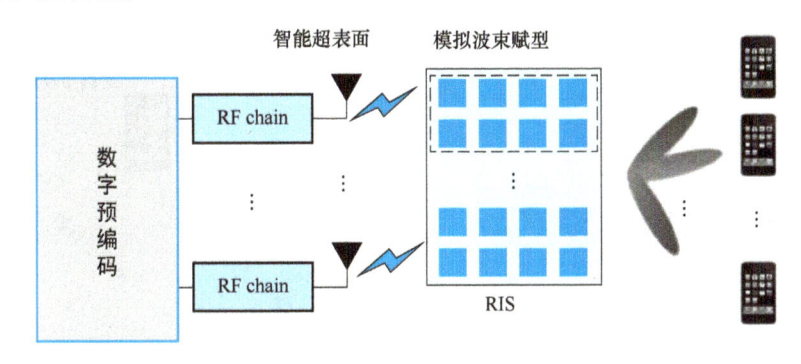

图 4-20　智能超表面辅助的发射机架构

（2）基于 RIS 的接收机

用 RIS 对透射或反射电磁波进行波前预处理，来提高接收机性能或降低接收机硬件复杂度，如图 4-21 所示。例如使用 RIS 调整接收信号的极化方向使其与接收机天线极化匹配，从而增强接收信号强度。另外，也可以使用 RIS 对空间电磁波进行空间下变频，从而起到降低接收机的硬件设计复杂度的作用。

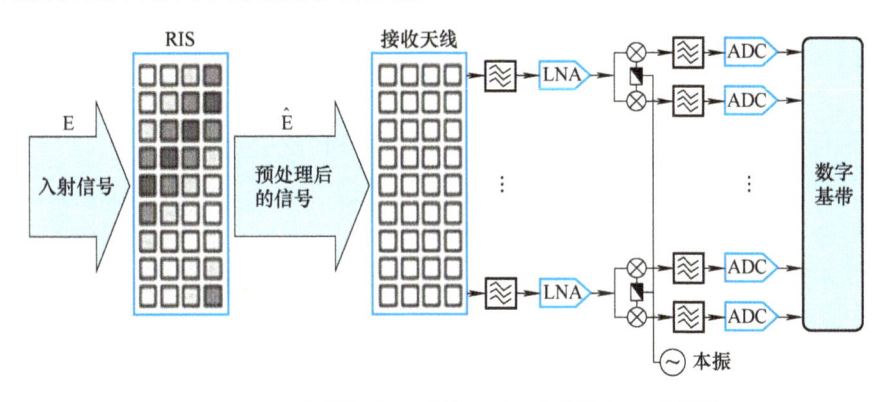

图 4-21　基于智能超表面波前预处理的接收机（透射式）

4.2.3　RIS 系统与网络部署

RIS 的神奇在于把原有自然不可控的电磁传播环境变为人为可控的电磁传播环境，促使 6G 的通信系统与网络架构发生巨大变化。

RIS 引入到移动网络架构中有 3 点好处：更大的空间自由度、更精准的 3D 波束成型和更低的系统功耗。问题是 RIS 改变信号传输空间结构的同时，在信号处理、波束赋型、面板材料设计、优化部署等方面带来较大的挑战。

1. 基于 RIS 的系统分类

RIS 会改变移动网络的信号传输结构，如图 4-22 所示。从传输信号、控制信息交互及 RIS 数量、RIS 调控灵活程度来看一下 RIS 的系统分类。

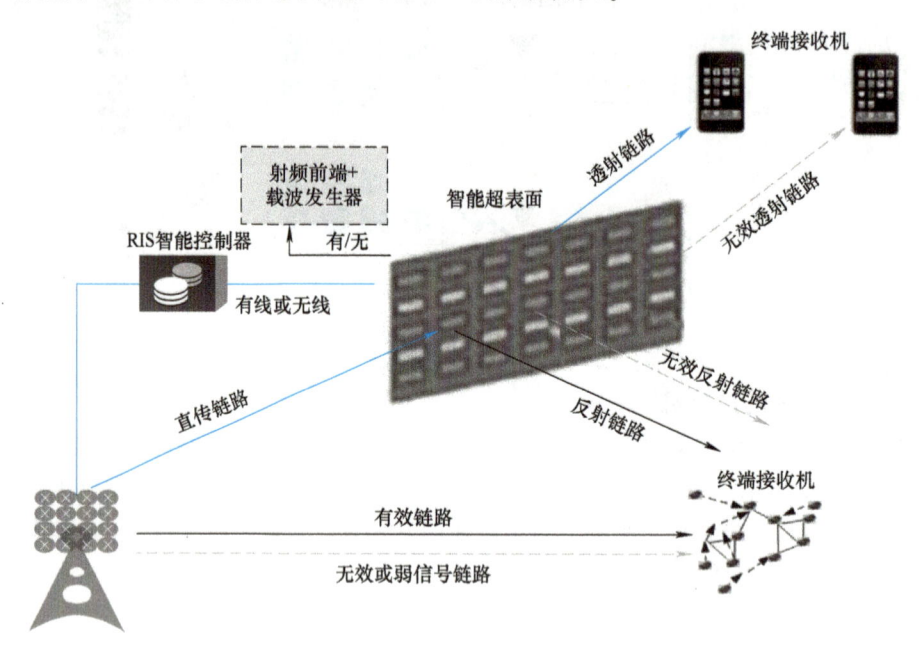

图 4-22　基于智能超表面的信号传输

（1）从信号传输的角度，RIS 可以用于信号反射和信号透射

在反射型 RIS 系统中，RIS 分布在传播环境中的散射体表面，能够实现信号传输的反射调控，如图 4-23 所示。在透射型 RIS 系统中，RIS 部署在透射性较好的物体上，能够实现信号传输的透射调控，如图 4-24 所示。针对特定场景需求，RIS 也可以设计为对信号传输实现透射和反射混合调控。

RIS 在该网络中主要起着绕障通信的作用或链路信号增强的作用。

反射型 RIS 网络架构通常应用在信号增强或覆盖补盲的场景。当无障碍物或者障碍物衰落影响较小时，反射型 RIS 达到链路信号增强

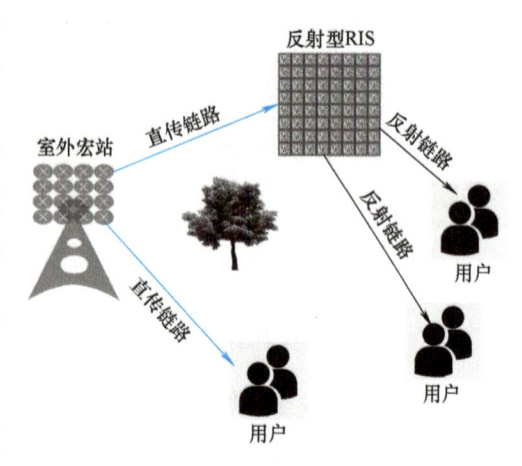

图 4-23　反射型 RIS 架构

的目的。而障碍物衰落影响较大时，反射型 RIS 解决覆盖补盲与绕障通信的问题。

对于透射型 RIS 网络架构，RIS 通常由轻质、透明或可以装饰的材料构造，通过部署在透明的玻璃墙或窗户上起到信号透射的目的。在室内传输时，透射型 RIS 可以解决 RIS 背面用户传输质量差的问题。透射型 RIS 也可以通过部署在窗户上，通过信号透射给墙体阻挡后的用户提供可靠通信。

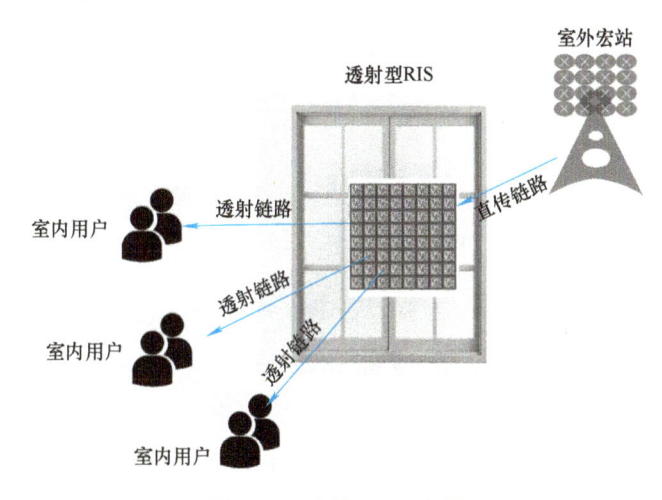

图 4-24 透射型 RIS 架构

（2）从控制信息交互的角度，对 RIS 控制信息的传输可以分为基于有线回传的 RIS 系统和基于无线回传的 RIS 系统

基于有线回传的 RIS 系统中，RIS 通过有线连接的方式来实现与基站之间控制信息的交互与协作，该传输结构具有较高的可靠性，但受到部署环境的制约。而基于无线回传的 RIS 系统，在 RIS 处需配备无线收发机，以实现与基站间的控制信息交互与协作，该传输结构具有更高的灵活性，但传播链路易受电磁环境波动的影响。

（3）从 RIS 数量角度可以分为单 RIS 系统和多 RIS 系统

从单 RIS 网络架构来讲，传输信号从基站处发送到 RIS，RIS 通过反射与空间调控将信息转发给目的接收机。

多 RIS 系统提供了更大的灵活性，但需要考虑 RIS 协调部署与选址优化问题，并需要考虑 RIS 间协同问题。其中，RIS 间协同涉及 RIS 选择机制设计、RIS 间信号干扰处理等问题。

三种典型的多 RIS 网络架构。从多 RIS 网络结构来讲，存在单跳传输的多 RIS 网络、多跳传输的 RIS 网络以及混合协作模式的多 RIS 网络。

具体来讲，在单跳传输的多 RIS 网络中，如图 4-25 所示，基站通过将信号传输给多个 RIS，多个 RIS 将收集的信号采用 FDMA（频分多址）或 TDMA（时分多址）的方式反射给目的接收机，而在该网络中 RIS 的选择与开关调度是一个非常重要的问题。

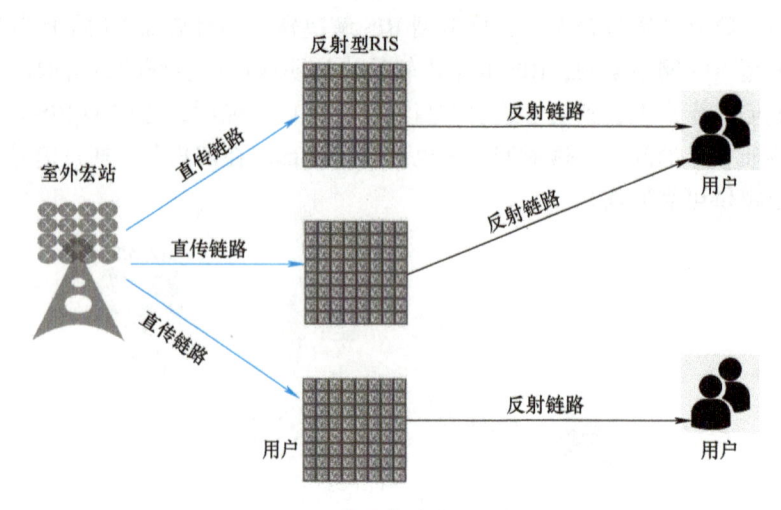

图 4-25　单跳传输多 RIS 网络

在多跳传输的多 RIS 网络中，如图 4-26 所示，基站将信息发送给临近的 RIS，而由于该 RIS 与目标用户距离较远，结合低功耗实际场景，该 RIS 将信号中继反射给另外一个临近的 RIS，从而通过多级中继辅助的形式，将最终信息传送给目的接收机。

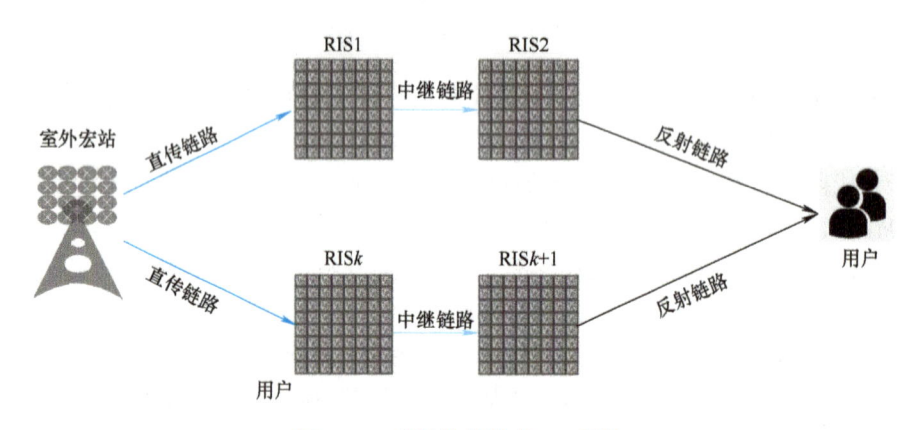

图 4-26　多跳传输的多 RIS 网络

在单跳 + 多跳混合多 RIS 中，如图 4-27 所示，目标用户既可以接收来自单跳 RIS 的信号，又可以接收来自多跳 RIS 传递的信号，以此来提升通信质量。

（4）从 RIS 调控灵活程度的角度，RIS 系统可以分为静态 RIS、半静态可控 RIS 和动态智能 RIS

静态 RIS，其反射相位固定不变，可以用于快速部署、弱覆盖场景扩展、网络覆盖和补盲；半静态可控 RIS，可以间隔很长一段时间进行相位调节，适用于扩展波束覆盖范围、提升小区容量和速率。二者具有控制简单、部署迅速等优势。

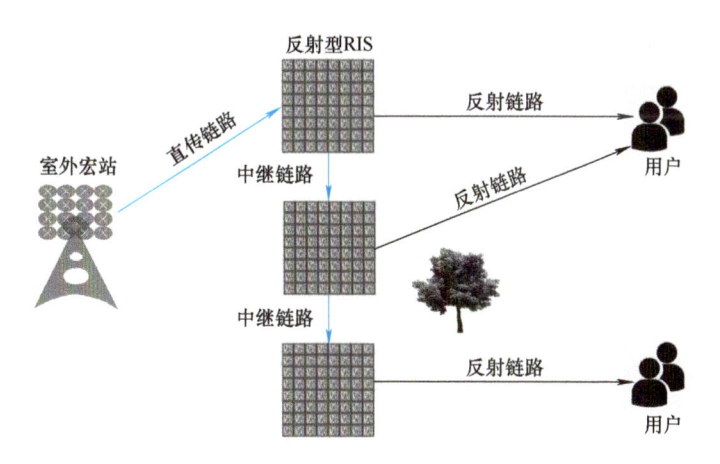

图 4-27 单跳 + 多跳混合多 RIS 网络

但是，由于覆盖方向在一定时间内是固定不变的，无法针对用户进行波束赋型，不能针对信道的实时变化做出最优的波束响应。因此需要更进一步的动态智能 RIS，用于动态跟踪用户、匹配信道环境、电磁波智能调控。

动态智能 RIS 又分为基于波束扫描的动态智能 RIS 与基于信道信息的动态智能 RIS。

前者在反射相位调节过程中使用多个已知的波束方向（例如码本）进行调整，用户通过信道质量的测量，反馈对应最佳波束方向的相关信息，基站将反射面配置为所选择的波束方向。该工作模式无需小尺度信道信息，具有可选波束方向较为固定、控制指示开销较小等优点。

后者则需要多次调整反射单元相位进行信道估计，基站根据信道估计结果，配置与实际传输信道适配的反射相位。该工作模式可以获得最优性能，但是信道估计算法和流程的复杂度较高，系统开销较大。

在 RIS 的部署应用中，应该综合考虑应用场景、性能及系统开销等因素，选择合适的 RIS 调控模式。

（5）从频谱利用的角度来讲，RIS 的网络架构可以分为：非频谱共享的 RIS 网络和基于频谱共享的 RIS 网络

非频谱共享的 RIS 网络。不同用户占用不同频带，用户间不存在共道干扰。非频谱共享的 RIS 网络架构中只有一类用户，网络也不存在分层行为。从无线网络的组网架构看，RIS 改变了信号的传输路径，使得目标信号选择最有利的信道进行传输，实现信道可控，却不需要考虑干扰抑制与消除的问题。

基于频谱共享的 RIS 网络。用户采用竞争的方式使用频谱，不同的用户存在占用相同频带的情况，这样就存在共道干扰。人们就需要考虑控制共道干扰的大小。RIS 在频谱共享的网络中可以起到干扰协调与信号对齐的作用。RIS 在网络中可以作为频谱感知与决策

中心，也可以作为信号辅助传输的反射器件，其作用是频谱感知、共享信道的干扰抑制、跨层或同层网络干扰消除，从而提高频谱利用率。

5G 移动网络只在终端和基站的收发机处具有频谱感知能力。6G 时代，RIS 在终端和基站中间增加了网络频谱感知的节点，作为数据转发节点或频谱感知与决策中心。

宽带 RIS 的工作带宽可以覆盖多个不同频点，多个通信系统以共建共享的模式使用 RIS 设备，可以提高通信效率和协调降低系统间干扰。

基于频谱共享的 RIS 网络，可以分为基于 RIS 辅助的多层异构融合网络和基于 RIS 辅助的认知无线电网络。

基于频谱共享的 RIS 辅助多层异构网络（如图 4-28 所示）是一个两层网络，由宏网络与飞蜂窝网络组成。因此，需要考虑不同网络之间的跨层干扰，还需要抑制 RIS 引入的反射干扰。

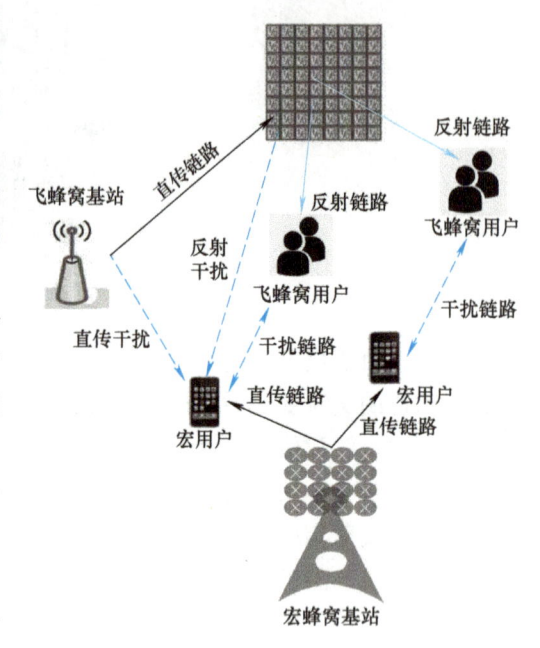

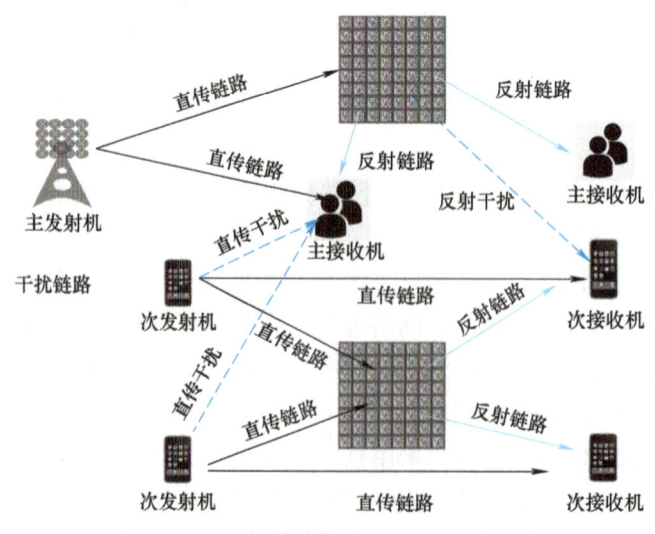

对于基于频谱共享的 RIS 辅助认知网络（如图 4-29 所示），主要是主用户网络与次用户网络。RIS 按照主次用户的分级来调节无线环境参数。这里的主次用户网络不限定网络是否分层，只需要考虑不同状态用户频谱资源共享的机制问题。

图 4-28　基于频谱共享的 RIS 辅助多层异构网络

图 4-29　基于频谱共享的 RIS 辅助认知网络

2. 基于 RIS 的网络部署

RIS 以其低成本、低功耗、简单易部署的特点,有希望大范围地部署于网络中,智能调控电磁波传播环境,支持现有通信网络场景的补盲、补弱和增加信道自由度等。举例来说,RIS 可以被用于替换传统无蜂窝网络中的部分基站,从而减少无蜂窝网络所需的成本和功耗,在资源受限的情况下,进一步提高无蜂窝网络的网络容量。

从通信环境复杂角度,可将部署场景分为小范围可控的受限区域和大范围复杂环境两大类。

1) 小范围可控的受限区域。例如典型的室内热点覆盖区域。在该场景中,无线传播环境相对独立,主要散射体数量有限,且容易在相应的墙面部署 RIS。因此可以部署足够密度的 RIS,联合优化调度与调控,按需精准调控无线传播环境,构建一个精确控制的无线智能环境。

2) 大范围复杂环境。此类环境,业务分布相对稀疏,重点在于对无线传播信道的大尺度特性如阴影衰落、自由空间传播路损等进行调控。因此,对于大范围复杂环境,RIS 主要对已有或新引入的主要传播路径、主散射体进行调控,实现半动态或静态地调控无线信道的大尺度特性。

典型通信场景下,RIS 部署与优化的基本过程,如图 4-30 所示。首先,在复杂度和成本约束下,以自然信道和业务需求分布作为基础输入,设计初始的 RIS 部署拓扑结构。然后,基于 RIS 的自适应无线传输调控性能,进一步迭代优化 RIS 的部署拓扑结构,从而构建智能可控无线环境。

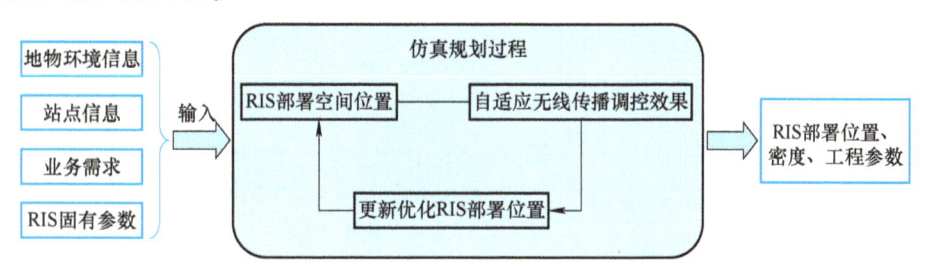

图 4-30 RIS 的规划部署及优化过程

具体而言,RIS 部署优化设计的目标是寻求复杂度、成本及性能的平衡,从而输出 RIS 部署位置、密度、RIS 形态、调控/协作关系等参数。当然,这一切是在 6G 的仿真规划软件中实现的。

根据部署方式的不同,RIS 的部署形态可以分为集中式部署和分布式部署。

对于 RIS 的集中式部署,可以实现对信号的模拟波束赋型、调制等。RIS 可以用于基站收发信机、UE 或中继类节点。如图 4-31 所示是集中式部署的 RIS 发射机的一个示意图。

集中式部署的 RIS 发射机替代了传统基站的数模混合波束赋型架构中的(全部或部分)模拟阵列部分,如图 4-32 所示。信号经由一个规模较小的纯数字的基带信号处理部分，数模转换后发送至天线阵列，然后发射到 RIS 阵面上，通过 RIS 阵面反射/透射后达到终端。由于 RIS 阵列不需要移相器和功放等器件，相对于基于同等规模的传统阵列天线的发射机，RIS 发射机功耗和硬件成本更低，且可以实现比传统的阵列天线更大的角度扫描范围。

还有的集中式部署 RIS 发射机，除了实现波束赋型，还承担了一部分基带处理功能，例如调制，如图 4-33 所示。在这种部署形态下，由于 RIS 是收发信机的一部分，其并不改变系统的网络架构。

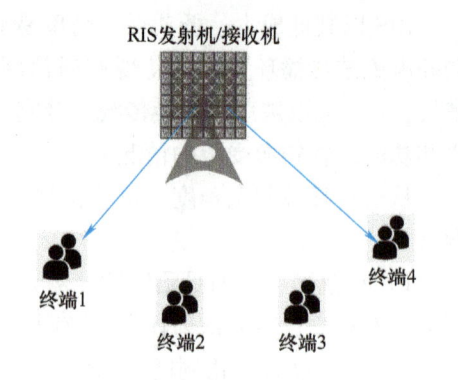

图 4-31 基于 RIS 的集中式超大规模天线系统

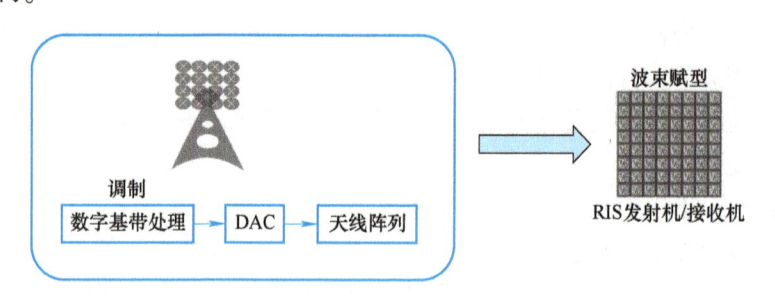

图 4-32 集中式 RIS 发射机波束赋型架构

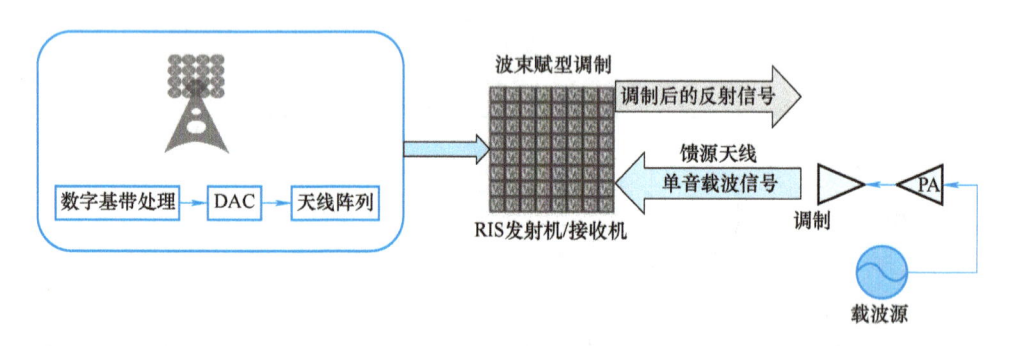

图 4-33 集中式 RIS 发射机承担基带处理功能

对于分布式部署的 RIS，主要有以下两种用途：

1）用于收发信机。在这种场景下，RIS 的功能与其在基于 RIS 的集中式超大规模天线系统的功能类似，可用于实现模拟波束赋型。

2）用于改善信道环境的分布式节点。在这种场景下，RIS 主要用来实现信号传播方向的调控及同相位叠加，以提高通信设备之间的传输性能。

在分布式部署方式中，RIS 可以用于多种分布式 TRP（Transmission and Receiving

Point，发送接收点），如图 4-34 所示。用 RIS 可作收发天线的独立的 TRP，也可以使用多个 RIS TRP 协作给一个终端进行信号传输。

图 4-35 是通过有线射频拉远的 TRP。该 TRP 的天线由馈源加 RIS 构成，馈源信号经由 RIS 反射或透射后到达 UE。

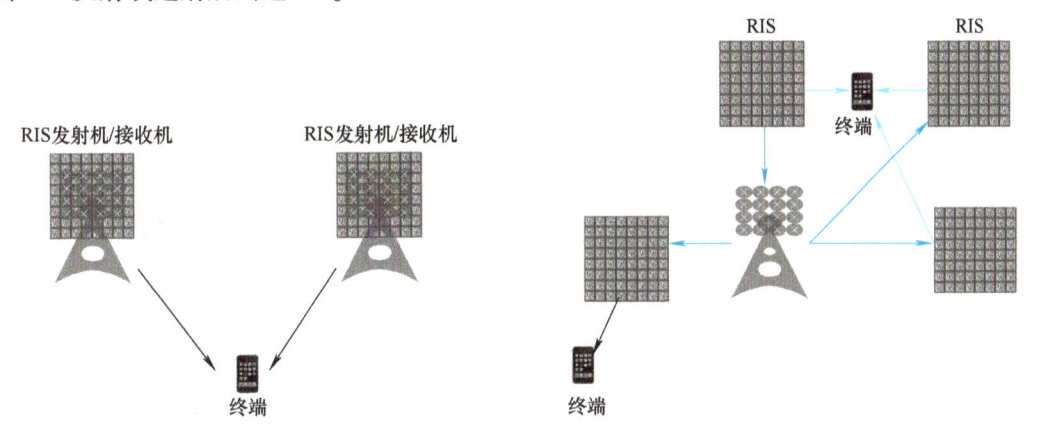

图 4-34　RIS TRP 间协作　　　　图 4-35　有线射频拉远的 RIS TRP 间协作

图 4-36 是以无线方式射频拉远的 TRP，该 TRP 的天线也是由馈源加 RIS 构成的。

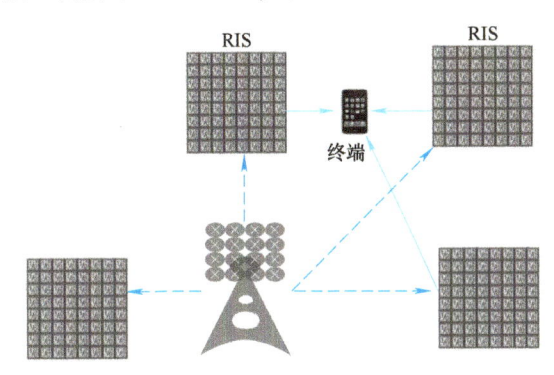

图 4-36　无线射频拉远的 RIS TRP 间协作

3. RIS 用于中继节点

RIS 可用于中继节点，可以与基站联合为 UE 提供服务。考虑了三种中继类节点。

（1）RIS 实时透明转发型中继节点

如图 4-37 所示，该节点可以仅由 RIS 构成，且节点与基站和终端之间没有控制信息的交互。即 RIS 的调控参数可以是固定的，也可以是经人工调控的，或者由该节点自行调控。该节点可以是对于基站和终端都是透明的。典型的应用就是 RIS 补盲。针对覆盖盲点，基于基站和待覆盖区域的位置，部署一个指向盲区的 RIS 以改善无线环境。这种场景不涉及网络架构的变化。

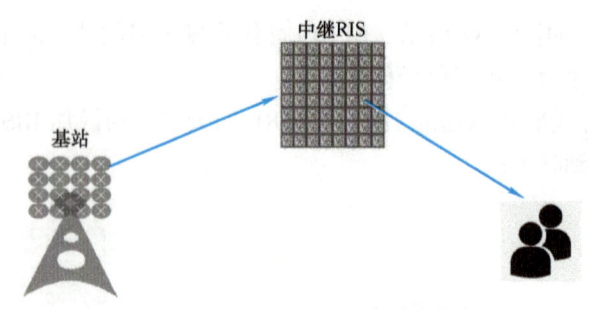

图 4-37　透明转发型中继节点

（2）RIS 处理转发型中继节点

如图 4-38 所示，这种分布式节点可以是直放站/IAB（Integrated Access and Backhaul，接入回传一体化）节点等传统的中继节点。信号作中继的 RIS 接收下来，经过处理、放大后发送出去。在这种方式下，回传与接入以时分的方式工作。由于 RIS 只是作为中继节点的天线，可以应用在现有的中继网络架构中，不涉及网络架构的变化。

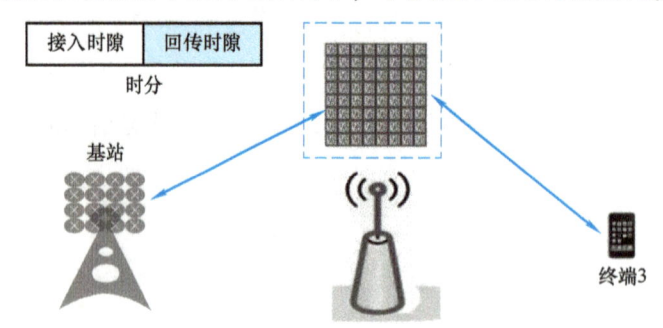

图 4-38　RIS 用于处理转发型中继节点

（3）RIS 用于网络控制转发型中继节点

如图 4-39 所示，基于 RIS 的中继节点对于网络是非透明的。基站向基于 RIS 的中继节点发送如节点开/关、RIS 波束赋型调控参数等控制信息，对节点进行调控。信号可以被实时地透明转发。这种方式下的网络架构可能涉及基站与基于 RIS 的中继节点的空中接口。

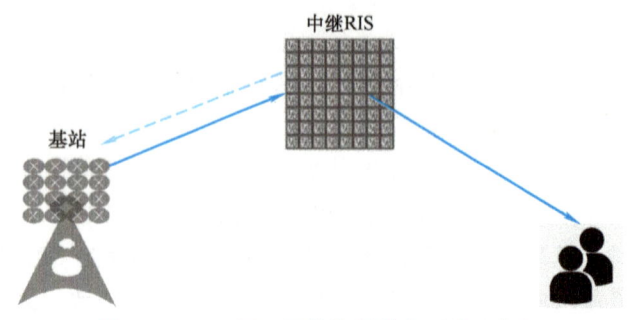

图 4-39　RIS 用于网络控制转发型中继节点

4.3 RIS 应用场景

RIS 的脚步声越来越近,人们都可以听得到。产业界正在探索 RIS 实际部署的性能,希望用它来解决毫米波和太赫兹频段的覆盖难题。

那它目前实际测试的效果如何?

大量测试结果表明,RIS 的部署可以将用户吞吐量提升 1~2 倍,室外小区边缘覆盖提升 3~4 倍,室内覆盖提升约 10dB。可见,RIS 可带来的增益是非常明显的。

作为通信系统的一部分,RIS 的成熟度与不同频段器件的成熟度密切相关。目前在较低频段(Sub-6G,毫米波低频段)的器件成熟度较高,然而在毫米波高频段和太赫兹的成熟度较低,RIS 的成本和能耗优势还难以充分体现。

要大规模应用 RIS,选址和部署也存在一定的困难。RIS 对信号的反射虽然可以做到准无源,但其动态编码离不开控制器,而控制器是需要供电的。由此带来的成本也不低,也限制了 RIS 的使用。

因此,业界在验证 RIS 技术,催熟 RIS 产业时,先从预先编码好的无源静态 RIS 板开始,再逐渐过渡到半静态可控的 RIS,然后再结合 AI 技术,实现全动态编码下的 RIS。这也是循序渐进、摸着石头过河的历程。前途是光明的,道路是曲折的。

RIS 这种创新技术,给人们带来了诸多激动且充满想象力的应用前景。RIS 到底在哪些场景重塑无线信道?

来看看下面这几个典型的场景。

4.3.1 消除覆盖盲区

当基站和终端之间有电磁波不可逾越的障碍物时,它们之间就是非视距传播信道。如果信号传播环境单一,缺乏反射路径的话,终端就处于弱覆盖区,所能接收到的信号是非常微弱的。

有了 RIS,可以操控反射波束,对准位于盲区的终端并动态跟踪,这就相当于创建了虚拟的视距路径,消除了覆盖盲区,扩展了小区的覆盖范围,如图 4-40 所示。

4.3.2 物理层辅助安全通信

当系统探测到窃听者或者非法用户时,可以调控 RIS 的反射信号的相位,让其和直射信号在接收时进行抵消,从而减少信息泄露,如图 4-41 所示。

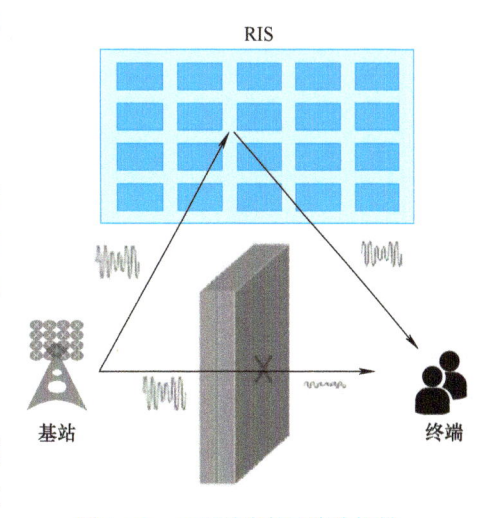

图 4-40 RIS 覆盖盲区消除场景

4.3.3 多流传输增强

缺乏独立的多径的无线环境，难以支撑足够的多流传输。当信号传输的环境较为简单空旷时，除了基站到终端的直射径外，部署 RIS 的反射可以人为地增加信号传播路径，如图 4-42 所示，实现多流传输，提升热点用户的吞吐量。

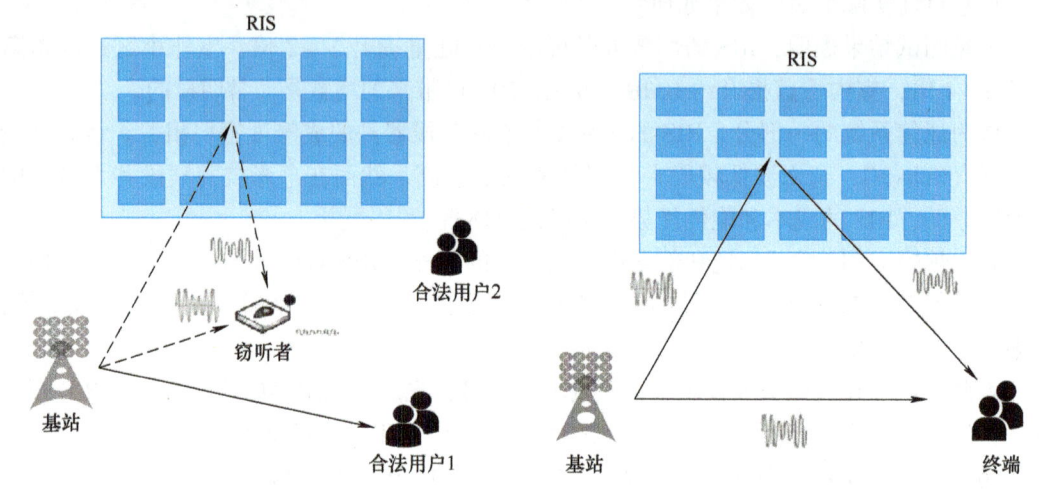

图 4-41 RIS 物理层辅助安全场景

图 4-42 多流传输增强

4.3.4 边缘覆盖增强

如图 4-43 所示，当终端 1 位于小区边缘时，RIS 动态操控服务小区和邻区的反射信号，使服务小区的信号同相叠加增强，来自邻区的信号则反相叠加抵消，从而有效消除邻区干扰。

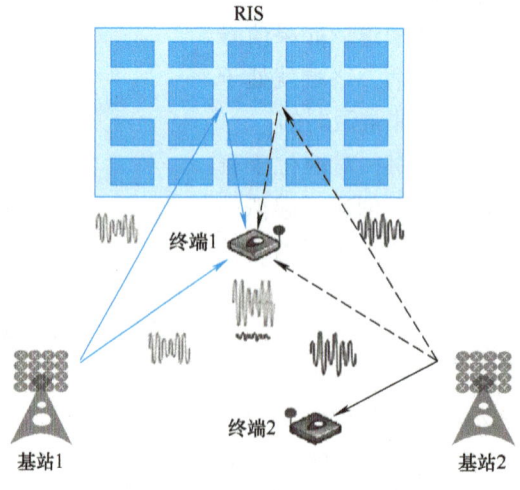

图 4-43 边缘覆盖增强

4.3.5 大规模 D2D 通信

干扰问题是无线系统永恒的挑战。RIS 可以使用基于 AI 的干扰抑制算法对多路信号进行智能反射，可以起到干扰抑制或消除的作用，并同时实现信号低功率传输，有助于大规模的 D2D 通信，如图 4-44 所示。

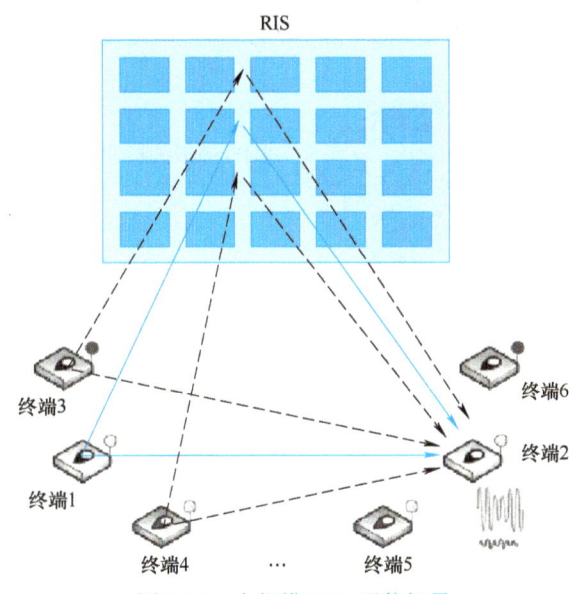

图 4-44 大规模 D2D 通信场景

4.3.6 物联网中功率和信息同时传输

RIS 同步无线信息和能量传输技术，可以同时传输信号和能量，即在与无线设备进行信息交互的同时，为无线设备提供能量，如图 4-45 所示。RIS 除了可以起到信息中继的作用，也可以起到能量中继的作用。RIS 可以通过无源波束来补偿长距离传输带来的巨大能耗，帮助充电区域提高无线传输功率。

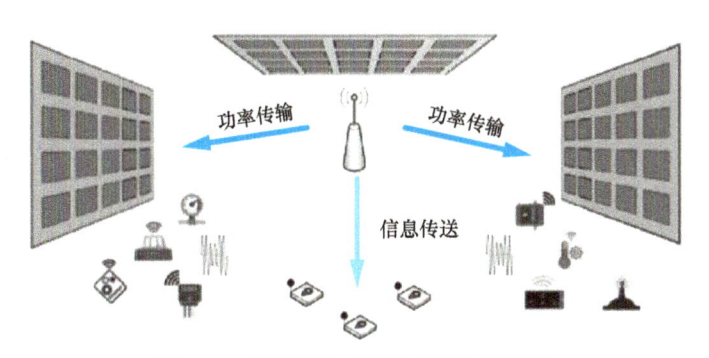

图 4-45 物联网中功率和信息同时传输

4.3.7 室内覆盖

室内覆盖的解决有两个途径：一是通过室外基站信号穿透建筑外墙或者窗户；二是部署专业的室分系统（蘑菇头天线或者有源室分）。这两个途径都有 RIS 的用武之地。

对于室外穿透室内这种方式，如图 4-46 所示，可以在建筑窗户的玻璃表面部署透明的投射式 RIS 板，操控信号入射室内，并能实现一定的增益。

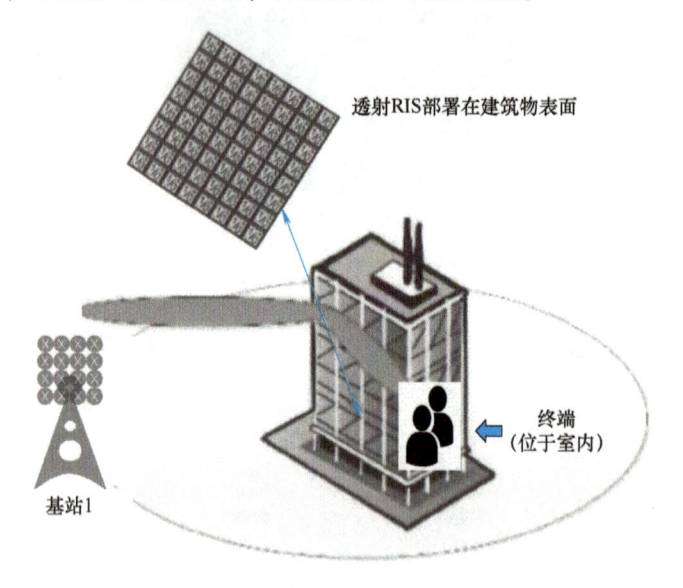

图 4-46 透射式 RIS 板装在窗户上

在室内覆盖场景，如图 4-47 所示，可通过 RIS 来操控室分系统的反射信号，从而增加额外链路，提升系统容量及可靠性。

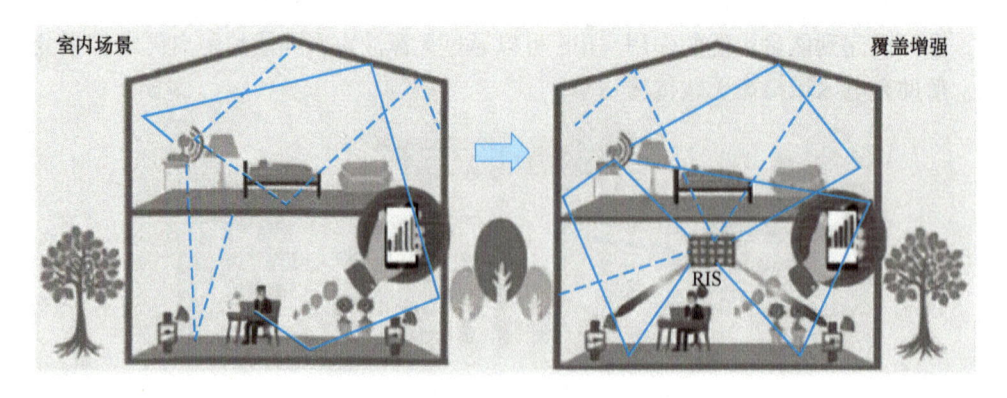

图 4-47 RIS 室分系统使用场景

第 5 章

中低频不足，高频出彩——太赫兹技术

本章将掌握

（1）太赫兹波的特点。
（2）太赫兹波的核心技术。
（3）太赫兹波天线技术。
（4）太赫兹技术应用场景。

太赫兹

高频宽带太赫兹，
瞬态指纹能级低。
天线分布规模大，
通信感知融一体。

电磁波的绕射能力、穿透能力与它的波长、频率有密切关系：

1）频率越低，波长越大，电磁波越容易绕过障碍物，绕射能力越强；分子原子越不容易获取能量，穿透能力越弱；低频段无线传播损耗小，穿透损耗也小，覆盖范围较大，站间距较大。但问题是低频段频率资源紧张，可用带宽少，系统容量有限。广播、电视、寻呼等系统都用这种较低的频段。

2）频率越高，波长越小，越接近分子原子半径，电磁波的能量更容易被吸收和转移，表现为穿透力越强；无线传播损耗越大，穿透损耗也越大；且电磁波越不容易绕过障碍物，绕射能力越差。因此，这种电磁波覆盖范围较小，基站部署较密，站间距较小。高频段的优势是频率资源丰富，可用带宽大，系统容量大。问题是射频器件频率越高，实现的技术难度越大，射频信号和电信号之间的转换越难，成本也相应提高。

从1G到6G的发展历程，是通信需求不断增加，频谱需求不断增多的历程，也是使用频段不断向高处发展，信道带宽不断增加、峰值速率不断提升的过程。频段向高处发展的主要原因在于，低频段的资源有限；频率越高，允许分配的带宽范围越大，单位时间内所能传递的数据量就越大。

6G是支撑全频段的系统，要求低频段、毫米波、太赫兹、可见光等全部频段进行深度融合组网，实现各个频段的动态互补，从而优化全网整体服务质量、降低网络能耗。

无线通信频段向毫米波、太赫兹和可见光等更高频段发展，与传统感知频段将产生越来越多的重叠。超大规模天线、大带宽、智能超表面、人工智能等技术的发展将进一步推动感知技术的发展。同时具有通信和感知功能将是6G基站和终端的能力趋势。

在相同频谱实现通信与感知，避免干扰，提升频谱利用率，是技术与产业发展的优选路径。其次，无线通信与无线感知在系统设计、信号处理与数据处理等方面呈现越来越多的相似性。利用同一套设备或共享部分设备器件同时实现通信与感知，可以降低设备成本、体积和功耗，同样是产品的优选形态。

5.1 太赫兹频段技术特征

目前，6GHz以下的频谱已经分配殆尽，26GHz、39GHz的毫米波频段也已经分配给5G使用。6G的频率需要更高频段，如太赫兹和可见光。可见光和太赫兹的空间传输损耗很大，在地面通信中不适用于远距离传输，却可在局域环境和短距离场景中提供更高容量和超高体验速率。

5.1.1 太赫兹频段

太赫兹（THz）波是指频谱在0.1~10THz之间的电磁波，波长为30~3000微米，是比5G所用频率高出许多，比可见光低出许多的频段。可见光通常指频段430~790THz（波长为380~750nm）的电磁波，有约400THz候选频谱。

太赫兹称为微波和光学光谱（远红外光）之间的间隙带，如图5-1所示其在低波段与毫米波相邻，而在高波段与红外光相邻，位于宏观电子学与微观光子学的过渡区域。目前，太赫兹已在天文中使用，被称为亚毫米波。使用太赫兹的天文台一般位于海拔很高且气候干燥的地方，比如南极天文台、智利沙漠的天文台。

使用太赫兹（THz）频段的6G信号，频率已经接近分子转动能级的光谱，易被空气中的水分子吸收掉，损耗大，绕射能力差，在空间中传播的距离不像5G信号那么远，因此6G基站需要致密化部署。6G时代，人们的周围将充满小基站。人们生活和工作的每个房间，都可能有一个6G太赫兹小基站。

太赫兹通信由于波长短，天线阵子尺寸小，发送功率低，因此更适合与超大规模天线结合使用，形成宽度更窄，方向性更好的太赫兹波束，有效地抑制干扰，提高覆盖距离。

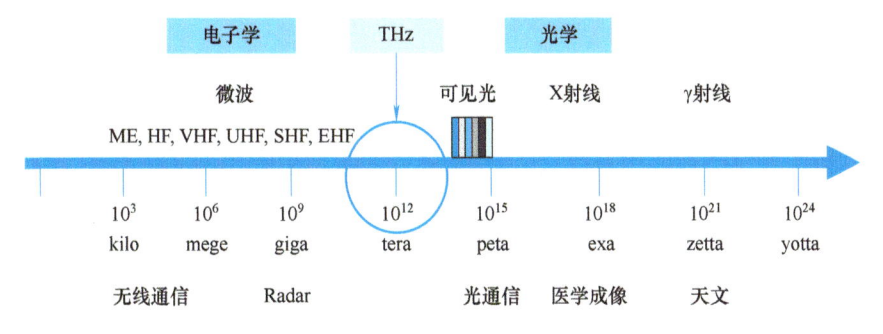

图 5-1　太赫兹频率位置

6G 的太赫兹通信技术会在 3GPP R21 标准化，太赫兹关键器件会是未来 6G 愿景实现的关键技术与挑战。

5.1.2　太赫兹波的内在特征

电磁波不仅可作信息载体（通信），还可用作探测利器（感知）。不同频段的电磁波通信能力、探测感知能力是不一样的。微波频段的电磁波传播特性好，而可见光又有很好的光谱分辨特性，探测感知能力比较好。

太赫兹波在电磁波谱的位置比较特殊，一边是微波频段，另一边是可见光波段。因此，太赫兹波既具有微波频段的绕射性、穿透性和吸收性等传播特性，又具有光谱的分辨特性（代表感知能力）。但其传播特性不及微波频段，光谱分辨特性又不及可见光。

太赫兹电磁波的内在特征，如图 5-2 所示，决定了太赫兹的应用场景。其中强穿透性、低能性、瞬态性、"指纹"谱都是有利于其在探测感知领域的应用。宽带性则是一个既有利于通信能力的应用，又有利于探测感知的应用。

图 5-2　太赫兹电磁波内在特征

（1）穿透性

太赫兹电磁波对塑料、纸箱、布料等包装材料具有很强的穿透性。说到这里，可以想到"隔空猜物"的场景。因此，太赫兹可以用于质检或安检等场景。

（2）低能性

与 X 射线等相比，太赫兹波的光子能量量级很低。这样的低能性，对大部分的生物细胞都不会造成伤害。太赫兹技术应用于医疗诊断设备可大大降低射线对人体造成的伤害,实现无损检测。

(3) 瞬态性

与微波频段相比,太赫兹波频率较高,太赫兹激光器的脉冲为皮秒量级,瞬态性好,能够有效地抑制背景辐射噪声的干扰,能够达到很高的时间分辨率,可以用于生物样本等对时间分辨率有要求的应用。

(4) 指纹谱

太赫兹的频谱能够覆盖蛋白质和毒品等大分子的转动振荡频率,这些大分子都在太赫兹波段具有很强的吸收和谐振能力,构成了相应的太赫兹"指纹"谱,可以用于实现分子级别的物质检测与鉴别。

(5) 宽带性

太赫兹频段的频谱资源很丰富,可用频谱带宽比微波高几个数量级,具有典型的宽带性。

由于其宽带性,太赫兹微波可用于在大的范围里分析物质的光谱性质。太赫兹脉冲光源通常包含若干个周期的电磁振荡,单个脉冲的频带可以覆盖从 GHz 至几十 THz 的范围,也就是说,可以获取到物质大频率范围的光谱性质。

5.1.3 太赫兹的大气衰减特性

太赫兹电磁波频谱资源丰富、连续带宽大,从香农定理可知,其支持的传输速率高。因此,太赫兹技术是典型的 6G 宽带无线接入(Tb/s 级通信)技术。

在外太空,由于规避了地球辐射噪声的影响,太赫兹电磁波可以无损传输,用很小的功率就可实现远距离通信。因此,太赫兹技术可应用于空间通信领域。

但在大气环境下,太赫兹电磁波面临着高自由空间损耗和大气效应引起的额外衰减的巨大的挑战。

大气自由空间传播时,1THz 以下的太赫兹频段相对 26GHz 毫米波的路径损耗增加了 10~35dB。太赫兹频段的通信系统覆盖距离会大大缩短,并且穿透和绕射能力较差。因此,太赫兹适用于室内短距、高速通信。在室外的远距离覆盖场景下,需要超大规模阵列天线技术等覆盖增强技术来满足。

大气和天气对无线电波传播的影响表现为衰减、相移和到达角的变化。这种现象包括分子吸收(主要是由于水蒸气和氧气)、散射和闪烁。在分子(气体)吸收方面,水蒸气是大气中最基本的吸收成分,在 300GHz 以上的某些波段衰减值较大。

图 5-3 是 0.01~1THz 的太赫兹波在晴朗天气下的频率衰减谱。可以看到,太赫兹波在大气中的传播衰减率,随着频率的增加呈现指数增加的趋势。在 0.3THz 以下,太赫兹波的大气衰减低于 10dB/km,适合作为无线通信载波,而超过 1THz 的太赫兹频段,由于极端的衰减,用于无线通信传输的挑战较大。

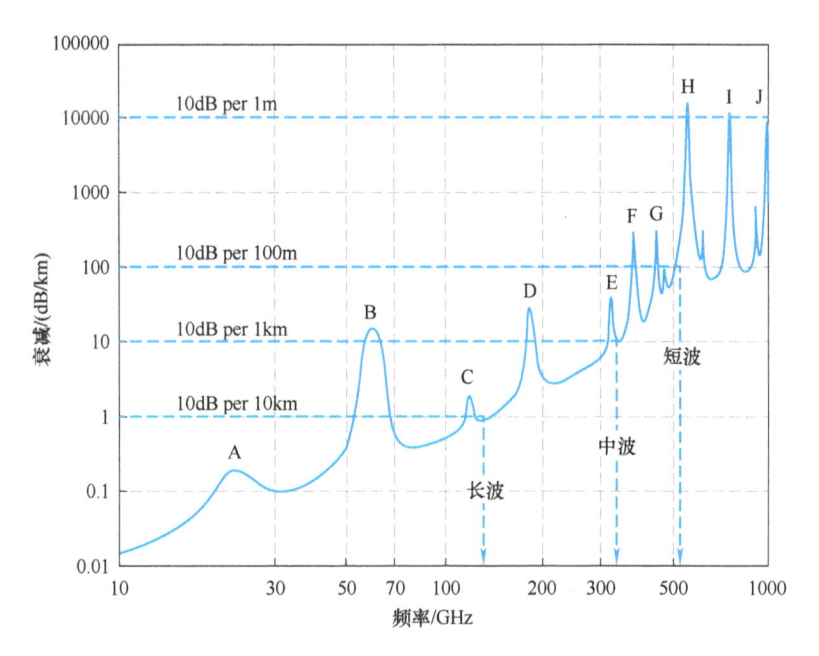

图 5-3　0.01～1THz 频段电磁波大气衰减损耗

A～J 各频点处呈现明显的波峰，这是由于太赫兹波在长距离传输时，易受水蒸气、氧气分子的影响，出现分子共振效应，导致损耗急剧增大。因此，在设计太赫兹室外远距离传输系统时，应选择合适的频率窗口进行传输，来获得较高的传输效率。

晴天和雨天两个场景分别代表最佳和最差的环境条件。在雨天环境中，空气中的雨滴球形散射，会给太赫兹波带来额外的衰减。雨衰的大小与雨滴的直径有关，因此雨滴大小的分布是监测降雨以及预测雨衰的重要因素。

如图 5-4 所示，展示了不同频率电磁波的水平极化波在多种雨天环境下的损耗。低于 10GHz 的雨衰可以忽略，10～120GHz 的雨衰随着频率的增加而递增，超过 300～900GHz 雨衰会随着频率递减，但仍维持一个较高的损耗水平。降雨速率也是导致雨衰的一个重要因素。降雨速率越大，雨衰越大。50mm/h 的降雨速率会导致较大的衰减值，是 6G 太赫兹通信系统在大气环境下运行的极限情况。也就是说，太赫兹电磁波想要应用于室外无线通信，雨水吸收衰减是个大的挑战。

使用太赫兹电磁波，很容易被空气中的水分子吸收掉，而且传播路损大幅增加。因此，6G 太赫兹信号的覆盖范围将比 5G 小很多，6G 太赫兹基站密集度也将比 5G 空前增加。基站小型化趋势很明显，人们生活和工作的周边环境将布满小基站。现在 5G 的基站用户可以用一个手提箱提走，将来 6G 的基站将更加小型化。用户拎着一个 6G 基站，就如同拿着一本书。6G 时代，虽然周围部署了很多 6G 小基站，但都可以做很好的伪装，一般注意不到。

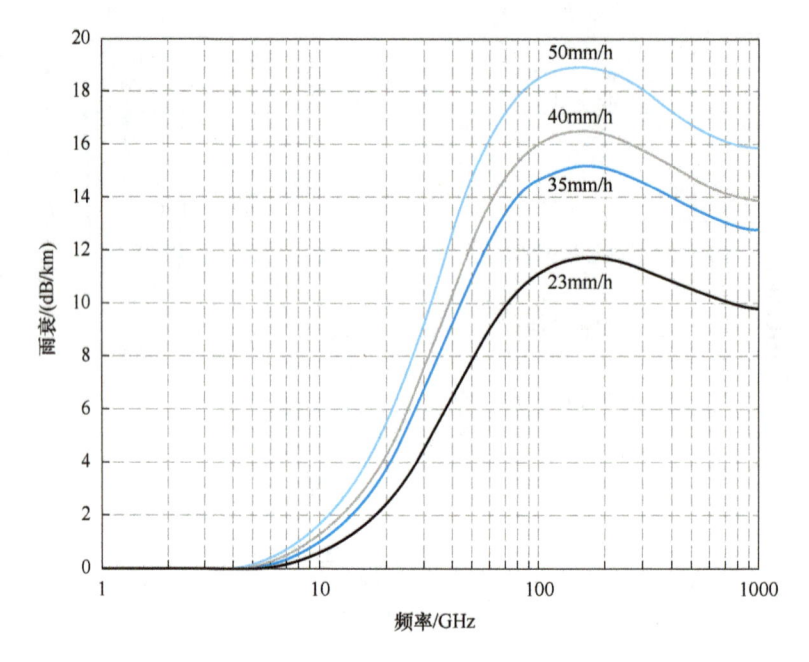

图 5-4　不同频率电磁波在雨天的损耗

5.2　太赫兹通信核心技术

太赫兹电路是基于半导体晶体管工艺的芯片集成电路。太赫兹芯片的性能影响着太赫兹电路的性能；太赫兹电路的性能又影响着 6G 系统性能优劣。

6G 太赫兹系统的关键功能是实现特定频率的太赫兹波的产生和探测，高品质的太赫兹关键器件，如发射机和接收机，就成为 6G 太赫兹通信系统的核心器件了。太赫兹发射机和接收机的高品质就是 6G 愿景实现的底层逻辑和主要挑战。因此，与太赫兹发射机和接收机的高品质相关的技术就是太赫兹通信的核心技术，如图 5-5 所示。

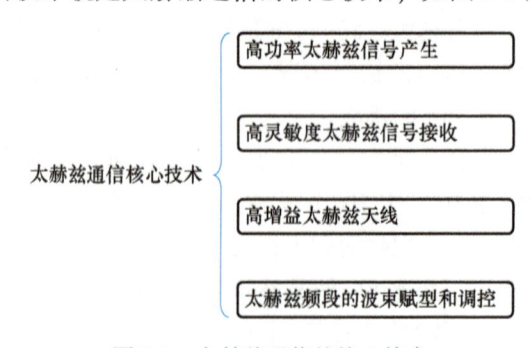

太赫兹通信核心技术：
- 高功率太赫兹信号产生
- 高灵敏度太赫兹信号接收
- 高增益太赫兹天线
- 太赫兹频段的波束赋型和调控

图 5-5　太赫兹通信的核心技术

5.2.1 太赫兹信号的产生

太赫兹通信系统发射机的核心电路有频率源（倍频器）、调制电路、功率放大器等，如图 5-6 所示。

图 5-6 太赫兹发射机核心电路

太赫兹频率源是太赫兹系统的核心，正在朝着更高频率、更大功率、更宽频带、单片集成、超低相噪等方向发展。倍频器是利用二极管的非线性特性实现频率倍增功能的有源电路，是太赫兹频率源的核心。它的主要作用是为变频器提供本振驱动信号，把中频基带信号搬移至太赫兹频段进行发射（上变频），从而满足通信系统的正常工作。

太赫兹调制是太赫兹通信系统和太赫兹成像系统的重要技术。无线通信系统要高效、高速、低复杂度。太赫兹成像系统要求高分辨率。太赫兹调制电路需要具备根据不同的通信距离和工作环境，灵活地选择输出不同功率和载波频率的信号源的能力。

太赫兹通信原型系统的链路调制方式，目前主要有两种不同架构：

一种是光电结合的方案，利用光学外差法产生频率为两束光频率之差的太赫兹信号，如图 5-7 所示。这种方案的优点是传输速率高，缺点是发射功率低，系统体积大，能耗高。因此，只适用于地面短距离、高速通信方面，较难用于远距离通信。

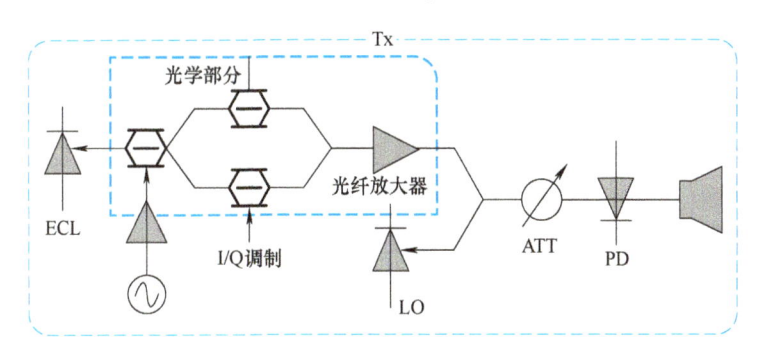

图 5-7 太赫兹发射机光电结合方案

另一种是与微波无线链路类似的全固态电子链路，利用混频器将基带或中频调制信号上变频搬到太赫兹频段，如图 5-8 所示。这种调制方案采用全电子学的链路器件，该类型方案的优点是射频前端易集成和小型化，功耗较低，但是发射功率也较低，本振源经过多次倍频后相噪恶化，且变频损耗大，载波信号的输出功率在微瓦级，因此该类系统也需要进一步发展高增益宽频带功率。

功率放大器，简称功放，位于发射机的末级，与上变频器相连接，其功率放大性能决定了信号的覆盖范围。功放的核心指标是放大器增益。好的功放应具有三高一低：高增益、高频率、高功率、低噪声。功放的高增益，可达 20dB 以上。高频率，要求功放支持的频率达到 THz，甚至要高，支撑的频带也要宽，要达到 GHz 级别以上。高功率，是指输出功率可达到 200mW。低噪声，要求功放的噪声系数尽量得低。

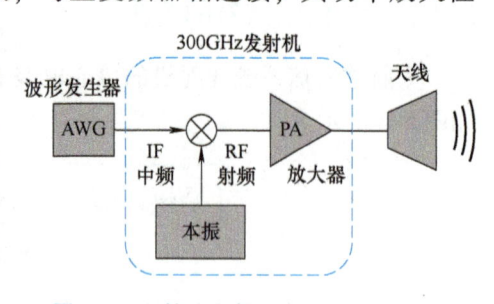

图 5-8　太赫兹发射机全固态电子链路

太赫兹通信技术应用落地的关键就是两点：高性能、低成本。太赫兹关键器件的发展方向主要包括性能向更高功率和效率的方向突破，形态从分立元器件向低成本、小型化、集成化的进化等。

5.2.2　太赫兹信号的接收

太赫兹通信系统接收机的核心电路有变频器、低噪放、解调电路等，如图 5-9 所示。

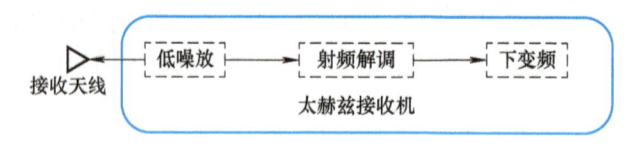

图 5-9　太赫兹接收机核心电路

太赫兹频段的接收机中，外差接收是应用最为广泛的接收方式。在外差接收方式中，系统的关键电路通常包括实现频率变换、信号产生和信号放大功能的电路。

变频器是利用肖特基势垒二极管的非线性特性，实现频率变换功能的有源电路，是超外差接收系统中的核心电路之一。接收机变频器的主要作用就是把太赫兹频段的射频信号搬移至中频频段，然后送至基带（下变频），如图 5-10 所示。

变频器的核心指标是噪声温度和变频损耗，前者影响着接收机的噪声性能，后者则决定了太赫兹频段信号变频至中频段信号的损耗。目前，太赫兹固态变频器正在向着高频率、低损耗、低噪声、宽频带、单片集成等方向发展，最高工作频率已达 5THz。

低噪声放大器作为通信系统接收机的第一级，其重要作用是将微弱的传输信号功率放大，并尽可能地减小放大器自身的噪声对信号的干扰，以提高

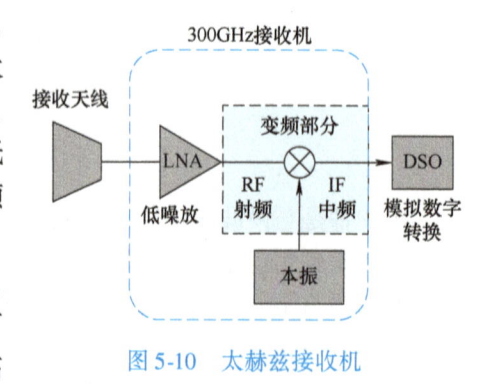

图 5-10　太赫兹接收机

通信系统的信噪比。低噪声放大器的核心指标是噪声系数和放大器增益，前者影响着接收机的噪声性能，后者是对信号功率放大能力的体现，影响着信号的覆盖范围。目前，低噪声放大器具有良好的高频、高增益、低噪声特性，能够在 THz 波段提供良好的噪声增益特性。

5.2.3 太赫兹天线

对于移动系统，天线是必要部件之一。6G 也不例外，也离不开天线，来负责信号的发射和接收工作。天线的增益和扫描范围直接影响无线系统的覆盖性能。6G 的太赫兹的天线规模数要显著增大，与此同时，解决高频段覆盖性能较低的问题。超大规模太赫兹天线分布式部署是 6G 基带处理算法和架构需要研究的方向。

1. 天线阵子规模数要增大

太赫兹频段的自由空间传播损耗很大，要想克服这个损耗，天线阵子的规模越大越好。太赫兹频段的电磁波波长较小，只有数十个微秒到几个毫秒之间，这样天线阵子可以做得很小，于是可以支持很大的天线阵列规模。然而大规模太赫兹天线阵列的硬件设备的复杂度很高，功率损耗很大。

太赫兹天线从毫米波的大型相控阵发展而来。但现代半导体和封装技术在太赫兹频段上使用存在很大的物理限制，需要探索新材料（如石墨烯）、新的射频天线架构、新的太赫兹信道模型、新的波形和调制方案、新的实验平台和测试平台、新的 MAC 层协议、非线性和相位噪声的建模、新的模数和数模（ADC/DAC）转换等。

随着新型材料和工艺技术的发展和突破，工作频点在 250GHz 时，4 平方厘米的面积可能安装超过 1000 个天线（纳米级），太赫兹天线如图 5-11 所示。

典型的混合模拟数字大规模天线架构，主要分为两种，即

1）全连接，每个射频链路与所有的天线阵元都连接。

2）子阵式，每个射频链路只与某一个子阵的天线相连。

全连接结构具有较高的频谱效率以及较高的硬件复杂度与功耗。子阵结构具有较低的硬件复杂度和功耗，但与此同时频谱效率也较低。

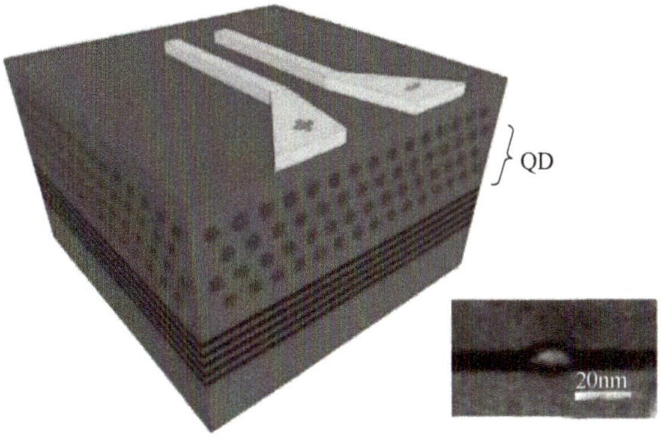

图 5-11 太赫兹天线

2. 高频覆盖难题的解决

6G 使用"空间复用技术"，当信号的频率超过 10GHz 时，其主要的传播方式不再是衍射。对于非视距传播链路来说，反射和散射才是主要的信号传播方式。同时，频率越

高,传播损耗越大,覆盖距离越近,绕射能力越弱。这些因素都会大大增加信号覆盖的难度。

天线阵列(Massive MIMO)大规模化和波束赋型这两个关键技术就是用来解决高频覆盖难题的。

手机信号通过无线连接的是运营商基站,更准确一点,是基站上的天线。大规模天线阵列技术说起来挺简单,它其实就是通过增加发射天线和接收天线的数量,即设计一个多天线阵列,来补偿高频路径上的损耗。在 MIMO 多副天线的配置下可以提高传输数据数量,而这用到的便是空间复用技术,如图 5-12 所示。在发射端,高速率的数据流被分割为多个较低速率的子数据流,不同的子数据流在不同的发射天线上的相同频段上发射出去。由于发射端与接收端的天线阵列之间的空域子信道足够不同,接收机能够区分出这些并行的子数据流,而不需付出额外的频率或者时间资源。这种技术的好处就是,它能够在不占用额外带宽、不消耗额外发射功率的情况下增加信道容量,提高频谱利用率。

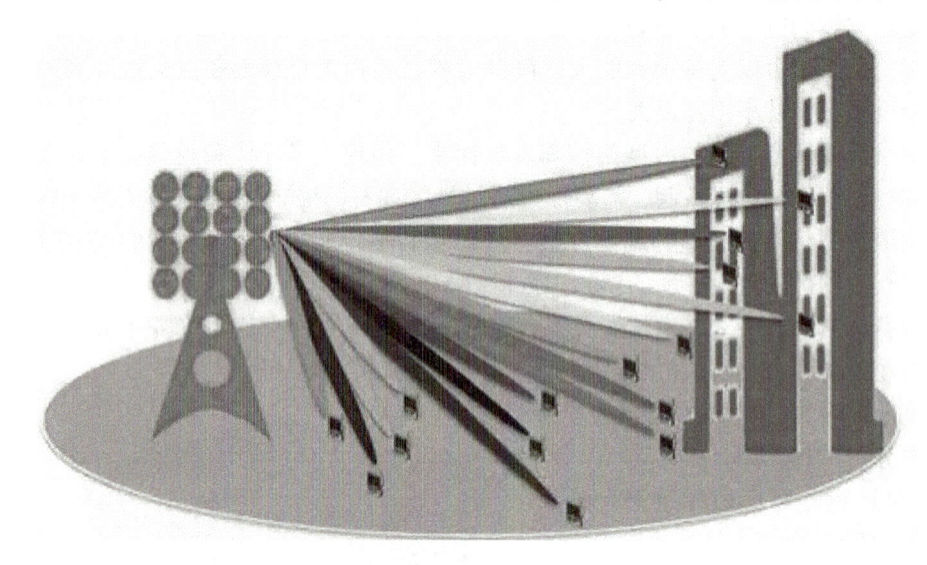

图 5-12 大规模天线的空间复用技术

多天线阵列 MIMO 可以使大部分发射能量聚集在一个非常窄的区域。也就是说,天线数量越多,波束宽度可收缩得越窄。这一点的好处在于,不同的波束之间、不同的用户之间的干扰会比较少,如图 5-13 所示,因为不同的波束都有各自的聚焦区域,这些区域都非常小,彼此之间不怎么有交集。

但是它也带来了另外一个问题:基站发出的窄波束不是 360 度全方向的,该如何保证波束能覆盖到基站周围任意一个方向上的用户?这时候,便是波束赋型技术大显神通的时候了,如图 5-14 所示。简单来说,波束赋型技术就是通过复杂的算法对波束进行管理和控制,使之变得像"聚光灯"一样。这些"聚光灯"可以找到手机都聚集在哪里,然后更加聚焦地对其进行信号覆盖。

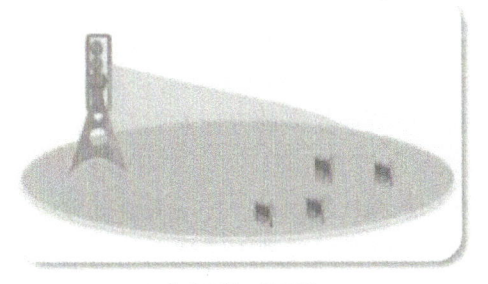

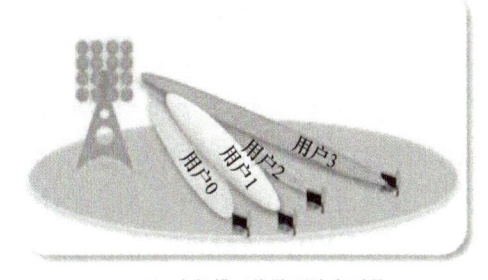

a) 传统网络天线覆盖　　　　b) 大规模天线阵列波束覆盖

图 5-13　大规模天线阵列波束的干扰抑制能力

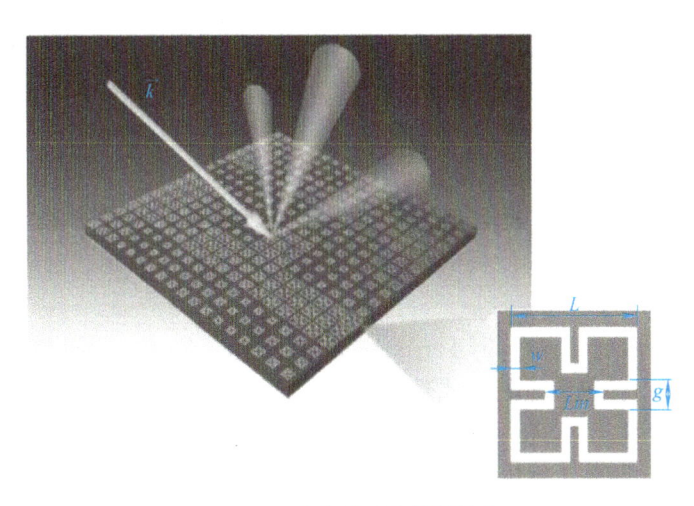

图 5-14　波束赋型及控制能力

太赫兹天线由于频段较高，覆盖范围受限，因此对其波束赋型能力要求较高。也就是说，对大规模太赫兹天线阵列进行波束操控，要可以得到更高、更集中的辐射功率，从而能够扩展其覆盖范围。

太赫兹系统工作在高频点、大带宽上，不同载波频率对应的信道不同，需要不同的波束赋型矩阵。问题在于传统的基于移相器的混合波束赋型结构，只能针对一个有限带宽的频点进行波束赋型，对于其他载波频率，波束赋型矩阵存在偏差，继而导致其他载波频率的波束偏移调控出现较大误差。

为解决波束偏移问题，通常使用延时器来代替传统移相器，实现模拟波束赋型矩阵。然后基于延时器进行波束偏移消除，从而提升频谱效率。由于该频率偏移与载波频率成正比，因此，可利用延时器针对不同频率同时实现所需波束赋型权重。

这时又出现了一个新的问题。太赫兹频段的可调节的延时器具有极高的硬件复杂度。

太赫兹动态子阵列结构可以降低硬件复杂度与功耗，同时获得较高频谱效率。

太赫兹波束越窄，高精度对准就越难。有三点：

1）太赫兹频率高，多普勒效应较大。由于高精度对准要求通信过程中，在数个相干时间内达到毫度级的角度跟踪。在有多普勒效应的情况下，较为困难。

2）太赫兹波束越窄，在波束搜索过程中，系统需要向更多的方向发射波束，导致波束训练时间过长、波束对准的开销较大，减少有效信息传输时间。

3）在远近场融合场景中，实现极窄波束对准和跟踪比较困难。伴随太赫兹频段频率及超大规模 MIMO 天线数目的增加，定义阵列远近场边界的瑞利距离增大，导致通信场景由经典纯远场通信，跨入远近场混合通信。现有波束对准和跟踪技术大多基于远场平面波模型，在近场通信环境中，面临明显性能损失。

总之，太赫兹极窄波束高精度对准技术是太赫兹的关键技术，需要增加对抗多普勒效应的能力，降低波束训练的复杂度和开销，远近场融合等方向上进一步探索。5G 采用的是 MIMO 技术提高频谱利用率。而 6G 所处的频段更高，MIMO 未来的进一步发展很有可能为 6G 提供关键的技术支持。

3. 超大孔径阵列

随着超大规模 MIMO 系统的发展，单一天线面板的射频通道和天线阵子规格不断增加。然而在实际部署中，天线面板的尺寸、重量和风载都会受到严格限制，传统演进思路受到限制。

超大孔径阵列天线（Extremely Large Aperture Array，ELAA）可以将天线单元分布式地部署在一片区域内，避免了集中式部署的工程限制，如图 5-15 所示。ELAA 的超大孔径可使服务用户可能处于阵列天线的近场传输范围，传统 MIMO 系统的平面波假设不再成立，对于近场用户需要考虑球面波模型。

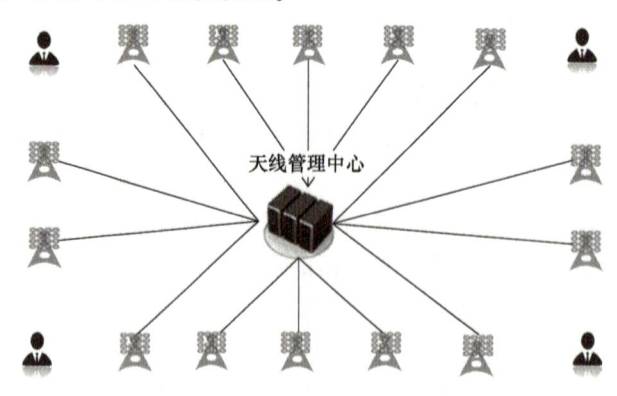

图 5-15 超大孔径阵列分布式部署

相比传统 5G 天线单面 128～256 个阵子数，超大规模阵列天线将这一数量直接增加到 2000 余个，阵子数增加能提升其上行和下行覆盖。

ELAA 虽采用分布式部署，其同样具有超大规模 MIMO 系统的典型特征。ELAA 信道有别于传统 MIMO 的重要特性是空间非平稳，即天线阵列的不同部分可以看到不同的散射，导致接收功率不同。

由于天线阵子数量剧增，ELAA 系统的基带处理复杂度和前传带宽需求也急剧增加。低复杂度、低前传开销的分布式基带处理算法和架构成为 ELAA 领域的重要研究方向。

5.3 太赫兹技术应用场景

太赫兹波既可作信息载体（通信），又可用作探测利器（感知）。因此它在移动通信和感知探测领域都有广阔的应用前景，如图 5-16 所示。

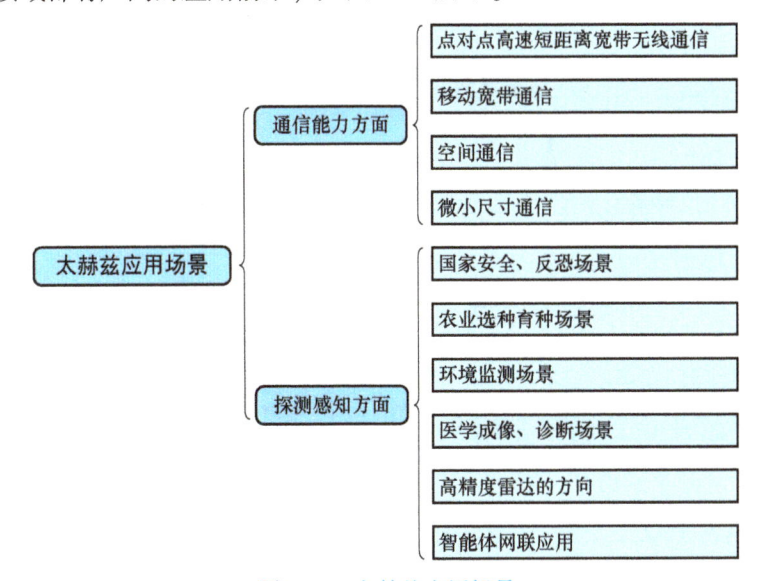

图 5-16 太赫兹应用场景

5.3.1 太赫兹通信能力应用

如前所述，太赫兹通信与微波、光通信相比有很多优势，如频率资源丰富、支持带宽大等。这就决定了太赫兹波可应用于空天地海一体化的多种通信领域，如点对点高速短距离宽带无线通信、移动宽带安全接入、空间通信、微系统通信等。

1. 点对点高速短距离宽带无线通信

（1）无线回传

太赫兹无线收发设备可用于基站间的数据高速回传，从而代替光纤或电缆的有线部署方式，节省光纤部署成本，如图 5-17 所示。在高山、沙漠、河流等部署光纤非常得不经济，这些区域可以使用太赫兹无线链路，实现高速数据传输。6G 时代，为了支撑供电和传输有困难的偏远场景,实现基站批量灵活部署和高效管理,太赫兹无线收发设备向低功耗、低成本和小型化的方向发展。

图 5-17 基站间太赫兹无线回传

(2) 固定无线融合接入

固定无线融合接入(FWA,Fixed Wireless Access)现在是应用毫米波技术实现的。太赫兹通信可以支持的带宽和速率远远大于毫米波频段。所以,FWA 场景可使用太赫兹波,如图 5-18 所示,从而达到 6G 通信水平。

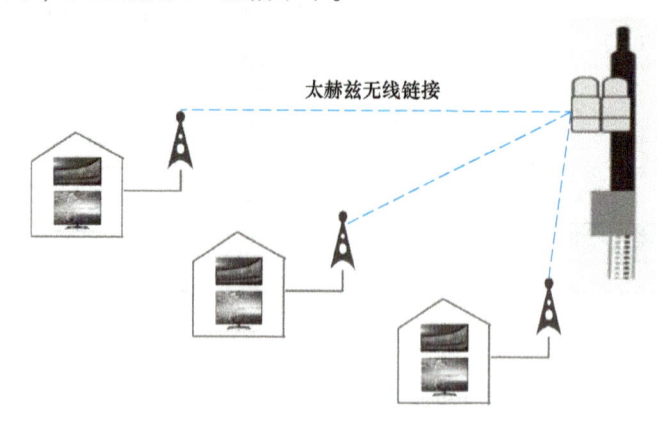

图 5-18 太赫兹固定无线融合接入场景

(3) 无线数据中心

传统数据中心使用线缆连接,这就需要海量的线缆,占用大量空间且维护成本较高,而且对散热和服务器性能也带来不好的影响。数据中心服务器/服务器群的应用需求快速增长,这个问题更加突出。太赫兹的超高通信速率的特点,正好满足无线数据中心之间数据传输的带宽需求,如图 5-19 所示,还可以降低数据中心的空间成本、线缆维护成本和机房的功耗。

2. 移动宽带通信

(1) 热点区域超宽带覆盖

随着服务行业和人数规模的增加,6G 时代的应用,如沉浸式多媒体业务、全息通信、高质量视频在线会议、全功能工业 4.0 应用、轨道交通等,对数据速率、时延和连接数等网络质量的需求呈现数量级增长。太赫兹有超宽带频率资源,可实现 Tbit/s 峰值速率,适合作热点地区,如高铁站、飞机场、景点、城市密集区等地方的地面超高速移动通信,作为宏蜂窝网络的补充,如图 5-20 所示。

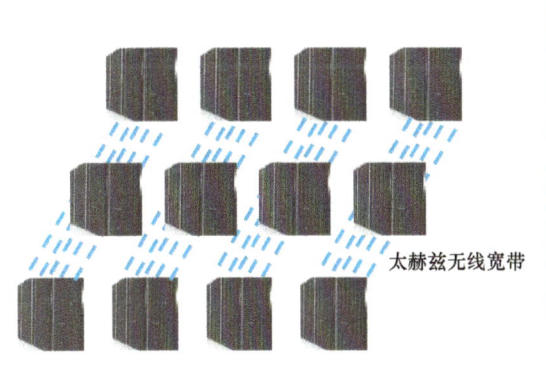

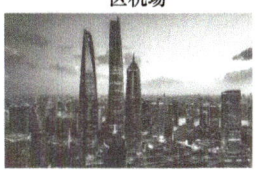

图 5-19　太赫兹数据中心　　　　图 5-20　热点区域部署太赫兹移动宽带

（2）数据亭、无线局域网（WLAN）、无线个域网（WPAN）

数据亭（Data Kiosk），即具有超高数据传输能力的数据站点，是太赫兹另一个极具潜力的应用场景。数据亭可以分布在公共场所，例如购物中心、交通拥堵等拥挤的地方，可以同时为一个或多个用户提供短时超高速率数据下载服务。此外，数据亭还可以为汽车更新 3D 4K 地图视频、提供多媒体内容下载服务等。

在办公场所、家庭，可以使用小型化、低功耗和低成本的太赫兹 WLAN 设备，组成支持高速、宽带的无线局域网，如图 5-21 所示。太赫兹频段通信支持近距离设备之间的高速链路，所以可应用在无线个人局域网（Wireless Personal Area Network，WPAN）场景中，用于个人电子设备，如个人计算机、手持终端或可穿戴终端等设备之间的无线超高速数据互传。

图 5-21　太赫兹无线局域网 WLAN

3. 空间通信

太赫兹波在外层空间中基本可做到无损传播，通过极低的功率就可实现超远距离传输。ITU 在世界无线电大会 WRC-2012 把 275～1000GHz 内的多个频段划分给被动业务应用，包括射频天文学业务、地球探测卫星和空间研究等。

太赫兹天线系统向小型化、平面化的方向发展，部署在卫星、无人机、飞艇等天基平台和空基平台上，助力空天地海一体化通信，如图 5-22 所示。空天地一体化通信网络可以提供空、天、海、地的广域覆盖，特别是人迹罕至的偏远地区、农村地区、空中和海面上。太赫兹天线系统应用于卫星集群间、天地间和千 km 以上的星间高速无线通信场景，可以提供无线应急通信、广播通信、回传、中继、宽带接入、个人移动、行业应用和物联网服务等。

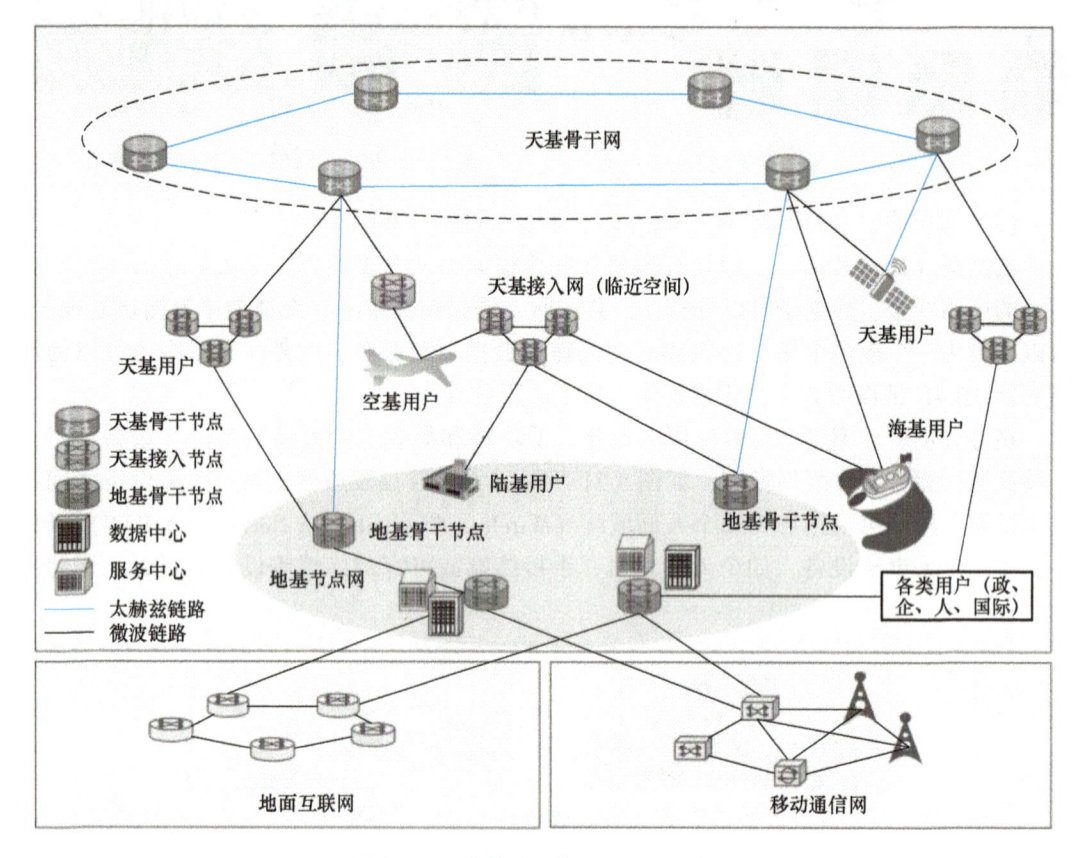

图 5-22 太赫兹系统用于空间通信

4. 微小尺寸通信

太赫兹波长短，有利于实现毫微尺寸、甚至是微纳尺寸的信息收发设备和组件，在极短距离范围内，实现超高速数据链应用。随着石墨烯等新型材料技术的兴起和工艺技术的进展，将太赫兹技术与微纳技术的结合，太赫兹可以作为无线纳米网络的通信频段。

太赫兹技术用于微小尺寸通信场景，如电子电路芯片间/芯片上的高速数据的通信（如图 5-23 所示）、健康监测系统的可穿戴或植入式太赫兹微型设备构造个域网或体域网（如图 5-24 所示）。太赫兹技术让 6G 的网络覆盖从宏观通信拓展到微观通信。

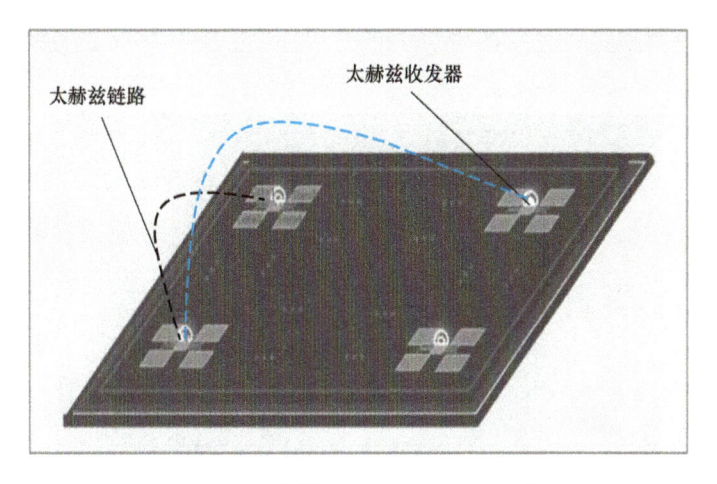

图 5-23 太赫兹芯片间/芯片上通信

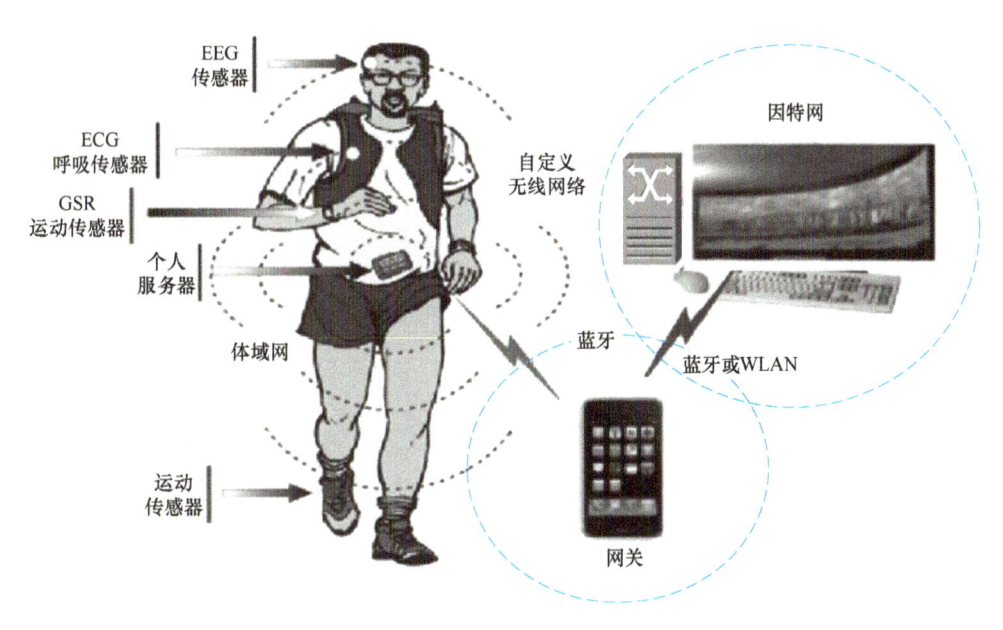

图 5-24 太赫兹健康监测个域网

5.3.2 太赫兹探测感知应用

太赫兹电磁波具有感知探测能力。目前很多场景已经使用了太赫兹探测器。

（1）国家安全、反恐场景

由于太赫兹波对衣物、塑料、陶瓷、硅片、纸张和干木材等一系列物质具有较好的穿透性能，而且能够根据物质的太赫兹"指纹谱"对物质进行识别，所以有大量用于毒品、化学生物危险品和武器等的非接触安全检测、邮件隐藏物的非接触检测等场景,如图 5-25 所示。

图 5-25　太赫兹非接触式安全检测

在反恐场景,警察可以使用太赫兹收发器从屋外探测人质、恐怖分子和武器的详细位置和状况。

(2)农业选种育种场景

生物大分子的振动和转动频率均在太赫兹波段,因此,在粮食选种育种时,利用太赫兹辐射技术可得到 DNA 的重要信息,如图 5-26 所示。

图 5-26　太赫兹选种育种场景

(3)环境监测场景

太赫兹辐射可以穿透烟雾,又可检测有毒或有害分子,所以在环境监测和保护方面得到应用,如图 5-27 所示。

图 5-27　太赫兹环境监测

（4）医学成像、诊断场景

癌变组织和正常组织的太赫兹波具有不同的振幅、波形和时间延迟，可以从中得到肿瘤的大小和形状，如图 5-28 所示。

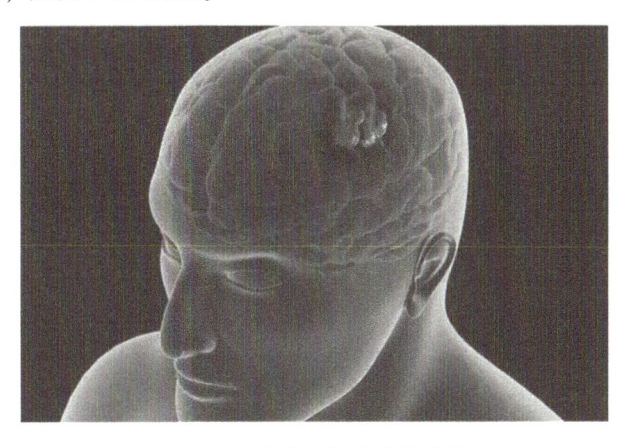

图 5-28　癌变组织太赫兹成像

太赫兹与 X-ray 的最大区别在于，它在远红外区，光子能量比 X-ray 小约百万倍，没有离子化辐射问题；太赫兹频率段正好处在分子相互作用段，它可以给出分子尺度上的位置和密度的信息，用于诊断疾病和癌症的早期发现。它很少散射，使成像很简单，不需要进行散射校正。

（5）高精度雷达的方向

在远程军事目标探测场景，太赫兹技术可以对前方烟雾中的坦克进行远距离成像、多光谱成像。太赫兹探测和微波雷达相比，可以对更小的目标实现更精确的定位，具有更高的分辨率和更强的保密性，如图 5-29 所示。

图 5-29 太赫兹高精度雷达

(6) 智能体网联应用

结合人工智能和机器学习,太赫兹通信能够满足未来多样化的元宇宙应用需求,如全息通信、触觉和远程呈现通信,为生活、工业等场景提供更直观的视觉和审美体验。

智能汽车、智能机器人、自主无人机等场景的自主系统需要与环境实时交换大量数据,如图 5-30 所示,在高移动过程中准确地感知和跟踪它们的操作环境,实现路径规划、保证交通安全。在这些应用场景中,数据类型具有多样性,包括 3D 视频、雷达信号、环境信息等。无线系统应在上行和下行链路提供双向高速率、可靠通信和高精度感知。太赫兹波段具备高速通信和高分辨率感知优势,可支撑自主智能体网联应用。

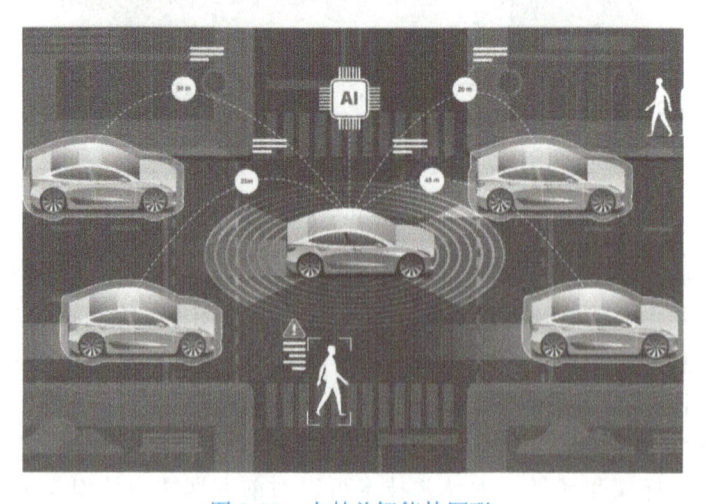

图 5-30 太赫兹智能体网联

第 6 章

地面不足，卫星来补——6G 卫星通信系统

本章将掌握

（1）掌握卫星技术关键特点。
（2）掌握非地面通信与地面通信一体化架构。
（3）了解 6G 卫星通信的关键技术。

> 《6G 卫星通信》
> 天基空基与地基，
> 卫星蜂窝是一体。
> 星间链路协同时，
> 空口回传和中继。

有两件事让人们逐渐意识到卫星互联网这一通信技术正向人们走来：
1）埃隆·马斯克的卫星发射公司 SpaceX 已经实现盈利。
2）华为发布支持卫星通话的智能手机。

人们知道，精力管理大师、当代超人埃隆·马斯克制定了一个"星链（StarLink）"卫星互联网计划，分阶段往太空打卫星，最终星际数量达到数万颗。很多人不明白，有了卫星互联网，是否还需要地面移动通信技术？

需要思考几个问题。星链卫星的近地轨道高度是 550km，它的覆盖范围是大，但给一个用户分的网速能超过离他 550m 的基站？近地轨道卫星到某一个用户的时延能少于基站到这个用户的时延？

星链有几万颗卫星绕地球运动，但分在每个城市顶上的卫星能有几颗？中国的大城市基站数量往往能达到 5 万以上，就这个基站密度，人们还天天喊网速差。再加上卫星过

顶速度相当得快，频繁的切换也会影响业务体验。

基站背后有光纤传输资源，回传带宽有保证。卫星的回传怎么办？一颗卫星服务那么多用户，汇集起来的流量肯定很大。回传带宽问题如何解决？能比光纤更快吗？来回上千 km，时延能控制到什么程度？

还有，人类正常的数据业务需求，70% 以上发生在室内。卫星信号的工作频段，是否能覆盖室内？使用 GPS 卫星定位时，需要能收到三颗卫星，室内定位是否能依靠卫星？地面毫米波穿墙能力较差，卫星使用频率经过几百 km 的传输之后是否还能穿墙覆盖室内？在阴天下雨的条件下，卫星的信号是否能不受影响？

最后也是最重要的，卫星终端的价格人们是否能承受得起？卫星通信服务的价格是否能比地面基站通信的低？

对以上这些问题的思考，不难得出一个结论，在未来很长的一段时间内，卫星通信不会取代地面移动通信，而是地面移动通信系统的必要的有益的补充，海面、天空、地面无人区才是卫星施展才华的舞台。占地球表面积 71% 的海洋，没有办法建设基站，所以需要卫星通信。还有天空中的飞机，也需要卫星通信。遇到灾害，地面系统失灵，同样需要卫星通信。

6.1　6G 卫星通信的概述

卫星是指在地球轨道上运行的人造天体，它是由人类发射到太空中，用来执行各种任务。

把一定数量的通信卫星连起网来形成一定规模的网络，就是卫星互联网。它可以完成向地面和空中终端提供宽带互联网接入的通信服务。

6.1.1　卫星通信和地面蜂窝通信的比较

与传统的移动通信相比，卫星通信最大的区别在于中继媒介是太空的卫星，而不是地面基站。每颗通信卫星相当于运行在地球上方的移动基站。卫星通信与地面蜂窝通信的对比见表 6-1。

表 6-1　卫星通信与地面蜂窝通信的对比

	卫 星 通 信	地面蜂窝通信
中介媒介	通信卫星	地面基站
通信距离	长，超过 1 万 km	短，远距离通信多跳实现
覆盖范围	大，几百颗卫星实现全球覆盖，重点海面、沙漠等场景	小，大城市上万颗基站

(续)

	卫星通信	地面蜂窝通信
传输时延	几百毫秒	0.1 毫秒（6G）到几毫米
应急通信	海面通信、应急通信、航空通信	个人消费类通信，垂直行业通信

众所周知，我国地面通信基础设施极为完善，"人口覆盖率"达到99%，但"国土覆盖率"却仅有三成左右。换句话说，大量的深山、沙漠、戈壁无人区等没有地面网络信号覆盖，无法与外界进行有效通信。

相较之下，卫星通信具有更广阔的覆盖范围，打破了距离限制，突破了地理环境的限制。在传统移动通信无法建设基站或者基站遭到破坏的场景下，建立卫星互联网就是必要的了。卫星互联网可用于航空、航海、军事、科考、应急通信等特殊场景。而这些场景，靠传统的基站显然是入不敷出的，而卫星这个"移动基站"则是更可能的选择。

以个人应急求救场景为例，通过手机终端直连卫星的通信方式，即便身处无地面网络信号覆盖的环境下，也可实现信息互通，发出求救信号。

再比如，卫星互联网可以用于海上船只之间、船只与陆地之间的短消息收发、话音调度等基础服务和船舶预警、视频监控等高级服务；在军事领域，卫星互联网可以更好地维持网络连接，感知战场态势，获取战争情报。

随着移动互联网、物联网的深度普及，空中机载、海洋船载、空间中继等传统地面场景之外通信需求日益增加，卫星互联网的重要度和优先级正不断提升。

6.1.2 卫星通信系统的分类

卫星网络具备远程通信、遥测、导航定位三大功能。卫星通信是一种非地面通信（Non-Terrestrial Communication）技术。卫星一般有三种分类方式，如图6-1所示。

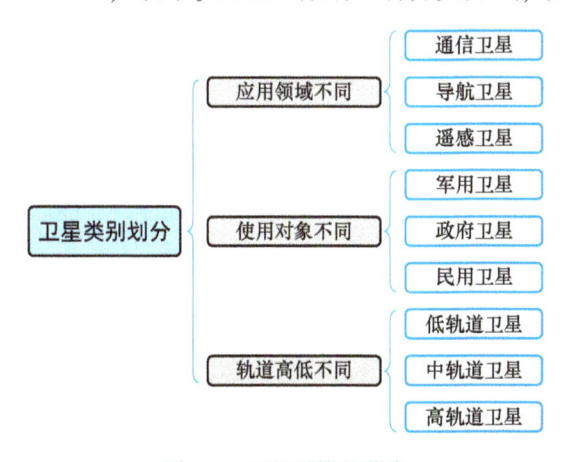

```
                          ┌─ 通信卫星
              ┌─ 应用领域不同 ─┼─ 导航卫星
              │               └─ 遥感卫星
              │               ┌─ 军用卫星
卫星类别划分 ─┼─ 使用对象不同 ─┼─ 政府卫星
              │               └─ 民用卫星
              │               ┌─ 低轨道卫星
              └─ 轨道高低不同 ─┼─ 中轨道卫星
                              └─ 高轨道卫星
```

图 6-1 卫星系统的分类

按应用领域划分，卫星可分为通信卫星、导航卫星、遥感卫星等。通信卫星是用于传输数据信号和语音信号的卫星，其主要功能是提供长距离的无线通信服务；导航卫星主要用于地球点位的方向判读，以及全球定位和引导等，比如 GPS 和北斗导航系统；遥感卫星是用于观测地球物理状况和地理环境的卫星，主要用于地物识别、对地观测、测绘成图等。全球来看，通信卫星的数量占比为第一。国内看来，遥感卫星的数量占比为第一。

按下游使用对象划分，卫星可分为军用卫星、政府卫星、民用卫星。全球来看，民用卫星为第一大组成。国内看来，政府卫星为第一大组成。

按轨道高低划分，卫星可分为低轨道卫星（LEO，Low Earth Orbit）、中轨道卫星（MEO，Medium Earth Orbit）、高轨道卫星（GEO，Geosynchronous Orbit，地球同步轨道）。低轨通信卫星的理想高度是离地面 550km 左右，高轨道卫星离地面 3.6 万 km 左右，中轨道卫星的高度是介于低轨道卫星和高轨道卫星之间。

在过去，由于发射卫星的成本极高，科学家们选择将卫星放置得更高，也就是高轨道。因为同样一颗卫星，在高轨道能覆盖更大的范围。尽管高轨道卫星的覆盖面积大，但它们距离地球实在太远，导致通信带宽和通信速率比较低，通信时延却比较大。

近年来，全球轨道高度小于 2000km 的低轨道卫星发射数量高增，成为卫星发射的主要构成。相比高轨卫星，低轨卫星具有传输时延低、链路损耗小、发射灵活、可靠性高等优势，更适合终端小型化和高速数据传输。虽然有如此多的好处，低轨卫星的覆盖能力差，成本却较高。单颗卫星覆盖能力较弱，但可以靠"量"弥补劣势，通过几十到上百颗卫星组成的星座网络实现全球范围的无缝覆盖。通信卫星低轨化、小型化发展趋势奠定了卫星制造成本下降方向。相比大型卫星，小卫星不仅体积较小、功能也更加专一。通过模块化设计、柔性生产线、3D 打印、供应链优化，卫星生产模式、卫星通信正从价格高昂的定制化时代走向平价的工业化时代。

低轨卫星通信的组网受限于空间轨道资源和频段资源。地球低轨道能够容纳的通信卫星数量是有限的，大约可容纳 6 万多颗卫星。国际电信联盟等机构基本上实行的是"先到先得"原则——谁先把这个地方占上了，这儿就归谁。建设卫星通信网，除了空间轨道资源，还要抢频段资源。和卫星轨道资源一样，国际上空间通信频段的原则是"先申请先用"。然而，低轨卫星的主要通信频段，比如 Ku 和 Ka 逐渐趋于饱和。因此，近地轨道资源和频率资源稀缺，已然成为宝贵的战略性资源，

6.1.3　6G 和卫星通信系统结合

6G 网络，借助卫星的广覆盖能力，弥补地面通信系统的不足，将是一个地面无线网络与卫星网络集成的全连接世界。

6G 卫星通信架构由天基平台、空基平台和地面平台组成，如图 6-2 所示。天基（高

轨/中轨/低轨卫星）、空基（临空/高空/低空飞行器）等网络与地基（蜂窝/WiFi/有线）网络深度融合，可组成一张空天海地一体化的网络。不仅能够实现人口常驻区域的常态化覆盖，而且能够实现偏远地区、海上、空中和海外的广域立体覆盖，构成一个地面无线与卫星通信融合集成的全连接世界。

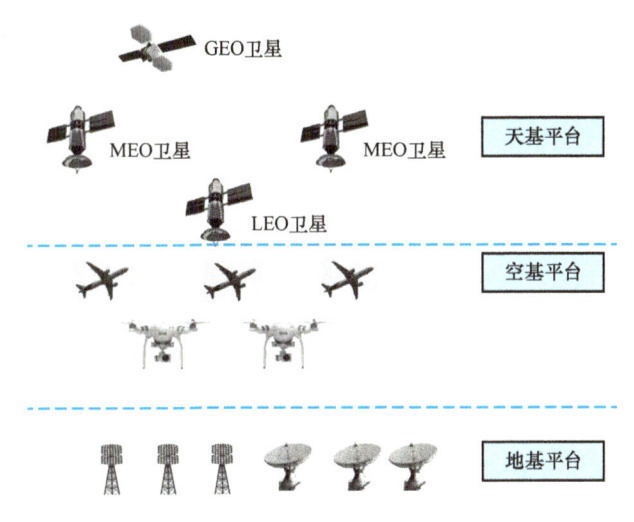

图 6-2　6G 卫星通信架构

想象这样一个场景，以后不管是在夏威夷冲浪，还是在空客上出差，还是在撒哈拉探险，都能无缝接入高速的无线网络，而这就是 6G 通信下的全连接。

6G 有望达成更诱人的技术指标：满足 Gbit/s 体验速率、千万级连接、亚毫秒级时延、厘米级感知精度、超 90% 智能精度等关键性能需求等。

在全球卫星定位系统、电信卫星系统、地球图像卫星系统、海洋舰载平台和 6G 地面网络的联动支持下，6G 搭建起一张连接空、天、地、海的通信网络。偏远的山区、飞机、海洋等现在移动通信的"盲区"有望实现 6G 无线信号的覆盖。6G 信号能够抵达任何一个偏远的乡村和山脊，让这里的人们也能接受远程医疗和远程教育；6G 能够到达每一个航行的飞机上，而不用担心飞行安全；6G 信号能够到达海面上每一个舰艇编队上，每一个商务船只上，船员不用担心和陆地失去联系。

无线，即无线连接、空口连接，是移动制式的关键技术所在。6G，除了要定义地面上的无线空口之外，还需要基于卫星和无人飞行器等基础设施来定义新的空口连接，来满足立体化的覆盖和容量需求，抑制全空间的无线干扰。

6.2　非地面通信与地面一体化架构

6G 网络是由非地面通信系统和地面通信系统集成形成的，如图 6-3 所示。

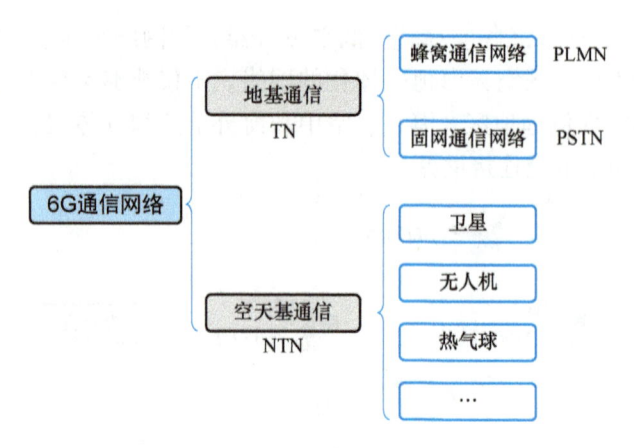

```
                              ┌─ 蜂窝通信网络  PLMN
                  ┌─ 地基通信 ─┤
                  │    TN     └─ 固网通信网络  PSTN
                  │
                  │            ┌─ 卫星
    6G通信网络 ───┤            │
                  │            ├─ 无人机
                  └─ 空天基通信─┤
                       NTN     ├─ 热气球
                               │
                               └─ …
```

图 6-3　6G 通信网络架构

地面通信系统，或称为地基通信系统，包括蜂窝移动通信网络（PLMN）和固定通信网络（PSTN），6G 时代固移融合是一个大趋势。

非地面通信系统，也称为空天基通信系统，卫星属于太空通信系统，无人机和热气球属于天空通信系统。非地面网络（NTN）架构作为单一接入网络，具有分层设计的星座，具有如下功能：空中计算和存储的智能 NTN 功能；将基础设施作为资源进行优化的功能；动态频谱管理、共存和共享功能；超越太赫兹的新光谱；具有灵活性和适应性的无线接入功能。

ITU 提出的卫星与 6G 融合应用场景主要有以下几种：

1）中继到站：主要为偏远或者地面通信难以到达的地方提供通信服务。

2）小区回传：卫星可以为无线塔、接入点和云提供高速多播回传通信服务。

3）动中通：为移动用户包括飞机、火车、轮船和车辆等提供直接或补充通信连接服务。

4）混合多播：能作为地面宽带的补充，为一个区域例如家庭或办公区域提供多播服务。多播内容包括视频、高清电视和非视频类内容。

6.2.1　卫星透明转发与再生转发

卫星通信网络（NTN）既可以单独部署，又可以作为地面网络的补充。

NTN 由如图 6-4 所示的要素构成：

1）网关：用于连接非地面网络和公共数据网络。

2）馈线链路：网关和卫星之间的无线电链路。

3）服务链路：用户设备和卫星之间的业务链路或无线电链路。

4）载体平台：卫星，可实现透明或再生有效载荷。

5）星间链路：卫星间连接（Inter-Satellite Links，ISL），在卫星星座下可选，这需要卫星支持再生有效载荷；ISL 可以在射频频段或光学波段工作。

6) 用户设备：由目标服务区内的卫星（或 UAS 平台）提供服务。

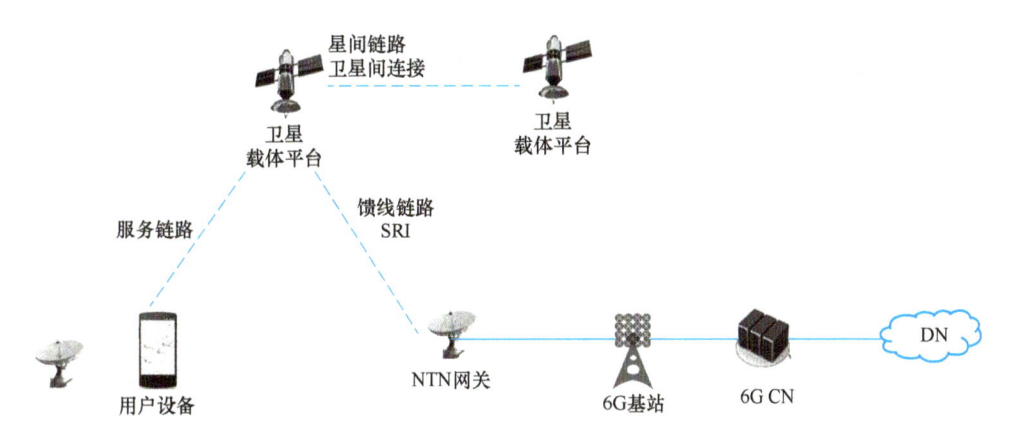

图 6-4 NTN 要素构成

卫星通信网络（NTN）包括透明转发和再生转发两大场景。

透明载荷（NTN）可以看作是网络侧的中继节点，如图 6-5 所示，只起到对上下行信号进行中继转发的作用，不改变信号的波形，不处理信号所携带的数据。但由于它起到中继的作用，所以对信号一般要进行滤波、放大、再转发。上行方向上，卫星可能改变射频信号的频率再转发。

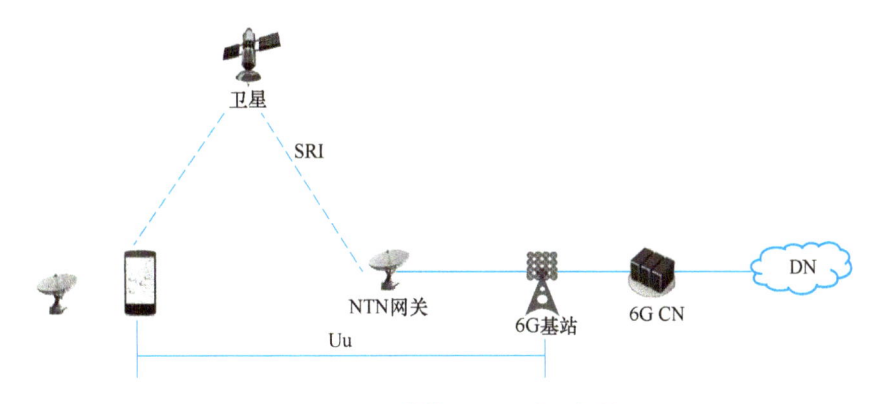

图 6-5 透明载荷的 NTN 典型场景

透明转发 NTN 网络架构，从终端到卫星、再到 NTN 网关、到基站，都是 6G 空口，卫星对空口（Uu）信号进行中继放大，再转发出去。NTN 的网关也负责转发空口信号。不同的透明转发卫星可以在地面上连接到同一个 gNB。

再生载荷 NTN 网络架构里，卫星相当于拥有全部或部分基站功能，会对信号进行解调、解码、编码、调制等。终端到卫星之间是空口协议，卫星到地面网关就是卫星无线电接口（SRI）。基站到核心网的接口（如 NG 口），一部分承载在 SRI 上，一部分承载在地面接口上，如图 6-6 所示。

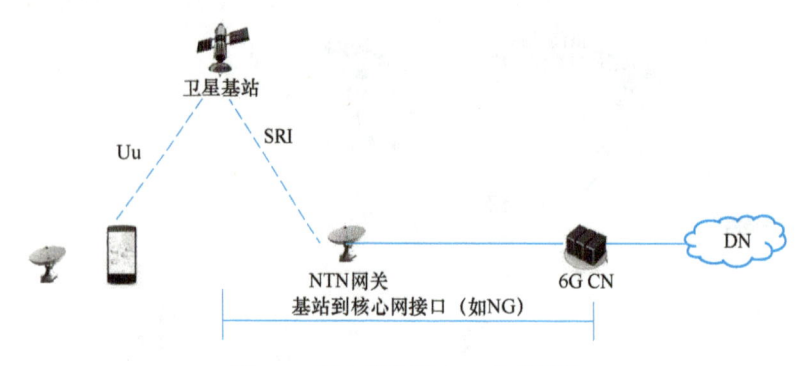

图 6-6 再生载荷的 NTN 典型场景

再生卫星可分为搭载基站的再生卫星和搭载 AAU-DU 的再生卫星。搭载基站的再生卫星又可以分为带卫星间连接（ISL）和不带卫星间连接两种。

搭载基站的卫星间有星间链接（ISL），如图 6-7 所示。这个星间链接是无线电接口（如 Xn 接口）。卫星上的基站所服务的 UE 可以通过 ISL 接入 6G 核心网，不同卫星上的基站可能会连接到地面上相同的 6G 核心网。

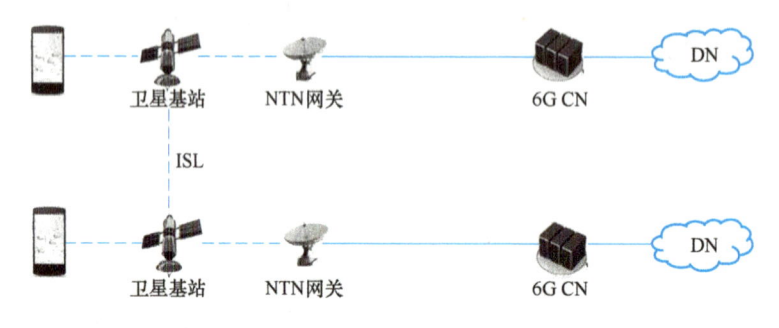

图 6-7 有星间链路（ISL）的再生卫星架构

对于搭载了基站 AAU-DU 的再生卫星，如图 6-8 所示，CU 位于地面 NTN 网关处。卫星到地面网关的接口 SRI 传输的是类 F1 接口（CU 和 DU 之间的接口）。不同卫星上的 DU 可能连接到地面上相同的 CU。如果卫星承载不止一个 DU，那么同一个 SRI 将传输所有对应的 F1 接口。

图 6-8 搭载 AAU-DU 的再生卫星组网架构

6.2.2 NTN 下的多连接

6G 地面通信可以支持时延要求严格的链路,但卫星通信(NTN)链路由于往返地球轨道的信号需要一定的时间来传输,只能支持时延不太重要的特殊应用,来减轻地面网络承受的通信压力。想确定卫星通信网(NTN)可以支持哪些应用时,必须考虑的一个关键因素是时延。

3GPP 定义的 NTN 的主要使用场景就是多重连接,即用户设备(UE)能够同时连接地面链路和卫星链路,如图 6-9 所示。在这个使用场景中,时间敏感的低时延流量通过地面链路传输,而时延不敏感的流量则通过卫星链路传输。这里卫星作 Uu 空口的透明转发,最终空口的协议处理由 6G 基站来处理。

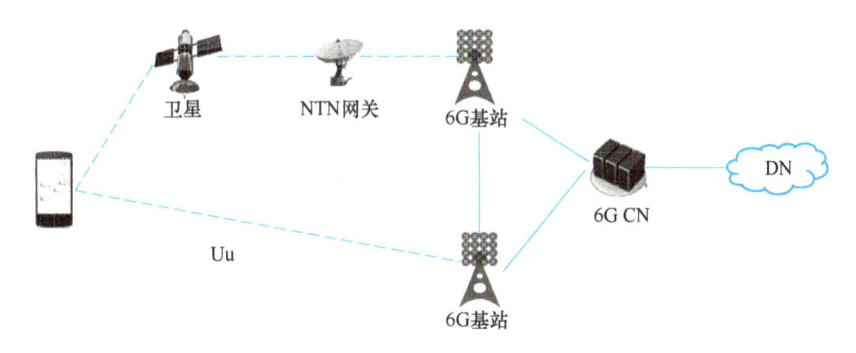

图 6-9 终端同时连接地面链路和卫星链路

在偏远地区或工业场所(如海上石油平台)的用户,由于没有可用的地面蜂窝网络,一个终端可以通过多个透明转发的卫星中继来和地面基站连接,如图 6-10 所示,也可以通过多个再生转发的卫星来建立通信链路,如图 6-11 所示,再生转发的卫星本身具备基站的功能,和终端是空口链路,和核心网是回传链路。

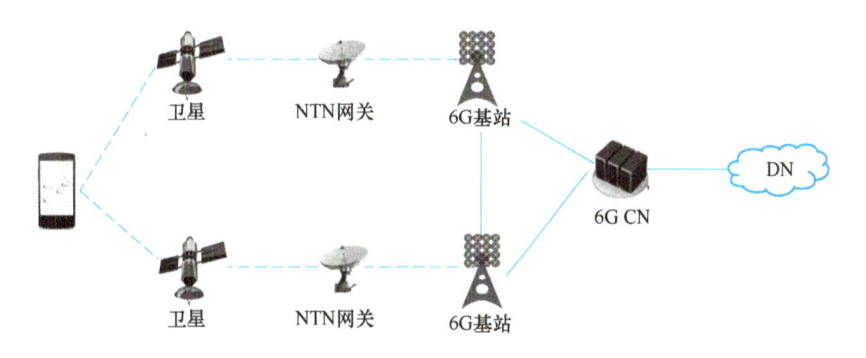

图 6-10 终端同时连接两个透明转发的卫星

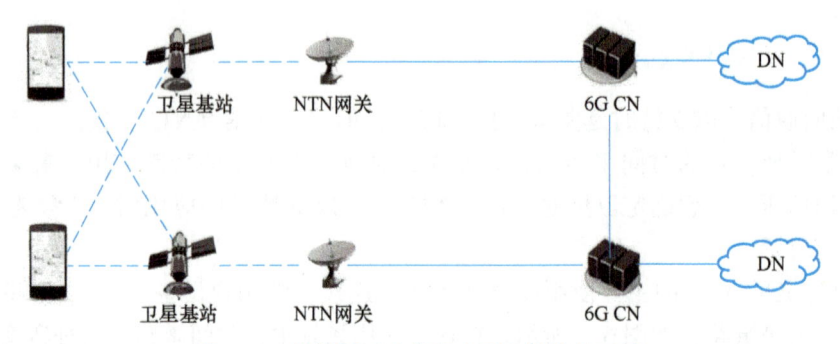

图 6-11　终端同时连接两个再生转发的卫星

对于飞机和高铁乘客来说，高速移动所带来的多普勒频移对业务质量有较大影响。所以要求基站具有多普勒频移的纠偏算法。终端同时与地面网络的基站、再生转发的卫星上的基站建立连接。可以在有地面网络的地方使用蜂窝覆盖，在无法使用地面蜂窝网络的偏远地区使用卫星链路，如图 6-12 所示。

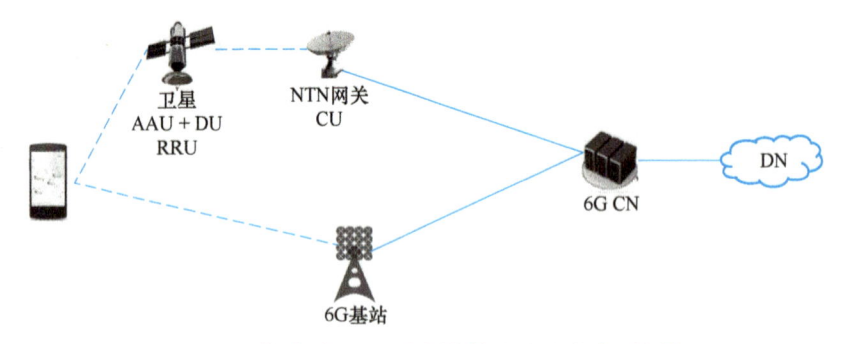

图 6-12　终端同时和具有纠偏算法的基站建立链接

6.2.3　卫星与 6G 一体化组网

卫星与 6G 一体化组网有两个很重要的特征，空天海地立体泛在的智能连接和天基、空基和地基多接入、多协议的融合。6G 网络除了实现人联与物联、无线与有线、广域和近域、空天和地面等的智能全连接，还可以将增强定位导航、实时地球观测等新能力集成到 6G 系统中。

空天地一体化网络不是卫星、飞行器与地面网络的简单互联，而是在体制、协议、网络、业务、终端等层面实现地面与非地面网络的深度融合。

6G 通信系统的卫星处于通信系统的位置不同，需要支持的接口协议就不同，所起到的作用也就不同，如图 6-13 所示。

当卫星处于终端和地面基站之间作为空口中继节点时，终端和卫星之间可以是非 6G 空口，而卫星和地面基站之间则必须是 6G 空口。当卫星上搭载基站后，终端和卫星之间的接口就是 6G 空口，而卫星和核心网之间就是回传链路了。当然，卫星也可以处于基站和核心网之间，作为回传链路的中继，一方面连接基站，另一方面连接核心网。核心网可以部署在地面上，也可以放在卫星上。那么这个卫星需要支撑到基站之间的回传链路，及核心网内部接口，核心网和平台之间接口。

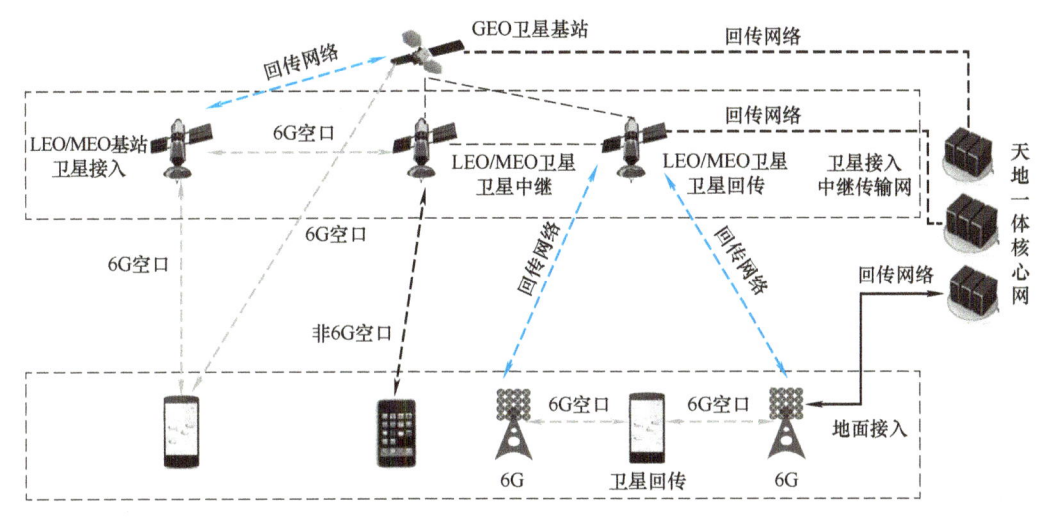

图 6-13　卫星与 6G 一体化组网

6.3　6G 卫星通信关键技术

6G 移动网络架构在广域分布通信能力受限和拓扑高动态变化的网络环境下，面临着组网复杂、传输延迟大、灵活性差、部署成本高等问题。

首先，网络连接受到天基、空基网络拓扑动态变化的影响，需要根据网络环境和用户需求，进行灵活有效的架构设计，可考虑引入服务化的设计理念。

其次，网络功能需要柔性、灵活、分布式地部署在不同地理位置的多个节点，从而实现空天地网络的高效协同。

最后，需要考虑多种地面网络和非地面网络在系统架构、技术体制、接口协议层面的融合和简化，解决系统复杂度问题。

6.3.1　按需确定性服务

6G 卫星网络需要支撑多样化的业务场景，为不同业务提供差异化的、按需的、确定性服务。但基于低轨卫星、空基平台等非地面网络的接入服务，虽然能够有效提升网络覆盖和容量，但是链路时延抖动大、用户和馈电链路切换频繁、星间/星地网络拓扑动态变化，这些并不利于提供按需确定性的服务。

6G 卫星网络提供按需确定性服务的基础是资源可全局调度、能力可全面开放、容量可弹性收缩、拓扑可灵活调整，这里面的关键技术包括：

（1）质量可预测的服务保障

引入时延探测、时延预测、资源调度等技术方案，以及星历、GNSS（全球导航卫星系统）定位等辅助手段，实现带宽、时延等质量可预测的服务保障，为用户提供可预期的可靠通信服务。

（2）星地多维网络功能虚拟化

软件定义网络（SDN）技术是控制与转发分离，网络可通过控制节点进行编程的技术。虚拟化是软硬件解耦、硬件标准化、网络功能服务化、软件能力定制化的技术。卫星网络中，引入软件定义网络技术便于支撑网络拓扑结构的灵活调整。卫星网络中引入多维网络虚拟化架构技术，便于实现网络资源的全局调度、容量的弹性收缩。

（3）虚拟网络到物理网络的动态映射

卫星网络的智慧运维的基础是确定星地物理网络到虚拟网络的映射特性、映射机制。

（4）星地智能网络切片技术

星地智能网络切片技术包括：地面网络和非地面网络智能切片功能的编排和管理，数据驱动的星地智能切片管理，按需选择星地协议栈功能划分策略。

6.3.2 极简接入技术

由于卫星有高延迟特性，地面通信系统的空口接入流程交互复杂，不可以直接移植到卫星通信系统中。卫星通信系统的空口接入协议，需要根据业务需求进行极简化改造，使之适应卫星传输信道的特点。卫星极简化接入的关键技术包括：

（1）海量传感器终端免授权随机接入

如果接入流程涉及多次星地交互，导致业务接入时间长，体验变差。卫星物联网场景使用免授权随机接入，如图6-14所示，会大量降低星地交互次数，从而降低相应信令交互开销，提高接入效率。

（2）面向连接的业务轻量化鉴权接入

传统的基于时间戳/序列号的认证鉴权架构，会引入较大的星地之间的同步开销，影响卫星通信系统的服务质量。采用星上缓存预共享密钥，基于星历位置信息超前定时补偿技术实现卫星通信的轻量级鉴权认证机制，也可提升面向连接的业务接入效率。

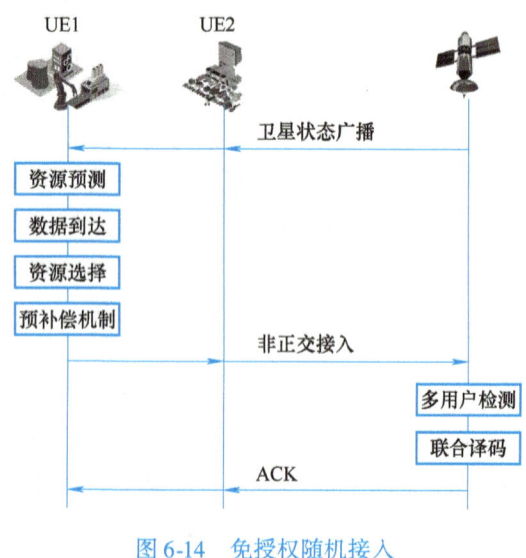

图6-14 免授权随机接入

6.3.3 时序关系增强技术

卫星网络传播延迟比地面移动系统的延迟要长得多。地面移动系统空口协议从物理层到高层的许多定时设计、物理层帧结构中上下行时序关系,并不适应卫星网络中延迟这么大的场景。这就需要卫星网络的空口协议有专门处理这种长时间的传播延迟的机制,否则会造成时序混乱。

考虑到卫星网络更大的小区覆盖、长往返时间(RTT)和高多普勒频移,需要增强上行时序和频率同步功能来保证传输的性能。上行链路定时同步依赖于时间提前量(TA,Time Advance)的概念。这个 TA 值是相对于给定卫星波束中的单个参考点确定的,考虑了链路上的传播延迟。

TA 的设置有两个方案:

一种方案是基站的上行和下行帧时序对齐,手机上行比下行有一个较大的时间提前量(TA)。由于卫星传播时延较大,手机的下行和上行时间偏移较大,如图 6-15 所示。

图 6-15 卫星网络手机 DL 和 UL 帧时序偏移的示意图

另一种方案是不需要基站的下行和上行对齐,手机上行使用特定的差分时间提前量(TA),手机上行的信号并不期待基站在与下行对齐的时间内接收,而是向后偏移一定时间周期作上行信号的接收,如图 6-16 所示。这样,这个时间提前量 TA 就不会太大了。终端能够接收全球导航卫星系统(GNSS)的信息,利用其位置信息和接收的卫星的星历信息,可以计算这个差分时间提前量(TA)。由于这种方案需要在网络侧增加额外的复杂性,来管理这种相对定时调度,因此需要增强各种 NR 物理层定时关系。

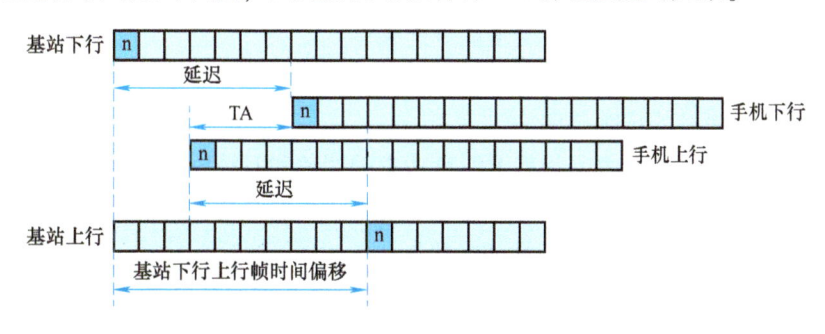

图 6-16 基站的下行和上行帧时序出现偏移的示意图

卫星网络中上行时间提前量（TA）涉及的定时关系包括：PUSCH 传输定时、PUCCH 上的 HARQ-ACK 传输定时、MAC CE 动作定时、CSI on PUSCH 传输时间、CSI 参考资源定时、非周期 SRS 传输定时等。卫星网络的定时增强设计需要引入一个偏移量参数 K_{offset}，应用它来修改对应的定时关系，针对不同定时关系的具体值可以不同。

6.3.4　移动性管理和会话管理

由于卫星在太空的快速移动性，卫星基站的小区也相应快速移动。这意味着地面上即使不移动的静态终端，只要它使用卫星基站，也会发生频繁的切换。

移动性管理和会话管理是空天地一体化网络为用户提供连续通信服务的基础。这就需要考虑空天网络拓扑动态变化、传输时延大、星地、星间、空基链路鲁棒性差等问题，来增强通信服务的连续性。

卫星在移动通信过程中，有波束切换、星间切换、信令关口局的切换，移动性管理存在很多挑战。

由于星地之间的距离较长，无线电波存在时延扩展；电磁波大小的测量值切换命令很容易过时；大量的卫星网络下的物联网终端同一时间批量发生切换，导致大量的信令开销；卫星互联网的移动信令会有较长的延迟，从而导致服务中断时间较长；由于 UE 和卫星之间的距离很远，重叠波束之间的信号强度的差异忽略不计等。

卫星网络的移动性管理和会话管理技术需要重点考虑：

（1）有条件切换（CHO，Conditional Handover）技术

卫星的移动是有规律的，提前按照这些规律配置自主切换条件，终端满足一个或多个切换执行条件时执行切换。

（2）基于时间和基于位置的切换

重叠波束之间的信号强度的差异不大，但两个重叠波束间的时间或位置是有规律的，可以设置切换条件。

基于星历信息的星地链路切换技术、基于用户终端 GNSS 定位的切换技术、基于双连接的软切换技术等方案，这些都是基于时间/位置的、减小切换时延、降低切换频次、提高切换成功率的有效手段，有助于增强业务连续性。

（3）卫星跳波束调度方法

分为高轨跳波束和低轨跳波束。

高轨跳波束调度方法，主要是星上波束功率的调整和时隙资源的联合优化。

低轨跳波束调度方法，主要需要实时计算卫星波束的跳变图案。

（4）批量用户跨星、跨波束柔性切换机制

批量跨星、跨波束机制需要考虑天基/地基异构融合网络的高效协同，这就涉及卫星基站、地面 NTN 网关节点等的基带协同配合技术、空口协议的云化处理技术和网络资源

的高效利用方法。

6.3.5 高效天基计算技术

卫星通信系统上通信协议栈处理，星上数据分析和星上 AI 智能都需要高效算力的支撑，但是卫星数量多、星上载荷受限、星间链路交互量大，导致卫星网络算力保障面临巨大挑战。

高效的天基计算架构是云边协同的架构，如图 6-17 所示，将卫星星座进行动态分簇和分层管理，低轨卫星提供天基边缘计算服务，高轨卫星提供天基云计算服务。

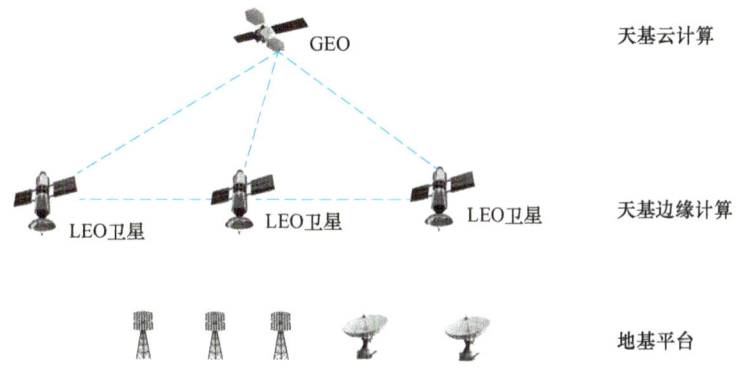

图 6-17　高效天基云边协同计算架构

高轨卫星（GEO）存在覆盖广和载荷大的优势，可以作为天基算力的集中控制节点，分担通信、计算、训练和内容分发等集中算力功能。

低轨卫星问题存在高移动性、过顶时间有限和广域负载不均衡的问题。因此，基于边缘计算的低轨卫星，要能够智能预测各业务节点的计算服务的需求，星间链路要求实现高速数据交换，星地间支持分布式学习，构建适应多业务特征的分布式协同计算方法。

第三篇

6G 组网架构

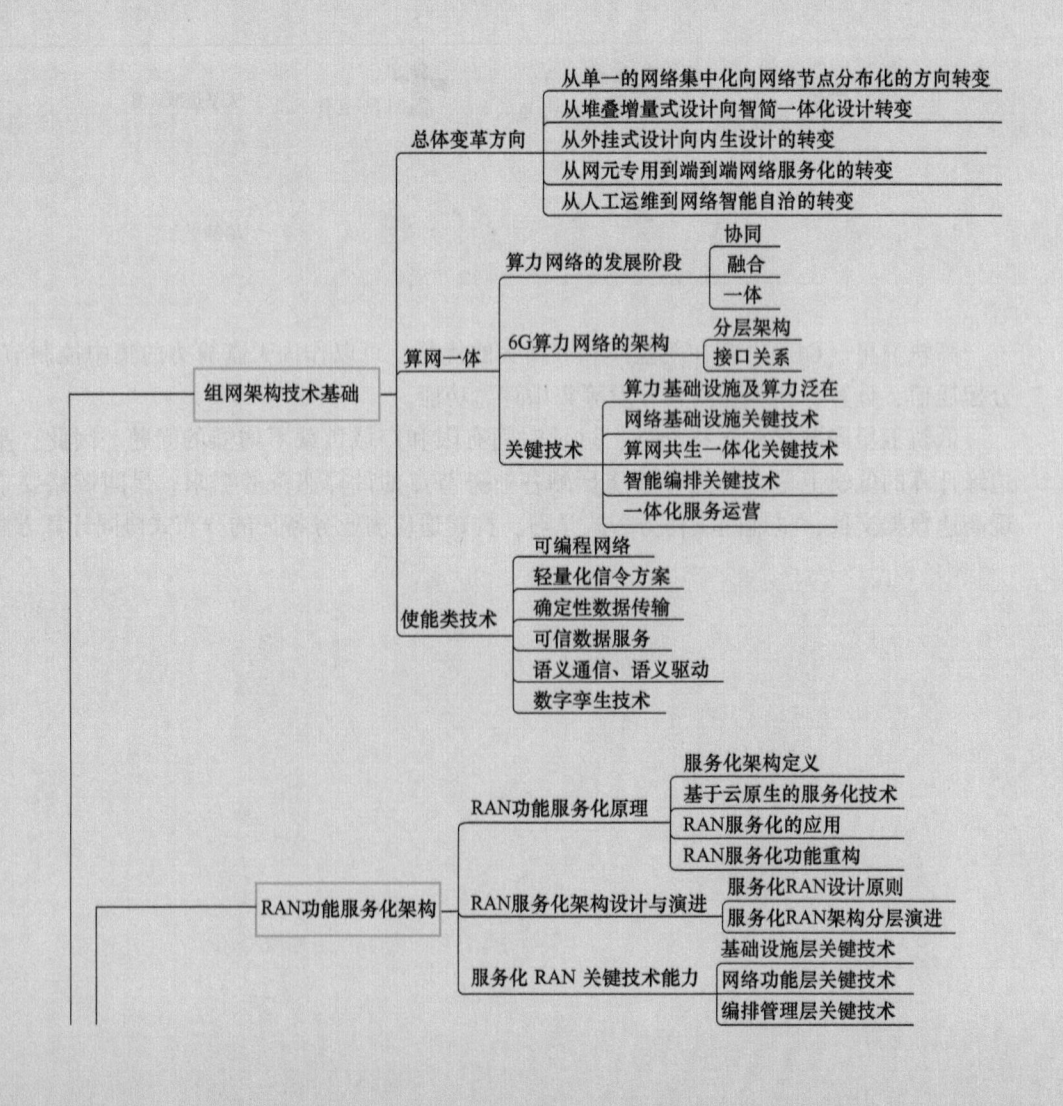

- 组网架构技术基础
  - 总体变革方向
    - 从单一的网络集中化向网络节点分布化的方向转变
    - 从堆叠增量式设计向智简一体化设计转变
    - 从外挂式设计向内生设计的转变
    - 从网元专用到端到端网络服务化的转变
    - 从人工运维到网络智能自治的转变
  - 算网一体
    - 算力网络的发展阶段
      - 协同
      - 融合
      - 一体
    - 6G算力网络的架构
      - 分层架构
      - 接口关系
    - 关键技术
      - 算力基础设施及算力泛在
      - 网络基础设施关键技术
      - 算网共生一体化关键技术
      - 智能编排关键技术
      - 一体化服务运营
  - 使能类技术
    - 可编程网络
    - 轻量化信令方案
    - 确定性数据传输
    - 可信数据服务
    - 语义通信、语义驱动
    - 数字孪生技术

- RAN功能服务化架构
  - RAN功能服务化原理
    - 服务化架构定义
    - 基于云原生的服务化技术
    - RAN服务化的应用
    - RAN服务化功能重构
  - RAN服务化架构设计与演进
    - 服务化RAN设计原则
    - 服务化RAN架构分层演进
  - 服务化 RAN 关键技术能力
    - 基础设施层关键技术
    - 网络功能层关键技术
    - 编排管理层关键技术

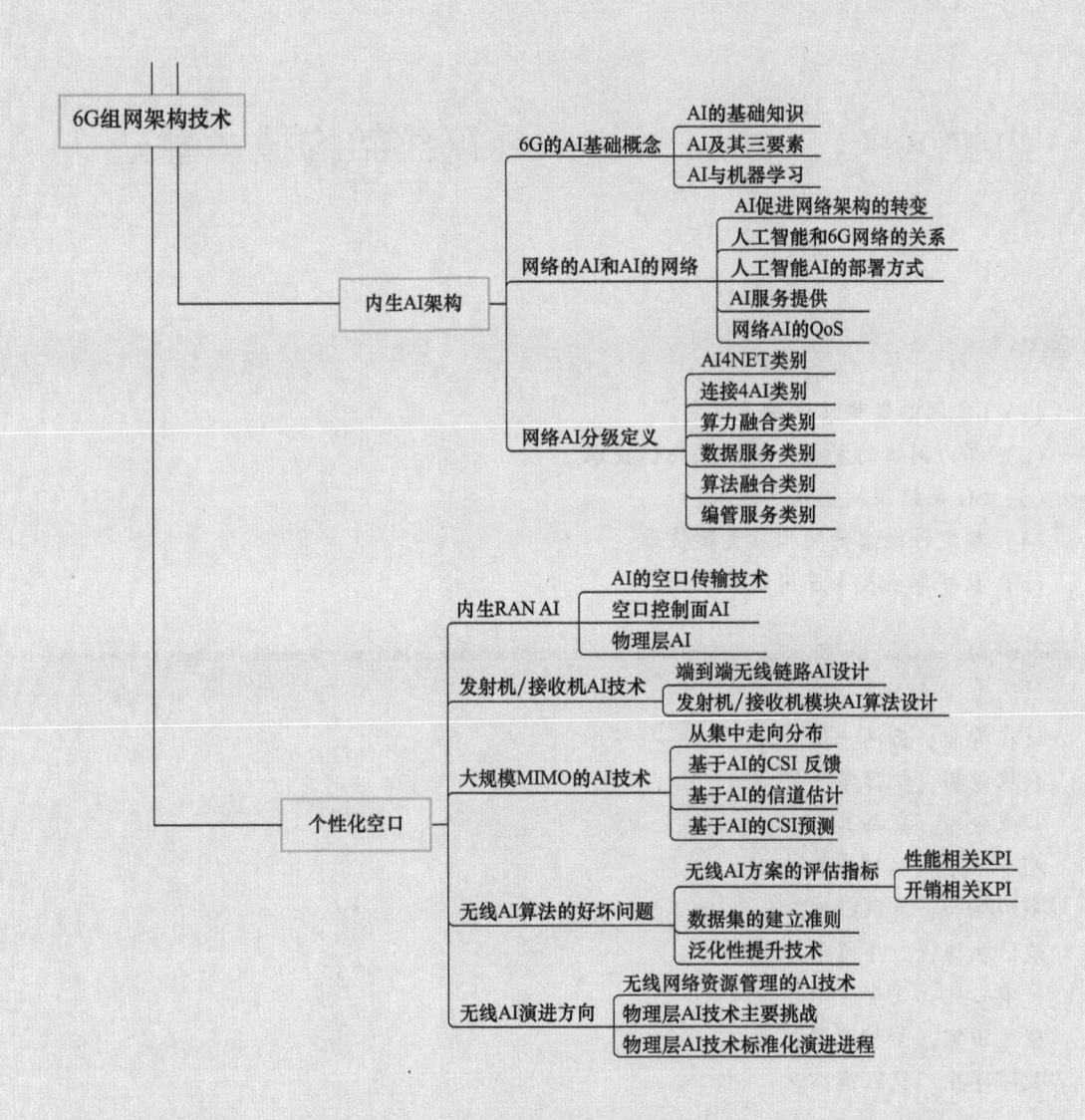

```
6G组网架构技术
├─ 内生AI架构
│   ├─ 6G的AI基础概念
│   │   ├─ AI的基础知识
│   │   ├─ AI及其三要素
│   │   └─ AI与机器学习
│   ├─ 网络的AI和AI的网络
│   │   ├─ AI促进网络架构的转变
│   │   ├─ 人工智能和6G网络的关系
│   │   ├─ 人工智能AI的部署方式
│   │   ├─ AI服务提供
│   │   └─ 网络AI的QoS
│   └─ 网络AI分级定义
│       ├─ AI4NET类别
│       ├─ 连接4AI类别
│       ├─ 算力融合类别
│       ├─ 数据服务类别
│       ├─ 算法融合类别
│       └─ 编管服务类别
└─ 个性化空口
    ├─ 内生RAN AI
    │   ├─ AI的空口传输技术
    │   ├─ 空口控制面AI
    │   └─ 物理层AI
    ├─ 发射机/接收机AI技术
    │   ├─ 端到端无线链路AI设计
    │   └─ 发射机/接收机模块AI算法设计
    ├─ 大规模MIMO的AI技术
    │   ├─ 从集中走向分布
    │   ├─ 基于AI的CSI反馈
    │   ├─ 基于AI的信道估计
    │   └─ 基于AI的CSI预测
    ├─ 无线AI算法的好坏问题
    │   ├─ 无线AI方案的评估指标
    │   │   ├─ 性能相关KPI
    │   │   └─ 开销相关KPI
    │   ├─ 数据集的建立准则
    │   └─ 泛化性提升技术
    └─ 无线AI演进方向
        ├─ 无线网络资源管理的AI技术
        ├─ 物理层AI技术主要挑战
        └─ 物理层AI技术标准化演进进程
```

第 7 章

内生这个，AI 那个——6G 网络架构技术基础

本章将掌握

(1) 6G 网络架构总体变革方向。
(2) 算力网络的发展、架构及关键技术。
(3) 6G 网络架构使能类技术。
(4) 确定性网络的架构及关键技术。
(5) 数字孪生技术应用及其架构。

> 《6G 架构》
> 泛在智能，云网一体。
> 数据挖掘，机器学习。
> 节点分布，交易算力。
> AI 内生，编排感知，
> 多域融合，算网一体。
> 谈区块链，数字货币，
> 去中心化，安全自治。
> 望元宇宙，争相竞比。
> 数字孪生，交互虚拟。

移动网络是一个复杂的系统，而网络架构就是系统的基座，决定了系统内各组成节点间的交互效率以及对用户和应用平台的支撑能力。

如图 7-1 所示，移动通信网络的逻辑架构主要包括四个部分：终端、无线接入网（基站）、核心网和外网平台（外部网络）。站在用户的角度，移动网只有用户侧（终端）和

网络侧（无线接入网、核心网和外网）之分。站在运营商的角度，网络分为内网（无线接入网和核心网）和外网。

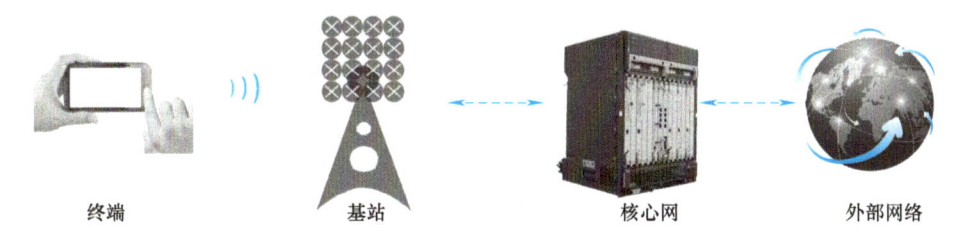

图 7-1　移动通信网络的逻辑架构

核心网是系统中枢神经，肩负着授权决策、控制准入、融会贯通的作用，承载着业务发展和应用繁荣的重任。6G 时代和 4G、5G 时代一样，无线侧只有一种网元：基站。接入网作为立体泛在接入的关键，将用户接入网络，再由核心网进行统一认证、管控与调度，并控制与用户访问网络的互联和信息的传递，实现数据的连接和业务的访问。

我们知道做人要懂得舍得之道，不能既要这个，又要那个。但是 6G 的网络架构的设计显然要强人所难，有很多"既要……又要……"。

6G 的网络架构的设计在 5G 架构的基础上需要实现重大突破，其设计理念充满了"既要……又要……"的复杂需求。既要提升 C 端用户的体验，又要满足 B 端行业的数字化转型需要，尤其是工业物联网对沉浸化和极低时延的需求；既要向前兼容 4G 和 5G，实现异构网络的统一接入能力，又要创新开拓，多维融合，支撑空天海地一体化；既要有网络动态扩展的复杂功能，具备良好的自生长、自演进、自优化能力，又要有通过端到端统一接口协议和统一控制技术的智简设计，减少所需的协议数量和可能的信令交互。6G 网络架构除了要提升连接能力和效率外，还要满足计算、感知、智能、安全等多维能力的支撑需求。表 7-1 展示了 6G 与 5G 在架构上的差异。

表 7-1　6G 和 5G 的架构差异

架构差异类型	5G	6G
服务领域	面向个人消费者，初步向行业用户拓展	全面满足个人消费者，助力行业数字化转型、满足工业物联网的严苛要求
接入类型	4G、5G 接入	多维融合：各制式异构统一接入，地面非地面一体化，空天海地一体化
网络可扩展性	核心网云化、虚拟化，具备一定的可扩展性	核心网与无线网网络动态扩展，支持自生长、自演进、自优化

(续)

架构差异类型	5G	6G
网络一致性	核心网、无线网分段协议一致；核心网、无线网分段控制	端到端统一接口协议，统一控制技术的智简设计
能力类型	通信	通信、计算、感知、智能、安全
架构范围	无线网、核心网	端到端设计：终端、无线网、核心网、平台
云	核心网云化	端到端原生云，包括核心网、无线侧、边缘云，包括控制面、用户面、管理面、AI面、安全面
微服务	核心网服务化	端到端，包括核心网、无线侧，包括控制面、用户面、管理面、AI面、安全面
人工智能 AI/ML	外挂	原生融合

在这种"既要……又要……"的设计理念背后，6G 网络架构的变革围绕三大主线展开：智慧（AI）、融合（Convergence）和使能（Enabler），简称 ACE，具体如图 7-2 所示。

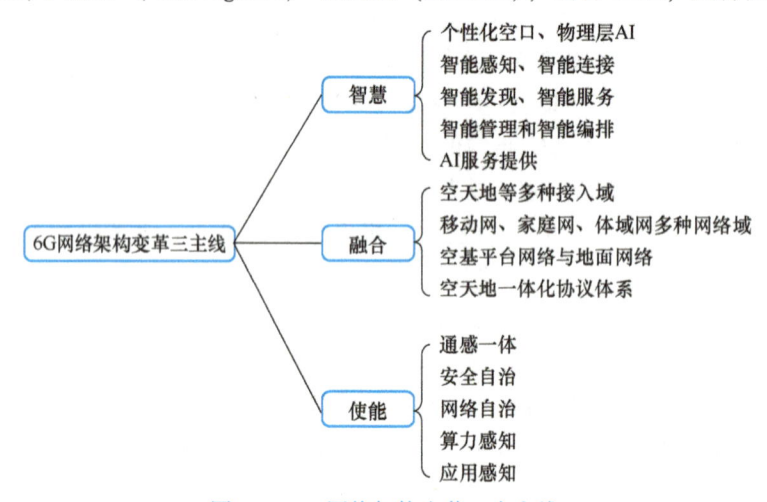

6G网络架构变革三主线
- 智慧
  - 个性化空口、物理层AI
  - 智能感知、智能连接
  - 智能发现、智能服务
  - 智能管理和智能编排
  - AI服务提供
- 融合
  - 空天地等多种接入域
  - 移动网、家庭网、体域网多种网络域
  - 空基平台网络与地面网络
  - 空天地一体化协议体系
- 使能
  - 通感一体
  - 安全自治
  - 网络自治
  - 算力感知
  - 应用感知

图 7-2　6G 网络架构变革三大主线

7.1　6G 网络架构总体变革方向

6G 网络架构的变革是为了支撑 6G 时代的新业务和新场景。对于网络性能的提升来说，网络架构的变革和空口关键技术的突破同样重要。

从 5G 到 6G，移动网络正经历从信息时代到智能时代、从平面时代到立体时代的深刻演变。这一变革并非一蹴而就，而是从 5G 的第二阶段就已开始，并持续演变。6G 网络架构的变革主要面向如图 7-3 所示的 5 个方向展开。

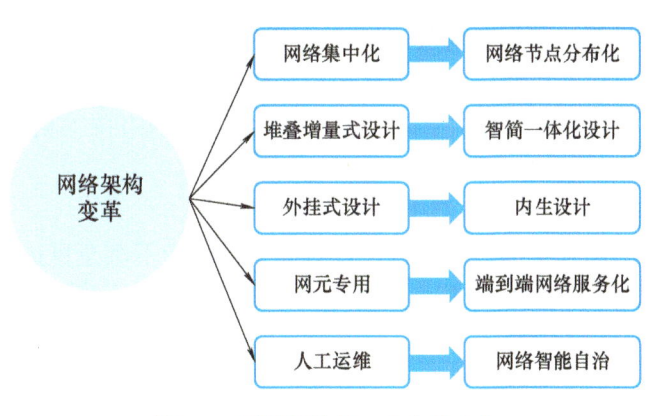

图 7-3 网络架构的 5 个变革方向

7.1.1 从单一的网络集中化向网络节点分布化的方向转变

毛主席说过：集中优势兵力，各个歼灭敌人。他同样也说过：游击队当分散使用，即所谓"化整为零"。对于 6G，究竟我们要"集中兵力"，还是"分散兵力"？

集中资源部署的最大好处是可以收集最广泛的信息，进行统一分析决策、统一调度、统一管理，提高资源分配效率，保证资源调度效果；但缺点是集中处理信息的时延较长，对集中资源部署处理能力要求较高。随着用户数量、网络设备数量、协议数量、接口数量以及网络设备之间的互连/交互数量快速增长，以及网络功能的快速增多，集中控制的设计使得网络正变得越来越复杂，安全性、可靠性降低。庞大而集中的网络实体存在单点故障和拒绝服务攻击等风险。

化整为零的分布资源部署方式，则可以将资源最大可能地部署在最需要的地方，分布范围越广，越能降低信息处理时延，提高最终用户的服务体验，而且能够分散风险，避免单点故障影响全局。但容易增加沟通路径，协调复杂。

所以，集中资源部署适合集中力量解决一些大问题的场景，分布资源部署适合服务对象比较分散的情况，但是资源分布过多，容易导致成本飙升。

在通信领域，集中和分布也是一对辩证统一的哲学概念，各有场景，各有利弊。

4G 时代，无线侧基站在很多场景就开始基带资源池集中化（BBU 集中云化）部署和射频资源池分布化（RRU 分布）部署；广覆盖场景集中部署大规模天线阵列，室内覆盖场景部署分布式天线系统。

5G 时代，基带资源池又进一步分化为 CU（集中单元）和 DU（分布单元）。根据应用指标要求不同，有的功能要部署到集中的云平台上，有的则部署在分布的边缘计算平台上，既实现了核心网控制平面的集中控制，又实现了用户平面转发设备的就近接入和本地分流。

到了 6G 时代，DOICT 融合发展的技术，驱动通信网络持续走向开放。一个用户可以是一个生态场景，需要从网络架构层面提供以用户为中心的业务体验，让用户参与定义网络业务和定制网络运营机制。为了满足用户多样化场景的个性化需求和丰富多彩的业务要求，6G 必须是集中控制式的网络与分布式开放式的网络技术相互融合、集散共存、分布自治。

问题是 6G 时代，什么能力要集中，什么能力要分布？

计算和存储等资源理所当然，要进一步分布，进一步下沉至更边缘的节点，进一步靠近用户。与此同时，内生的 AI 能力要进一步分布化，内生的安全能力要进一步分布化，如图 7-4 所示。

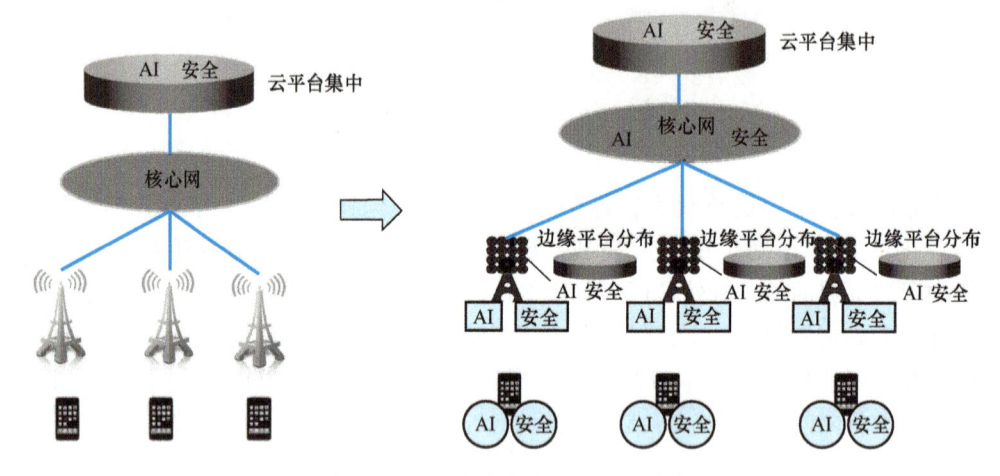

图 7-4　AI 和安全能力的进一步分布

AI 和安全能力的进一步分布，依赖于分布式边缘计算节点和智能终端节点的大量部署。这就需要云边端协同的网络技术来支撑。算力节点的云集中 + 边和端分布式部署有利于整合全网算力资源，提高算力资源的调度效率。

通过对网络控制节点的分布化和层次化，实现以用户为中心的高效控制和灵活管理；通过用户面节点的高度分布化的结构，适应业务数据的分布式特性，满足数据高流量的需求。

分布式网络技术在一定程度上突破了集中化、中心化的限制，为 6G 时代的网络能力分布化提供了支撑。分布式网络技术，如图 7-5 所示，包括在网络成员之间共享、复制和同步数据库的分布式账本技术（DLT），实现分布式数据存储的去中心化点对点传输的星际文件系统（IPFS），实现分布式网络功能的快速查找及访问等的分布式哈希表（DHT），以及组合多种分布式技术的区块链等技术。

借鉴这些分布式网络技术的思想，融合应用于未来 6G 网络架构的设计，将能够为构建网络分布式的自治、去中心化的信任锚点，实现分布式的认证、鉴权、访问控制，以及为用户签约数据的自主可控、符合数据保护等法规提供技术支撑，降低单点失效和 DDoS（分布式拒绝服务）攻击的风险。

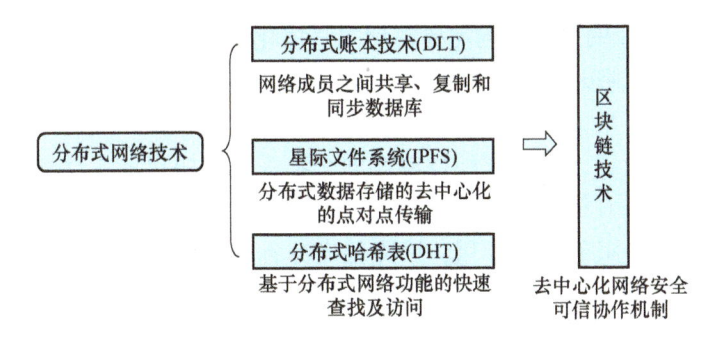

第7章 内生这个，AI 那个——6G 网络架构技术基础

图 7-5 分布式网络技术

在 6G 分布式网络中，大量多元化的节点（如宏基站、小基站、终端等）高度自治，且具有差异化的通信特征、缓存能力、计算能力以及负载状况等，从而需要协同不同的节点，实现分布式网络资源互补和按需组网。

但是，由于分布式网络资源可能属于不同的企业、运营商、个人或第三方等，6G 网络需要建立去中心化网络安全可信协作机制。因此，基于区块链技术和思想，实现资源安全可信共享、数据安全流通及隐私保护，是 6G 网络提供信任服务的新手段。

总体来说，一方面要将更多的网络功能扩展到高度分布的网络边缘，另一方面要将面向全局的核心功能集中化部署。通过云网融合、集中功能和分布式功能的协同，建设分布式自治、去中心化，可定制的分级网络，是 6G 网络架构变革的一个大的方向。

7.1.2 从堆叠增量式设计向智简一体化设计转变

移动网络节点是多样的，接入类型是异构的，协议是不统一的，功能是复杂的，可是使命是不断增加的。以往下一代移动网络想增加什么使命，往往在上一代移动网络上叠加，如图 7-6 所示。比如增加一台机器，负责安全；再增加一台机器，负责人工智能；再增加一台机器，负责算力等。

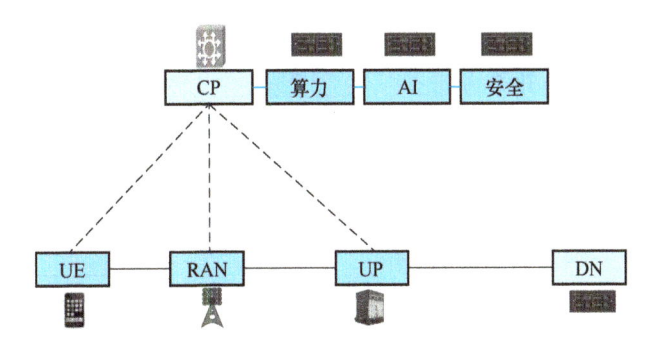

图 7-6 堆叠增量式设计

6G 网络增加了很多使命，很多的"既要……又要……还要……"。不能用做加法的

方式设计网络架构。6G 的网络架构需要端到端一体化设计，简约但不简单，智慧但不要小聪明，达到轻量化网络架构的目标。

感知节点、计算节点、数据节点、控制节点、AI 节点、安全节点不再是彼此独立的、与厂家强绑定的专用设备，而是软硬件解耦的、统一接口协议的一体化机制，智简一体化设计如图 7-7 所示。6G 网络采用智能、轻量化的协议，通信所需的协议数量和信令交互大幅减少，实现网络服务即插即用，以降低支撑各类业务时的逻辑约束，从而降低网络复杂度。

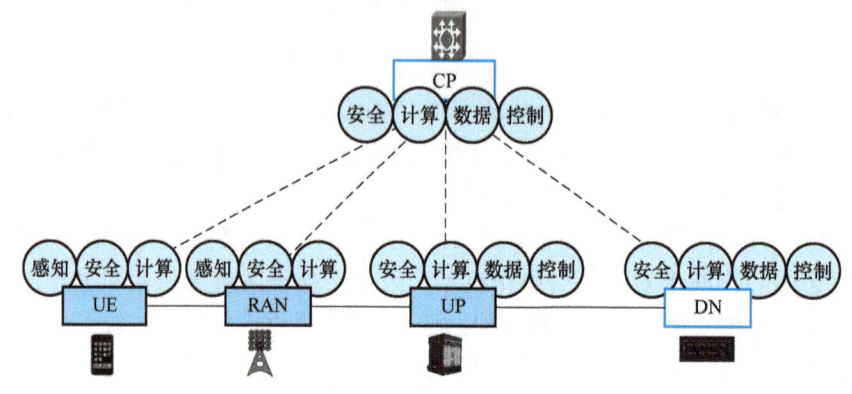

图 7-7　智简一体化设计

6G 的分布式的边缘网络由同构的微云单元，根据不同应用场景按需扩展而成，完成不同业务场景下的域内自治，形成网中网。通过同态化的设计，让基础网络架构可以用极少类型的网元实现完整的功能。

6G 网络架构智简一体化设计要达到"能力至强、结构至简、即插即用"的效果，有如图 7-8 所示的几个方面。

1）架构智简：支持端到端全服务化，尤其是无线网（RAN）的服务化，面向场景需求灵活拆分重组网络功能，支持对多维资源的统一编排，实现以用户为中心的调度和管控，建立弹性可重构的网络架构。

2）功能智简：支持柔性按需编排原子化功能和网络功能的优化重构，以

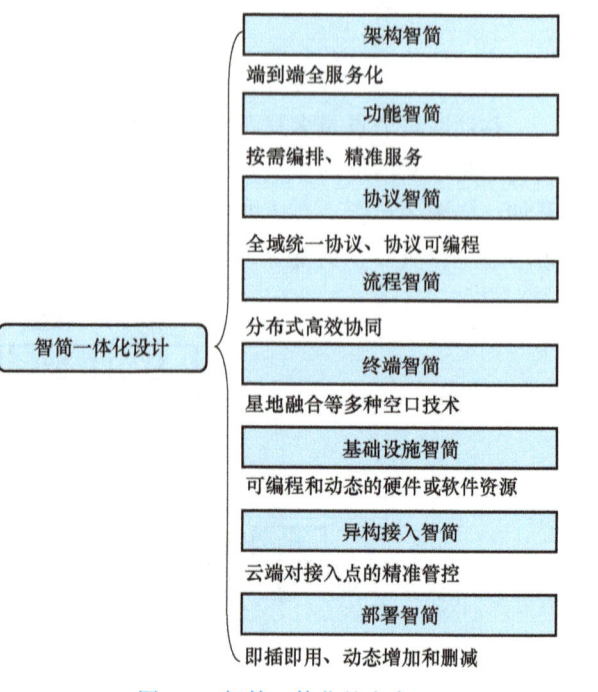

图 7-8　智简一体化的内容

实现高效的数据传输、鲁棒的信令控制、按需网络功能的部署，以及实现网络精准的服务。

3）协议智简：全域采用统一协议支持星地融合跨域交互，通过面向场景的协议可编程，支持各行业差异化需求，统一空口传输协议和组网协议，以提升端到端网络性能。

4）流程智简：控制流程和数据交互流程等全流程体系化设计、模块化合成和分布式高效协同。

5）终端智简：支持星地融合等多种空口技术，实现终端无差别的极简、极智网络接入。

6）基础设施智简：泛在资源池，为网络提供可编程和动态的硬件或软件资源。

7）异构接入智简：通过云端对异构接入点的精准管控、结合链路管理实现接入点的自发现、自添加等功能，实现节点的即插即用、覆盖的灵活扩展，如图7-9所示。6G网络架构支持的一定是多域多层的智简融合接入。6G网络架构不只是地基（地表基站）的接入，还要支持天基、空基等多种接入方式，满足空天地一体化的泛在接入需求。不仅支持移动网络的连接，还支持固移融合连接等多种连接类型，如图7-10所示；不仅支持个人和家庭的业务场景，还要支持各行各业的多种服务场景。6G网络架构实现网络侧的多接入、多连接、多服务的大融合。

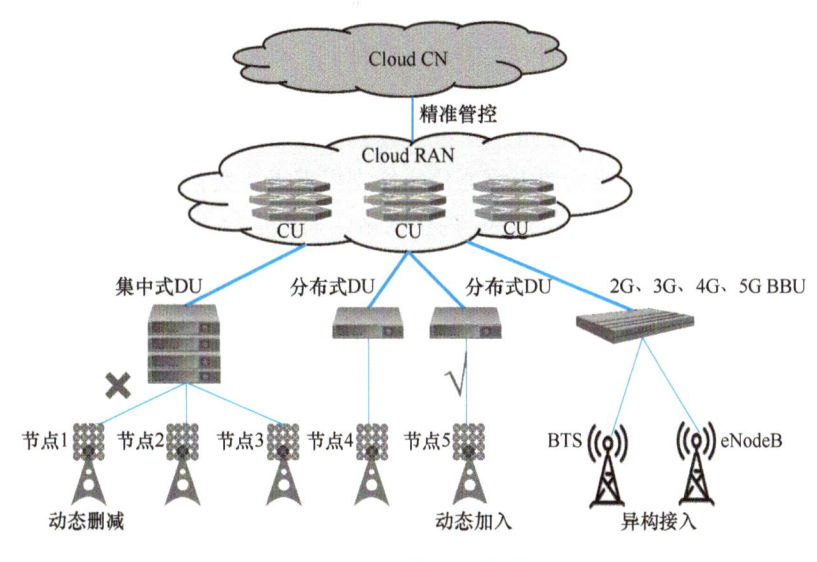

图7-9　异构接入智简

8）部署智简：即插即用的网络建设方式，可以依据业务的发展而动态增加、动态删减网络功能、网络协议、网络流程、网络接点。在热点地区通过开启更多的数据小区为用户提供更好的服务，在业务需求较低的区域可以关闭部分数据小区以节省网络的能耗，直接减少建网成本、降低网络能耗和规模冗余，从而实现成本和功耗的节省。

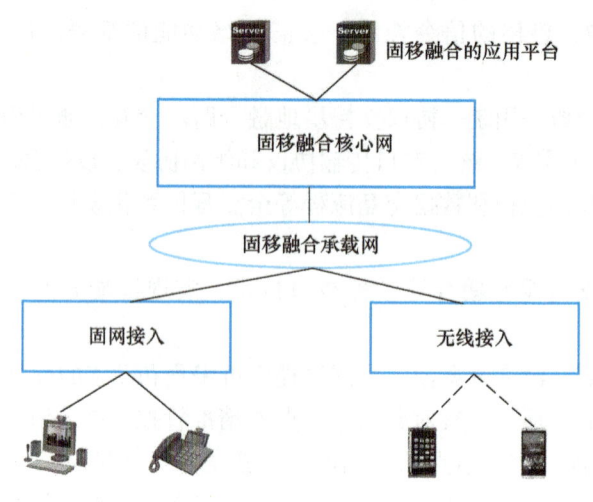

图 7-10 固移融合

7.1.3 从外挂式设计向内生设计的转变

6G 之前,移动网络架构只支撑通信功能,要想支撑算法、安全等新功能,需要外挂相关设备。被动的、补丁式的、增量式的功能增强会使得网络架构异常复杂,稳定性差。外挂式的节点增加使得网络规模增大,维护工作量大,难以满足 6G 的面向全社会、全行业、全生态的各种业务和场景需求。

在 6G 网络架构诞生之初,感知、算力、数据、控制等使命就与网络能力深度融合,形成与生俱来的架构,这个架构像支撑通信一样支撑着人工智能和安全可信,实现 6G 内生智慧、内生安全、内生绿色,打造 6G 内生网络,如图 7-11 所示。

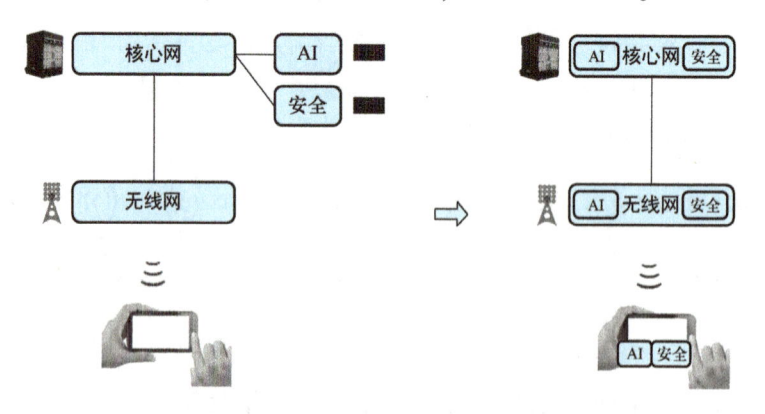

图 7-11 从外挂设计到内生设计的转变

6G 网络中内生设计的技术基础是分布式人工智能、区块链、SDN(软件定义网络)、NFV(网络功能虚拟化)等。6G 网络是按需调整,可弹性伸缩,安全可信,具有自组织、自演进能力的分布式网络，与数字孪生和联邦学习等前沿技术的融合支撑实现 6G 网络的智慧内生和安全内生。

1. 智慧内生

6G 网络的内嵌 AI 能力，实现的是架构级智慧内生，而不是仅仅旁挂一个人工智能平台。6G 网络与生俱来的 AI 能力对内可以自主优化网络，提升网络性能，增强用户体验，实现网络运营自动化；对外能够抽取和封装智能，结合通信和计算能力，为各行各业用户提供泛在的 AI 化的服务。也就是说，6G 网络内生的智慧，对内 AI 增强网络，对外网络延伸 AI，如图 7-12 所示。

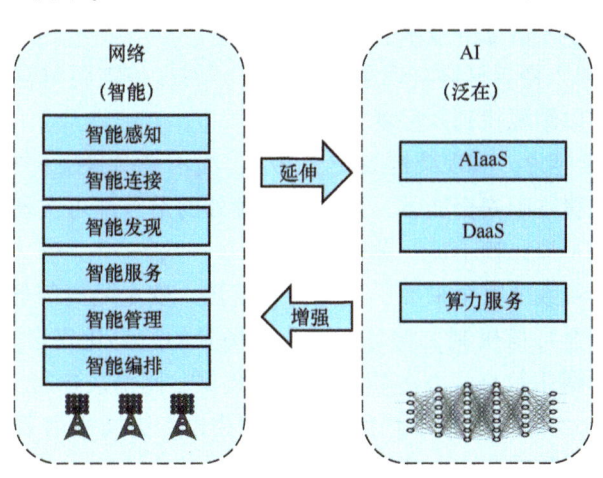

图 7-12　智能网络和泛在 AI

6G 网络在内生 AI 的助力下，实现智能感知、智能连接、智能发现、智能服务、智能管理和智能编排，奠定万物智联的基础；AI 在 6G 网络的助力下，结合泛在的感知能力，本地或分布式计算和数据能力，实现"人工智能无处不在"，可以对垂直行业应用和个人消费者提供泛在的 AI 服务（AI as a Service, AIaaS），泛在的数据服务（Data as a Service, DaaS）和泛在的算力服务。

2. 安全内生

移动网络的安全防护原则"进不来、拿不走、看不懂、改不了、跑不掉、赖不掉"的优先顺序，如图 7-13 所示。

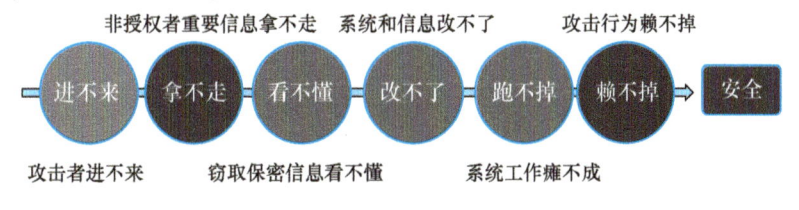

图 7-13　网络系统的安全防护原则

1）进不来：是入侵者碰到的第一道防线。通过密闭的房间保证一般人物理上无法进入这个计算机；通过准入控制确保入侵者无法远程接入系统。"进不来"是对网络系统建设大门的要求。

2）拿不走：即使入侵者进入网络系统，也无法读到核心数据。常用的手段有权限控制、隔离。

3）看不懂：如果入侵者读取到了数据，那么尽量让其看不懂数据内容。比如使用加密技术、数字信封等手段。

4）改不了：如果数据泄露，那么尽量防止入侵者篡改数据内容。比如使用完整性检查、哈希算法、数字签名认证等技术。

5）跑不掉：如果入侵者最终实现了入侵攻击，那么一定要留存证据，如日志文件、原始磁盘等。最终可以溯源找到入侵者，进而追责。

6G 网络内嵌安全能力，实现架构级安全内生，而不是仅旁挂一个安全平台。6G 网络的每一个节点都会内置基础安全能力，无须外挂额外的节点即可实现"进不来、拿不走、看不懂、改不了、跑不掉、赖不掉"策略。

整个网络内在具备数据安全采集、系统安全管控、安全隔离等能力。6G 网络基于去中心化的分布式的安全可信机制，满足不同业务场景的差异化安全需求。随着 6G 与 AI 的深度集成，通过对网络数据、业务数据、用户数据、网络攻击行为和安全威胁情报等多维数据进行学习，6G 网络能够预测危险、抵御攻击，提高通信系统的安全自治能力，是一种可度量、可演进的安全内生防护体系。

随着 6G 网络向资源边缘化和网络分布式演进，计算和智能下沉带来了新的数据隐私和通信安全问题。

区块链技术凭借其多元融合架构赋予的去中心化、去信任化、不可篡改等技术特性，为解决传统中心化服务架构中的信任问题和安全问题提供了一种在不完全可信网络中进行信息与价值传递交换的可信机制。因此，在网间协作、网络安全等方面引入区块链技术思维，可以增强网络扩展能力、网间协作能力、安全和隐私保护能力。

区块链技术还能够提供高性能且稳定可靠的数据存证服务，保证数据的安全可信和透明可追溯。通过区块链去中心化的信任架构提高网络信息交互的安全性、可靠性、隐私保护能力。

区块链特有的哈希链式基本架构及其关键技术为 6G 安全可信管理、构建信任联盟提供了新的技术支撑。将区块链与身份认证结合，可实现身份自主管控、不可篡改和有限匿名，解决 6G 多方信任管理、跨域信任传递、海量用户管理等难题。

隐私计算作为信息安全的核心技术之一，可以为 6G 网络提供一个时间上持续、场景上普适、隐私信息模态上通用的体系化隐私解决方案，实现对隐私信息的全生命周期保护。

针对 6G 网络多域异构互联、空天地一体化接入、海量设备及用户随遇接入、用户身份多元、跨域交叉认证与可信访问等特点和应用需求，通过轻量级接入认证技术，在保证安全性的基础上，简化认证流程、压缩安全协议，实现跨域的身份可信和统一管理。

随着6G网络与行业应用的深度融合，轻量级、高效处理、按需编排等复杂的安全能力将是6G网络安全的基本要求，软件定义安全提供的可编程、编排管理能力将为6G网络提供弹性的安全防护能力，快速适应和满足6G网络的弹性安全需求。

基于上述分析，6G网络安全内生应具备如图7-14所示的特征。

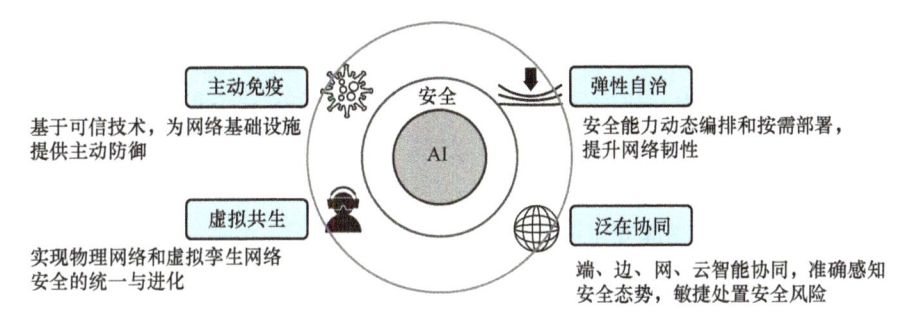

图7-14　6G网络安全内生的特征

（1）主动免疫

基于可信任技术，为网络基础设施、软件等提供主动防御功能

信任是实现6G网络安全的基础。与传统的信任体系相比，6G网络中的信任机制在多个方面得到了增强。

在接入认证方面，除了传统的接入认证机制外，6G网络还需要面向空天地一体化网络的轻量级接入认证技术，实现异构网络随时随地无缝接入；在密码学方面，量子密钥、无线物理层密钥等增强的密码技术，为6G网络安全提供了更强大的安全保证；区块链技术具有较强的防篡改能力和恢复能力，能够帮助6G网络构建安全可信的通信环境。

此外，通过可信计算技术可以实现网元的可信启动、可信度量和远程可信管理，使得网络中的硬件、软件功能运行持续符合预期，为网络基础设施提供主动免疫能力。

（2）弹性自治

按需实现安全能力的动态编排和弹性部署，提升网络韧性

6G网络将是泛在化和云化的网络，传统的安全边界被完全打破，安全资源和安全环境面临异构化和多样化的挑战，因此6G安全应具备内生弹性可伸缩框架。

基础设施应具备安全服务灵活拆分与组合的能力，通过软件定义安全、虚拟化等技术，构建随需取用、灵活高效的安全能力资源池，实现安全能力的按需定制、动态部署和弹性伸缩，适应云化网络的安全需求。

（3）虚拟共生

利用数字孪生技术实现物理网络与虚拟孪生网络安全的统一

6G 网络将打通物理世界和虚拟世界，形成物理网络与虚拟网络相结合的数字孪生网络。数字孪生网络中的物理实体与虚拟孪生体能够通过实时交互映射，实现安全能力的共生和进化，进而实现物理网络与虚拟孪生网络安全的统一，提升数字孪生网络整体安全水平。

此外，数字孪生技术能够帮助物理网络实现低成本试错和智能化决策，可将其应用于安全演练、安全运维等场景，赋能 6G 网络安全领域，以内生的方式提升 6G 网络安全。

（4）泛在协同

端、边、网、云智能协同，准确感知安全态势，敏捷处置安全风险

智慧内生的 6G 网络中，机器学习和大数据分析技术在安全方面将得到广泛和深度的应用。在 AI 技术的赋能下，6G 网络能够建立端、边、网、云智能主体间的泛在交互和协同机制，准确感知网络安全态势，并预测潜在风险，进而通过智能共识决策机制，完成自主优化演进，实现主动纵深安全防御和安全风险自动处置。

7.1.4 从网元专用到端到端网络服务化的转变

传统的网络节点是和厂家强绑定的，采用软硬件紧耦合的一体化网元结构。5G 时代，核心网率先打破网元一体化结构，通过软硬件解耦和网元功能软件化重构，完成了服务化改造。但是，无线侧、承载网侧，甚至终端侧还不是服务化架构。

所谓服务化架构，指基于容器等云原生技术，网络功能资源池中的任一个网络功能都可以独立迭代、独立演进、弹性伸缩。网络功能之间也可以根据用户需求按需组合，为用户提供定制化网络服务，实现网络架构的自我演进、业务的快速弹性部署，实现服务化构建。

简单来说，服务化架构就是化整为零、软硬件解耦和云。在服务化架构中，一个口号是"打散、打散、再打散；定制、定制、再定制"，从而形成一种微服务化的网络架构，如图 7-15 所示。

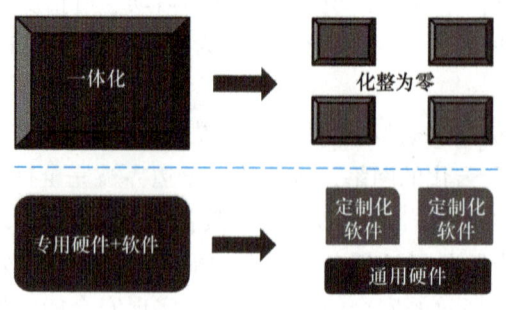

图 7-15 微服务化网络架构

服务化构建（见图 7-16）有两个层次：一个是应用层的服务化构建；一个是资源层的服务化构建。

图7-16 服务化构建

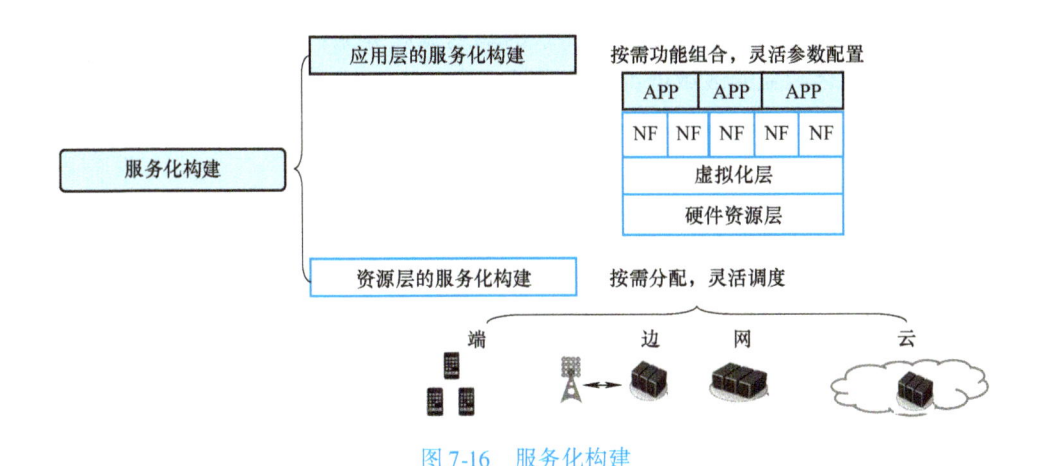

根据用户对应用层的需求，按需地组合网络功能、按需进行参数配置，这是应用层的服务化构建。

利用区块链、算力网络等新技术，实现云、网、边、端之间资源的按需分配和灵活调度，这是在资源层实现服务化构建。

6G时代，网络架构仍需向前兼容和向后演进，实现从核心网服务化架构变革到从终端侧、无线侧、承载网侧和核心网侧端到端网络服务化（Service Based Architecture，SBA），功能端到端按需编排，从而满足端到端联动的高效网络服务需求。

6G首先要对无线侧进行服务化改造。基于微服务理念对无线协议功能进行解析、重构，将控制面与用户面的网络功能拆分成更细颗粒度的服务单元，组建成可对外提供服务、可灵活组合的资源池。

7.1.5 从人工运维到网络智能自治的转变

传统移动通信制式中，各接口各协议层采用"分层"结构和"烟囱式"设计，导致不同业务的数据包处理效率不一，且无法端到端分析应用状态、网络自身、无线环境的信息。因此网络运维严格依靠专家分析和工程师人工配置和操作。

网络智能自治是指网络能够在没有人工干预的情况下自我管理和优化其运行状态。这种基于人工智能的网络智能化和自主性，要求网络能够根据用户的意图的自组织能力，如图7-17所示。注意这里是人工智能，而非传统的人工配置或运维。

自组织（Self Organization Network，SON）是移动网络架构演进的长期目标，从3G和4G的时代就提出这个概念。自组织也称为Self-X能力，包含自规划、自部署、自管理、自保护、自服务、自治愈、自优化和自演进。

1）自规划和自部署：网络可以根据业务和自身的需求自动进行设备规划，并可以按照规划的方案自动部署和配置网络。6G网络可对不同业务需求进行识别和预测，自动编排和部署各域网络功能，生成满足业务需求的端到端服务流；对容量欠缺的站点进行自动扩容，对尚无网络覆盖的区域进行自动规划、硬件自启动、软件自加载。

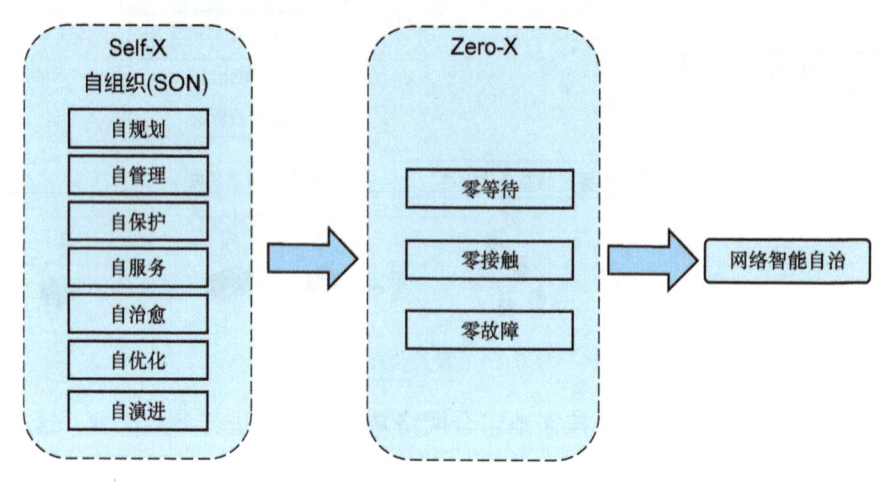

图 7-17 网络智能自治的内核

2）自管理、自保护、自服务与自治愈：设备可以通过自管理属性动态地进行资源管理，并利用自保护属性维持网络的稳态，基于自服务能力依据网络的状态变化自动地匹配用户需求，通过自治愈属性使得遭遇恶意攻击的网络快速复原。

3）自优化：网络依据无线环境的情况、网络空口资源的情况，基于人工智能自动调整网络配置和参数，从而提升网络质量和用户体验。QoS 智能感知和调度是自优化的手段之一。网络不仅需要及时感知并实时上报 QoS 参数和业务状态，根据策略对 QoS 进行控制，还可以智能预测未来一段时间的 QoS 参数变化，及时对 QoS 策略做出优化调整。

4）自演进：通过软件定义智能和编排管理智能，实现服务、编排、管理、覆盖、空口、天线等连接要素的软件可编程性。自演进网络基于人工智能对网络功能的演化路径进行分析和决策，包括既有网络功能的优化增强和新功能的设计、实现、验证和实施。

5）网络智能自治网络（AN）的主要特征是端到端网络的自动化和智能化，为垂直行业和消费者用户提供 Zero-X（零等待、零接触、零故障）体验，实现"将复杂留给供应商，将极简带给客户"。

网络智能自治的实现不是一蹴而就的。依据人工智能在网络运维中的作用，网络智能自治可以分为如图 7-18 所示的 5 个等级。网络运维过程中，解决问题的过程可以分为分析、决策和行动三大步骤。

- L1 级：人工智能只能告诉人们发生什么事，运维工程师自己进行分析判断、归因、找到解决方案并采取行动。
- L2 级：人工智能不但告诉人们已经发生什么事，还可以追根溯源，告诉人们为什么会发生，运维工程师可以借此快速找到问题的根因和解决问题的方法，然后采取措施。

- L3级：人工智能不但告诉人们已经发生什么事、为什么会发生，还告诉人们网络将会发生什么，对业务支撑和网络性能有什么样的影响。运维工程师可以借此快速找到解决问题的方法，然后采取措施。
- L4级：人工智能不但帮助人们分析网络的问题，还提供了问题解决的方法，运维工程师可以按照人工智能给的办法采取措施。
- L5级：人工智能不但帮助人们分析网络的问题、提供解决方法，还可以采取自动措施，无须人工参与。在L5级，用户只需向网络提供初始意图，网络将自行选择最优解决方案并执行相关任务，最终由用户对结果进行验收。"意图驱动"是L5级网络自治的核心特点之一，它代表了网络具备了一定的自主决策能力，能够像人类一样处理信息和解决问题。意图驱动网络，基于意图表达/收集，转译验证，智能编排实现网络感知分析和措施落地。

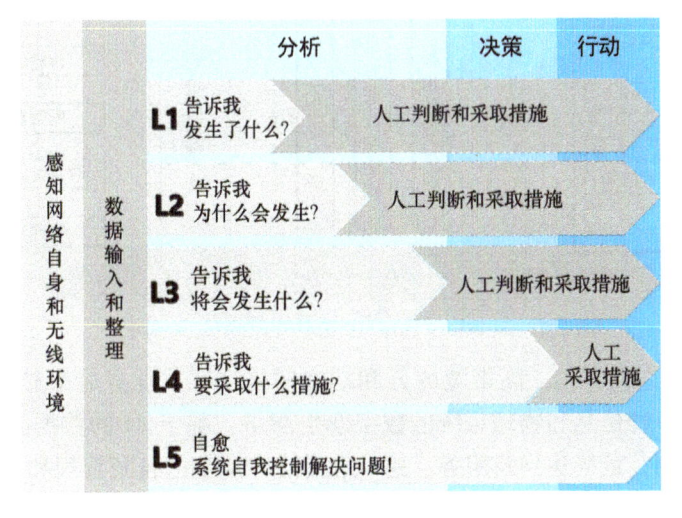

图7-18 网络智能自治分级

网络智能自治的基础就是"感知"，包括感知周边环境和感知网络自身。感知周边环境就是网络使用类似太赫兹、智能超表面的感知能力感知无线环境，前文已经重点介绍过这一方面。感知网络自身，就是对影响网络性能和用户体验的各协议层进行实时高精度测量和反馈，然后进行协同分析、智能处理，为网络智慧中心提升网络性能、改善用户体验提供依据。

网络自身的感知包括两个层次：网络状态感知和业务数据和内容感知。

网络状态感知包括网络设备的运行状态、网络连接的拓扑变化、用户行为和分布状态等信息的获取。网络状态感知是实现自治网络和自愈网络的基础。网络架构需要增强，以满足网络状态的智能化感知、预测以及网络自治。为了实现应用类型和网络能力的实时精准匹配，需要对网络各层级进行端到端感知、智能化估计和预测。一方面对测量和交互的网络状态感知数据进行预处理，实现降维和压缩；另一方面感知上层应用层类型、对传输层的需求，优化数据包传送方案，降低网络传输的开销。

业务数据的内容感知是指在充分保障用户隐私的前提下，对应用层的需求进行深度智能化感知。应用业务数据和内容的感知关键在于对数据和内容的识别、评估和筛选，实时感知和预测数据包级别的传输需求，为业务传输层的拥塞控制、移动网络层资源调度提供精细颗粒度的指导。网络架构需要增强以支持采用新编码方式的业务和内容的感知。

智慧感知网络服务体系需要多协议层、多网元、多技术领域协作，即实现一种跨层联合架构设计，如图 7-19 所示。

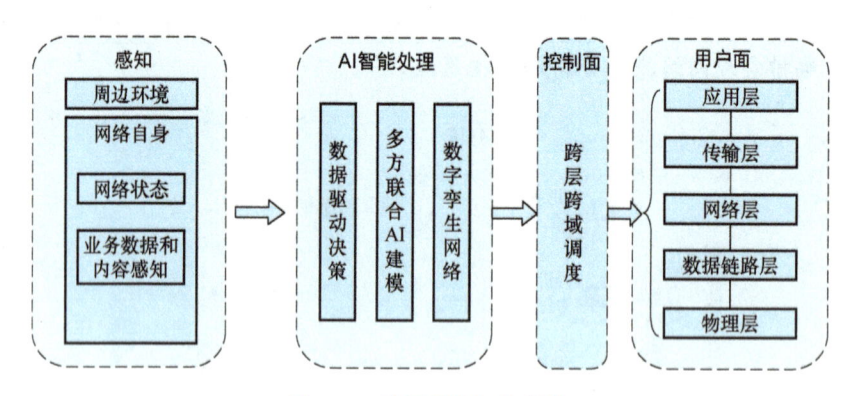

图 7-19 跨层联合架构设计

在 6G 时代，超低时延、高带宽的云和端之间强交互式业务越来越多，6G 网络的智能自治，构建了一种信息和物理系统的数字孪生网络，基于 AI 的数据驱动决策，实现网络运维的闭环控制，最终达到跨服务、跨域和跨生命周期的自我管理和自我优化。

网络的智能自治在满足 AI 技术与网络深度融合的同时，会面临着挑战：如何增强数据隐私保护，如何减少数据大量汇聚的带宽开销，如何提高分布式算力资源利用率。数据不出域、跨域联合协同，多方联合 AI 建模的联邦学习技术是平衡数据安全、数据利用效率以及资源开销的重要途径。

7.2 算网一体

运营商拥有强大的网络服务能力和空闲的 IT 资源，可以为全社会提供普适性的算力网络服务，使算力成为继语音、短信、专线、流量之后运营商提供的新一代标准化产品。

运营商可以结合用户的时延需求、计算能力与计算位置需求，借助移动网络的接入优势、边缘机房和光纤覆盖优势,以及富余 IT 资源优势,包装成面向不同用户层级、不同需求的多等级、多种类算力服务,提供给广大政企客户。

7.2.1 算力网络的发展

算力网络的发展经历三个阶段:协同、融合、一体。

1. 协同

在这一阶段,算力资源存在多种类型(包括云、边、端),且分布在网络的不同层级上实现云、边、网、端的高效协同,如图 7-20 所示。

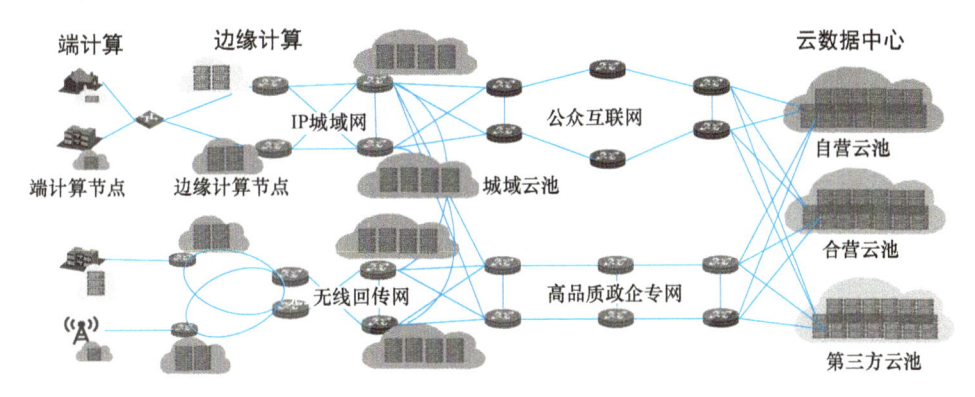

图 7-20 算力资源分布在不同层级上

网络和计算相互感知,相互协同,实现实时准确的算力发现、灵活动态的计算和连接服务,提供无处不在的计算和服务,实现算力资源的合理分配和用户无感知,赋能一致化用户体验,提高网络资源、计算资源利用效率。

该阶段算力网络的起步阶段,核心是"协同",如图 7-21 所示。

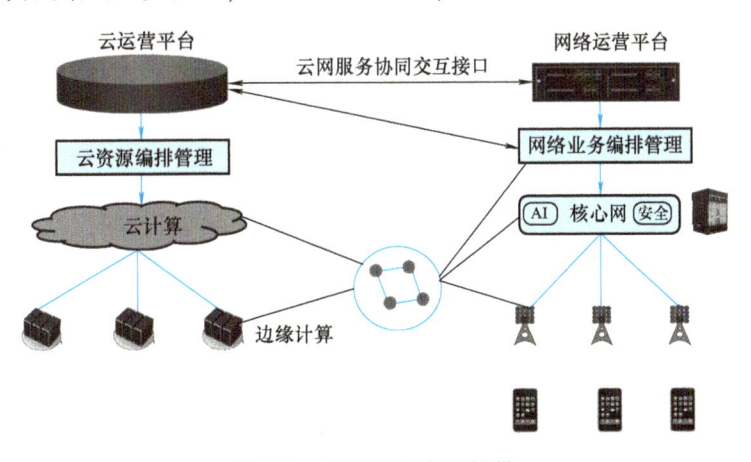

图 7-21 云网协同服务提供

这个阶段的特征是：

1）网随算动：算力从集中走向分布，逐渐形成多层次、立体化、泛在算力布局，网络以算为中心进行网络架构调整，打通算力高速互联通道。

2）协同编排：统一云边协同架构，纳管多样化算力，实现算力跨层调度，网络加快推进 SDN 化，实现网络跨域协同编排。

3）协同运营：算网运营双入口拉通，实现算网服务协同运营。

4）一站服务：为用户提供一点受理、一站开通的云网边端服务。

2. 融合

云网融合是算网融合的开始。云网融合更多的是指集中云算力和移动网络的融合，在业务形态、商业模式、运维体系、服务模式、人员队伍等多方面进行融合。如果没有底层基础设施技术的突破，绝不可能实现真正的算网融合。

网络和计算的深度融合，使运营商从传统的通信服务提供商转型为智能化算网服务提供商。这个阶段是算力网络的发展阶段，核心是"融合"，如图 7-22 所示。

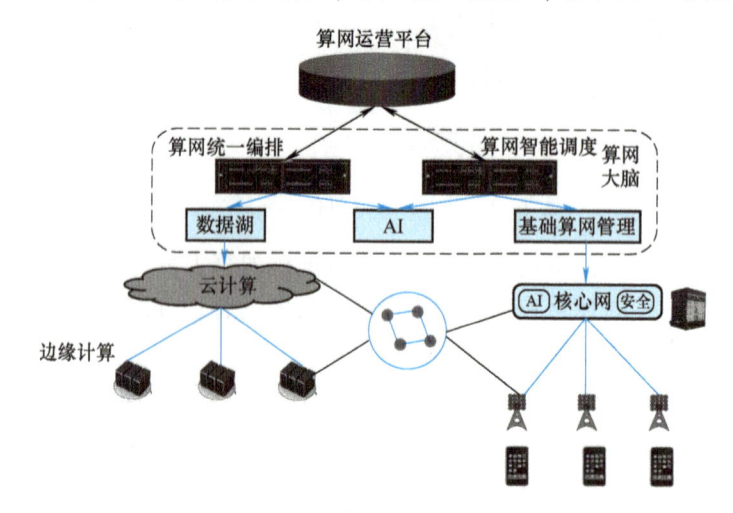

图 7-22 算网融合阶段

这个阶段的特征：

1）算网融合：数据中心内的网络逐步云化，数据中心间的网络设备尽可能通过无损网络等技术实现云化。

2）智能编排：融数注智，构建"算网大脑"。统一算力与网络的资源管理，推进算力网络与 AI 技术的全面深度融合，实现算网资源智能规划、灵活调度编排及动态自优化运维等能力。

3）统一运营：构建算网统一运营平台，实现统一开通、计费。

4）融合服务：业务形态上多业务流程融合，提供单产品、多维度的"资源式"量纲

（资源指标，如算力、带宽）为主的服务，实现质量端到端的保证，开始产生新的"智能极简"融合特色服务。

3. 一体

算网一体包括一体化供给、一体化运营、一体化服务，其技术内涵是面向云和网的基础资源层，通过实施虚拟化/云化乃至一体化的技术架构，最终实现简洁、敏捷、开放、融合、安全、智能的新型算网基础设施的资源供给。

该阶段是算力网络在 6G 时代的跨越阶段，核心是"一体"，如图 7-23 所示。

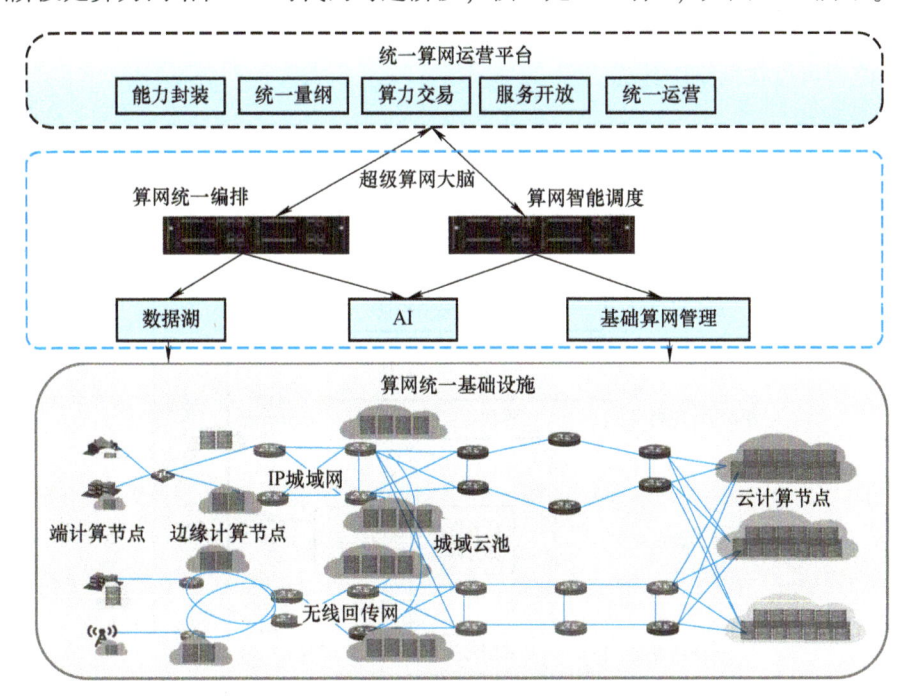

图 7-23 算网一体阶段

这个阶段的特征：

1）算网一体：打破算网的边界，算和网在形态和协议方面彻底共生，真正形成算网一体化的基础设施。处于各个层级的计算要素充分资源池化，网络作为内部总线互联，实现转发即计算；算力信息引入路由域，通过统一感知、控制和调度，实现算力服务的流动。

2）智慧内生："算网大脑"基于意图驱动，智能感知业务需求，通过物理与孪生网络实时交互映射，提供可预测、可视化的建模和验证，实现面向客户与业务的动态保障。

3）算网生态：吸纳全社会的算力资源，通过区块链实现泛在的多方算力交易，开创中立、安全的商业新模式；开放算网能力，构建算网生态。

4）融合服务：提供算网数智等多要素融合的一体化服务，可通过多原子能力的灵活组合，形成更加丰富的服务能力。

总之，在架构层面，6G 网络同时考虑云原生、边缘网络、终端算力，以及网络即服务理念和算力即服务理念，立足算网一体构建基础设施，持续增强网络能力。

7.2.2　6G 算力网络的架构

算力无处不在，网络无处不达，智能无所不及。

为了实现上述理念，算力网络的整体架构应该具备统一纳管底层计算资源、存储资源和网络资源的能力，而且可以对这些底层资源以统一的标准进行度量，而且这些信息及其所处位置可以在网络中传送。

1. 分层架构

算力网络按功能层次进行划分，可以分为服务提供层、网络协议控制层、算力管理层（负责算力资源建模、算力服务与交易）、算力资源层和网络转发层、服务编排层。参考架构如图 7-24 所示。

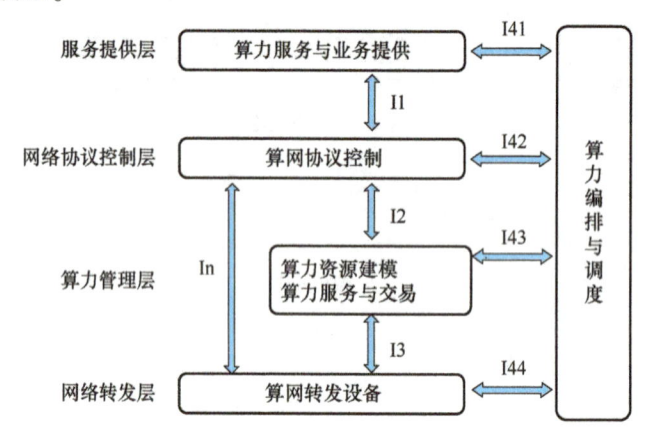

图 7-24　算力网络架构

服务提供层，实现面向用户的服务能力开放，承载泛在计算的各类服务及应用，以及与之相关的算力交易功能。用户应用的算力请求提交给服务提供层，服务提供层通过南向接口从网络控制层获取算力资源及网络信息。服务提供层根据算力服务的共性特征，形成 API 封装的平台级能力。

网络协议控制层，又可称为算力路由控制层，控制算力信息资源在网络中的并联、分发、寻址、调配、优化等功能。算网协议控制层既负责将底层的资源信息进行搜集、分发，又负责为服务提供层提供网络服务。这一层可以基于抽象后的算网资源发现，综合考虑网络状况和计算资源状况，将业务灵活按需调度到不同的计算资源节点中，以便实现算力路由功能。

算力管理层，负责算力资源的注册、建模，为上层的算力交易行为提供支撑。异构算力资源从芯片的专业角度划分，可分为 CPU（Central Processing Unit，中央处理单元）、GPU（Graphics Processing Unit，GPU）、NPU（Neural Network Processing Unit，NPU）、专用集成电路（Application Specific Integrated Circuits，ASIC）、现场可编程门阵列（Field Programmable Gate Array，FPGA）等。这些不同类型的算力资源在算力管理层进行注册，然后通过算力协议控制层发布出去。所谓注册，就是完成如何使网络层能够感知到算力资源的大小和位置的工作。

算网资源是指算力网络中的统一基础设施。算网一体的架构中，既有算力资源的功能，又有网络转发资源的功能。各类异构算力资源，狭义上包括 CPU、GPU、NPU 等以计算能力为主的处理器，广义上也可以包括具备存储能力的各类独立存储或分布式存储，以及通过操作系统逻辑化的各种具备数据处理能力的设备。从设备层面来看，算力资源不仅包含服务器、存储等常用的数据中心计算设备，还包括汽车、手持终端、无人机等可以提供算力的端侧设备。网络转发资源，包括接入网、城域网和骨干网，及为网络中的各个角落提供无处不在的网络连接。

算网编排管理功能：完成算力运营、算力服务编排，负责对虚机、容器等算力资源进行感知、度量、监控、纳管、调度和配给，也负责对影响算力分发的网络资源的管理。通过合理的算网联合编排服务，可以降低计算网络联动的总体能耗，实现绿色低碳的算网最优组合。

2. 接口关系

在算力网络架构中，各个功能层之间存在若干层间接口，见表 7-2，负责互通不同功能平面之间的信息。这些接口可以帮助系统传递运行时的算力和网络资源的状态，帮助算力系统完成算力资源的搜集、管理、整合、调度、控制、编排和算网协同。服务提供层与网络控制层之间，网络控制层与算力管理层、算网资源层之间，算力管理层与算网资源层之间都有垂直控制和反馈接口，网络服务编排层与其他四层均有水平管理接口。

表 7-2 算力网络参考接口关系及功能

参考接口	位置关系	功能
I1 接口	服务提供层与网络协议控制层之间的接口	用户业务需求与服务资源能力的映射和协商，实现网络可编程和业务自动适配
I2 接口	网络协议控制层与算力管理层之间的接口	算力信息收集和建模后上报；路径选择与算力调度策略的传递
I3 接口	算力管理层与算力资源层之间的接口	设备注册、资源上报、故障上报；性能参数、故障参数、资源数量、运营管理动作；管理层对资源层的感知、监管和控制
In 接口	网络协议控制层与网络转发层，类似 SDN 的转控分离接口	算力信息路径计算结果表项下发，指导数据报文转发；转发层上报故障信息，促使路径重新计算的动作

(续)

参考接口	位置关系	功　　能
I41 接口	服务提供层与服务编排层之间的接口	获取互通服务的管理信息和编排信息；权限验证；完整网络信息；应用管理、权限分配、应用调配、监控应用的状态
I42 接口	网络协议控制层与服务编排层之间的接口	开始或完成一个网络服务；不同网络控制器之间的网络信息同步；拓扑编排、策略下发以及设备权限管理；状态监控和设备管理
I43 接口	算力管理层与服务编排层之间的接口	算力注册信息、建模信息、分配信息、交易信息给编排层；服务编排层对建模后的算力资源进行编排、调度、权限管理和监控
I44 接口	算力资源层与服务编排层之间的接口	云原生的服务提供形式；获取算力资源和网络资源的状态，对其进行鉴权管理

7.2.3　6G算力网络关键技术

为了满足网络新型业务以及计算轻量化、动态化的需求，网络和计算的融合已经成为新的发展趋势。6G时代，网络不再是单纯的通信网络，而是集通信、计算、存储为一体的信息系统，是一种分布式区域自治的架构，对内实现计算内生，对外提供计算服务。也就是说，计算能力通过6G网络内生，而6G网络提供泛在协同的连接与计算服务。

算力网络应具备算力服务功能、算力路由功能、算网编排管理功能，需要结合算网资源，即网络中计算处理能力与网络转发能力的实际情况和应用效能，再加上移动网络空天海地、分布式的泛在连接能力和信息中心网络的处理能力，实现各类计算、存储资源的高质量传递和流动。算网一体化技术需求架构如图7-25所示。

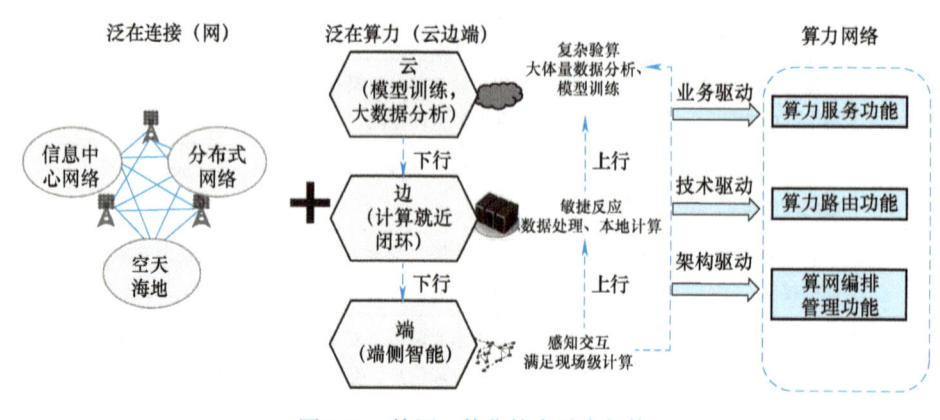

图7-25　算网一体化技术需求架构

为了支撑算力网络对内实现计算内生，对外提供计算服务，它的分层关键技术如图 7-26 所示。从下而上，支撑"算力泛在、算网共生、智能编排、一体服务"。

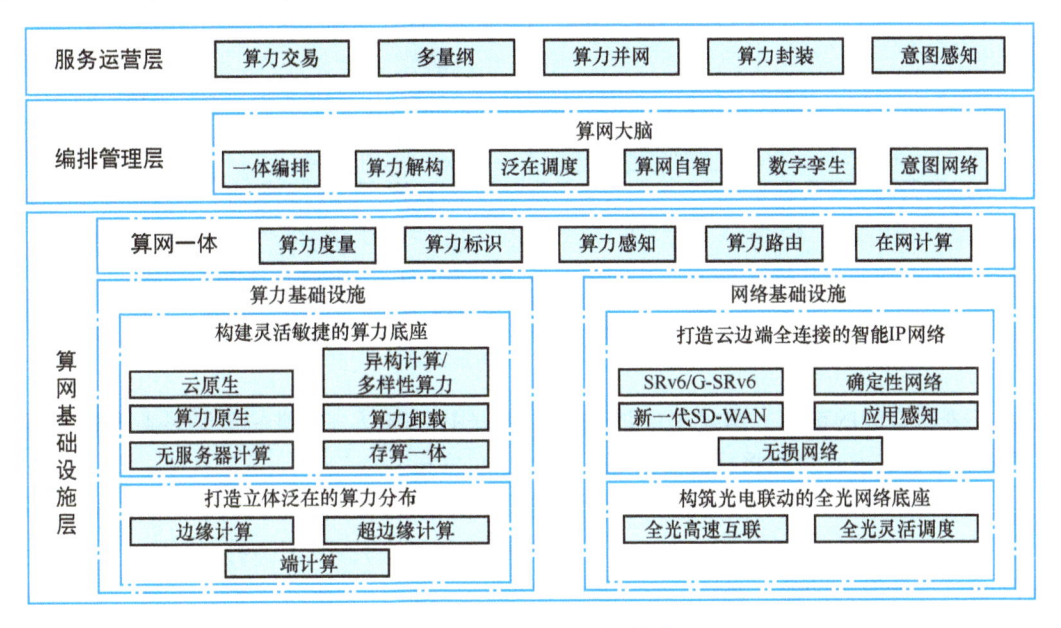

图 7-26　算力网络关键技术

1. 算力基础设施及算力泛在

算力基础设施是算力网络的核心，算网基础设施的关键技术有算力基础设施关键技术和网络基础设施关键技术。

算力基础设施从云向算、从中心向边缘和端侧泛在演进，通过发展边缘计算、超边缘计算和端计算，示意图如图 7-27 所示，形成更加泛在的多维立体算力布局。算中有网，网中有算，最终算网向一体化的方向发展。

图 7-27　端计算

算力泛在包括如图 7-28 所示三方面的融通。

1）物理空间的融通。面向跨区域建设的算力枢纽，以及区域内多层次的算力资源，打造高品质网络基础设施拉通不同区域、不同层级算力资源。

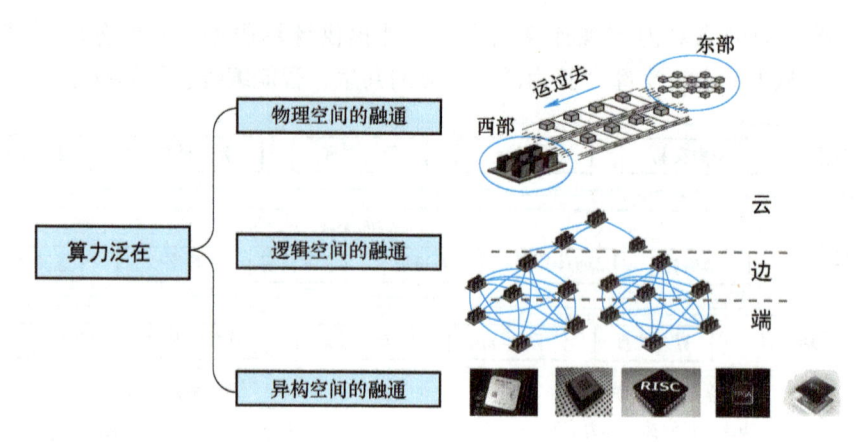

图 7-28　算力泛在三融通

2）逻辑空间的融通。构建集中加边缘的数据中心布局，为进一步满足业务低时延、数据不出场等需求，算力将呈现云边端的立体泛在分布。

3）异构空间的融通。由于计算硬件出现了多样化异构形态，算力网络通过构建统一的算网基础设施层，纳管 X86、ARM、RISC-V 等多样性芯片架构，对外提供 CPU、GPU、FPGA 等多样性算力的统一供给。

构建灵活敏捷的算力底座，以构建高效、灵活、敏捷的算力基础设施为目标，积极引入云原生、无服务器计算、异构计算、算力卸载等技术，探索算力原生、存算一体等新方向，持续增强算力能力，释放算力价值。算网基础设施的技术发展方向有以下几点。

1）云原生是在云上构建、运行、管理应用程序的一套技术体系和管理方法，依托微服务架构、敏捷基础设施与平台服务和高效研发运维模式，简化云上业务开发管理难度。云原生技术及理念可促进云的敏捷构建，实现弹性、健壮、灵活的算力基础设施。云原生基础设施中的资源类型越来越多样化，从经典物理节点和专用硬件加速器到虚拟实例。基础设施虚拟化和可编程性将扩展到所有可用资源，从 CN 传播到 RAN，包括基站、节点和终端。

2）算力原生是一系列基于异构硬件的开发和部署方法，通过建立异构计算资源抽象模型，统一算力度量规则，结合算力资源映射能力，提供统一异构硬件开发工具，为用户提供便捷化业务开发和部署方式。算力原生可以屏蔽异构硬件差异，减少用户跨架构编程的重编译和迁移代价，使得应用只须关注计算表达，无须关注计算在硬件上的具体实现。

3）无服务器计算是指用户在编写和运行应用程序时无须关注底层资源的一种计算范式，是一种用户无须在基础设施上托管应用程序的新型算力使用方式。无服务器计算融合了微服务、FaaS（Function as a Service，函数即服务）、BaaS（Backend as a Service，后端即服务）事件驱动编程等最新技术进展，是云原生技术的补充及延伸。

4）异构计算是采用 CPU、GPU、FPGA DPU 等各种不同类型指令集、不同体系架构的计算单元而组成的混合系统，用以满足通用计算和专有计算的不同需求。

5）算力卸载是将软件中需要高速处理的功能单元（如虚拟网络交换机、存储协议栈等）从通用 CPU 上抽离，由智能网卡硬件（如 DPU）实现的技术。

6）存算一体是将计算和存储集成到一个芯片上的新架构，如图 7-29 所示，用以消除数据存取延迟和功耗。存算一体技术致力于挣脱"存储墙"瓶颈束缚，提升数据存算效率。从数据就近处理，到直接利用存储器进行数据处理，为算力网络一体化基础设施提供"新鲜血液"。

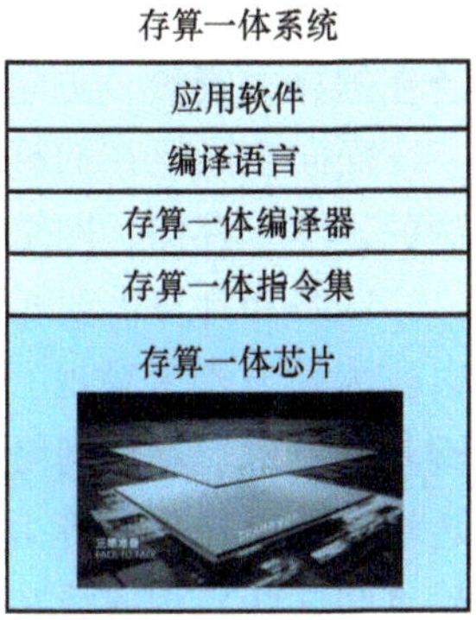

图 7-29　存算一体

2. 网络基础设施关键技术

SRv6/G-SRv6 是利用 IPv6 及源路由技术实现网络可编程的新型协议体系，全面定义了包含数据面、控制面、OAM、故障保护等在内的多类协议。G-SRv6 在原生 SRv6 基础上提升了封装效率，并具备统一协议承载、拓扑无关的 ms 级保护、业务级可视、三级可编程、平滑演进等多方位技术优势。G-SRv6 能够为算力资源提供覆盖省网、骨干和数据中心的端到端按需调度能力，并通过灵活的业务链使能增值业务。

算力网络精准调度算力，能够为用户提供准时、准确、优质的算力服务，需要确定性技术的支撑。个人消费者的业务需要的是带宽为主的弱确定性，工业控制需要的是保时延、可靠性的大规模强确定性。

新一代 SD-WAN 技术可利用 SRv6/G-SRv6 实现端到端网络可编程，利用应用感知能力实现差异化的网络服务，利用随流检测进行 SLA 闭环控制，为算力资源的分发提供质量可保障的连接服务。

应用感知利用 IPv6 的可编程空间，在用户侧将应用信息和需求内嵌在业务报文中，在网络侧进行标记识别和应用质量保障，使算力网络有效且低成本地感知应用差异化需求，提供应用级网络服务。APN6 是指应用感知（Application-aware）的 IPv6 网络，利用 IPv6 扩展头将应用信息及其需求传递给网络。根据携带应用信息，通过业务的部署和资源调整来保证应用的 SLA 要求。

无损网络通过 AI 增强技术，解决以太网在丢包、保护和即插即用方面的问题，有效支撑了存储和高性能计算的低时延和无损需求。

网络基础设施构筑在光电联动的全光网络底座上，通过全光大容量高速互联和全光灵活调度，实现对算力网络中业务流量、流向需求和变化的动态感知，保障算网协同、实时响应和端到端的服务。全光高速互联可满足算力节点 100GE、400GE、800GE 的超宽端口连接需求。全光灵活调度可实现大容量波长级业务的光层调度和小颗粒子波长级业务的电层调度，支持全颗粒业务的组网调度。

3. 算网共生一体化关键技术

在网络和计算深度融合，一体化发展的大趋势下，算网一体的关键技术亟待完善，最终打破网络和算力基础设施的边界。网络从支持连接算力，演进为感知算力、承载算力，实现网在算中、算在网中。网络根据业务需求，按需进行算力网络编程，灵活调度泛在的算力资源，协同全网的算力和网络资源，实现算力路由。

面向全网泛在的算力资源，通过统一的资源标识体系，来标识不同所有方、不同类型的计算、存储、网络等资源，形成统一的资源视图，以便于资源信息分发与关联。

网络和计算需要相互感知，对各类算力资源的状态及分布进行评估、度量以及建模，以作为算力资源发现、调度、路由、交易的依据。算力度量与建模是提供算力服务的关键基础技术。算力网络中的算力提供方不再是专有的某个数据中心或计算集群，而是云边端这种泛在化的算力。泛在算力通过网络连接在一起，实现算力的高效共享。如何准确感知这些异构的泛在芯片的算力大小、不同芯片所适合的业务类型以及在网络中的位置，并且有效纳管、监督，是算力度量与建模研究的重点内容。

在算力网络中，将算力资源进行度量和建模后，通过编码的方式加载到网络控制层报文中进行信息共享。网络控制层基于共享的算力资源信息进行网络决策，引导业务路由到不同的算力资源池，或者通过不同算力资源池之间的协作进行业务处理，从而基于算力资源感知的算力全网路由，如图 7-30 所示。

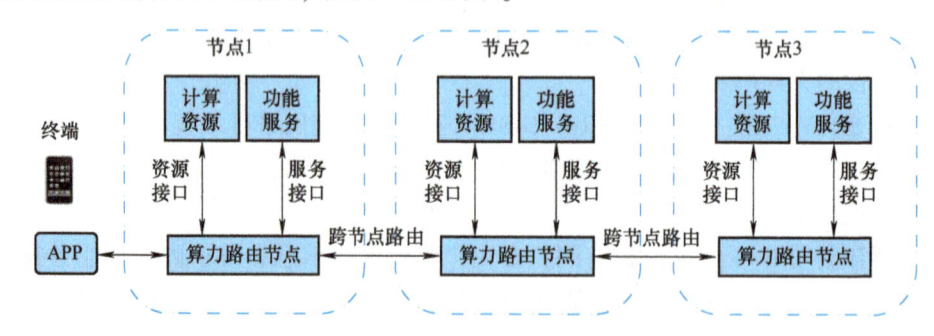

图 7-30 算力路由

在网计算（In-Network Computing，INC）技术，通过在网络中部署算力对报文进行处理，通过开放的可编程的异构内生资源实现内生算力的共享，在不改变业务原有运行模式的前提下，实现对数据进行就近加速处理，尽可能实现应用的无缝迁移，降低应用响应时延，简化应用的部署流程，提升系统处理效率。

算力优先网络技术（Computing First Network，CFN）可实现泛在计算互联，实现云、网、边算力的高效协同、智能化泛在调度。包括以下特性：

（1）实时准确的算力发现

基于网络层实时感知网络状态和算力位置，无论是传统的集中式云算力还是在网络中分布的其他算力，算力网络可以结合实时信息，实现快速的算力发现和路由。

（2）服务灵活动态调度

网络基于用户的 SLA 需求，综合考虑实时的网络资源状况和计算资源状况，通过网络灵活动态调度，快速将业务流量匹配至最优节点，让网络支持提供动态的服务来保证业务的用户体验。

（3）用户体验一致性

由于算力网络可以感知无处不在的计算和服务，用户无须关心网络中的计算资源的位置和部署状态。网络和计算协同调度保证用户获得一致体验。

4. 智能编排关键技术

编排管理层是算网大脑，主要包括资源调度和服务编排。如图 7-31 所示，"算网大脑"向下实现算网全领域资源整合拉通和调度，向上通过服务编排实现算网融合类全业务支撑。资源调度包括算力调度和所需的网络资源和存储资源调度；服务编排以服务网格化的方式对上层业务提供服务发现、服务路由、服务注册等功能。

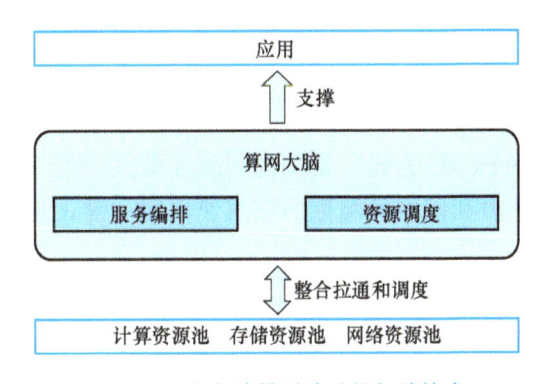

图 7-31　服务编排层涉及的相关技术

针对虚拟资源变更、调度与迁移难以全程管控，轻量化资源能力释放等问题，通过微服务、容器化等 IT 方案，解决边缘轻量化业务快速迁移和服务的问题。融合人工智能、大数据技术、网络控制技术，实现算网资源的统一编排、调度、管理、运维，打造算力网络资源一体设计、全局编排、灵活调度、高效优化的能力。

"算网大脑"还将融合意图引擎、数字孪生等技术，实现自学习、自进化，升级为真正智慧内生的"超级算网大脑"。

5. 一体化服务运营

算力网络支撑算网数智等多要素融合的一体化服务和端到端的一致性质量保障。

一体化服务运营包含三方面的融合供给技术：

（1）多要素融合供给

算力网络实现了包括算力在内的多要素的深度并网融合，可提供多层次叠加的一体化算力封装服务。

（2）社会算力融合供给

算力网络支持引入多方算力提供者，采用多种量纲实现对社会闲散算力和泛终端设备的统一纳管。算力统一交易和运营平台，采用基于区块链的分布式账本，实施高频、可信、可溯的算力资源交易，并衍生出平台型共享经济模式。算力需求方通过算力交易平台查看可购买的算力的分布情况以及时延大小（算力交易视图），以匹配自己的业务需求，如图 7-32 所示。

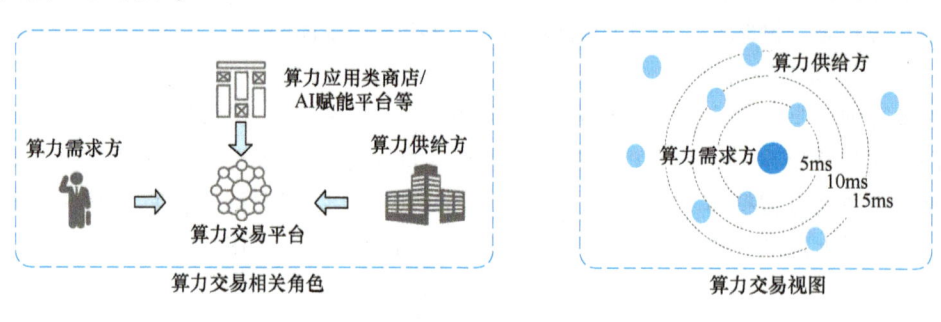

图 7-32 算力交易

（3）数智服务融合供给

算力网络通过提供基于"任务式"量纲的新服务模式，可以让应用在无须感知算力和网络前提下，实现对算力和网络等服务的随需使用和一键式获取，达到智能无感的极致体验。

7.3 6G 网络架构使能类技术

网络架构不管怎么演进，核心网的三大功能（移动管理、会话管理、服务管理），无线网的三大功能（接入控制、承载控制、资源调度）始终存在。即使外壳不存，灵魂犹在。

6G 网络架构的变革主要是在以往的水平分层架构上，叠加上垂直面，如图 7-33 所示。水平分层包括终端层、接入层和核心层；叠加的垂直面有控制面、用户面、数据面、AI 面、算力面、安全面、编排管理面等。基于三层多面的架构，6G 网络可以提供多种类型的服务：NaaS（网络即服务）、DaaS（数据即服务）、AIaaS（AI 即服务）、SaaS（安全即服务）、CaaS（算力即服务）等。

6G 网络架构的变革需要使能类关键技术的支撑，如：网络的可编程性、控制面轻量化信令、确定性数据传输、可信安全的数据服务、基于 AI 的语义驱动、数字孪生技术等。

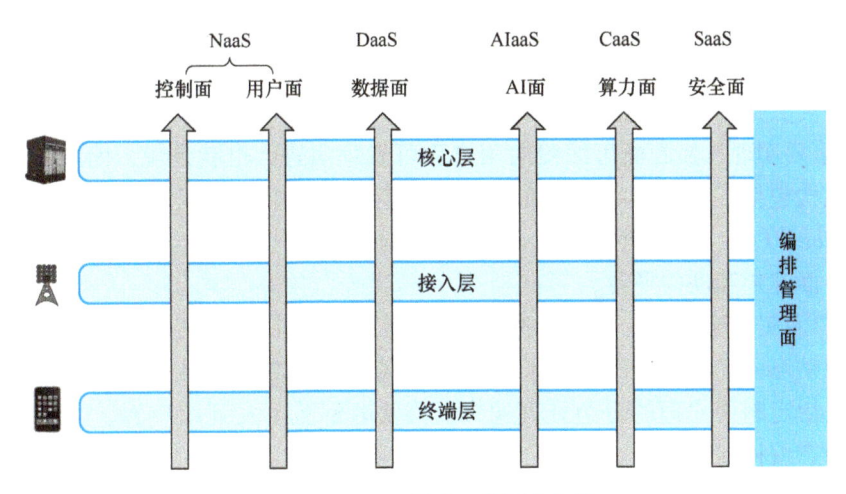

图 7-33　6G 三层多面多服务架构

7.3.1　可编程网络

可编程性是 6G 网络开放性和灵活性相关的核心能力。

应对复杂多变的业务场景，是移动网络架构变革的永恒主题。功能要越来越定制化，网络要越来越灵活化——即所谓的八字要诀：按需定制、敏捷灵活。但是架构不能越来越复杂。这就需要 6G 网络支持端到端的可编程能力，助力网络灵活可控、融合可演进以及弹性可定制。

网络可编程技术就是实现网络的二性：适应性和弹性，支持跨多业务、多领域、全生命周期的全场景可定制能力。

可编程网络可以提供更多的服务定制、更快的响应速度和更好的网络性能，使得网络可以更好地满足用户的期望。可编程技术可以从多个方面优化 6G 网络：

1）优化网络服务的定义，减少冗余设计，统一网络服务能力。
2）通过可编程接口，分析不同的部署场景或用例，优化网络的灵活定制能力。
3）将人工智能引入网络服务设计和部署实施中，优化网络升级能力。
4）考虑差异化的协议功能设计，结合 AI 技术，优化协议功能分布和接口设计。

6G 网络除了支撑数据交互功能之外，还将支撑很多新类型的功能，如计算、AI、定位、传感等，并对外提供相应的开放接口（API）供用户定制。6G 网络的所有平面作为一组微服务运行。网络的弹性表现在基于微服务的可编程性上。

1. 可编程网络的技术

可编程网络的重要使能技术有：基于服务化的体系结构（SBA）、控制面和用户面的分离（CUPS）、基于云原生的网络虚拟化（NFV）和软件定义网络（SDN）。这些技术在 5G 的核心网均已实现。在 6G 时代，这些技术需要端到端的实现。

6G 网络的各项微服务可以看作是在可编程基础设施中执行的计算机程序。通过使用高级编程语言、编译器和解释器，可以将基于意图的服务需求和约束表达式能够转化为基于微服务和数据驱动的参数配置和程序设计。

6G 网络要实现从控制面可编程向用户面可编程演进。也就是说，面向 6G 的深度可编程网络架构包括：控制面可编程和用户面各网元的端到端可编程，持续集成（Continuous Integration，CI）、持续交付（Continuous Delivery，CD）方法，再加上面向网络应用的可编程用户面芯片和硬件平台。

6G 用户面实现高带宽、低时延的数据包转发，在控制面中央控制节点的指令下实现全网的智能动态调优。控制面实现了包括无线网在内的端到端服务化，通过协议无关的编程语言灵活定制用户面的分组处理逻辑，将实时配置下发到用户面。这样，就可以实现用户面动态编程和升级。

控制面和用户面的网络可编程能力不仅体现在横向端到端从左到右很多域上，还体现在纵向从下到上很多的层次上。横向端到端包括终端域、接入域、边缘计算域、承载网域、核心网域、平台侧；纵向从下到上包括芯片可编程、数据转发表可编程（如 OpenFlow）、路由表可编程（如 BGP、PCEP）、设备操作系统（OS）可编程、设备配置可编程（如 CLI、NETCONF）、控制器可编程和业务可编程（如 GBP、NEMO）等。

2. 可编程能力的四个维度

6G 网络可编程能力如图 7-34 所示，概括一下，需要从网元、协议、业务、管理四个维度满足可编程能力。

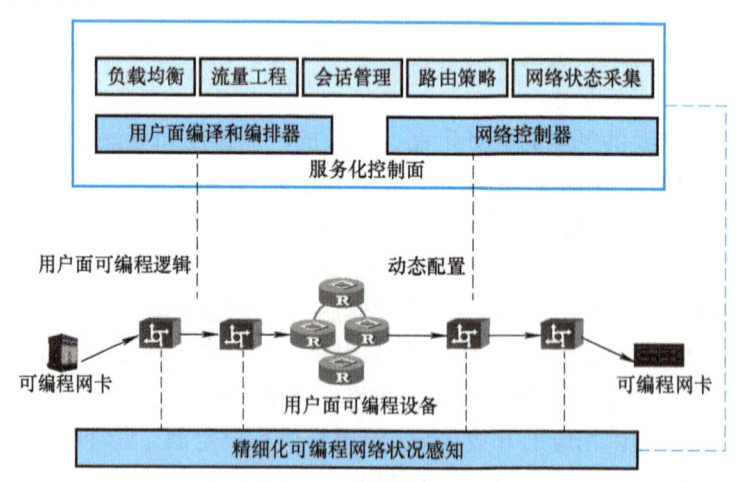

图 7-34　6G 网络可编程能力

（1）设备网元可编程

数据业务类型越来越多样化、个性化，用户对网络功能的需求层出不穷，而设备网元的协议栈支持的网络功能有限，所用的网卡芯片功能较为固化，不可能支撑以后所有的业务需求。网元作为网络的基本组成，需要其硬件架构必须是基于可编程的芯片，可以支撑用户重新定义功能，能够按需完成不同类型协议的封装、解封装的处理。

上层软件体系结构由功能划分清晰的模块或 API 组成，允许用户重新组织这些模块或调用这些接口来达到定制的目的，如分类、整形、QoS 等。设备网元支持可编程，使得高效支持用户的定制化和新协议持续演进成为可能。

（2）网络协议可编程

随着电信网络（CT）和数据信息网络（IT）的融合，彼此之间的界限划分越来越模糊，网络协议和架构也在互相渗透。6G 的应用场景不断演进，对网络协议栈功能的新需求层出不穷。基于 IPv6 的网络协议支撑可编程性，在此基础上不断涌现如 SRv6、APN6 等新协议。新旧协议多种类型的长期并存，这就需要网络支撑根据用户业务类型和质量要求，对端到端的网络协议按需进行选择，支持端到端网内、网间的协议的同步切换。

（3）业务路径可编程

6G 网络要承载越来越丰富的业务。对于不同用户或不同业务，数据经常需要按需配置不同的业务处理路径。网络或网元新业务升级的时间是有先后的，向创新网络架构的逐步引流、平稳切换也需要按需配置业务路径。业务路径可编程就是指在有限成本基础上，满足用户对业务路径的无限扩展。

从终端、接入网、核心网、广域网到数据中心全网的转发路径可测、可调、可编程，就可以实现真正意义的网边协同，业务承载资源的灵活调度和调整。

（4）管理方式可编程

随着电信网络日益复杂、网内运维成本居高不下、网间运维壁垒迟未打通，导致商业变现能力不足、新业务上线速度减缓。

管理方式可编程是指在监控和管理方式上，网络中的网元应支持多种或自定义的管理手段，促进资源效率、能源效率、运维效率的三个提升，成就面向用户体验的闭环自治网络系统。

7.3.2 轻量化信令方案

随着网络规模的不断扩展和复杂度的日益剧增，移动制式的网络架构越来越复杂。按照这样的发展趋势，万物智联的 6G 网络需要兼容的接入类型必然是多样的，复杂度将呈几何级增长。轻量化的信令方案是 6G 设计必然选择。

6G 的无线接入网需要按照统一的信令方案进行设计，如图 7-35 所示。在统一的信令控制下融合多种空口的接入技术，实现空口的统一控制，降低终端接入网络的复杂度。

在网络功能方面，6G 网络可以分为广覆盖信令层和按需的数据层。通过信令面和用户面分离的机制，采用统一的信令覆盖层保证可靠的移动性管理和快速的业务接入；通过动态按需的数据容量层加载，满足网络用户的业务需求。二者之间灵活配合，以降低基站部署的数量，提高用户的业务感知体验。

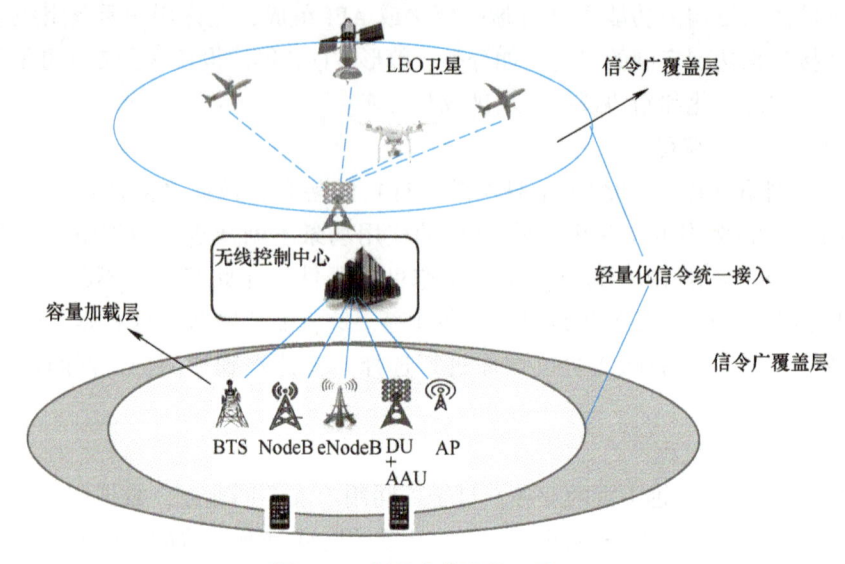

图 7-35 轻量化信令统一接入

终端的轻量化信令方案可以降低交互强度，从而降低能耗，延长电池使用寿命。

轻量化信令方案需要高可靠、低时延、低成本的传输网支撑，传输网需要灵活的拓扑结构和足够的带宽。需要无线控制中心-传输网-网络接入点统筹一体化设计。另外，控制信令和用户面数据分离需要统筹 6G 可用频段，充分发挥广覆盖与业务灵活加载的优势。

7.3.3 确定性数据传输

确定性网络（Deterministic Networking，DetNet），是指能够为高价值流量提供无拥塞、确定时延上限、无损服务的网络。确定性网络是相对于传统以太网在传输时存在通信时间不确定而诞生的，是指在一个网络域内为承载的业务提供确定性的服务质量保证，是端到端的概念，涉及终端、基站、承载网、核心网以及应用等全流程。

确定性网络，需具备"差异化 + 确定性"的服务能力，以满足不同行业应用对网络能力的差异化要求。

确定性的概念最初由 IEEE 提出，主要研究以太网的确定性技术并将其标准化。2012 年，IEEE 将其命名为时间敏感网络（TSN）。TSN 标准具有时间同步、时延保证等确保实时性的机制，支持流量调度和整形、可靠性、配置管理等相关协议。2015 年，IETF 成立了确定性网络（DetNet）工作组，致力于将基于以太网的确定性技术扩展到广域 IP 网络，提供可靠的 SLA 保障，提供时延、丢包率和抖动率的最坏情况界限，以提供确定的数据传输。

1. 移动网络确定性技术难题

固定网络的确定性传输已经提出有 10 多年的时间，但是面向移动网络的确定性传输研究才刚刚起步，这主要是由于：

1) 空口易受环境影响，传输质量很难预测。
2) 缺乏端到端的确定性保障机制。

在移动网络中实现确定性时延：主要矛盾在于无线接入如何降低时延、承载网与核心网如何避免拥塞；在基于 IP 协议的网络中确定性流量如何不影响其他流量的转发效率；uRLLC 连接如何实现端到端的无损、高可靠、低时延。

需要攻克的难点包括以下几方面：

(1) 无线空口如何实现灵活的资源预留和实时调度

空口的不可预测性，是实现端到端确定性传输的主要瓶颈。这就要求在 6G 空口的资源是足够的、非受限的，数据报文在接入网内可以进行实时灵活调度，保障报文可以在规定的时间内处理完毕并且发出。

(2) 如何实现移动网端到端的确定性传输机制

IEEE TSN 技术难以应用于移动网，这主要是由于 TSN 技术无法进行端到端的大规模路径运算和准确实时调度，而且时间同步精度，随着路径延长而越来越低。

(3) 如何实现跨层、跨域的确定性机制融合

5G 时代，移动网络依然是承载在 IP 之上的一层网络，这对跨域协同的确定性传输调度提出了严苛的挑战。在 6G 时代，从网络设计之初就希望能够实现异构接入、固移融合、协同管理，移动网络需要吸取现有固定网络的二层、三层确定性传输协议，实现部署融合、协议支持、协同调度，从而实现端到端跨层、跨域的确定性数据传输。

2. 6G 网络的确定性

确定性技术在移动网络的发展分不同阶段，如图 7-36 所示。确定性网络通过资源预留、流量整形、网络切片、路径规划等技术的结合，实现可预期、可规划的流量调度，将时延、抖动和丢包率控制在确定的范围内，满足高带宽、低时延、高可靠的新型业务需求。

弱确定性	专线确定性	大行业确定性	工业大规模确定性
面向消费者提供差异化套餐，支持带宽为主的弱确定性	根据不同业务权益提供带宽、传输时间方面的确定性	面向特定企业，通过切片专网，提供满足 SLA 的确定性服务	工业制造、车联网等应用，对时延、可靠性、连接数等指标有特性的要求

图 7-36　算力网络的确定性需求

6G 网络设计之初，就考虑了异构接入、固移融合、协同管理，并吸取现有固网的二层、三层确定性传输协议，实现部署融合、协议支持、协同调度，从而获得端到端跨层、

跨域的确定性数据传输。

确定性数据传输会成为 6G 网络的代表能力。确定性网络基于应用的需求进行计算，以资源预留的方式来保证确定性，并通过保护机制减少故障率、提高可用性。它的主要特征包括广域高精度时钟同步、端到端确定性时延（即有界时延）、低抖动、零拥塞丢包，超高可靠的数据包交付、资源弹性共享，6G 网络中的确定性与非确定性数据（即"尽力而为"的网络数据）可以共存等。

3. 确定性网络架构

确定性网络（数据传输）架构分为三层，如图 7-37 所示，由上至下依次为确定性服务管理、确定性网络调度与控制、服务性能度量和保障。

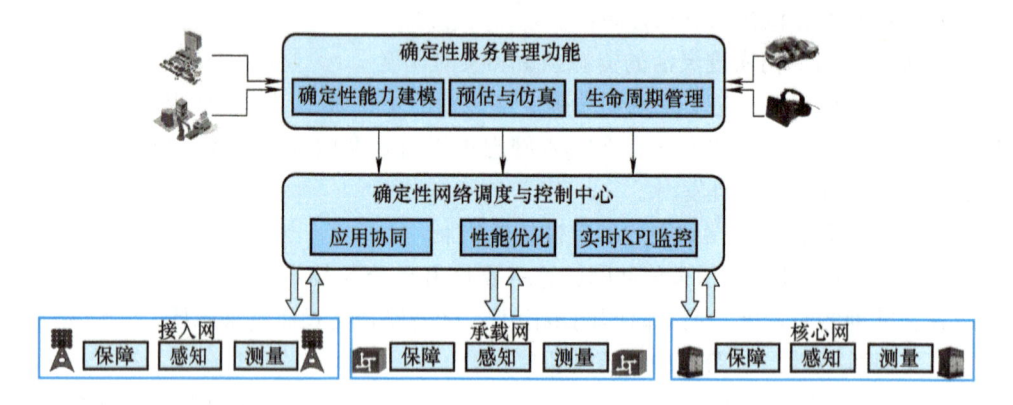

图 7-37　确定性数据传输架构

上层主要针对不同行业业务的通信特征和要求进行输入和建模，通过生命周期管理将相关确定性服务下发到各网络域并进行统一的管理。这一层还可以通过实时仿真和预测功能降低准入控制的成本和延迟。

第二层为确定性网络的调度和控制中心。在这一层中，一方面要接收上层的需求信息，进行具体的资源池调度分配，另一方面要针对下层各域的网络情况进行多维度的服务、KPI 检测以及性能的统筹优化。

下层是服务性能保障与度量。接入网、核心网、传输网通过实时测量、智能感知各个基站、终端的资源池使用情况，联同上层的跨域协同调度，共同保障确定性服务，提升端到端的确定性能力。

4. 确定性网络的关键技术

确定性网络的关键技术主要包括：

（1）资源分配机制

沿着确定性数据流经过的路径，利用算力网络智能感知资源使用情况，逐跳分配缓存、带宽、空口等资源，从而消除因资源竞争导致的抖动与丢包。

(2) 服务保护机制

研究数据包编码，用于解决随机介质错误造成的丢包，设计数据链路冗余机制防止设备故障丢包等。

(3) 多维度 QoS 度量体系

增加 QoS 定义的维度，包括吞吐量、时延、抖动、丢包率、乱序上限等，研究多维度 QoS 的评测方法，建立度量体系。

(4) 多目标路由计算

显式路由使确定性数据流避免遭受因路由或桥接协议的收敛而造成的临时中断。以多维度 QoS 为目标，研究多目标路由选路算法。

(5) 广域高精度时间同步

研究增强同步补偿技术，解决同步误差累计的问题，研究广域范围的高精度同步技术。

(6) 多网络跨域融合

端到端跨越空口、核心网、传输网、边缘云、数据中心等多网络时，研究跨域融合的控制方法和确定性达成技术。

7.3.4 可信数据服务

6G 的生态系统会在全生命周期、端到端地产生、处理和消费海量的数据，从运营到运维，从网络到用户，从环境感知到终端等，从 6G 系统内到第三方平台。这些数据的价值"金矿"被各方深度挖掘和使用，将使能更加完善的 AI 服务，为运营商增值。

1. 数据即服务

所谓 DaaS（Data as a Service，数据即服务）就是指运营商给第三方用户提供价值数据的出口，为其特色应用提供基础数据的支撑。数据分析功能如图 7-38 所示。

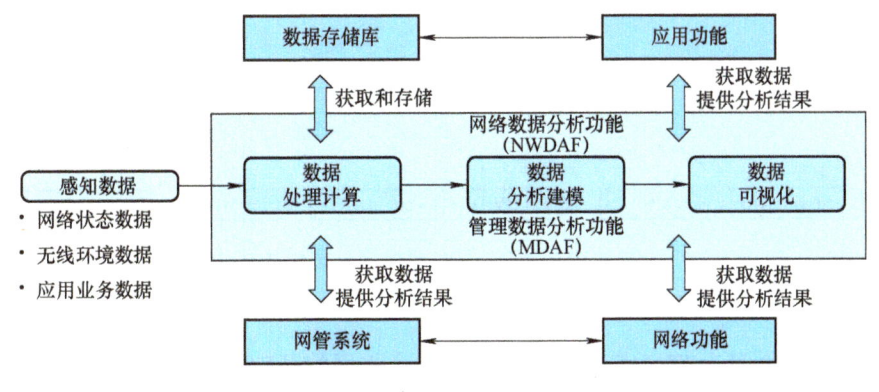

图 7-38 数据分析功能

NWDAF（NetWork Data Analytics Function，网络数据分析功能）在网络中扮演着网络

运行状况数据分析的角色，它可以通过收集、分析和解释网络中的数据，为网络运营商和服务提供商提供有价值的用户行为和网络状态的洞察。

MDAF（Management Data Analytics Function，管理数据分析功能）是网络管理领域的数据驱动架构。通过数据分析，帮助管理系统设置合理的网络拓扑参数进行网络配置，增强与运维相关的管理面数据的智能化运营，保障服务质量。

NWDAF 可以基于 AI 模型完成在网性能的自评估、自优化，跨网元协同，实现网络智能的闭环操作。MDAF 是基于网络管理数据的数据处理和分析功能，可实现对网管领域数据价值挖掘；MDAF 是网络和服务管理与编排的自动化和认知的一个使能器。它与人工智能（AI）和机器学习（ML）技术相结合，为网络服务管理和编排带来了智能化和自动化。

NWDAF 与 MDAF 可相互协同，尤其在跨域和端到端领域。NWDAF 可为 MDAF 提供数据和本地化分析结果，助力 MDAF 进一步构建端到端的智能管理和编排能力。

6G 时代是数据科技（Data Technology，DT）的时代。在 6G 时代，NWDAF 和 MDAF 的数据分析在功能上和安全性上进一步增强，服务于 6G 的内生 AI。

6G 时代，NWDAF 和 MDAF，具备能力标准化、汇聚网络数据、实时性更高、支持闭环可控、跨网协同等特点，可以通过功能嵌入的方式部署在特定的网络功能单元，也可以独立地部署。NWDAF 和 MDAF 可以集中地部署于中心节点，同时也可以进行服务拆分、分层部署，灵活地构建分布式的智能网络体系，更好地应对差异化的业务需求，如图 7-39 所示。

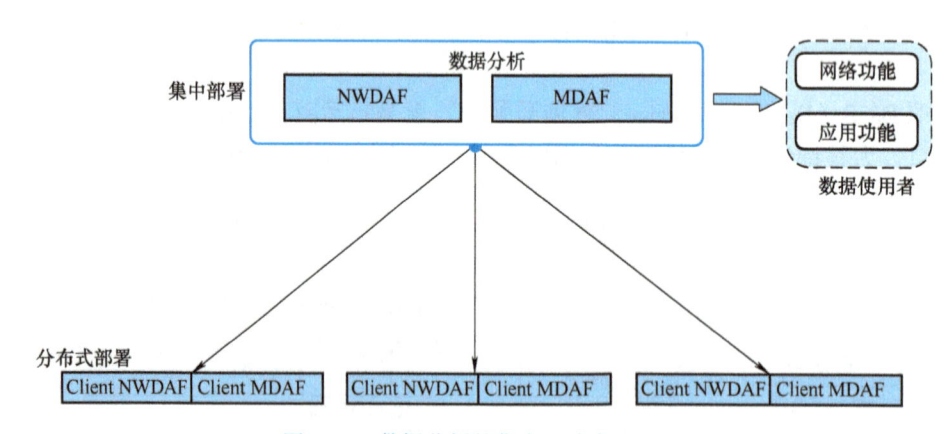

图 7-39　数据分析的集中和分布式部署

2. NWDAF 的基础功能

以 NWDAF 为例，NWDAF 可以增强以下几个方面的基础功能：

（1）数据收集和存储

NWDAF 可以接收和存储来自网络中各个节点和设备的数据，包括用户数据、设备数据以及网络性能数据等。这些数据将成为后续分析的基础。6G 网络数据服务框架需要适配终端的多样性，支持异构多源的数据接入、收集、处理及存储巨量数据。

（2）数据分析和处理

NWDAF 可以对收集到的数据进行分析和处理，提取对有用的信息的洞察力。通过使用各种分析算法和模型，NWDAF 可以帮助网络运营商发现潜在的问题、优化网络性能以及改善用户体验。通过人工智能等手段创新性地挖掘数据之间的关联，从多样化和内在关联的数据中发现新机会、创造新的价值，将数据转化为知识以实现基于认知的智能，使能应用的智能化。

（3）决策支持

基于对数据的分析和处理，NWDAF 可以为网络运营商和服务提供商提供决策支持。例如，它可以提供网络优化建议、推荐合适的服务方案以及预测网络中的异常情况等。

3. NWDAF 的应用场景

NWDAF 满足 6G 整个网络中数据采集–机器学习–智能服务–应用赋能的全网全域网络智能需求，有广泛的应用场景：

（1）用户行为分析

NWDAF 可以通过分析用户的行为数据，了解用户的偏好、需求和行为模式。这有助于网络运营商为用户提供个性化的服务，提高用户满意度。

（2）网络性能优化

NWDAF 可以监测和分析网络中的性能数据，帮助网络运营商发现网络瓶颈和问题，并提供相应的优化建议。例如，它可以识别网络拥塞点、调整资源分配以及优化数据传输路径等。

（3）故障检测和故障预测

NWDAF 可以通过对网络数据的分析，检测出网络中的故障和异常情况，并提供预测和预警。这有助于网络运营商及时发现和解决问题，提高网络的可靠性和稳定性。

（4）安全分析和威胁检测

NWDAF 可以分析网络中的安全数据，识别潜在的安全威胁和攻击行为。通过及时发现和应对安全问题，网络运营商可以保护用户的隐私和数据安全。

但数据服务受到数据安全和隐私保护的限制，数据的主体有数据的控制权，有权决定是否将个人数据变现、共享或提供给 AI 模型进行训练。

4. 可信数据服务

5G 网络作为数据传输的"管道"，通过单点技术实现数据处理、服务及安全隐私保护。而在 6G 网络通过引入独立的数据面，构建架构级的统一可信的数据服务框架，见表 7-3，在满足数据法规监管要求的同时，为用户提供可信的数据服务，为运营商提供安全可靠的数据运营。

表 7-3　5G 和 6G 安全数据服务架构对比

对 比 项	5G	6G
数据位置	多个单点	统一数据面
单点风险	存在单点信任及单点失效的风险	消除单点信任及单点失效的风险 可信的智能数据服务
安全服务	单点安全、隐私保护	架构级归一化系统架构
信任方式	集中信任	去中心化分布式信任
数据存储	集中存储	分布式存储
认证授权	集中	去中心化分散
数据控制权	第三方平台	自主控制
访问控制方法	应用级或用户级粗颗粒度	数据级细颗粒度
智能分析	数据驱动	数据和知识双驱动

可信的数据服务框架，融合已有数据服务的单点技术，从单点技术向归一化系统架构的转变，从集中式信任向区块链去中心化信任转变，从集中存储到分布式存储转变，从仅依靠数据驱动向数据和知识双驱动智能分析转变，在系统架构层面实现了可信的数据服务。

在数据涉及用户隐私时，可以支持将数据的控制权交给数据所有者，通过可信的架构来保障所有者免受数据泄露威胁，并且可以撤销第三方的访问权限，实现数据控制从第三方平台向自主控制的转变。

以往移动网络中集中式的认证授权和应用级或用户级的粗粒度访问控制方法，6G 网络则不然。由于数据来源本身就具有分布式的特点，与之适配的分布式部署的算力和 AI，而且 6G 网络实现了数据和应用程序的解耦，数据服务则基于去中心化的分散的认证授权，数据级的细颗粒度的访问控制，在区块链上保存相关操作记录。这就是可信数据服务，或称之为 TaaS（Trust as a Service，可信即服务）。

可信数据服务框架如图 7-40 所示。

6G 网络的数据源自移动网、车联网或物联网等基础网络，获取数据并处理后，对数据进行分类存储。通过隐私保护处理及授权后，可由机器学习结合知识图谱等 AI 工具实现数据知识化，提供给各行各业的应用。

总之，借助多层级的数据去隐私和安全保护技术，6G 网络数据服务框架提供数据主体对数据的自主控制权、安全可信的数据访问控制机制，满足监管、审计和溯源要求，并消除单点信任及单点失效的风险，提供可信的智能数据服务。

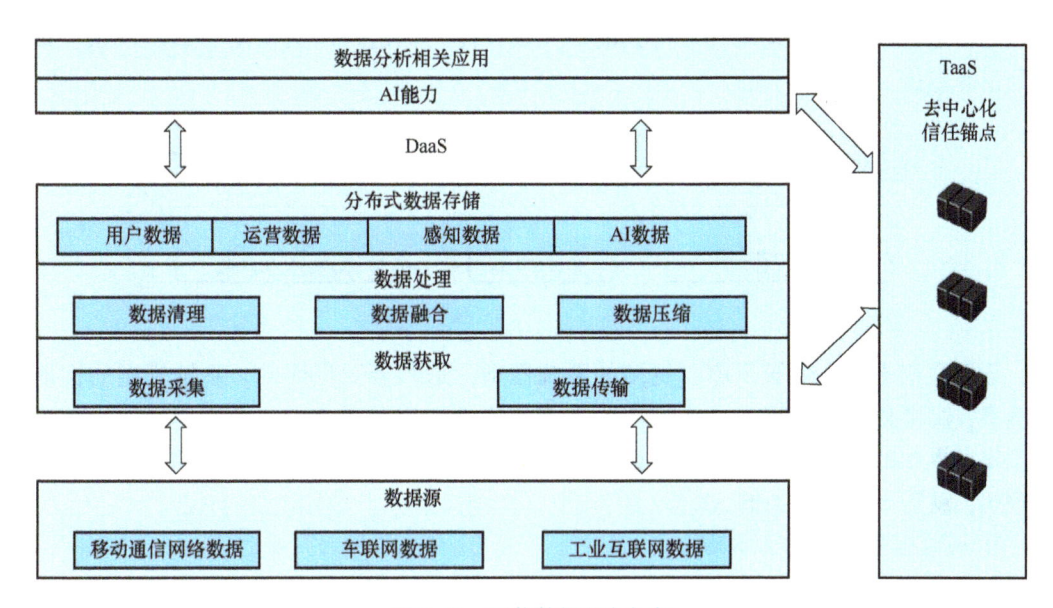

图 7-40　可信数据服务框架

7.3.5　语义通信、语义驱动

用 6G 的手机叫一个北京的全自动驾驶的出租车，对着手机说："去机场！"这个任务给到它，不用问你是去三号航站楼，还是去大兴机场。根据该用户最近使用 6G 手机订票、查询航班的信息，它能够自动理解所布置给它的任务，并准确地执行这个任务——这就是语义通信。

语义通信（Semantic Communication），是以任务为主体，"先理解，后传输"的通信方式。它会对原始信号进行有选择的特征提取、压缩和传输，然后再利用语义层面信息进行通信。如果传统通信是确保符号如何保证正确传输，那么，语义通信是确保传递确切的含义和任务。语义通信就是"达意通信""内容通信"。通信的真正目的是让对方了解自己的意思。不管使用什么语言，只是一种表达方式。6G 网络的目的是高效地传达意思。

传统信源编码是对信息本身的压缩，它寻找数据的规律，通过算法进行数据精简。而语义通信，重在"理解和消化"，讲究的是"智能"。语义通信可以显著降低数据流量，提高通信效率。

语义通信需要在传统经典无线信道模型上叠加语义通信相关的模块，语义通信模型如图 7-41 所示。

在发送端，信源产生的信息首先进行语义提取，产生语义表征序列，然后送入语义信源编码器，对语义特征压缩编码。再送入信道编码器。最后，进入传输信道。在接收端，先信道译码，再语义译码。得到的语义表征序列，送入语义恢复与重建模块，最终得到信源数据。

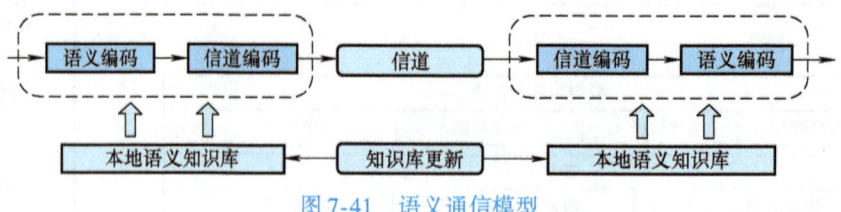

图 7-41 语义通信模型

语义通信多了一个知识库。更多的系统模型，是基于知识库的。系统模型的性能和准确率，高度依赖于知识库。知识库由很多的语义知识图谱组成，分为多个层级，可以对现实世界中的实体、概念、属性以及它们之间的关系进行建模。基于知识库，进行语义理解，就需要前面所说的 AI。

1. 从数据驱动向语义驱动的范式转变

6G 网络架构要实现从数据驱动向语义驱动的范式转变，网络需要具备语义感知、识别、分析、理解和推理能力，从而将为用户提供沉浸式、个性化和全场景的服务，能够支撑包括人机共生网络、触觉互联网、情感识别、全息通信与算力网络等新兴场景，最终实现服务随心所想、网络随需而变、资源随愿共享的目标。

6G 网络将实现多模态语义感知及通信的深入融合，充分利用不同用户、设备、背景、场景和环境等条件下的共性语义信息和普适性知识域，自动对传输信息中所包含的语义和知识进行人工智能相关处理，包括感知、识别、提取、推理和迁移，从根本上解决基于传统数据驱动通信协议中存在的跨系统、跨协议、跨网络、跨人-机交互与通信不兼容和难互通等问题，大幅度提高通信效率、减少语义传输和理解时延、降低语义失真度，并显著提高用户体验质量 QoE。

语义通信技术作为一种全新通信范式，有别于传统的基于数据协议和格式的单一固化通信架构技术。采用更具有普适性的信息含义，即语义，打通机-机智联、人-机智联与人-人智联模式之间的"壁垒"，实现真正的万物无缝智联。

语义通信的高效性主要依赖于语义知识库。6G 语义通信网络如图 7-42 所示。这种知识库建立在海量人类用户和机器之间都具备普适性和可理解性的交互信息。因此，有望解决目前机-机智联中信息模态不一致导致的不兼容性难题，为建立能够满足不同类型设备之间互通互联的统一通信协议架构奠定基础。

语义通信以人类的普适性知识和语义体系作为基础，因此可从根本上保证人-机智联与人-人智联交互及通信时的用户服务体验，并进一步减少语义和物理信号之间的转换次数，从而降低可能产生的语义失真。

2. 6G 语义通信网络的关键技术

面向 6G 语义通信网络的关键技术，如图 7-43 所示，主要包括如下内容。

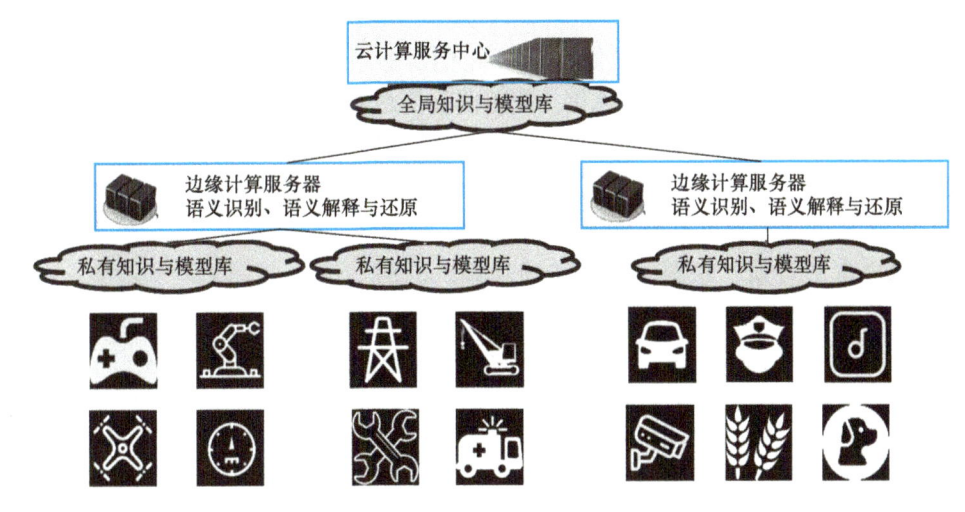

图 7-42　6G 语义通信网络

（1）跨域感知与识别

语义可能受不同主客观环境因素影响，包括用户情绪、性格、与其他通信用户之间社交关系等因素。因此，语义通信网络需要通过综合分析和融合不同种类和形态的感知数据，如综合分析通信、参与用户之间的社交网络信息、视觉图像信息、性格数据等多模态信息数据，提取可能对语义产生影响的多方位因素，然后综合分析。这样有望提升语义通信的识别效率和精度。

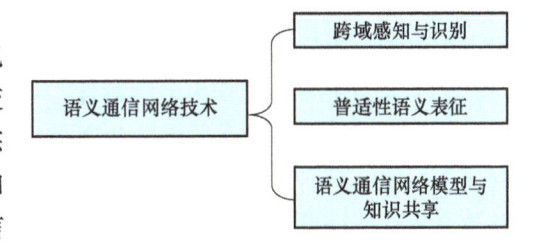

图 7-43　语义通信网络的关键技术

（2）普适性语义表征

语义通信网络需要解决的首要问题是知识和语义表征问题。语义通信网络的知识表征应当具备几个基本要求：

1）易于搜索，易于实现计算操作。
2）易于添加、删除、更新知识实体和实体间的各种关系。
3）节省存储空间。

（3）语义通信网络模型与知识共享

语义通信既需要全局知识与模型库，包含普适性的知识实体（如常识性的单词和事实）与不同实体之间的关系，也需要包含私有和个性化信息的私有知识库。

3. 语义通信网络的三大融合

语义通信网络技术还将赋能 6G 网络的诸多关键能力与服务，推动网络架构的三大融合，如图 7-44 所示。

(1) 语义感知与通信融合

6G 网络将能够根据所传的语义信息，以最大化用户体验质量 QoE 为目标，对信号的采样、传输、解释和还原过程进行优化，完善语义信息的发送和还原。

例如，在无人驾驶环境下，不同车辆自动感知到的驾驶员和乘客的意图，然后通过互通语义提高驾驶决策的安全性和可靠性；或在远程医疗诊断中，通过感知医生和患者的背景、意图、情绪和场景等，识别出双方都能够理解的普适性的语义信息，并自适应地以文本、图像、全息立体投影，甚至是触觉和味觉等方式，帮助医生和患者之间的理解和交互。

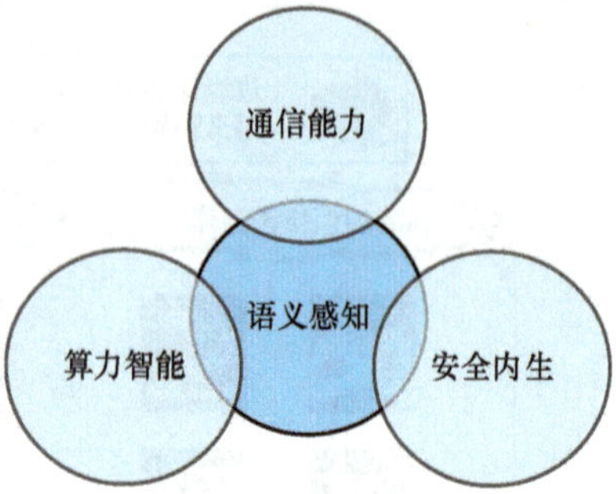

(2) 语义感知和算力、智能的融合

识别和处理语义信息所耗费的计算和存储资源远超出单个智能终端所具备的能力。因此，语义通信网络应当充分利用外部的计算和存储资源，并在海量用户之间实现多种资源的融合与共享。语义通信网络将充分利用算力网络、网络的内生智能，实现复杂语义和场景的快速、高效和安全处理。

图 7-44　语义通信网络的三大融合

(3) 语义感知和安全内生的融合

由于语义通信网络无须传输和通信完整的数据信息，而仅传输根据语义信息所提取和压缩后的信息，因此可显著提高网络通信的安全性。通过识别和跟踪用户通信内容中的语义变化，还可有效发现和识别恶意用户对所传输数据和内容的篡改。

7.3.6　数字孪生技术

数字孪生（Digital Twin，DT）技术用于航空航天飞行器的健康维护与保障。数字空间建立了真实飞机的数字模型。飞机的每次飞行、飞机上真实状态都可以通过各种传感器检测出来，并和数字空间的飞机模型完全同步。这样每次飞行后，根据现有情况和历史载荷数据，可以分析评估出飞机的健康状态，判断出是否需要维修保养等。

数字孪生技术，如图 7-45 所示，是指通过数字化手段将物理世界实体在数字世界建立一个虚拟实体，借此对物理世界实体实现动态观察、分析、仿真、控制与优化。数字孪生是物理实体在数字世界的实时镜像，具备虚实融合与实时交互、迭代运行与优化，以及全要素、全流程、全业务数据驱动等特点。

数字孪生在数字空间中构建物与物、物与空间、物与人等复杂关系，充分利用设备模型、历史数据、实时运行数据，实现在数字世界中构建与物理世界的实时同步。也就是说，数字孪生是一种基于现实、超越现实的概念，集成多学科、多物理量、多角度，在虚拟的数字世界里完成物理世界映射的过程。数字孪生网络（Digital Twin Network，DTN）是一个具有物理网络实体及虚拟孪生体，且二者可进行实时交互映射的网络系统。

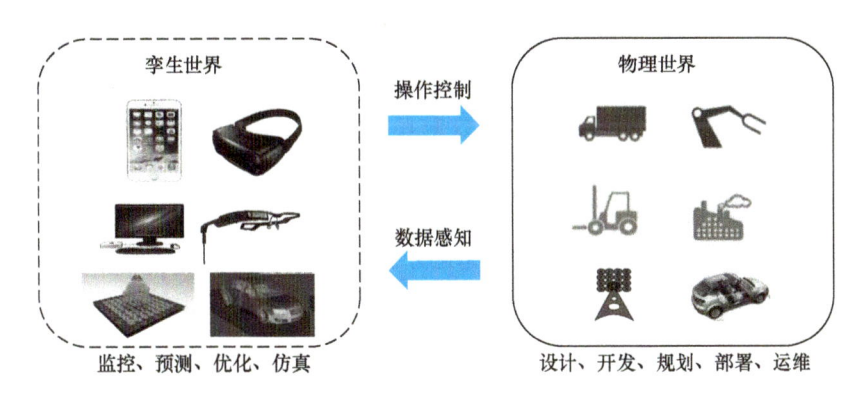

图 7-45　数字孪生技术

人们将物理世界发生的一切，送回到数字空间中，并且保证数字世界与物理世界的协调一致。这里涉及的技术有：现实环境的感知，海量物理量的监测，数字化模型仿真，分析数据积累、挖掘，人工智能的应用等。

5G 在 DT 价值的挖掘上只是初级阶段；由于 6G 陆海空全面覆盖的特征，支持比 5G 更大速率和连接，6G 在 DT 价值的挖掘上进入到全面爆发的阶段；7G 则在基于意识连接的基础上，实现数字世界、物理世界和人类意识的深度融合。

1. 数字孪生技术应用场景

目前数字孪生已在智能制造、智慧城市、移动通信系统的运维等领域得到运用。6G 时代，伴随着人工智能、大数据、云计算等技术的不断发展，以及 AI 和感知的泛在化，数字孪生技术会更广泛地运用于工业物联网、移动网络自治等领域。于是整个社会进入虚拟与现实结合的"数字孪生"世界。

实际上，各行各业的仿真系统就是数字孪生的雏形，只不过仿真系统和现实世界不是实时互动的。数字孪生则不然。数字孪生简单地说就是八个字：虚实结合、闭环控制。

数字孪生技术是智能制造系统的基础，在工业领域，工业数字孪生是载体，实时可感知的动态工业现场是表现。数字孪生网络技术提供边云协同的数据采集架构、统一的数据入口、场景化的高性能资产建模能力。庞大的工业原始数据，面向业务场景的语义封装和上下文环境，二者把生产过程数据和产品质量数据进行匹配，实现了成品质量的自动预测和生产效率的精准分析，创造工业数据的最大价值。

在数字孪生的世界里，工业互联网将产生大量的业务敏感数据，智慧健康将产生海量的个人隐私信息，都面临着被恶意攻击和非法使用的威胁。人类的安全首先表现为数据领域的安全。数据隐私保护和数据领域的安全保障是 5G、6G、7G 的共同要求。

数字孪生技术在改变人们的工业生产系统的同时，也使得移动网络自身的数字化成为可能。数字孪生网络技术可帮助物理网络实现低成本试错、智能化决策和高效率创新。

数字孪生网络作为 6G 网络的关键使能技术和平台，可助力 6G 网络达成柔性网络和智慧内生等目标。6G 时代的数字孪生网络技术包括功能建模、网元建模、网络建模、网络仿真、参数与性能模型、自动化测试、数据采集、大数据处理、数据分析、人工智能、机器学习、故障预测、拓扑与路由寻优。

以往做移动网络优化的时候，优化方案需要在真实的网络上直接尝试，不但耗时长，而且服务影响大。6G 网络中，设计好的优化方案可先在数字孪生体上运行，看看效果。如果效果不理想，可以自动调优，或者专家调优。在数字孪生体上迭代调优到最佳状态，再加载到真实网络上。这样，不但可以减少网络的调优时间，而且可以降低服务中断的影响。

6G 网络和其孪生体如果可以实时交互，对未来网络状态的走势能进行提前预测，这样 6G 网络就成了具备自优化、自演进和自生长能力的自治网络。自优化网络对可能发生的性能劣化进行提前干预，数字域持续地对物理网络的最优状态进行寻优和仿真验证，并提前下发对应的运维操作自动地对物理网络进行校正。

网络新技术研发经历仿真验证、实验室验证和试点验证等多个阶段，研发周期长，并且难以遍历商用网络中潜在的组网和应用情况。可以把网络每一个阶段不好解决的难题转换到数字世界来求解，通过监控、预测、优化、仿真，实现网络的自治能力。

网络管理和应用可利用数字孪生技术构建的网络虚拟孪生体，基于数据和模型对物理网络进行高效的分析、诊断、仿真和控制。同时，数字孪生网络服务可为业界提供端到端或部分网络功能的孪生服务，使能移动网络创新加速，以降低电信行业研发成本、缩短研发周期。

在 6G、7G 的时代，利用全息投影技术和超高速的数据业务速率，虚拟空间的数字映射可以像影子一样伴随在物理空间中，也可以根据需要关闭和打开虚拟空间。虚拟空间完全可以反映相对应的物理实体设备的全生命周期过程。

总的来说，数字孪生网络平台通过物理网络和数字网络实时交互数据，相互影响，可以帮助实现更加安全、智能、高效、可视化的智慧 6G 网络。但数字孪生技术依赖大量数据的实时采集，这就会对数据采集的方式和处理效率提出较高的要求。

2. 网络运维全生命周期管理

数字孪生技术可以用于网络运维全生命周期管理，这个过程包括 5 个重要的环节，如图 7-46 所示。

（1）规划

数字孪生技术支持规划目标建立、规划方案设计、规划仿真全流程。从网络整体表现、产品运营战略、业务使用体验提升等角度建立规划目标；数字孪生体拉通规划目标和规划方案，包括拉通环境数据、业务需求数据、资源数据的多维度分析能力，然后实现业务覆盖、容量、带宽等规划目标，并完成规划目标的仿真验证。

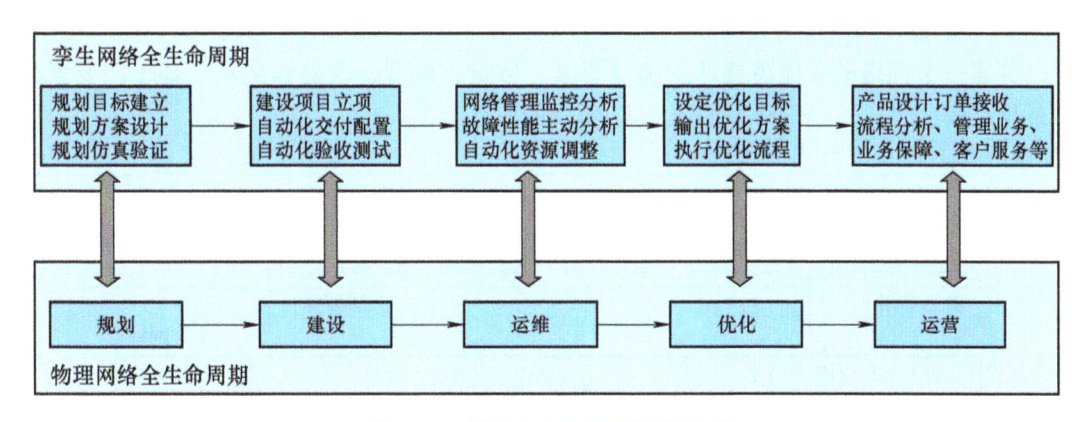

```
┌─────────────────────────────────────────────────────────────────────┐
│ 孪生网络全生命周期                                                  │
│  ┌──────────┐  ┌──────────┐  ┌──────────┐  ┌──────────┐  ┌──────────┐│
│  │规划目标建立│→│建设项目立项│→│网络管理监控分析│→│设定优化目标│→│产品设计订单接收││
│  │规划方案设计│  │自动化交付配置│  │故障性能主动分析│  │输出优化方案│  │流程分析、管理业务、││
│  │规划仿真验证│  │自动化验收测试│  │自动化资源调整│  │执行优化流程│  │业务保障、客户服务等││
│  └──────────┘  └──────────┘  └──────────┘  └──────────┘  └──────────┘│
└─────────────────────────────────────────────────────────────────────┘
        ↕            ↕            ↕            ↕            ↕
┌─────────────────────────────────────────────────────────────────────┐
│  ┌────┐      ┌────┐      ┌────┐      ┌────┐      ┌────┐             │
│  │规划│  →   │建设│  →   │运维│  →   │优化│  →   │运营│             │
│  └────┘      └────┘      └────┘      └────┘      └────┘             │
│ 物理网络全生命周期                                                  │
└─────────────────────────────────────────────────────────────────────┘
```

图 7-46　数字孪生全生命周期管理

（2）建设

数字孪生技术支持建设项目的立项、设计、验收全流程。根据规划设计完成交付、配置，以建设目标为基准完成网络能力、可用性等具体指标的验收。以上各环节也可以通过自动化工具实现能力提升，包括自动化交付配置、自动化验收测试和闭环调整。

（3）运维

数字孪生体对网络整体表现、产品运营表现、业务使用体验、资源健康度进行管理、监控、分析。通过被动的监控和处理，或者通过对故障告警和性能劣化的主动感知分析，以及自动化的资源调整实现网络、业务的自动恢复。数字孪生体通过售前、售中、售后的端到端支撑能力，提供贯穿于运维各项生产环节的自动化运维感知和决策信息的流转能力。

（4）优化

数字孪生体支持根据规划部门、市场部门、服务部门、运维部门的需求建立优化目标、输出优化方案、执行优化流程；支持基于网络整体表现、业务使用体验、资源健康度等不同维度设定优化目标；通过优化方案设计能力输出常态化或专题类优化方案；通过优化分析工具执行优化方案。

（5）运营

数字孪生体支持市场部门设定的优化市场战略，支持产品设计、订单接收、流程分析以及业务在网络中的配置、激活、上线、扩缩容以及变更等全生命周期管理业务工作，同时也包含业务上线、变更带来的业务保障、端到端测试、质量监控、投诉预处理、客户服务、用户满意度保障等工作内容，对保障网络资源对业务的诉求提供可靠的能力支撑。

总之，数字孪生网络基于 6G 网络数据感知、智能控制、安全内生，可实现网络的全生命周期自治。

3. 数字孪生网络三层架构

构建一个网络孪生体需要四个关键要素：数据、模型、映射和交互。基于四要素构建的网络孪生体，可以设计为如图 7-47 所示的三层架构。

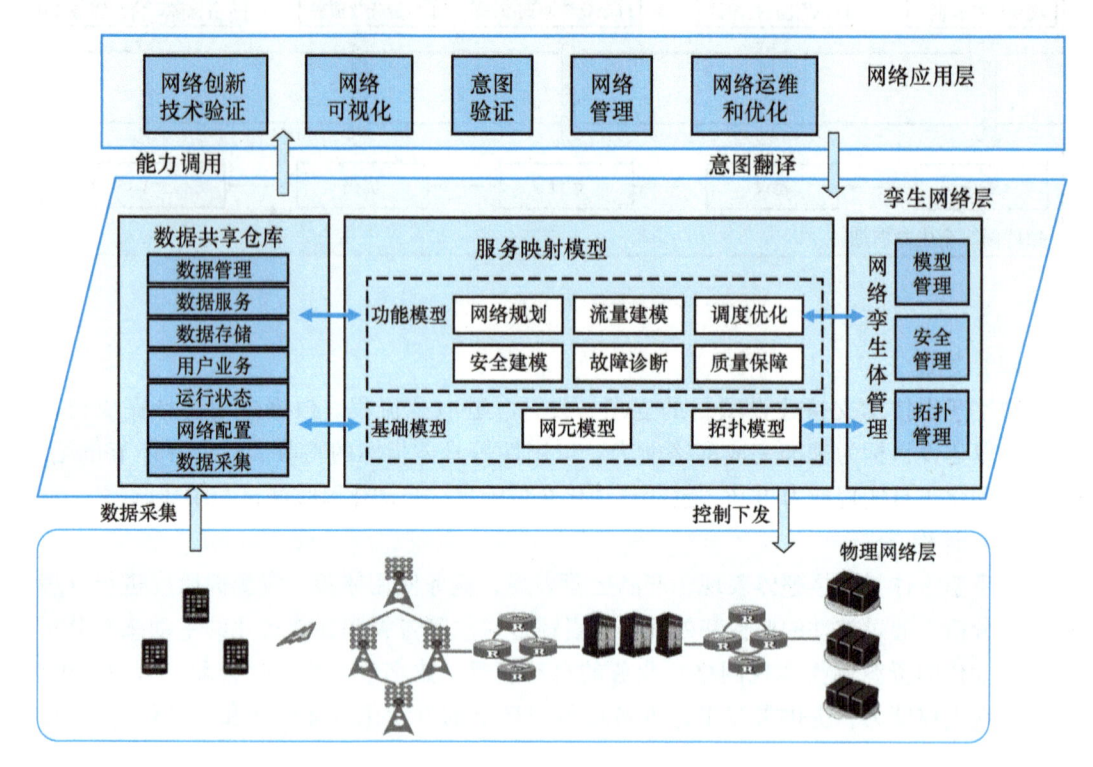

图 7-47 数字孪生网络三层架构

第一层为物理网络层。6G 物理实体网络中的各种网元，通过简洁开放的南向接口，和数字孪生体按需交互端到端的网络状态信息和网络控制信息。

第二层为孪生网络层。孪生网络层在网络管控平面上，构建物理网络的虚拟镜像，是数字孪生网络系统的核心，包含数据共享仓库、服务映射模型和网络孪生体管理三个关键子系统。

1）数据共享仓库：通过南向接口采集并存储各种网络实体的历史数据及实时运行数据，形成数字孪生网络的单一事实源；并向服务映射模型子系统提供完备的数据以及高效的接口和服务。

2）服务映射模型：基于数据的基础模型和功能模型，通过实例或者实例的组合向上层网络应用提供服务，最大化数字孪生服务的敏捷性和可编程性。作为数字孪生网络的能力源，数据模型的种类越丰富，数字孪生网络所能提供给网络应用的能力就越强大。

3）网络孪生体管理：完成数字孪生网络的管理功能，全生命周期的记录，可视化呈现和管控网络孪生体的各种元素，包括拓扑管理、模型管理和安全管理。

第三层为网络应用层。常规的网络运维和优化、网络智能化应用、意图驱动的网络智能自治以及面向未来的网络新技术创新和依托于极致网络性能的新业务创新等均可通过北向接口向网络孪生体输入需求，并通过网络孪生体的模型化实例在孪生层进行业务的部署，充分验证后，孪生层通过南向接口将控制更新下发到物理实体网络。

第 8 章

独立构建、独立扩展——6G RAN 功能服务化架构

本章将掌握

(1) 服务化架构和服务化接口的概念。
(2) RAN 服务化后的好处和挑战。
(3) 服务化 RAN 的设计原则。
(4) 服务化 RAN 的总体架构演进。
(5) 服务化 RAN 的分层关键技术。

> 《RAN 服务化》
> 无线网络服务化,
> 编排管理与开发。
> 基础设施云原生,
> 灵活定制待诗夸。

一体化的设备方便批量地标准化安装和部署,但不利于以用户为中心快速定制化的服务提供和动态的产品拓展升级。而服务化的架构正是为了面向用户定制化、动态化的服务和产品而产生的。

服务化架构是一种在云架构中部署应用和服务的新 IT 技术。它把单体式架构(Monolithic)分解成微服务架构(Microservices),一个服务应该具备单一职责,能够独立构建、独立部署和独立扩展。这种服务化的架构应该是受业务驱动,支持迭代开发、不断演进。

总之,服务化架构的核心有三点:

1) 微服务:一个整体的结构要打散为颗粒度很细的微服务,每一个微服务是具有单一职责、可以独立伸缩的功能单元。

2）接口：微服务之间通过标准开放的接口进行信息交互，一个服务的动态升级扩展，不影响它和其他服务之间的接口关系。

3）云原生（Cloud Native）：云原生，简单的说，在云架构下开发的服务或功能。IT领域的云原生概念包含很多特征，比如快速迭代开发（DevOps）、敏捷、动态编排、虚拟化、容器化、独立扩展、可重用、开放。

8.1 RAN 功能服务化原理

现在移动网络的核心网的黑盒子已经被打开，核心网网元的功能已经完成了服务化架构的重构，如图 8-1 所示。但是无线网（RAN）还没有完成服务化架构的重构。6G 时代，无线网也需要构建以用户为中心的新体系结构，蜂窝网络和无蜂窝网络并存，以此为基础，完成服务化架构的重构。总的来说，两个方向，基于应用用户面的垂直重构、基于空口功能的水平重构。

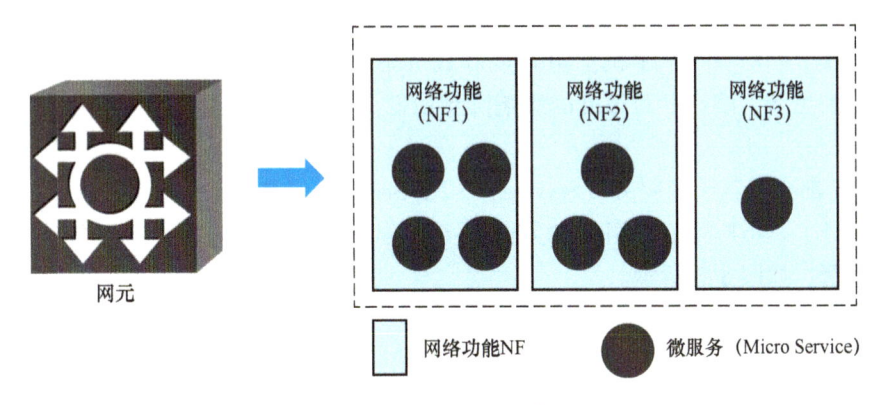

图 8-1 网元服务化

8.1.1 服务化架构

现网的网元种类有很多。按专业细分有软交换网元、核心网网元、承载网网元、IMS网元、增值业务网元等；按照所处的网络位置分有边界网关、接入端局、互联互通关口局、长途汇接局、信令转发点等。同样，现网各类网元的厂商也很多，有华为、中兴、爱立信、诺基亚等知名厂商。

无线网（RAN）网元服务化后的硬件和 IT 行业的硬件一样都是通用的服务器（如X86 架构），但是射频单元和天线单元很难被通用服务器所代替。无线网基带处理单元（BBU），无论是集中单元（CU）还是分布式单元（DU），网元的职能被打散成一个个的网络功能（NF，Network Function），每个网络功能又分为若干个服务（Services），每个服务又提供几个操作（Operation）。

一个网络功能就是一个软件包，如同手机上面的 App 一样，可以方便地安装在通用硬件上。每个服务提供的可用操作，就是对外接口。其他服务通过这个标准的接口使用这个服务。

6G 的核心网和无线网均采用的是 SBA 架构（Service Based Architecture，基于服务的架构）。所谓 SBA，可以用图 8-2 来通俗地表示。SBA 架构本身就采用软件模块化设计的思想，不仅将各类网元功能"软"化，同时将传统网络各网元的逻辑功能进行了拆分和重组，使得每个"软"化的网元功能单元能力更加清晰。

图 8-2　SBA 含义

每个网络功能 NF 相互之间解耦，可以分布式部署、独立扩展、独立升级、独立割接，按需编排，如同在一个手机上更新或卸载 App 一样。由于是服务化解耦的架构，单个网络功能的更新、演进，对彼此的影响降到最低。当然也支持所有网络功能 NF 全面灵活的扩容。

每个 NF 都会有若干个服务（Services），NF Services 就是网络功能通过服务化接口对外提供的服务，是 NF 的基本组成单元。服务拆分的原则是自包含、可重复使用、自管理、可被消费，如图 8-3 所示。

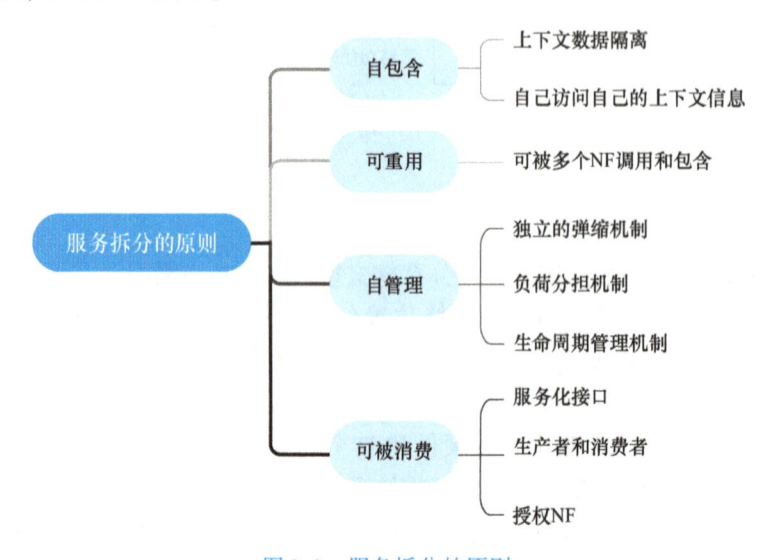

图 8-3　服务拆分的原则

所谓自包含（Self-contained），主要指每个服务只能访问自己的上下文信息（Context）。一个 NF 中，可能存在多个上下文（Context），但同一 NF 内不同服务的上下文数据上是隔离的。

所谓可重用（Reusable），主要是指一个服务要满足被多个 NF 调用或者包含的要求。举例来说，AMF 定义的服务 A，应该可以直接被 SMF 包含，SMF 只需要将相关的参数配置到服务 A 中，服务 A 将成为 SMF 中的一个服务。

所谓自管理（Management Schemes Independently），对于服务，包括独立的弹缩机制、负荷分担机制、生命周期管理机制等。

NF 的服务是可被消费的。一个 NF 的功能价值在于给其他 NF 提供服务。提供这个服务的 NF 叫生产者，调用这个服务的 NF 叫消费者。NF 通过服务化接口给其他授权 NF 消费。NF 的拆分是以提供给其他 NF 的服务化接口为中心，而非按照本身的功能拆分。

8.1.2 基于云原生的服务化技术

计算技术经历了从裸机到虚拟机、到容器、到云原生的快速发展，云化技术演进趋势如图 8-4 所示。云原生已经成为最适合云架构的技术实践。云原生是面向云应用设计的一种思想理念，充分发挥云效能的最佳实践路径，可以帮助运营商构建弹性可靠、松耦合、易管理、可观测的网络系统，提升交付效率，降低运维复杂度。云原生大大降低了云计算的门槛，可以实现研发与运维的跨域协同，提升开放迭代速度，并赋能业务创新。

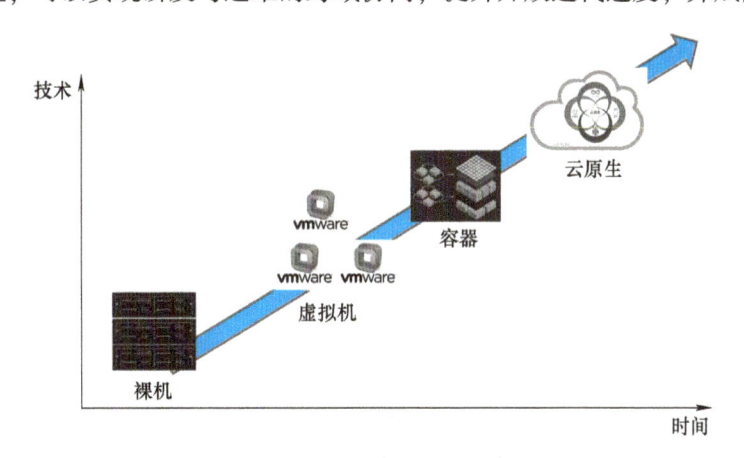

图 8-4 云化技术演进趋势

云原生技术架构具备以下典型特征：
1）极致的弹性能力可实现秒级甚至毫秒级的响应。
2）高度自动化的调度机制可实现极强的自愈能力。
3）高度适配性可实现跨区域、跨平台甚至跨服务商的规模化大规模可复制部署能力。

随着DOICT技术的深度融合以及大量新型业务的涌现，运营商需要网络具有敏捷响应新需求的能力，支持基于最小服务单元进行在线、动态升级，以快速提供网络服务。基于云原生的服务化技术是使能这个能力的重要技术。

电信服务对性能、低时延、可靠性、安全性、设备成本都有更高的要求，这些都需要云原生技术针对电信业务特点进行演进，以满足电信业务高标准的特点。

基于服务化架构的协议功能具有按照业务需求运行协议的能力。基于服务化架构的协议运行在云平台上，利用云原生实现基于微服务化的开发、部署与管理。云原生平台需要适应网络特点，实现高效、开放、跨多云的部署。

技术特征体现在以下几个方面：

（1）云原生服务化技术驱动的协议功能

云原生驱动协议功能向服务化架构演进。在遵守各协议层逻辑约束关系的前提下，把协议功能实体重构成可灵活组合的模块，各个模块能够按需灵活组合、部署和运行，以实现网络新业务服务能力。

（2）云原生服务化技术驱动的接口

接入网内部及外部的接口都需要基于云原生服务化接口形态和接口协议进行重构，从而可以支撑协议功能模块的灵活组合和网络能力开放。

（3）云原生服务化技术驱动的能力开放

向第三方提供方便快捷统一的接入网信息交换机制和策略调整机制，实现融智共赢。

8.1.3 RAN服务化的应用

6G无线网络起步于Virtual RAN、Cloud RAN，方向是服务化RAN，如图8-5所示。Cloud RAN为无线网络搭建了一个灵活、可扩展的底层平台，但上层服务定制能力较为有限。

从功能角度上讲，目前BBU开发的最小粒度为集中单元（Centralized Unit，CU）或分布单元（Distributed Unit，DU），颗粒度仍较大，不能满足特定新功能快速上线、灵活部署的需求。

从接口角度上讲，基站内部、基站之间、基站与核心网之间依然使用点对点专用接口互连，每当基站或相关核心网网络功能发生改变时，都需要在相关接口上进行调整，标准化工作量大、运维管理复杂度高。

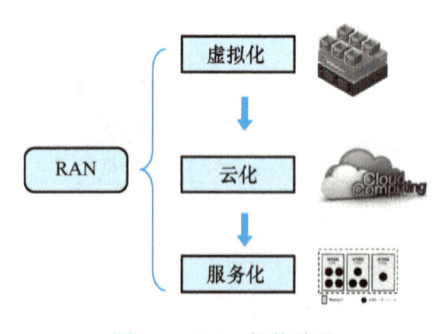

图8-5 RAN架构演进

1. 服务化RAN的好处

无线网络重构为功能更细粒度的服务化RAN，更细颗粒度的服务功能之间采用服务化接口，这样才能满足更加多样化的业务功能需求、服务质量（Quality of Service，QoS）需求、管理策略需求、部署需求、开放需求，更好地发挥 Cloud RAN 的平台优势，如图 8-6 所示。

服务化 RAN：
- 版本升级快捷：RAN 功能服务的重新定义，更快基站功能版本升级，及时满足业务功能需求；
- 新功能引入：RAN、CN 服务化接口为端到端网络流程，新的交互方式，降低跨域新功能引入对其他服务的影响；
- 网络能力开放：RAN 服务与第三方服务之间的服务化接口支持更及时、更多维的无线网络能力开放；
- 降低成本功耗：云原生基础设施平台、硬件资源池化共享，降低网络建设成本与整网功耗；
- 新业务灵活上线：RAN 服务与 CN 服务一体化编排管理，降低全网运维管理复杂度，敏捷响应业务部署需求，提升网络对新业务的适应能力。

图 8-6 服务化 RAN 的好处

1）通过 RAN 功能服务的重新定义，更快地实现基站功能版本的升级，及时满足业务功能需求。

2）通过定义 RAN 服务、核心网（Core Network，CN）服务间的服务化接口，为端到端网络流程带来新的交互方式，同时降低跨域新功能引入对已有服务的影响。

3）通过 RAN 服务与第三方服务之间的服务化接口定义，将实现更及时、更多维的无线网络能力开放。

4）通过云原生基础设施平台，实现硬件资源池化共享，降低网络建设成本与整网功耗，敏捷响应业务部署需求。

5）通过 RAN 服务与 CN 服务一体化编排管理，降低全网运维管理复杂度，提升网络对新业务的适应能力。

2. 服务化 RAN 的使用场景

（1）面向垂直行业，提供按需精简的服务能力

传统基站功能全面，支持 5G 与 4G 互操作、支持多种频段、支持全球导航卫星系统（Global Navigation Satellite System，GNSS）定位、支持 IP 多媒体子系统（IP Multimedia Subsystem，IMS）语音等。这种不断做加法的方式，使得基站在无所不能的同时，其功能设计愈发复杂、牵一发而动全身。面向行业应用场景，更需要的是轻量化、低成本、灵活部署的基站，以适应不同行业的定制化需求。

通过服务化 RAN，垂直行业客户可以自己选择，或者基于运营商策略将必要服务放置到处于不同地理位置的、不同类型的云平台上。例如，面向超低时延、超高可靠业务的 RAN 服务可能会部署在边缘云平台，以降低接入时延；面向大带宽业务的 RAN 服务，可能会部署在汇聚云平台，以降低部署成本。垂直行业客户还可以考虑将 RAN 服务与 CN

服务同平台、共部署，以提供更极致的服务体验。

（2）面向个人用户，提供用户特定的服务能力

传统网络基于业务 QoS 需求为用户提供服务。针对同一业务，网络会为不同用户下发几乎相同的配置。随着未来业务需求的更加多样化发展，即便针对同一业务，不同用户的服务需求也可能是不一样的。

服务化 RAN 使得极致的差异化服务能力提供成为可能。服务化 RAN 可以基于用户需求，在合适的云平台位置为 UE 生成定制化的网络功能服务实例，如 AI 模型训练相关的服务实例，可帮助 UE 及时完成计算量大的任务。

3. RAN 服务化面临的挑战

传统无线网是一体化架构，采用和厂家强相关的专用硬件架构和无法 IT 化的射频器件。基础设施层、网络功能层、管理编排层等多维分层技术引入无线网会导致无线网架构和技术的大变革。在此基础上，RAN 服务化面临着如图 8-7 所示的挑战。

服务拆分	避免单体架构和微服务架构两者的弊端集于一身
网络性能	通用设备具备较强的扩展性，能够完成更多任务，但代价是算力不集中、性能下降
测试运维	不同 RAN 服务可能由不同厂家来实现，互操作测试的工作量大
网络能效	通用芯片的缺点是对流量的处理效率低，功耗高
异构硬件	对硬件的性能、灵活性、功耗、成本都提出了苛刻的要求，硬件的规模大，开发周期长，涉及众多硬件厂商
网络安全	异厂商 RAN 服务之间交互数据的安全性，网络能力开放引发的网络攻击风险、云和虚拟化带来的安全风险、以及开源代码漏洞

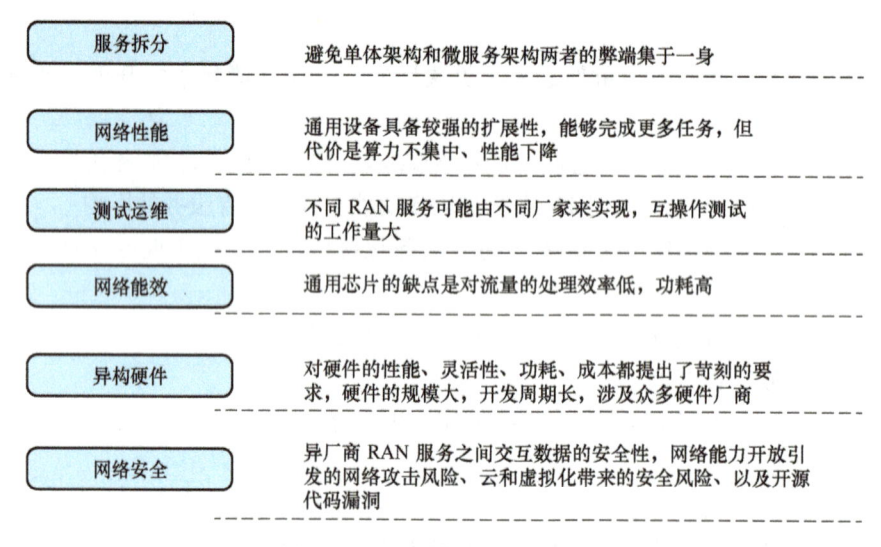

图 8-7　RAN 服务化面临的挑战

无线网的基站"单体架构"应用包含了一大堆互相之间紧耦合的服务，如 RRM 模块之间的紧耦合关系。因此，服务拆分变得异常复杂。再加上无线网通常需要分布式部署，拆分后的服务，如果在分布式系统中又部署在一起的话，就会形成所谓的"分布式单体"问题，会导致单体架构和微服务架构两者的弊端集于一身。

无线网的基站是电信级专用设备具备 7×24 小时不间断运行的能力。而多维分层架构中基础设施使用的通用设备，虽具备较强的扩展性和灵活性，但无法达到专用设备的可用性级别，与专用设备存在性能差异，而且算力不集中。

多维分层架构中不同层、不同维、不同的服务化功能由不同厂家来实现。由于各厂

家的技术方案各不相同，对接口相关规范的理解也可能存在差异，所需互操作测试的工作量是非常巨大的。同时，可能很难分清安装和维护时的责任划分，影响故障恢复时间。需要维护的设备数量增加，导致网络管理的复杂度和成本增加。

服务化 RAN 的实现将基于通用服务器。这类硬件服务器使用通用芯片、成本低、灵活性高。但通用芯片的缺点是对流量的处理效率低、功耗高。据业界研究，如果采用通用芯片来实现的基站功能，其需要的芯片数量是专用芯片的 18 倍，功耗约是专用芯片的 30 倍。以此类比，服务化 RAN 带来的功耗问题也需要仔细考虑。

对无线接入网实现服务化改造，表面看是软件的变革，但其实严重依赖底层异构硬件平台方案的支持。这涉及硬件资源的抽象、虚拟化、管理编排以及快速的迭代。软件迭代速度越来越快，软件对硬件的性能、灵活性、功耗、成本都提出了苛刻的要求，而硬件的规模越来越大，开发周期越来越长。

不同异构硬件的定位不同，虚拟化的能力差异非常大。即使是同一类的异构硬件，不同厂商的产品虚拟化程度也参差不齐。另外，异构计算方案通常涉及众多硬件厂商、云厂家和网元厂家，各种技术挑战不是任何一家公司能够完全解决的，需要不同领域供应商的紧密配合。

核心网服务化后定义了用户面数据处理的接口交互参数。但即便参数已标准化，也很少在异厂商设备之间使用。

主要原因有两点：一方面，这些参数主要用于特定算法，通用价值较低；另一方面，数据的可信度难以保证。数据的准确度、可信度直接影响网络或设备的性能。因此，保证数据安全，尤其是异厂商 RAN 服务之间交互数据的安全性尤为重要。

服务化后网络能力开放引发的网络攻击风险，云和虚拟化带来的安全风险，以及开源代码漏洞易被黑客利用等风险也需要同步考虑。

8.1.4　RAN 服务化功能重构

基于服务化架构的协议重构后的功能，如图 8-8 所示，包括基础功能和增量功能两大类：

1）基础功能。包括小区级功能，如连接管理、用户面管理、UE 节能管理等功能以及相应的网络服务。

2）增量功能。包括接入网功能注册、数据采集与存储、能力开放、AI 分析与决策等功能及相应的网络服务。

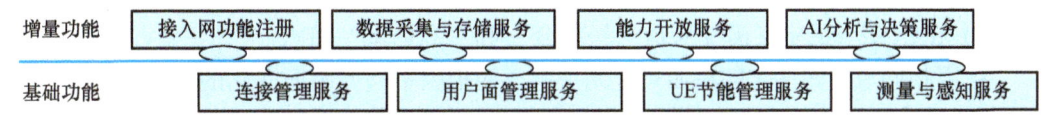

增量功能	接入网功能注册	数据采集与存储服务	能力开放服务	AI分析与决策服务
基础功能	连接管理服务	用户面管理服务	UE节能管理服务	测量与感知服务

图 8-8　服务化架构的协议功能重构后

接入网功能的高实时性和高灵活性，对平台的存储、算力和信息交互的实时性都提出了很高的要求。DOICT 深度融合技术能否支撑该要求，还需要标准进一步完善。

再加上接入网功能耦合紧密，如何实现功能合理的"高内聚、低耦合"是一个庞杂的系统工程。服务化技术相对于传统解决方案会带来单设备成本的增加。如何实现成本和收益的平衡是系统性问题。

8.2 RAN 服务化架构设计与演进

RAN 服务化的设计面临着一体化的 RAN 自身的紧耦合问题，同时 RAN 设计不合理，会影响网络的性能，增加测试运维的工作量，增加系统的能耗，带来安全风险。所以 RAN 服务化设计需要遵循一定的原则。

RAN 服务化的进程也不是一蹴而就的，可以是分阶段逐步成熟的，先易后难，先接口、后功能，先控制面、后用户面，先 RAN 再终端。

8.2.1 6G 服务化 RAN 设计原则

为了应对 RAN 服务化的挑战，避免服务划分不合理导致的"分布式单体"问题，服务化 RAN 设计需要遵循以下五个设计原则：

（1）RAN 所提供的服务需要针对外界需求来定义

网络是用来处理业务需求的，因此定义服务化 RAN 设计的第一步就是将外界需求提炼为关键请求，如图 8-9 所示。对于接入网，需求可以来自核心网网络功能，也可以来自无线网络的各个基站节点，还可以来自第三方应用或者用户设备（User Equipment，UE）。

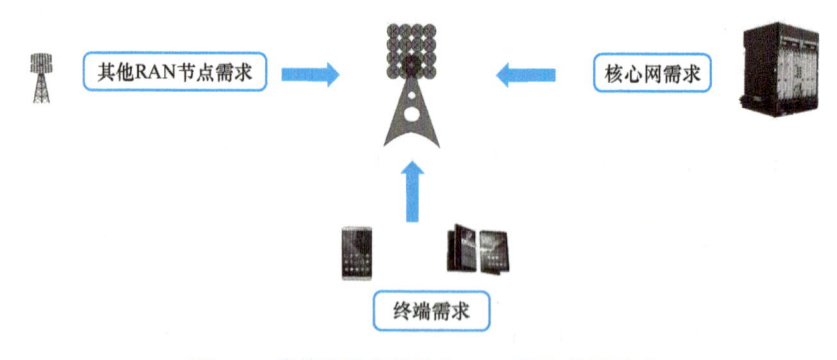

图 8-9 将外界需求提炼为 RAN 服务关键请求

（2）RAN 服务的定义需要满足"松耦合"和"高内聚"特点

"把因相同原因而变化的东西聚合到一起，而把因不同原因而变化的东西分离开来。"这是服务化设计的单一职责原则。改变一个服务应该只有一个理由，服务所承载的每一个职责都是对它进行修改的潜在原因。

微服务应该设计得尽可能小、内聚、仅仅含有单一职责,如图 8-10 所示,这会缩小服务的大小,并提升它的稳定性。但是"小"并不是微服务的最主要目标。

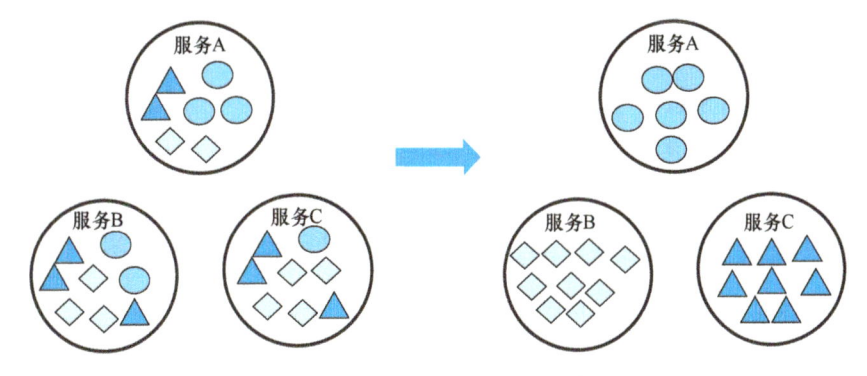

图 8-10 服务内聚,单一职责

"松耦合"是微服务架构最核心的特性。如图 8-11 所示,一个微服务就是一个独立实体,可以独立进行修改,并且某一个服务的部署不应该引起该服务消费方的变动。对于一个服务,需要考虑什么应该暴露、什么应该隐藏。如果暴露的过多,那么消费方会与该服务内部实现产生耦合,这会使服务和消费方之间产生额外的协调工作,从而降低服务的自治性。

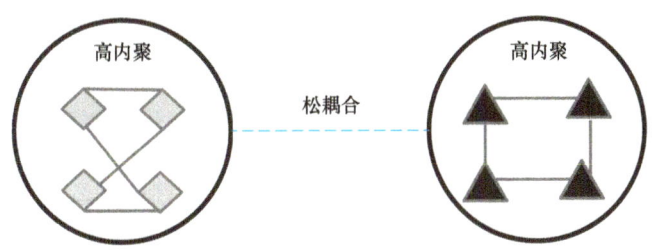

图 8-11 松耦合

(3) RAN 服务要尽量保持自身数据的独立

保证数据的私有属性是实现松耦合的前提之一。如果服务之间需要维护数据同步,那么服务提供方的修改将很大程度上影响服务消费方。

(4) 定义清晰 RAN 服务及服务之间的访问关系

RAN 服务以及每个 RAN 服务 API 的定义是服务化 RAN 的核心。

即便是在微服务已经非常成熟的信息技术(IT)领域,辅助完成服务拆分或服务定义的具体算法也并不成熟。

服务化 RAN 架构的设计可以考虑通过如下三个步骤来实现:

一是将外界需求提炼为各种关键请求,即系统操作(目前核心网中有两种系统操作模式:Request-Response 和 Subscribe-Notify)。

二是分解 RAN 服务。

三是将系统操作合适地分配给分解出来的 RAN 服务。

（5）控制面功能与用户面功能深度解耦

在无线接入网 RAN 实现控制面和用户面功能的彻底分离，如图 8-12 所示，控制面通过标准的分组数据控制协议来和用户面交互，以满足用户面轻量化、低成本和灵活的部署需求。

8.2.2 服务化 RAN 架构分层演进

服务化 RAN 的发展可能分以下五个层次进行演进，不同层次可能单独出现，也可能同时出现。

（1）第一层次：控制面接口服务化，实现跨域功能直接互访

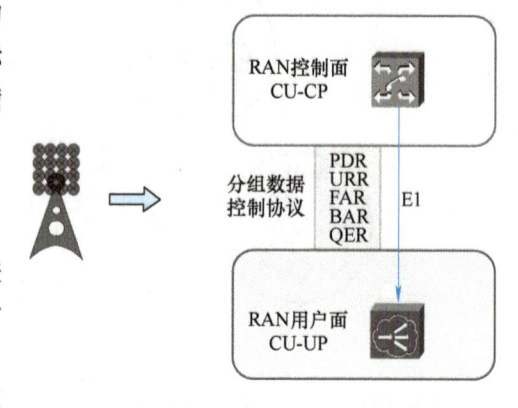

图 8-12　RAN 控制面和用户面的彻底解耦

在传统通信模型中，基站与核心网网络功能之间使用预先建立的点对点信令接口相互通信。每当 RAN 侧引入新功能时，都需要对现有的网络功能进行增强，并且需要在新功能和与之通信的现有网络功能之间定义新的点对点接口。

随着核心网服务化架构的扩展与演进，服务化架构不仅限于核心网内部，而是向核心网与基站 CU-CP（CU 的控制平面）之间的 N2 接口扩展。在这一阶段，基站 CU-CP 整体作为一个 RAN 服务，与 CN 网络功能服务（Network Function Service，NFS）进行交互，如图 8-13 所示。

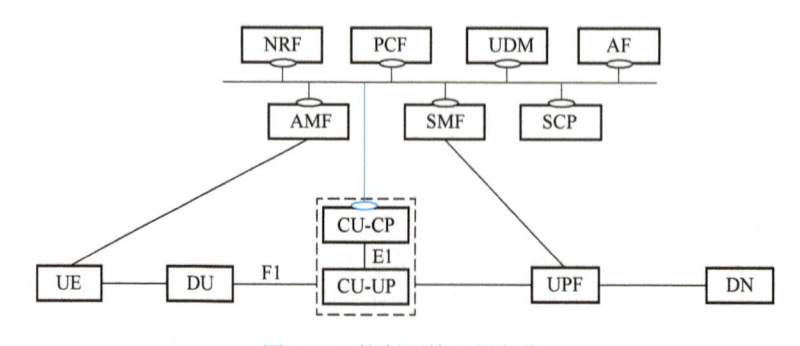

图 8-13　控制面接口服务化

（2）第二层次：RAN 控制面服务化，助力端到端流程再优化

在这一阶段，RAN 的控制面功能将被重构为多个 RAN 控制面服务（Control Plane Service，CPS），如图 8-14 所示，CPS 大致可以包括如下几种功能类型：无线承载管理服务（Radio Bearer Management Service，RBS）、连接与移动性管理服务（Connection Mobility

Management Service，CMS)、本地定位服务（Local Location Service，LLS)、多播广播服务（Multicast Broadcast Service，MBS)、数据采集服务（Data Collection Service，DCS)、信令传输服务（Signaling Transmission Service，STS)、接入网开放服务（RAN Exposure Service，RES)，如图 8-15 所示。

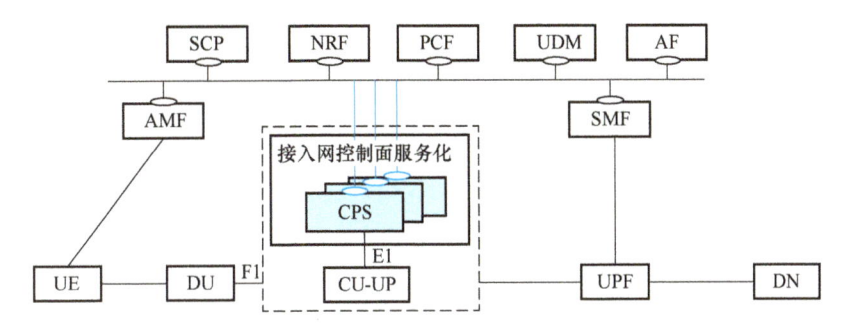

图 8-14 RAN 控制面服务化

RAN 控制面服务化方案可以带来至少如下两方面的技术优势。

1）RAN 服务可以与 CN 服务直接互访，减少网络中不必要的连接与移动性管理信令（Access and Mobility Management Function，AMF）转发。

2）RAN 控制面服务化后，RAN 的控制面服务与其他服务（包括核心网服务、其他 RAN 控制面服务）之间的交互，可从串行交互转为多方并行交互，由此可优化控制面流程。

图 8-15 RAN 控制面功能重构

（3）第三层次：RAN 用户面服务化，打造极致跨层传输体验

传统移动通信协议均是遵从开放式系统互联通信参考模型 OSI 分层协议设计理念的。每个分层都接收由它下一层提供的特定服务，并且负责为自己的上一层提供特定的服务。上下层之间进行交互时遵循"接口"约定，同一层之间进行交互时遵循"协议"约定。这种分层设计理念存在的问题是，协议及服务模型固定，无法实现灵活的跨层信令交互、跨层功能组合。

借助微服务手段，RAN 的用户面功能可重构为多个 RAN 用户面服务（User Plane Service，UPS)，并在需要时按需灵活组合，以更好满足多种业务需求。

本质上，用户面服务化旨在突破传统分层协议设计理念，如图 8-16 所示。使功能与功能之间的调用关系不再受限于上下层协议关系，功能模块之间可以灵活调用，如图 8-17 所示。

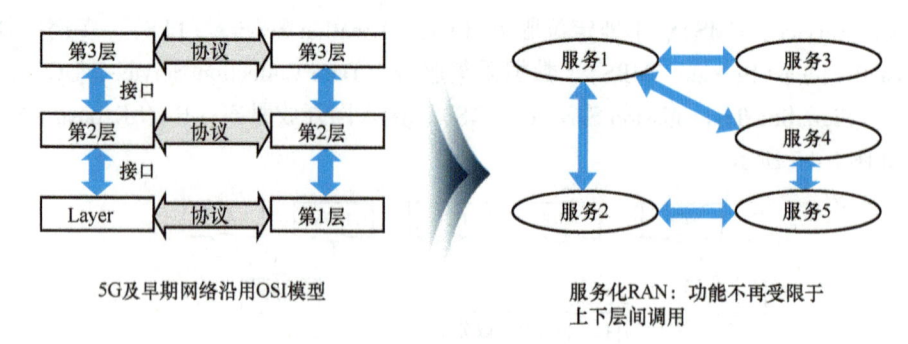

图 8-16　服务化 RAN 用户面协议模型

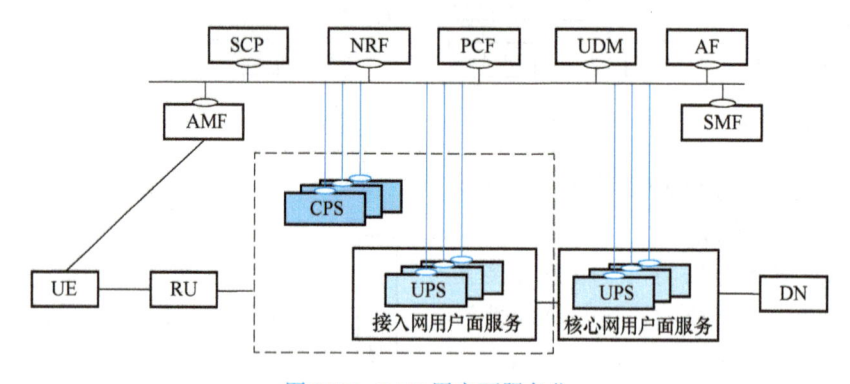

图 8-17　RAN 用户面服务化

（4）第四层次：RAN 服务化再升级，深度融合 DOICT 新元素

随着数据技术、运营技术、信息技术和通信技术（Data, Operation, Information and Communication Technologies，DOICT）的深度融合发展，内生智慧、内生安全、感知通信一体化、计算通信一体化、计算存储一体化已成为 6G 网络发展趋势，相应的网络服务能力也需要被引入到网络中，如图 8-18 所示。如网络内生的 AI 服务可能包括 AI 任务流拆分服务、策略生成服务、数据处理服务等。

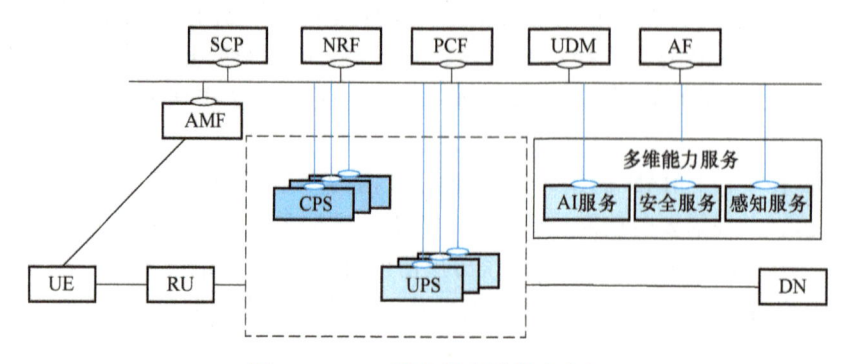

图 8-18　RAN 服务化多维能力升级

(5) 第五层次：激发 UE 服务化能力，实现端网服务能力共享

随着云手机、瘦终端市场的再次兴起，UE 也可以具备服务能力，向运营商网络、第三方应用、其他 UE 等提供算力、测量、UE 信息等 UE 服务（UE Service，UES），如图 8-19 所示。UE 服务将与网络服务融为一体，通过服务化接口互访，实现更灵活、直接的信息交互。

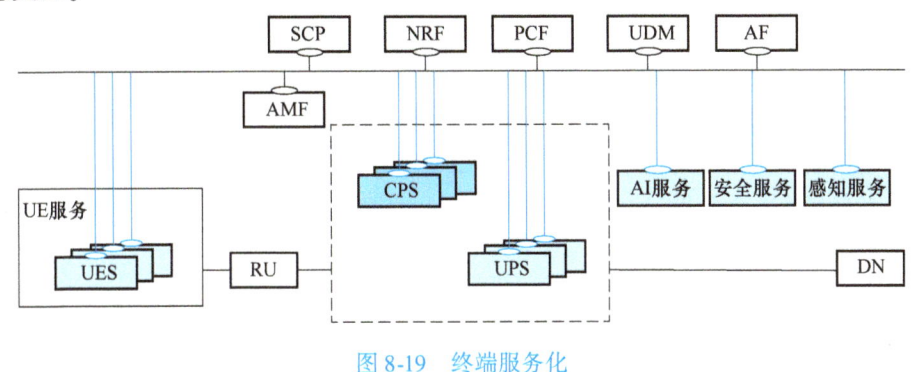

图 8-19　终端服务化

8.3　服务化 RAN 关键技术能力图谱

服务化 RAN 关键技术涵盖基础设施层、网络功能层、编排管理层三个层面，如图 8-20 所示。

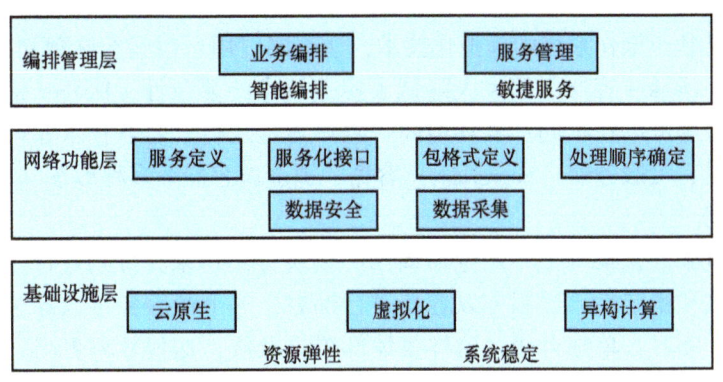

图 8-20　服务化 RAN 技术能力图谱

8.3.1　基础设施层关键技术

RAN 服务化的基础设施层的关键技术包括云原生技术、虚拟化技术、异构计算等。每个技术都不是单一的技术，都是一组技术的集合。这些技术共同的目的是支撑 RAN 服务化后基础设施层的资源能够弹性伸缩、动态调度；助力 RAN 服务化后的系统运行稳定，

确保性能。

1. 云原生

云原生是一系列技术、设计模式和管理方法的思想集合,包括 DevOps、持续交付、微服务、敏捷基础设施以及公司组织架构的重组。

在电信运营商网络中,基于云原生技术的核心网网元和边缘计算节点已经得到广泛应用,在无线接入网领域,基于云原生技术的基站单元也开始试点并小范围商用。

云原生的代表技术包括容器、微服务、服务网格、Serverless(无服务器)、不可变基础设施和声明式应用程序接口(API,Application Programming Interface)等,如图 8-21 所示。在这些代表技术基础之上,构筑了云原生的热点技术,如云容器编排、云原生服务器、云原生存储、云原生网络、云原生数据库、云原生消息队列、函数即服务(FaaS)、后端即服务(BaaS)等。

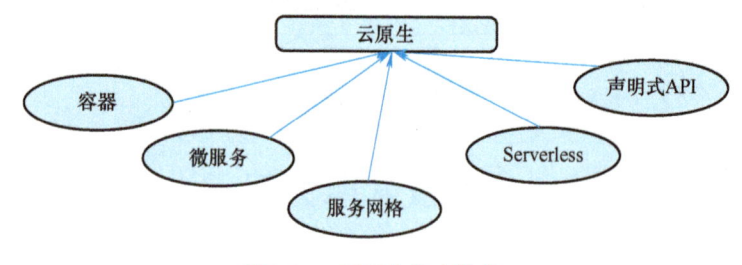

图 8-21 云原生代表技术

(1)容器技术

容器技术是基于操作系统的虚拟化技术,让不同应用可以运行在独立的沙箱环境中,避免相互影响。Docker 容器引擎大大降低了容器技术的复杂性,Docker 镜像解耦了应用与运行环境,应用可以在不同计算环境间一致可靠地运行。容器技术如今已经发展出全容器、边缘容器、无服务器(Serverless)容器、裸金属容器等多种形态。

(2)微服务

微服务通过服务化架构把不同生命周期的模块分离出来,分别进行业务迭代,从而加快整体的进度和稳定性。微服务以容器进行部署,每个微服务可以部署不同数量的实例,实现单独扩缩容,单独升级。这样整体部署更经济,迭代效率更高。服务化架构以面向接口编程,服务内部的功能高度内聚,通过公共功能模块提取增加软件的复用程度。

(3)服务网格

服务网格(Service Mesh)是将服务代理、发现和治理等控制从用户面分离到专用的 Mesh 控制层,属于一种基础架构层。服务网格是建立在用户面和控制面的分离的基础上。分离后的业务进程中只保留轻量级的服务代理(Sidecar),服务代理负责与网格控制面通信。网格化架构下,大量分布式架构模式(熔断、限流、降级、重试、反压、隔仓)都由服务网格控制面完成,并对用户面透明。统一的控制面也能保障实现更好的安全性。

(4) Serverless

Serverless（无服务器）是一种架构理念，其核心思想是以 API 的方式使用的基础设施资源的各种服务。用户通过标准接口按需调用基础设施资源，真正能做到按需伸缩、按使用收费。

这种架构体系结构消除了对传统的海量、持续在线服务器组件的需求，降低了开发和运维的复杂性，降低运营成本，并缩短了业务系统的交付周期，让用户能够专注在价值密度更高的业务逻辑的开发上。

(5) 声明式 API（应用程序接口）

声明式 API，区别于命令式 API。命令式 API 是人们告诉底层计算资源一步一步怎么去做，而声明式 API 是层。声明式 API 是人们告诉底层计算资源人们想要什么，而不是如何去做。如同人们乘坐电梯，只告诉电梯，我们要上还是下，是一种声明式 API，具体电梯如何做，是上还是下，和电梯此时所处的位置有关。

声明式 API 的好处是很明显的。用户告诉计算资源想要什么比怎么做更容易，接口更简单。声明式 API 无须考虑资源的现状，属于一种无状态的调用。而命令式 API 则需要清晰地判断资源的状态，否则无法告诉它如何做。

2. 虚拟化

虚拟化是将物理资源在逻辑上再分配的技术，将"大块的资源"逻辑分割成"具有独立功能的小块资源"，既能实现资源的最大化利用，又能实现在共享资源基础上的用户隔离。虚拟化技术是云计算的基石，在云上无处不在。

在计算机领域，虚拟化的层次如图 8-22 所示，包括如下内容。

1) 基于硬件层面的虚拟化：提供硬件抽象层，包括处理器、内存、I/O 设备、中断等硬件资源的抽象。

2) 基于操作系统层面的虚拟化：提供多个相互隔离的用户态实例，即容器，容器拥有独立的文件系统、网络、系统设置和库函数等。

3) 基于编程语言的虚拟化：如 JVM（Java Virtual Machine，Java 虚拟机），是进程级虚拟化。

从平台角度的虚拟化可以划分为如图 8-23 所示的 3 个类别。

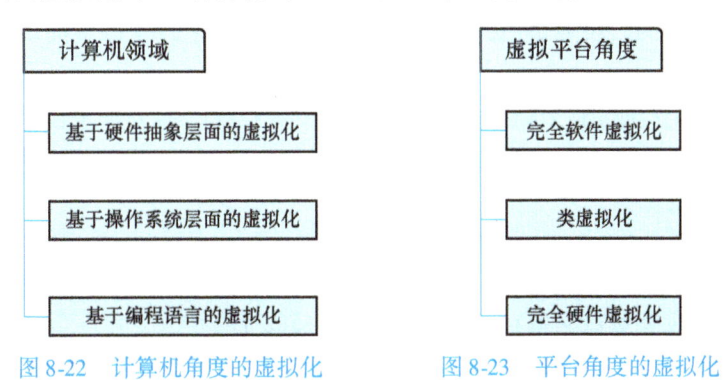

图 8-22　计算机角度的虚拟化

图 8-23　平台角度的虚拟化

1）完全软件虚拟化：不需要修改客户机操作系统，所有的操作都由软件模拟，但性能消耗高，为 50%～90%。

2）类虚拟化：客户机操作系统通过修改内核和驱动程序，调用由 Hypervisor 提供的 Hypercall，性能消耗为 10%～50%。

3）完全硬件虚拟化：硬件支持虚拟化，性能消耗只有 0.1%～1.5%。

除此之外虚拟化技术还包括中央处理器（CPU）虚拟化、内存虚拟化、I/O 设备虚拟化、存储虚拟化、网络虚拟化、容器虚拟化、网络功能虚拟化等，还有网络切片等。

3. 异构计算

异构计算是将 CPU、协处理器、片上系统（System on Chip, SoC）、图形处理器（GPU）、专用集成电路（ASIC）、现场可编程门阵列（FPGA）等各种使用不同类型指令集、不同体系架构的计算单元组成一个混合的计算系统。异构计算以"CPU+"的形式出现，具有较好的可行性及通用性，并能大幅提升系统性能和功耗效率。图 8-24 为不同异构硬件的特点。

业务需要加速的异构计算，需要基于加速平台软硬件的整体解决方案。这样可以得到更强的性能，并覆盖更多场景。如 NVIDIA 的 GPU 加速主要通过 CUDA 的编程开发框架实现；FaaS（FPGA 即服务，FPGA as a Service）依赖于 FPGA 提供的硬件可编程性，需要用户或第三方开发者针对特定应用场景完成加速硬件和软件镜像的开发；DSA（领域专用架构，Domain Specific Architecture）面向特定应用场景的加速，在 ASIC 的基础上提供了更多的灵活性，效率高于 GPU 和 FPGA。

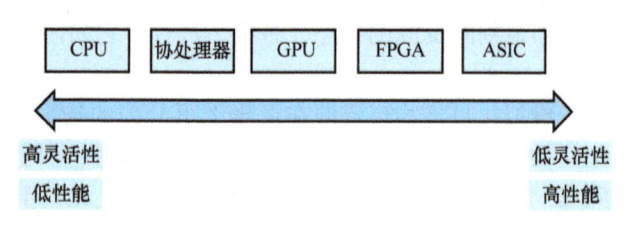

图 8-24 不同异构硬件的特点

大规模物联网、工业 4.0、智慧城市和基于 AI/ML 等新型分布式应用对网络的共同需求是低时延、快响应。这些就推动了边缘计算和普适计算的发展。边缘和普适计算的主要目标是减少延迟、提高响应能力，减少用户/IoT 设备和集中云计算资源之间的数据流。终端设备也可以简约，将业务处理转移到网络上，这使它们变得更简单、更小型化、更节能。

在 6G 网络中，随着整个电信体系结构向基于分布式（微）服务的体系结构过渡，边缘和普适计算的重要性将更大，而像"零延迟"这样的 6G 承诺将使本地处理成为这些场景中唯一可行的选择。

8.3.2 网络功能层关键技术

5G 和 6G 网络功能层关键技术的对比分析见表 8-1。

表 8-1　5G 和 6G 网络功能层关键技术的对比

	5G	6G	原　　则
服务定义	接口关系：NGAP、Xn、Uu	面向 AMF、其他基站、终端的接口拆解业务能力	控制面拆分：RRM 的关联关系、高内聚、松耦合
服务化接口	UDP、GTP-U，开销较大	SBI 的功能定义，开销小，实时性能好	既满足微服务之间的功能交互需求，又有统一的接口设计
数据处理顺序	服务使用者动态选择服务提供者的实例	由特定服务确定与本次数据处理相关的服务实例组合及关联关系，并将该关系指示给相关的服务实例	业务数据进行处理之前，明确与本次数据处理相关的用户面服务或服务实例组合以及数据处理的顺序
包格式定义	传统分层协议模型中固定格式的数据包头	服务化之后的数据包头按需组合生成	数据包头分为多个部分，服务/服务实例可以对部分数据包头进行修改
数据包安全	某一层的包头和功能只有该层可见	需要对数据访问进行控制，或引入安全控制功能	仅允许授权"网络功能"读/写相关包和/或包头信息
数据采集机制	采集的数据上报到应用服务器或集中网络功能，存在数据的获取时延、信令传输开销	每个服务化的网络服务将原生支持数据采集机制，灵活适配多种数据分析框架	可观察性是微服务设计的原则。数据采集与分析模式需动态灵活地发生在端到端服务化网络的任何位置

（1）服务定义

在 RAN 控制面"拆分"的过程中，一方面要考虑无线资源管理（Radio Resource Management，RRM）模块固有的关联关系，另一方面要考虑微服务的"高内聚""松耦合"等拆分要求。

服务是针对外界需求定义的。对于接入网服务，需求可以来自核心网控制功能，也可以来自对等接入网的其他节点，还可以来自用户终端。

在 5G 控制面，接入网与核心网的接口只有 NGAP（Next Generation Application Protocol），即基站与 AMF 之间的接口，基站与其他核心网网络功能之间的交互均需要通过这一接口。在 6G RAN 服务化进程中，可以从 NGAP 接口协议服务化入手，服务化无线接入网面向核心网需求的接入网业务能力。

类似地，可以从 Xn 接口协议框架入手来服务化面向接入网自身的业务能力。进一步地，还可以基于无线资源控制协议框架来服务化面向用户终端的其他接入网服务能力。

（2）服务化接口

功能方面，需要根据服务的定义和拆分结果进行服务化接口（Service-Based Interface，SBI）的功能定义。SBI 的设计既需要满足各种微服务之间的功能交互需求，同时又需要统一的接口设计。

性能方面，目前的 SBI 基于传输控制协议（Transmission Control Protocol，TCP），用户面开销会比较大，所以目前无线网用户面接口仍然沿用用户数据报协议（User Datagram Protocol，UDP）、GTP 用户面（User Plane Part of General Packet Radio Service Tunnelling Protocol，GTP-U）的结构。6G 网络不仅需要考虑 RAN 控制面的服务化接口设计，也需要进行 RAN 用户面的服务化接口设计。RAN 服务化接口最终一定要具备开销较小、实时性能较好、同时满足控制面和用户面需求的特点。

（3）数据处理顺序

针对某一业务数据进行处理之前，首先需要明确与本次数据处理相关的用户面服务或服务实例组合以及数据处理的顺序。

数据处理顺序的确定有两种可能实现方式。

第一种方式是服务使用者动态选择服务提供者的实例，这种方式与现有 5G 机制一致。

第二种方式是由特定服务确定与本次数据处理相关的服务实例组合及其关联关系，并将该关系指示给相关的服务实例，以便于这些服务实例用于服务使用者的后续数据处理。

（4）包格式定义

不同于传统分层协议模型中固定格式的数据包头，服务化之后的数据包头也将是按需组合生成的。基于 IPv6 协议支持按需组合数据包头。数据包头所包含的内容与数据处理链路上的服务相关，还可能与业务需求、测量结果等相关。一种可能的实现方式是，将数据包头分为多个部分，某一部分与特定的服务/服务实例关联，只有该服务/服务实例可以对该部分数据包头进行修改。

（5）数据包安全

传统分层协议架构中，某一层的包头和功能只有该层可见。无协议层之后，数据包的包头信息所有"网络功能"都可见。但是这将导致数据安全问题。

一方面，非法"网络功能"可能会获取数据信息，导致信息泄露；另一方面，合法"网络功能"可能会非法使用数据信息，如分析用户隐私。

因此，需要对数据访问进行控制，仅允许授权"网络功能"读/写相关包或包头信息。为了保证服务间数据交互的安全性，可以引入一个安全控制功能，该控制功能负责为其他网络功能下发数据处理与访问相关密钥，以便于其他网络功能可以对数据进行相应修改，或读取相关数据信息。

（6）数据采集机制

传统网络中，采集的数据需要被上报到应用服务器或集中网络功能，然后做相应的分析处理。这一过程不仅增加了数据的获取时延，还带来大量信令传输开销。

可观察性是微服务设计的一项基本原则。每个服务化的网络服务会原生支持数据采集机制，灵活适配丰富多样的数据分析框架。因此，在服务化网络中，数据采集与分析模式会发生根本转变，会动态灵活地发生在端到端服务化网络的任何位置。

8.3.3 编排管理层关键技术

随着服务化 RAN 和服务化 CN 研究的进一步推进，6G 系统将是一个端到端全服务化的网络。在端到端全服务化网络中，编排与管理是保证用户的多样化业务体验至关重要的一环。

高效的编排管理可以将服务有机地整合在一起，在保证用户性能需求的同时，确保各类网络资源使用效率最大化。这些资源包括无线资源、计算资源、存储资源、部署空间资源等。

在编排管理领域，开放网络自动化平台（Open Network Automation Platform，ONAP）协议已经成为网络自动化、闭环、协同器等领域的一个准事实标准。可以此为基准，进一步推进面向 6G 服务化网络的编排管理框架及相关技术。

6G 网络会在较大地理范围内跨域、跨供应商大规模部署。为了实现可扩展性，分层分域的编排管理将是一种可行方式。"子域"可以按照技术领域来划分，如 RAN、承载网、CN；也可以按照部署领域来划分，如边缘数据中心域、核心数据中心域等。在分层分域编排管理框架中，业务编排器以及服务控制器是两个最基础的组件，如图 8-25 所示，由这两个组件编排和控制最终服务化后的 VNF（虚拟服务功能）。

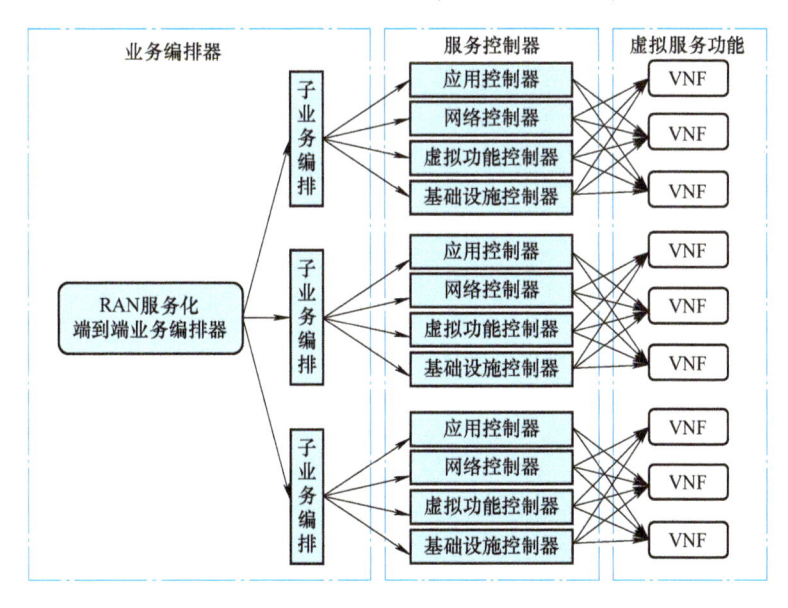

图 8-25　分层分域编排管理框架

(1) 业务编排

业务编排器（Service Orchestrator，SO）负责业务级别的编排，以实现业务实例化、业务变更、全局优化部署等的闭环自动化。端到端 SO 进行端到端整体服务编排，南向与各域 SO 衔接，北向与运维支撑系统、业务支撑系统衔接。

(2) 服务控制

服务控制器负责控制资源的闭环自动化，包括本地资源的分配、回收、调整、扩缩容等。不同领域的控制器可分别负责域内的闭环自动化。控制器可以包括应用控制器、网络控制器、虚拟功能控制器、基础设施控制器等。

第 9 章

AI 增强网络、网络赋能 AI——内生 AI

本章将掌握

(1) 6G 内生 AI 的基本概念。
(2) AI 增强 6G 网络。
(3) 6G 网络促进 AI 泛在。
(4) 人工智能 AI 的部署方式。
(5) 网络 AI 的质量评估指标。
(6) 网络 AI 分级分类定义。

> **内生 AI**
> 网络增强为智能,
> 旁挂不成来内生。
> 智能也要促网络,
> 分级分类演进中。

随着移动网络的发展,各种要素融合得越来越多,网络变得越来越复杂。传统的人工干预、决策和运维是不现实的,必须引入人工智能,并且辅助式的外挂智能也无法满足需求,必须是内生智能(AI 原生)。

在对网络和环境的实时感知的基础上,内生智能可以对服务趋势和网络资源趋势进行预测,然后基于多服务、多目标自优化,实现智能决策。

5G 网络可以分为 2 个平面:控制平面(CP)和用户平面(UP)。控制平面指导用户平面数据包的过滤和处理。6G 网络增加了一个 AI(人工智能)平面,这个平面分布于终端、无线网、核心网、数据平台等各个域中,每个域中采集的数据可以通过本域或其他域的算法进行分析处理,给出智能决策,如图 9-1 所示。

AI 技术已经开始在核心网、无线网、网管网优等领域发挥积极作用。在核心网,AI 的应用包括智能业务质量定义与分配、切片状态分析、用户体验分析等;在无线网,AI 的应用包含智能无线资源管理算法、接入控制、调度算法、个性化空口等;在网管领域,AI 算法可以用来优化系统容量、覆盖、故障率、负载均衡、异常检测等性能。

AI 内生的网络架构,AI 能力分布在系统不同的功能实体中,如图 9-2 所示,无线网 AI、核心网 AI 和网管 AI 以及终端 AI 利用各网络节点之间的通信、计算和感知能力,通过云边端一体化算法的部署互相配合,支持各类人工智能应用、联合优化系统性能、构建新的网络生态。

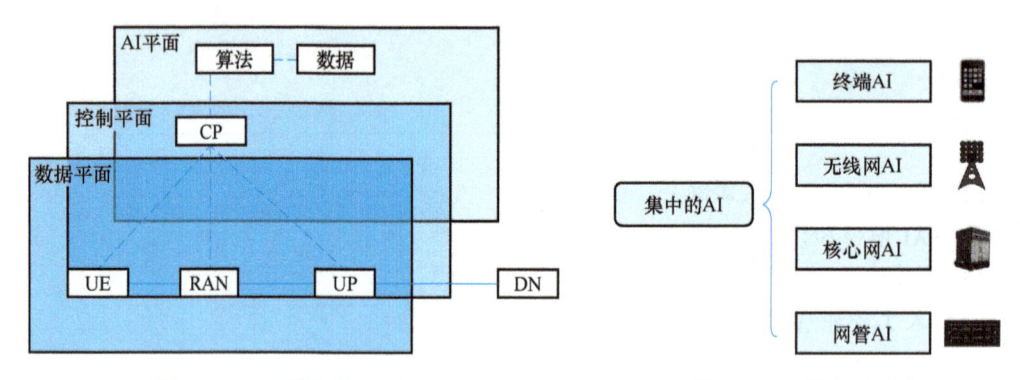

图 9-1　6G 网络架构三平面

图 9-2　AI 能力的分布

这里蕴含着 3 点趋势:

1)6G 网络引入内生 AI 引擎,对外提供智能化分析和管控服务。

2)6G 网络的内生 AI 在云计算–边计算–端计算间协同,实现包括通信能力、计算、存储等多种类型、多种维度资源的智能调度。

3)内生 AI 助力 6G 在海量广域的数据测量与监控基础上,实现网络的快速检测、快速自动化运维和快速自修复。

从服务管理的角度来看,需要 AI/ML 来维持所设想的复杂 6G 服务运营成本效益,如人类数字、物理世界和感官互联网上的交互。多种虚拟化技术的激增,包括虚拟设备、微服务、容器、无服务器功能及其互操作性,将增加网络操作的复杂性。因此,AI/ML 机制将成为网络自动化决策过程、自动化运维过程的关键。

AI/ML 还支持在 6G 中实施预测编排,例如,根据实时需求和资源可用性,实现接近最优的布局决策,包括考虑设备地理密度等因素的虚拟网络功能布局,还可以实现服务和网络切片配置或维护。6G 网络要实现端到端编排,即从终端设备到 RAN 再到核心网,从边缘到云的连续体都支持编排。人力在规划运维过程中"零接触"的理念就是建立在基于 AI/ML 的预测编排之上的。

9.1　6G 的 AI 基础概念

AI 是 6G 网络的必要特征，可以这么说，无 AI 不 6G。也就是说，学习 6G 网络之前，学习一点 AI 的基础概念是必要的。

9.1.1　AI 的基础知识

1. 认识事物的三个阶段：数据、信息、知识

数据是对客观事物记录下来的可以鉴别的符号（包括数字、字符、文字、声音、图形、视频等），它提供了对客观事物的表示，但不提供判断或解释，数据是形成信息的重要原料。

信息是对客观世界各种事物的特征的反映；知识是由信息形成的，对信息进行加工、抽象、分析、提炼和总结形成了知识，知识能够反映事物的本质。知识是人类在实践中，认识客观世界（包括人类自身）的成果，是数据和信息加工提炼后的结晶。

数据、信息和知识是对客观事物感知和认识的三个阶段，如图 9-3 所示。

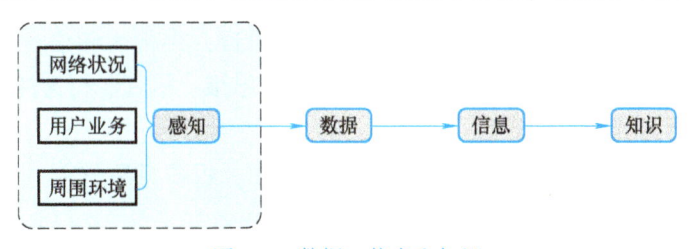

图 9-3　数据、信息和知识

2. 模型

模型，简单地说，就是输入和输出之间的数理和逻辑关系。为了某种目的，用字母、数字及其他数学符号建立起来的等式或不等式，或者是图表、图像、框图等描述客观事物的特征及其内在联系的数学结构表达式，都可以叫作模型。

如果问 "1+2" 等于多少，就是计算；如果问 1、2 和 3 之间什么关系，实际上就是问这些数字之间的模型。

机器学习模型的输入是样本数据，在设定一定的目标函数（一般是让模型的错误率尽量小）和约束条件下，输出是期望的结果。机器学习模型中有大量可以调节的参数，这些参数通过用实际的数据训练得到。这个训练的过程就是机器学习。学习的结果就是模型的参数，特定参数的模型往往描述了输入数据、输出结果之间，人类无法直接理解的复杂关系。

3. 算法和算力

数学中的算法指按照一定规则解决一类数学问题的明确和有限的数学步骤；广义的

算法指完成某项工作的任何方法和步骤。

计算机中的算法指用计算机来解决一类问题的逻辑方法和程序步骤。算法具有确定性、逻辑性、有穷性、正确性、顺序性和普遍性等特征。

在人工智能领域，算法是求解模型的路径或方法。以机器学习为例，机器学习模型中有大量参数是未知的，通过算法可以训练出模型中的参数，从而得到一个最优或局部最优的机器学习模型，然后可用该机器学习模型对新的输入样本进行计算得到相应的输出结果。

传统的软件和人工智能软件在输入、输出和算法规则的相互关系中，是有区别的。传统的软件是已知输入、算法规则，求输出；而人工智能软件是已知输入、输出，通过深度学习，找到算法规则，然后利用算法规则进行计算，如图9-4所示。

算力指对数据的处理能力。6G的算力指在6G网络中的各个节点，通过数据处理实现特定结果的能力，包括计算能力和存储能力。

图 9-4 输入、输出与算法规则

4. 智能和智能化

智能（Intelligence）是"智力"和"能力"的总称。从感知到记忆、再到思维这一过程，称为"智力"。智力的结果就产生了行为和语言，将行为和语言的表达过程称为"能力"。两者合称"智能"，即感觉、记忆、回忆、思维、语言、行为的整个过程被称为智能过程，它是智力和能力的表现。

广义的智能指有效实现目标所必需的知识与技能，包括自然智能（生物智能）和人工智能。

智能化（Intelligentize）指事物在现代信息通信技术、大数据、物联网和人工智能等技术的支持下，实现具备满足人的各种需求的过程。

9.1.2 AI及其三要素

人工智能（Artificial Intelligence，AI）指机器模仿人类利用知识具备一定能力，完成一定行为的过程。人工智能本质上就是机器模拟、延伸和扩展人的智能或智慧的理论、方法、技术。总结起来就是6会：会听（语音识别、机器翻译等）、会看（图像识别、文字识别等）、会说（语音合成、人机对话等）、会思考（人机对弈、专家系统等）、会学习（知识表示，机器学习等）、会行动（机器人、自动驾驶汽车等）。

通常将人工智能分为弱人工智能和强人工智能，前者让机器具备观察和感知的能力，可以做到一定程度的理解和推理，而强人工智能让机器获得自适应能力，像人类一样可以思考，解决一些之前没有遇到过的问题。目前的研究都集中在弱人工智能方面。

利用知识的过程包括怎样表示知识、获得知识、传递知识以及使用知识。

一般认为，推动人工智能发展的三要素包括：数据、算法和算力，如图 9-5 所示，其中数据是基础（原材料），算法是途径（加工过程），算力是基础设施（动力）。在这一过程中，需要结合知识、利用知识。

9.1.3 AI 与机器学习

机器学习（Machine Learning）是研究怎样使用计算机模拟或实现人类学习行为的一门学科，数据训练模型、算法解析数据的过程，就是学习的过程。训练好的模型对实时数据做出判断和预测的过程，就是人工智能的过程。

机器学习实践上是利用计算机作为工具模拟或实现人类的学习行为，以获取新的知识或技能，重新组织已有的知识结构使之不断改善自身的性能。

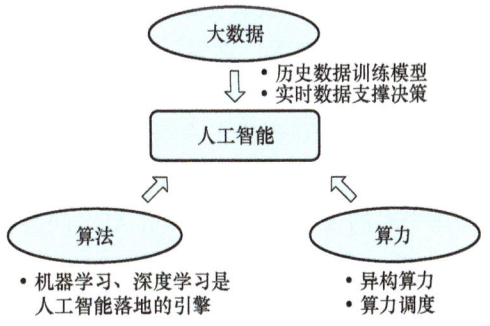

图 9-5　人工智能三要素

机器学习是人工智能落地的重要手段。利用规模较大，有着复杂输入、输出的多层次神经网络（Neural Network）模型进行机器学习，就是深度学习。人工智能、机器学习和深度学习的关系如图 9-6 所示。按照基本原理或流派分类，可分为符号主义学习、连接主义学习、统计学习和深度学习；按照学习方式分类，可分为有监督学习、无监督学习、半监督学习、强化学习、迁移学习、深度学习等。

机器学习的一般过程包括：收集数据、识别数据特征、建立模型、通过对数据进行训练形成有效的模型、使用模型对新数据进行分类/预测。

图 9-6　人工智能和机器学习、深度学习的关系

9.2　网络的 AI 和 AI 的网络

6G 网络全面实现"感知泛在""连接泛在""智慧泛在"，推动社会数字化转型，智能化转型，迈向"数字孪生，元宇宙"的愿景。6G 网络要考虑人和物理设备的数字化后，如何在数字域中智慧化地交换信息。6G 系统在行业应用的大量传感器产生大量数据，需要在网络各个层级进行整合分析和智能处理，然后实现实时决策。

6G 时代，传统的端管云架构模型需要重塑。6G 网络不再是一个纯"管道"，而是一个无处不在、分布式、各节点智慧内生的创新网络。移动基础设施要从单纯的连接服务发展为连接服务 + 计算服务的异构资源设施，包括网络、算力、存储、数据等，形成完整的分布式 AI 内生架构。

9.2.1 AI 促进网络架构的转变

6G 网络不但要满足 toB/toC 等多场景指标要求，还要满足大量智能模型和大量 AI 数据流量传输的要求。这就需要探索内生智能后 6G 网络架构的变化。

相比于 5G 的网络架构设计，为了支撑内生 AI，6G 要在网络架构上做以下转变：

（1）从云化到分布式网络智能的转变

由于网络中数据和算力的分布特性，6G 构建开放融合的新型网络架构时，要从传统的集中式的云集中 AI（Cloud AI）向分布式的网络 AI（Network AI）转变。

（2）从关注下行传输性能到关注水平和上行传输性能的转变

5G 网络，流量以下行数据为主。6G 内生智能在 toB/toC 等很多场景会带来基站与基站之间、计算节点与计算节点之间更为频繁的水平 AI 数据流量，以及用户与基站之间分布式机器学习带来的上行通信的 AI 数据流量。

（3）数据处理从核心到边缘的转变

数据在哪里，数据处理就在哪里，计算就在哪里。集中式的核心云计算无法满足数据本地化的隐私要求和计算要求，极致时延性能，以及低碳节能的要求，这就需要基于边缘计算，构建连接 + 计算 + 智能融合的分布式网络架构，实现网络的智慧内生。

9.2.2 人工智能和 6G 网络的关系

AI4NET（AI for Network，网络的 AI）：人工智能（AI）助力提升通信网络自身的性能、效率和用户服务体验，如利用 AI 优化空口算法（如空口信道编码、调制）、优化网络功能（如移动性优化、会话管理优化）、优化网络运维管理（如资源管理优化、规划管理优化）等。AI 不仅仅增强管道连接的性能，还能实现智能管理、自动化网络运营。对内优化网络性能，对外提升用户体验。

NET4AI（Network for AI，AI 的网络）：网络助力人工智能（AI）泛在化，为 AI 提供超强高效的连接和数据安全等多种支撑能力。高效的网络连接可使得分布式 AI 计算节点的训练、推理更实时、更安全。NET4AI 将传统网络的服务范围从连接服务，扩展到算力服务、数据服务、算法服务、AI 服务等层面。这样，6G 网络可以对外能够为各行各业的用户提供实时 AI 服务、实时的计算类新业务。

AI4NET 和 NET4AI 揭示了人工智能和 6G 网络相互依存、相互促进的关系，如图 9-7 所示。AI4NET 中的 AI 用来增强网络优化工具的性能，例如 AI 用于优化空口、AI 用于流量调度等，进而优化网络运维效率；而 NET4AI

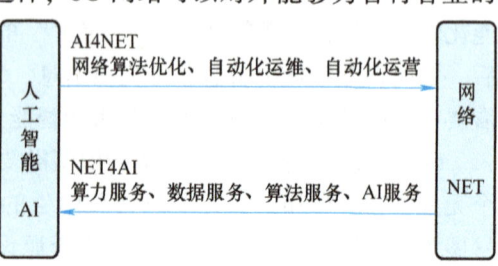

图 9-7 AI4NET 和 NET4AI 的关系

中的 AI 是指 6G 网络承载的 AI 应用业务，例如机器视觉、人脸识别、机器翻译等应用等。

9.2.3 人工智能 AI 的部署方式

人工智能 AI 的部署方式，如图 9-8 所示，从其所处的位置来看，可分为云集中部署和分布式部署；从 AI 与 6G 网络的关系来看，可分为外挂 AI 和内生 AI。

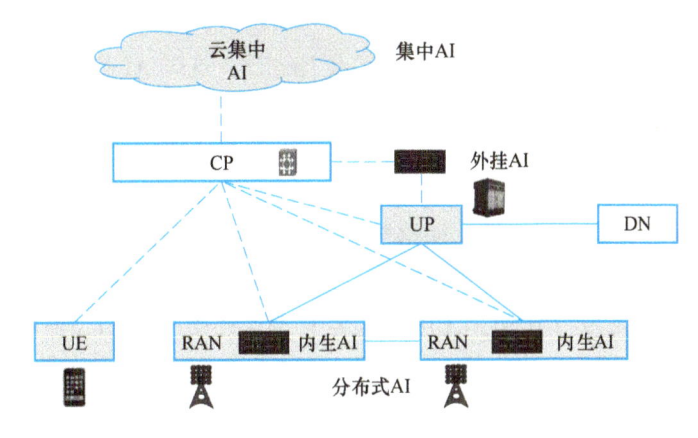

图 9-8 AI 的部署方式

1. 云集中 AI 和分布式 AI

云集中 AI（Cloud AI）是指人工智能 AI 在云平台上执行，是一种集中式 AI 处理（Centralized Processing）方式。这时，AI 和网络架构是解耦的，即 AI 是 6G 网络的外挂，而不是网络中固有的功能。只是利用底层网络将 AI 所需的数据信息传递到云端，而云端是数据处理、训练和推理的统一的、集中的智能信息中心。

分布式 AI 是指分布式计算节点上进行人工智能运算的部署方式。这种分布式计算节点可以是边缘计算节点、基站节点、端计算节点，或者是承载网、核心网设备节点。分布式 AI 节点离用户近，可以缩短 AI 流量的路径，降低时延、提高用户体验。分布式 AI 可以是外挂 AI，也可以是内生 AI。

2. 外挂 AI

外挂 AI 模式是 5G 时代 AI 部署的主要方式。

基于外挂设计的 AI 应用特征，一般是采用打补丁等方式进行，存在如下几个方面的挑战：

外挂模式难以实现预验证、在线评估和全自动闭环优化。在外挂模式下，AI 模型训练通常需要预先准备大量的数据，而现网集中采集数据困难，传输开销也大，导致 AI 模型迭代周期较长、训练开销较大、收敛慢、模型泛化性差等问题。AI 应用效果的验证是在事后进行，这样端到端的整体流程长并且很复杂，中间过程一般需要大量的人力介入，对现网的影响也比较大，这导致了 AI 难以高效应用到现网中。

AI 外挂模式下，缺乏统一的标准框架，算力、数据、模型和通信连接属于不同技术体系，对于跨技术域的协同，只能通过管理面拉通进行，通常导致秒级甚至分钟级的时延，服务质量也难以得到有效保障。

由于外挂 AI 模式存在性能和标准统一上的问题和挑战，6G 网络主要采用内生 AI 方式设计部署已成为业界普遍共识。

3. 内生 AI

AI 内生，是指人工智能 AI 在 6G 网络节点上运行。这时 AI 和网络节点是紧耦合的，AI 服务所需的算力、数据、算法、连接要与 6G 网络功能、协议和流程进行深度融合设计，即 AI 是网络的与生俱来的能力，是网络中天生具有的特性。

6G 网络架构内部提供数据采集、数据预处理、模型训练、模型推理、模型评估等 AI 工作流全生命周期的完整运行环境，网络节点本身收集 AI 所需要的数据信息，并完成数据处理、训练和推理，给出 AI 的运行结果。

内生 AI，也可称之为网络 AI。无论是云集中 AI，还是网络 AI，都需要支持这 2 种不同类型（NET4AI 和 AI4NET）的 AI，可以把 AI4NET 和 NET4AI 看作是 2 种不同的场景。不管什么样的 AI 部署方式，都需要为这两种场景提供各类的优化支持能力。内生 AI（网络 AI）可独立于云 AI 发展，也可互为补充。

6G 网络节点本身是 AI 高度分布的计算环境，这一点和云集中 AI 不同。在网络中提供完整的分布式 AI 计算环境，包括 AI 基础设施、AI 工作流逻辑、数据和模型服务。这时的内生 AI，也可称之为网络 AI。分布式是对网络 AI 整体内涵的描述，即终端、网元等都具备一定的网络 AI 的相关能力，但不意味着网络中运行的每个具体的 AI 应用都是分布式的；对于是否增加"分布式"，需要根据不同的应用的具体情况来决定。

内生 AI 是指在架构层面通过内生设计模式来支持 AI，而不是叠加或外挂的设计模式，主要是有如图 9-9 所示的驱动力。

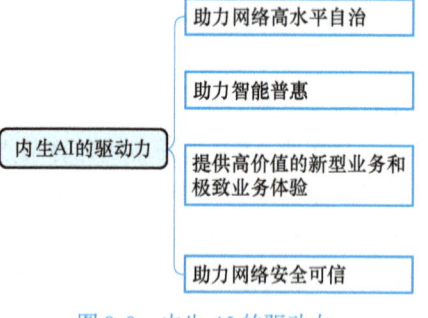

图 9-9　内生 AI 的驱动力

（1）内生 AI 助力网络高水平自治

目前网络自治水平不高，需要各类网络的内生 AI 能力支持，实现对运营商和用户意图的感知，实现网络的自我优化、自我演进，最终实现网络的高水平自治。

（2）内生 AI 助力智能普惠

面向行业用户，助力千行百业的数智化转型，实现"随时随地"智能化能力的按需供应；6G 网络的内生 AI，相比云服务供应商，可提供实时性更高、性能更优的智能化服务；也可以提供行业间的联邦智能，实现跨域的智慧融合和共享。

(3) 内生 AI 提供高价值的新型业务和极致业务体验

终端存在大量数据，终端的计算能力也越来越强，考虑到数据隐私需求，需要内生智能协同网络和终端，为 toC 客户提供极致新业务、高体验。

(4) 内生 AI 助力网络安全可信

6G 网络将承载更多样化的业务，服务更多的应用场景，承载更多类型的数据，网络将面临大量新的复杂的攻击方式。基于内生 AI 的安全能力在 6G 网络的各环节嵌入，实现自主检测威胁、自主防御或协助防御等。

总之，6G 网络内生 AI 为网络高水平自治（网络自身优化 AI）、行业用户智能普惠（第三方的 AI 新业务）、用户极致业务体验（用户体验的 AI）、网络内生安全（安全 AI）等提供所需的实时、高效的智能化服务和能力。从以上驱动力分析可以看出，6G 需要通过架构层面的内生 AI 设计，除了提供基本高性能的通信连接能力之外，还提供计算、数据、模型、算法等多个方面的能力。

9.2.4 AI 服务提供

云集中 AI 和网络内生 AI，除了支持 AI4NET 和 NET4AI 这两个场景之外，还需要考虑把 AI 能力作为服务来运营，即 AIaaS（AI as a Service，AIaaS）。6G 网络把人工智能 AI 的能力以服务的形式通过标准化的接口给第三方（toB 或者 toC）提供。也就是说，使用 AI 服务的应用可以是网络自用（运营商）的 AI，也可以是第三方 AI 应用。这种 AI 的服务能力可以构建在网络基础设施上，也可以构建在云平台上。

6G 网络通过支持网络内生 AI，从传统的通信生态体系扩展到一个多方协作的生态系统，在商业和技术合作方面做到更简单、开放，更灵活和可信等。

1. 网络 AI 的管理和编排

6G 网络 AI 服务提供能力主要包括 3 个基本的能力，分别为 AI 异构资源编排、AI 工作流编排和 AI 数据服务，如图 9-10 所示。

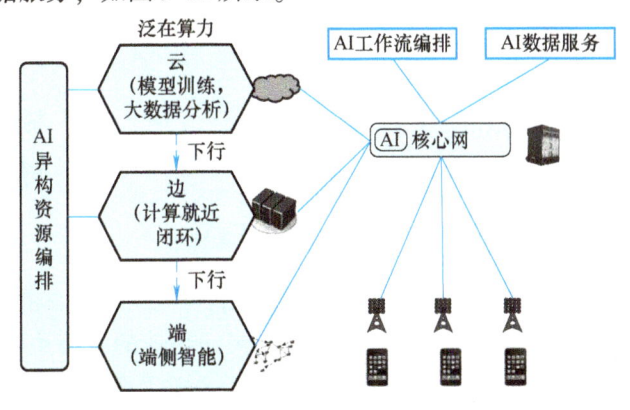

图 9-10 网络 AI 架构级使能 AIaaS 业务

资源编排为 AI 任务提供基站、终端等工作节点的支撑，提供包括计算、传输带宽、存储等各类资源。

AI 工作流编排对网络 AI 任务进行控制调度，串联起各个节点完成训练和推理过程；

AI 数据服务负责管控节点之间的各种数据流的走向。

AI 的管理和编排主要涉及平台能力的构建，以及 AI 工作流的运营、管理和实施部署能力。AI 的管理和编排工具，针对跨域、跨设备等情况，对网络 AI 工作流进行统一的管理编排。相关接口也需要标准化。

由这 3 项基本能力构建起的网络 AI 架构可以高效地为 AI4NET 和 NET4AI 执行训练和推理任务。例如智能运维下进行基站和终端异常数据的收集并训练模型，完成异常的自动检测推理任务，对异常进行有效规避。

2. 网络内生 AI 的功能架构

网络内生 AI 涉及的资源是分布式、混合多类型的，这和云集中 AI 的资源分布以及类型是完全不同的。6G 网络的内生 AI 在网络架构上需要设计新的 AI 框架，新增对大规模分布式异构资源进行智能调度和灵活编排的能力，要设计分布式学习算法，考虑模型的计算依赖和迁移。6G 网络的内生 AI 的各层数据传输要适配网络各节点的传输能力等。管理编排机制在实际应用中可以分为集中式和分布式。分布式可以做去中心化的全分布式，也可以进行分层管控式。

网络内生 AI 分层融合的网络功能架构，如图 9-11 所示，包含全局智能层和区域智能层。

图 9-11 全局智能和区域智能

1）全局智能层，即内生智能超脑，为集中的智能控制中心，具有智能中枢功能，完成全局统筹的中枢控制与智能调度。全局智能层与灵活快速的智能边缘协同组成分布式、层次化的控制体系，智能协同分布式网络功能和泛终端智能功能，实现端到端的内生智能控制。

2）区域智能层是部署在各种分布式网络或者泛终端边缘的智能功能，与全局智能中枢协同构成网络的内生 AI 体系。区域智能层通过分布式的 AI 算法，比如联邦学习算法，与全局智能层共同完成网络的内生智能功能，为海量边缘设备提供快速按需的智能服务。在全局智能中枢的大尺度控制下，智能边缘之间可交互实现分布式的智能协同。

3. DOICT 融合的基础设施

6G 网络的信息、通信和数据技术将全面深度融合，支持全场景接入，实现海量终端和连接的智能管控，支持根据应用需求和网络状态进行连接的智能调度。这就要求移动通信网络在提供通信相关的控制面和用户面基础上，要增加独立计算面的架构，同时对数据采集和处理有高性能要求。

6G 网络 AI 提供的是一个低碳节能的开放生态，需要持续推动包括芯片制造、人工智能、网络终端设备等周边产业的发展。纳米光子芯片体积更小、算力更强，成熟后可以应用于 6G 网络中；为了满足智能分析业务需求，需要人工智能产业提供训练模型更加优化的机器学习算法，提供可以广泛应用的联邦学习、多智体学习等分布式学习算法；为了实现云-边-端协同的新型网络智能架构，需要新型的网络设备和接口，以满足网络中各层智能的数据生成和交换。

过去手工网络操作，对空口、频带、功率等在内进行配置，由于各种资源有着复杂的约束条件，是一个多目标性能优化问题，很难有令人满意的操作结果。

网络智能化是指将 AI 等智能化技术与通信网络的硬件、软件、系统、流程等深度融合，利用 AI 等技术助力通信网络运营流程智能化，提质、增效、降本。6G 网络实现 6G 的环境感知智能、运营智能、运维智能和应用服务智能，AI（人工智能）需要与感知、连接、空口资源、用户体验、算力、数据、算法、业务和应用、运维运营等各层面深度融合，通过"泛在的连接"对外提供"泛在的智慧"服务。配备有图形处理单元的基站或核心网络的控制中心可以执行相关的 AI 学习算法，从而高效合理地分配各类资源，以达到接近最佳的性能。

9.2.5 网络 AI 的 QoS：QoAIS

6G 移动网络的 QoS 除了评价语音或数据等连接类型的性能指标，还需要评价 AI 的服务能力，即要考虑 QoAIS。QoAIS 在连接的服务质量的基础上，还要考虑：

1）算力相关：基于 AI 模型训练和推理，数据预处理等算力功耗、开销、效率等。

2）算法相关：模型性能指标界、训练/推理耗时、泛化性、可重用性、鲁棒性、可解释性等。

3）数据相关：样本空间平衡性、完整性、分布动态性、准确性、数据准备耗时等。

广义上的 QoAIS 指标还要包括性能、开销、安全隐私和自治等。

AI 服务与 QoAIS 有一对一的对应关系。从类型上，AI 服务可以包括 AI 数据类、AI

训练类、AI 推理类和 AI 验证类。对每一类 AI 服务，均可以从性能、开销、安全、隐私、自治等多个维度设计评价指标，如图 9-12 所示。而每个维度又可以进一步展开设计。以 AI 训练类为例看看有哪些 QoS 的评价指标，见表 9-1。

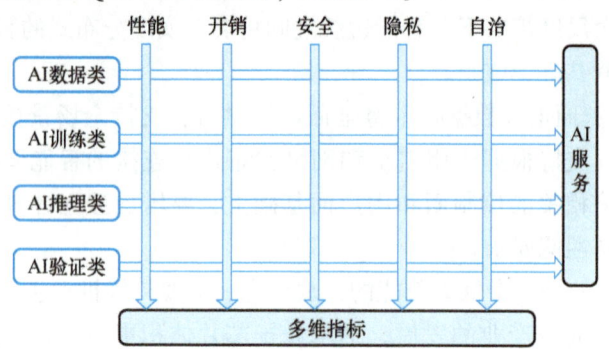

图 9-12　AI 服务的指标类型

表 9-1　6G 网络 QoAIS 指标示例

AI 服务类型	评估维度	QoAIS 指标体系
训练	性能	性能指标界
		训练耗时
		泛化性能（数据分布变化）
		可重用性（含可迁移性）
		鲁棒性（数据有噪声）
		可解释性
		损失函数与优化目标的一致性
		公平性
	开销	存储开销
		计算开销
		传输开销
		能耗
	安全	存储开销
		计算开销
		传输开销
	隐私	数据隐私等级
		算法隐私等级
	自治	完全自治
		部分可控自治（可控接口）
		完全可控

QoAIS 是网络 AI 编排管理系统和控制功能的重要输入。网络 AI 管理编排系统需要对顶层的 QoAIS 进行分解，再映射到对数据、算法、算力、连接等各方面。

QoAIS 也可以包括 AI 应用的业务体验指标，以信道压缩为例，可以选择归一化均方误差（Normalized Mean Square Error，NMSE）或是余弦相似度作为信道恢复精度的 KPI，也可以选择链路级/系统级指标（如误比特率或吞吐量等）作为反映信道反馈精度对系统性能影响的 KPI。

QoAIS 还可以包括 AI 服务的可获得性、AI 服务的响应时间（从用户发起请求到 AI 服务的首条响应消息）等与 AI 服务类型无关的通用评价指标。

9.3 网络 AI 分级定义

6G 网络的范围不局限于连接服务，还包括内生的计算、数据、AI 等服务，这些使得通信网络走向全新的领域。网络 AI 蕴含的内容不是单一技术来源，而是跨技术多领域碰撞出来的，是连接、算力、算法、数据、安全等跨技术领域的融合创新，需要网络架构层面的变革。

但 6G 网络和 AI 的融合，不是一蹴而就的，而是分阶段逐渐完善的。图 9-13 是从网络视角看网络与 AI 融合，不同分级的潜在业务场景和需求不同、关键技术不同。随着级别越高，网络与 AI 相互融合就更紧密和更全面深入，对 6G 网络的内生智慧化设计要求更多。其中，S0 是第一个级别，也是 6G 网络 AI 的出发点，属于 AI4NET；S1～S4 是 6G 网络 AI 的成长发展阶段，属于 NET4AI；S5 是 6G 网络的最终目标，是 AIaaS。

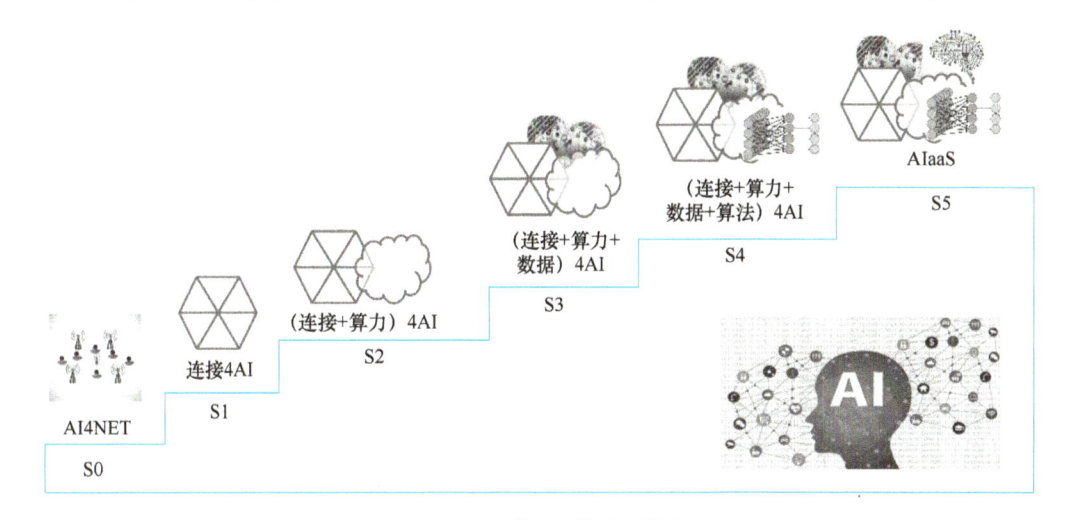

图 9-13 网络 AI 的分级分类

S0-AI4NET：在这个阶段，AI 主要作为工具来优化移动网络，对原有的网络架构不一定产生影响。例如用基于数据的 AI 模型替换网络中的传统数值算法，来优化网络性能和用户体验，实现初级自动化运维等。AI4NET 在 5G 已开展相关的研究和应用。到了 6G，随着深度学习为代表的 AI 技术走向成熟，融合连接＋算力的新型基础设施的出现，相关的应用更丰富和成熟，并可能进一步深化演进，获得更多增益，出现更多的业务场景，支撑网络自身的全智能化。

S1-连接 4AI：从网络的基础连接服务出发，将 AI 作为一类特殊的业务，分析在连接或组网方面的特殊要求。例如对比 5G 已有连接的 QoS 服务，AI 新业务可能在可达性、计算速度、吞吐量、时延、可靠性、安全隐私等方面有高的指标要求，6G 网络需要考虑如何达到这些新要求。

S2-(连接＋算力) **4AI**：这个阶段的 6G 会成为连接＋算力的新型基础设施，可以满足 AI 所需的连接和计算服务。再进一步，6G 网络架构基于 AI 的连接和算力，需要内生支持网算一体化或云网端一体化等。

S3-(连接＋算力＋数据) **4AI**：6G 网络增加数据服务，可以满足 AI 所需的连接、算力和数据服务；而且基于 AI 对连接、算力、数据等方面的融合控制需求，6G 网络架构内生支持网算数一体化，实现安全可信的广义数据服务。

S4-(连接＋算力＋数据＋算法) **4AI**：6G 网络除了可以满足 AI 所需的连接、计算和数据服务，还对 AI 模型本身有一定程度的感知。基于对 AI 模型的不同层次的认知，6G 网络架构内生支持对具体的 AI 模型实施自适应地针对性优化，以及构建新模型的范式。

S5-AIaaS：提供网络 AI 相关的连接、算力、数据和 AI 工作流的编排和管理，具有在网络基础设施中构建 AI 应用逻辑的能力，并通过开放的接口对第三方应用提供 AI 服务能力。

9.3.1 AI4NET 类别

人工智能（AI）在 5G 的后期和 6G 的初期，可以用于提升通信网络自身的性能，这个提升是端到端的、从底层到高层各层级遍及的，AI 增强网络如图 9-14 所示。

1. 子类别 1：空口物理层 AI

AI/ML 可以用于物理层模块的设计，例如 AI/ML 应用于信道建模和估计、信道编码、调制、MIMO 和波形设计。AI/ML 可以用来提取无线信道的时域、频域和空域特征，如通过神经网络学习无线信道的时间相关性，经过训练后的模型就可以用于提供更准确的信道信息。AI/ML 也可以直接用作译码器，神经网络译码器不仅可以降低复杂度，还可以更好地补偿非线性。AI/ML 在 MIMO 系统中也有着广泛的应用，例如通过全连接网络将每个天线集和频段中

图 9-14 AI 增强网络

AI4NET
- 空口：空口物理层AI
- 小区：空口高层AI
- RAN/CN：系统AI
- OSS/BSS：运维AI

的信道映射到另一个天线集和频段中的信道，比如在 FDD 系统中，可以通过上行信道探测直接获取下行信道信息。AI/ML 用于压缩信道状态信息（CSI），来降低 CSI 的上报开销等。

总的来说，AI/ML 可以为进一步提升无线链路性能，挖掘潜在增益，提供了新的路径。AI/ML 为不同物理层功能提供了一种通用的优化模块，增加了物理层的适应性和灵活度。

2. 子类别 2：空口高层 AI

AI/ML 应用于空口高层多用户处理场景，包括 QoS 控制、资源分配、自适应调制编码控制（AMC）等方面。

自适应空口的 QoS 控制是基于端到端 QoS 约束，根据实时的空口传输特征、相对有限的空口资源、发送–反馈的时间约束等，实现空口传输数据的 QoS 保障，这是按需空口服务和高效网络能力的关键技术。

自适应空口的 QoS 控制包括以下几个方面：

1）灵活的 QoS 探测机制：结合 AI/大数据技术，实现对承载业务的 QoS 探测和建模，以及自适应调整。

2）业务 QoS 和空口能力的深度融合：探索业务 QoS 和空口服务能力结合的全新的 QoS 机制。无线接入网基于业务的精准需求，通过调度和无线资源管理将业务需求与实时的空口状态相匹配。

3）AS 层端到端的 QoS 机制：终端结合接入网提供的 QoS 信息，进行更精细的 QoS 管理，实现上、下行数据在空口的精准的高效传输。

资源分配是基站 MAC 层的一个重要功能，可分配的资源包括接入机会、传输机会、功率或频谱等。AI/ML 可以优化资源分配算法，提升资源使用效率。

传统的自适应调制编码大多是被动的，它们根据接收机的反馈来调整调制和编码方案。AI/ML 通过选择更广泛的学习方案，可优化 AMC 算法。这些应用本质是基于 AI/ML 开展自主和积累式的学习，来优化相关的调度算法，相当于让基站记住经验教训用以做出更正确的决策，这样会使得基站变得越来越聪明。这样 AI/ML 在小区级控制调度上会带来巨大的性能增益。

综上所述，AI/ML 可重构 6G 无线通信的空口，使能个性化自适应空口。

3. 子类别 3：系统 AI

AI/ML 应用于接入网 RAN、核心网 CN 系统架构的场景。举例来说，在 RAN AI 应用场景中，基站 AI/ML 切换优化算法，通过在基站之间传递的切换价值因子（Reward）信息，进行持续的学习和策略更新。在 CN 中，3GPP 定义了 NWDAF 来收集 AI/ML 所需的数据、处理 AI/ML 模型的应用部署。通过 AI/ML 协调复杂的多层次异构网络，为用户提供最佳的覆盖，如 AI/ML 可应用于合成网络切片、支撑异构网络协同、地面网络与非地面网络的一体化。

4. 子类别4：运维 AI

AI/ML 可在网络管理运维系统中得到应用。网络管理运维工作伴随着网络和业务的各个发展阶段，主要包括：规划、建设、维护、优化、运营 5 个主要环节。这些环节组成了网络管理全生命周期。运维 AI 是指利用 AI 技术，进行网络全生命周期的运维和管理，主要包括以下功能：

（1）设计编排功能

为了适应 6G 应用场景多样，业务需求多变的实际情况，通过智能感知，实现资源的自动化勘查，支持快速完成业务功能、网络能力、资源关联、调用接口等设计工作。基于设计结果自动化地完成业务、网络、资源的组合和生命周期流程编排。实现灵活的业务发放和网络资源调用。

（2）资源管理功能

基于 AI/ML 实现通信网络资源数据管理、资源入网、调度、分配、核查、变更，端到端网络资源拓扑视图，进一步提供数据服务能力统一封装开放能力。例如利用图像识别等 AI 技术实现资源管理智能化，大幅降低人力成本。

（3）故障管理功能

利用 AI 能力实现网络集中监控，包括网络与业务端到端监控和故障闭环管理等应用，提供网络监控开放能力。

（4）性能管理功能

利用 AI 能力实现网络与业务质量的端到端分析，实现各类容量、质量、效率、效益指标的分析应用。

（5）网络规划优化功能

基于网络数据中台，AI/ML 结合强化学习等技术，实现无线网络规划与质量优化，多目标多参数联合优化。对第三方应用开放分析和优化能力，实现 AI 闭环优化工具。

（6）运维调度功能

AI/ML 实现对运维人员、网络割接、运维工作等统一集中的调度管理、流程管理，在此基础上，实现自动派单、知识推送等服务，通过统一流程引擎实现进度可视。

9.3.2 连接4AI 类别

连接 4AI 主要分为以下两个大的方面：

1. 定制 AI 连接

6G 网络为 AI 提供所需的定制连接服务。连接所承载的 AI 服务相关的数据类型，包括如图 9-15 所示的类别。

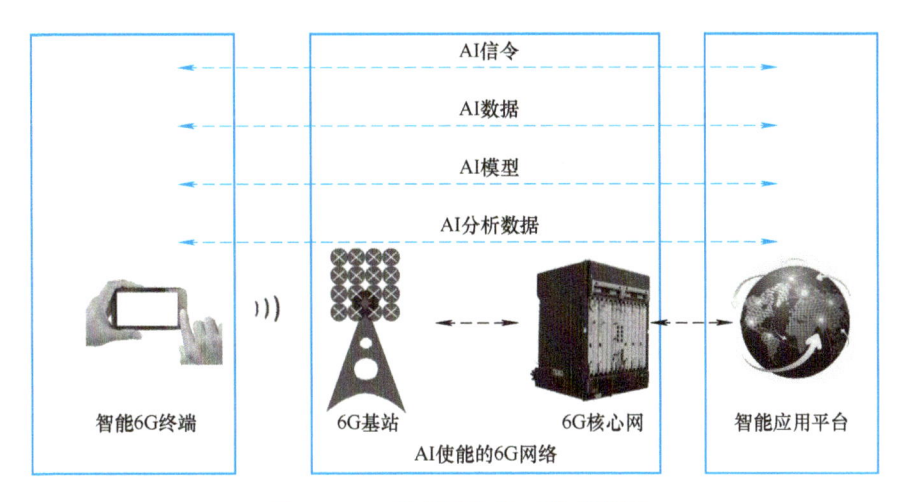

第9章 AI增强网络、网络赋能AI——内生AI

图 9-15 6G 连接服务的 AI 数据类型

类别 1：用于传输 AI 相关的信令。

AI 分析信息请求、回应消息；AI 分析所需算力相关的请求、应答消息。这里，AI 相关信令可能的传输方式包括：

1) 作为用户面数据传输。

2) 与 NAS 信令相耦合/融合，网络内生 AI 控制采用 NAS 信令，业务/应用相关 AI 信令通过 NAS 信令透明传输。

类别 2：用于传输 AI 输入数据。

类别 3：用于传输 AI 模型。

类别 4：用于传输 AI 分析信息，包括中间分析信息（当多实体进行联合分析时）。

以上不同的类别对连接的 QoS、网络适应能力会提出不同的要求。对于同一类别，不同业务、应用对连接的 QoS、适应能力等也可能存在不同的要求。对于 AI 业务场景以及相关的连接性能需求，主要是吞吐量、时延、可靠性等传统连接性能指标。3GPP 标准需要对 6G 网络的 AI 内生从功能和性能的角度如何支持不同的 AI 业务/应用进行规定。

2. 定制 AI 组网

6G 网络如何为 AI 提供所需的组网服务。按照支持 6G 内生 AI 所需的网络连接的架构与形态，可以分为如图 9-16 所示的类别。

类别 1：集中式 AI 连接组网。采用一个中心 AI 控制功能实体进行 AI 策略控制，包括 AI 分析信息收集、决策、下发等。

类别 2：分布式 AI 连接组网。例如：边缘 AI。类似于 MEC，网络边缘的一个或多个功能实体（例如终端、网络功能、应用功能等），由本地的 AI 控制功能实体进行控制和管理。

类别 3：子网式 AI 连接组网，例如：多用户设备（UE）之间组成的子网 AI、虚拟网络（VN）内的 AI 连接。

类别 4：以上连接类型的混合连接组网。

以上不同的类别组网形态，可以满足不同的 AI 业务/应用或控制场景需求。

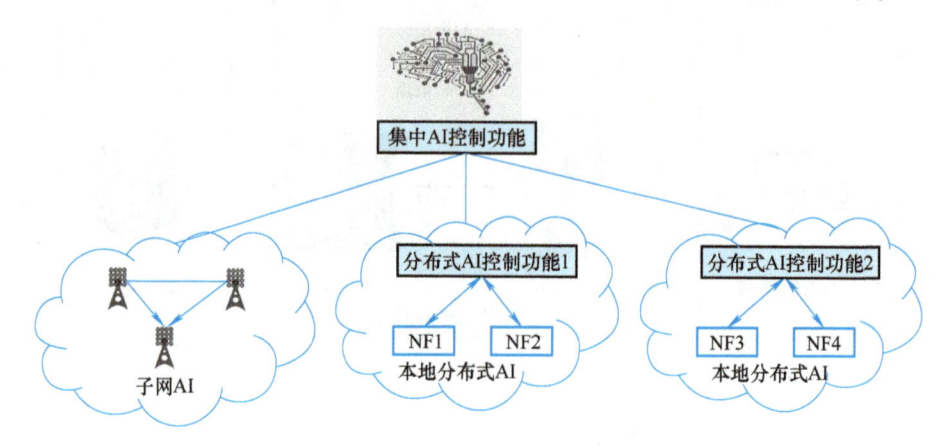

图 9-16　6G AI 所需的网络连接的形态

9.3.3　算力融合类别

算力和网络的关系是 6G 网络架构演进过程需要处理的核心关键。

6G 的网络架构中，算力将遍布于包括中心云、边缘云、网络设备甚至终端设备在内的各种基础设施。算力及附着之上的人工智能算法或功能应用，不仅能服务于网络或者设备本身，用以改善性能、优化网络，而且还可能通过统一的接口向外开放，服务于上层应用。算力和网络需要相互感知，以达到网络资源、算力资源的最佳利用，同时为用户提供最佳的体验。算力网络融合可以有如图 9-17 所示逐步演进的 3 大类。

图 9-17　算网融合类别

1. 类别 1：网元算力

网元算力通常以专用算力资源的形式服务于移动通信网络的网元（如基站或核心

网）。这种算力资源用于实现网络功能或网元本身的计算处理，通常可用资源有限。网元算力主要用于通信性能提升或者网络运维优化等定制化的 AI 应用服务（即 AI for Network），如无线资源管理、信道估计、波束成形等。

网元算力由基于通用处理器或可编程器件构成的计算单元和存储单元组成。网元算力可通过相应接口呈现在运营商的网管平台，通过管理面接口可在指定算力单元上完成 AI 算法的加载、更新或销毁，实现管理面对算力和算法的可管、可控。

网元算力相对边缘计算、云计算能力有限，所以无法实现大规模计算和训练要求的 AI 应用，较难服务于第三方应用。

2. 类别 2：分布式外挂算力

5G 时代的分布式 EC（边缘计算）/MEC（多边缘计算）就属于分布式外挂算力。作为云计算的演进，将计算从集中式数据中心下沉到通信网络接入网边缘，更接近终端用户。外挂算力以通用处理器 CPU 为主，也可包含高性能处理器 GPU 以及可编程加速卡等。

相对丰富的算力为网络自身优化以及对高计算量和时延要求严苛的行业应用提供了可能。外挂算力以分布式的方式在更靠近用户的网络边缘提供算力服务，便于在提供更低时延的同时，减少对网络资源的消耗，以更好地服务一些行业应用，比如视频加速、网络自动驾驶、AR/VR 等低延时、高带宽的场景，以及包括非实时的无线协议处理及网络优化等在内的网络应用。

由于通信网络能力开放给网管平台，分布的外挂算力也呈现在网管平台；因此，AI 应用等服务可以综合考虑网络的信息以及分布的算力资源，进行业务的优化部署、调整等。这类算力上的 AI 等业务部署是通过管理面实现的，动态性不强，无法实现网络和算力在控制面的统一，无法及时响应用户的移动以及网络的变化；网络连接和业务连接是相对独立的，属于叠加模型。因此，在资源的使用上有时无法达到效率最优。

3. 类别 3：分布式网络内生算力

新型网络架构中，各网元不仅有控制和转发能力，还兼顾计算能力。除网元之外，网络中还部署了计算节点。这种算网一体模式产生的算力称为网络内生算力。在网络设计之初，把算力当作网络的一种基本元素。算力遍布于网络，即算力广泛分布于云、边、端、中间网元，算力融于网络。算力服务、连接服务以及综合考虑算力和连接的服务，都作为网络对外能提供的基本服务。

网络内生算力可以促进内生智能的发展和部署，可以更好地支持无处不在的具有感知、通信和计算能力的基站和终端，实现大规模智能分布式协同服务，同时最大化网络中通信与算力的效用，适配数据的分布性并保护数据的隐私性。

在新型网络架构中，网元和计算单元的控制面拉通，可以弥补分布式外挂算力的不足，可以及时地响应移动和网络的变化。网络内生算力可以促进 6G 智能应用的产生和发展，例如：沉浸式云 XR、全息通信、感官互联、智慧交互、通信感知以及数字孪生等。

9.3.4 数据服务类别

数据是 6G 网络的核心生产要素之一。相比于以通信网络运营数据和用户签约数据为主的 5G 网络数据，6G 数据的范围和类型将随着 6G 服务从通信扩展至感知、计算和 AI 服务等而更加丰富。数据服务是数据提供者和数据消费者之间的抽象功能，需要解耦数据消费者和物理数据提供者，如图 9-18 所示。特别是在多数据提供者或多数据消费者时，数据服务有助于维持数据的完整性，通过重用性提高数据服务效率。

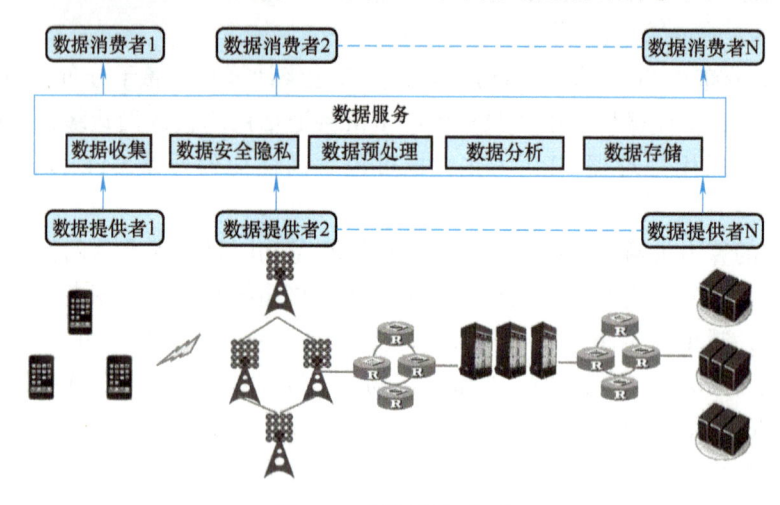

图 9-18 数据服务类别

6G 数据服务旨在高效支持端到端的数据采集、传输、存储和共享，解决如何将数据方便、高效、安全地提供给网络内部功能或网络外部功能。在遵从隐私、安全、法律法规的前提下降低数据获取难度，提升数据服务效率和数据消费体验。

根据数据服务潜在的功能范围，可将数据服务分为 5 个类别：

1）类别 1：数据收集/分发，为数据生产者和消费者提供基础数据收集的发布和订阅机制，提升数据收集/分发效率。

2）类别 2：数据安全隐私。借助安全和隐私保护技术为用户和网络按需提供高质量的可信数据服务，既保证用户和网络的隐私保护，又保证数据的安全不可篡改及可溯源性。

3）类别 3：数据预处理。对所收集的数据进行格式转换、去噪和特征提取等通用工具类预处理，以满足智能应用的需求。

4）类别 4：数据分析。利用模型、算法、知识和算力等提供统计信息、预测信息、网络异常分析和优化建议等信息，提升网络内部功能和网络外部功能的数据消费体验。

5）类别5：数据存储。存储和检索所收集的数据，以及为数据安全隐私、数据分析或数据预处理等数据服务的相关处理功能提供存储支持。

9.3.5 算法融合类别

6G 网络对 AI 的各类模型都要原生支持，如机器学习、深度学习、联邦学习、多智体学习、去中心学习等类别的模型。6G 网络也要原生地支持这些 AI 模型之间的协作。6G 网络支撑的算法融合的类别如图 9-19 所示。

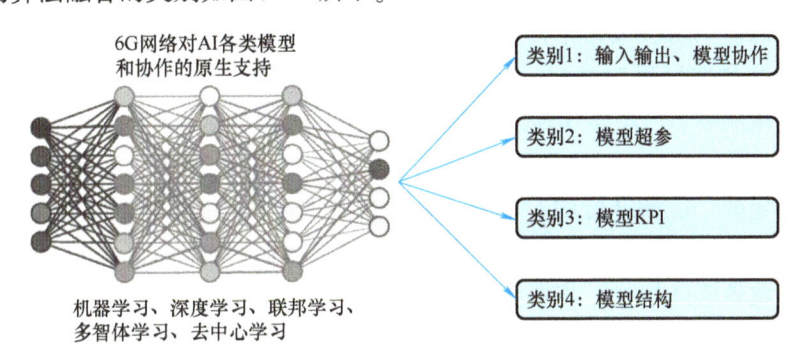

图 9-19　算法融合类别

1. 类别 1：输入输出和模型协作

AI 算法的模型有输入输出。输入为进行模型训练的样本数据集，以及进行推理的特定任务数据。在采用协作方式的 AI 操作下，各种 AI 操作的上一步输出结果也将作为下一步协作节点的输入。输出为 AI 模型训练到某一步的输出结果，包括各种协作方式产生的需要发送给下一个协作节点的中间结果以及最终的输出结果。

如何定义 AI 模型的输入输出，与 AI 模型的类型以及功能有很大关系。AI 赋能各种功能可以主要通过以下两大类输入输出来帮助其实现智能化的提升。

（1）对于决策类 AI 模型

需要重点定义两大类输入和输出：

第一大类输入是通用预测，包括业务预测、位置预测、负载预测和用户行为预测等；每个具体功能都会使用一种或几种通用预测作为输入判决的重要依据。

第二大类输入是个性化数据，应用在不同场景时会有不同的个性化输入参数；个性化输出是 AI 模型分析后的输出结果，需要按需对每个具体的功能点定义个性化输出，以实现合理、快速、准确的决策。

（2）对于非决策类 AI 模型

其具体形式是通过 AI 模型推理的方式将数据处理的部分或全部步骤进行替代。

输入要求对限制因素和期望效果进行个性化定义，AI 模型可根据个性化定义执行最佳的数据处理。输出主要是处理后的数据，不需特殊考虑 AI 模型的协作方式。这类模型包括联邦学习、多智能体学习、模型分割、迁移学习、群体学习等。

6G网络感知AI模型的输入输出以及协作方式，从而合理调整资源，满足相应的AI操作。例如在模型分割的协作方式下，终端将计算到某一层的中间结果发送给网络，网络可以感知中间结果以及该AI操作采用模型分割的协作方式，从而根据网络自身情况，网络和UE通信情况，向终端或应用服务器推荐更合适的分割点，帮助模型分割方式高效执行。

2. 类别2：模型超参

机器学习的模型超参数是指模型外部的配置，主要用于对模型进行优化和调整，一般需要在训练之前进行手动调整，主要的超参数包括学习率、批样本数量、优化算法、迭代次数、隐藏层数目、隐藏层神经元数目、激活函数的选择等。

学习率（Learning Rate，或作LR）是指在优化算法中更新网络权重的幅度大小。学习率可以是恒定的、逐渐降低的、基于动量的或者是自适应的。不同的优化算法决定不同的学习率。当学习率过大，则可能导致模型不收敛，损失不断上下振荡；学习率过小，则会导致模型收敛速度偏慢，需要更长的时间训练。选择一个好的学习率不仅可以加快模型的收敛，避免陷入局部最优，减少迭代的次数，同时可以提高模型的精度。

批样本数量（Batch Size）也是非常重要的模型超参数之一，指的是每一次训练神经网络送入模型的样本数，批样本数量的大小影响模型的优化程度和速度，同时也直接影响到内存资源的使用情况。批样本数量过小可能会导致梯度变来变去，模型收敛较慢；批样本数量过大可能会导致内存不够用或程序内核崩溃。

超参数的设置对于模型性能有着直接影响。合适的超参数设置调整可以最大化模型性能，更科学地训练模型，从而能够提高资源利用率。

基于6G网络和模型的融合，一方面可以对于模型的超参数进行预测，从而协助第三方AI确定模型训练的超参数，最大化模型的性能。6G网络通过资源开放和模型开放，协助第三方应用（OTT）进行模型的训练。例如通过资源开放，提供充足的计算、存储、通信资源，帮助第三方应用在6G网络中进行模型的训练。或者通过模型开放，将预训练好的模型开放给第三方应用，第三方应用仅需进行微调就可以完成模型的训练。

3. 类别3：模型KPI

模型的KPI主要包括了模型本身的性能指标以及模型对于通信网络的需求：

在机器学习中，性能指标是衡量一个模型好坏的关键，也是进行模型训练的最终目标，如准确率、精确率、召回率、敏感度等。

准确率是指在分类中，使用测试集对模型进行分类，分类正确的记录个数（本身为正、分类为正的记录个数+本身为负、分类也为负的记录个数）占总记录个数的比例。

精确率和召回率是两个评价指标，但是它们一般都是同时使用。精确率是指分类器分类为正样本的个数中，真实为正样本的比例。召回率是指分类器分类正确的正样本个数，占所有真实为正样本个数的比例。

6G 网络的移动终端设备，如智能手机、汽车、机器人，可以用 AI/ML 模型取代传统算法来实现如同语音识别、图像识别、视频处理这样的应用程序。6G 网络也需要满足相应的 AI/ML 模型的 KPI。

模型的种类繁多，且 AI 操作方法也多样。不同的 AI 操作方法和不同的模型大小，对 KPI 有着不同的需求。比如在联邦学习架构下，6G 网络需要保证一组联邦学习节点的整体 QoS，避免组内节点由于通信和计算能力的差异导致迭代效率低。

6G 网络节点还可以通过模型分割以及调整分割点来保障 KPI，比如可以调整终端和第三方应用服务器间需要转递的中间参数的大小，从而满足不同的 KPI 需求。

总的来说，6G 网络至少可以支持以下三种 AI/ML 操作：

1）AI/ML 在多个节点之间进行拆分。
2）基于 6G 系统进行 AI/ML 模型、数据分发和共享。
3）基于 6G 系统的分布式联邦学习。

为了支持以上三种 AI/ML 操作，保障模型训练/推理的实时性，模型的传输，上传和下载对于通信网络的需求也是较高的。目前 3GPP 协议（TS22.261）给出了相应的通信 KPI 要求，包括推理功能、模型下载、终端和网络服务器/应用联邦学习。

4. 类别 4：模型结构

机器学习中最主要的是深度学习，深度学习涉及的神经网络模型结构主要有全连接神经网络（MLP）、卷积神经网络（CNN）、循环神经网络（RNN）等。

全连接神经网络相邻两层之间任意两个节点之间都有连接。全连接神经网络是最为普通的一种模型，由于连接数多，导致存在大量的模型参数，从而占用更多的内存和计算资源。

卷积神经网络一般是由卷积层、汇聚层和全连接层交叉堆叠而成的前馈神经网络，使用反向传播算法进行训练。卷积神经网络有三个结构上的特性：局部连接、权重共享以及汇聚。这些特性使得卷积神经网络具有一定程度上的平移、缩放和旋转不变性。卷积神经网络的参数较少。

循环神经网络是一类具有短期记忆能力的神经网络。在循环神经网络中，神经元不但可以接受其他神经元的信息，也可以接受自身的信息，形成具有环路的网络结构。循环神经网络较符合生物神经网络的结构。循环神经网络已经被广泛应用在语音识别、语言模型以及自然语言生成等任务上。

6G 网络感知 AI 应用所涉及的模型结构，这是网络对 AI 应用最深层次的原生支持。网络通过感知模型的结构，进而全面感知 AI 模型，可以实现对 AI 应用全面的支持，灵活地分配资源以及辅助模型的计算等。举例来说，网络感知模型采用的是全连接结构，因全连接网络具有大量的参数，需要网络提供更多的通信资源。如果采用的是卷积神经网络，则模型参数较少，需要的传输资源也相对较小。

9.3.6 编管服务类别

灵活的网络 AI 部署主要涉及相关的编管平台能力的构建。编管平台可以为网络 AI 按需提供连接、算力、数据、算法等多方面的服务，并支持网络 AI 业务的部署、测试、管理和运营的自动化等。面向网络 AI 任务，主要包括如图 9-20 所示多种类型的编管服务。

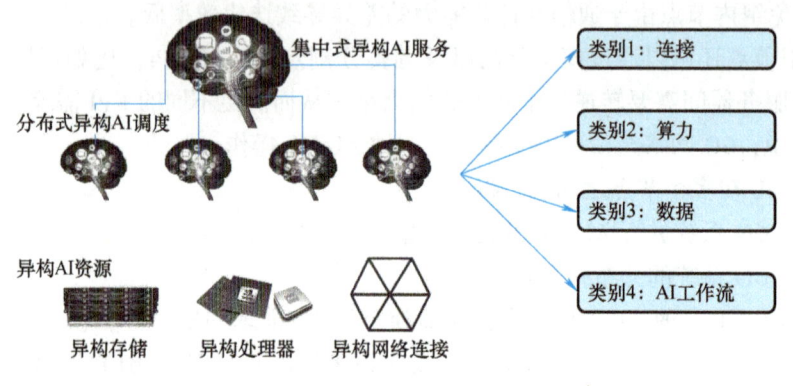

图 9-20 编管服务类别

1. 类别 1：连接编管

面向网络 AI 任务，连接编排的一个重要目标是自动执行基于 AI 服务的网络请求，并最大限度地减少交付应用程序或所需的人工干预。在满足 AI 服务 QoS 的情况下，最优化网络资源效率。连接编管将基于网络能力开放、软件定义网络等底层能力对连接实施编管。要实现编管效率的优化，连接编管需要具备一定的网络感知能力，并可以借助 AI 算法进行编管，以保持最佳的网络性能。

2. 类别 2：算力编管

算力编管是针对网络 AI 需求，提供最佳的算力资源分配和网络连接方案，并实现整网异构资源最优化的解决方案。算力编管通过网络分发服务节点的算力、存储信息等，并需要感知网络相关信息（如路径、时延等）。

为了服务 AI 内生网络，算力编管将面对边缘动态、异构、分布式的资源，需要具备如下能力：

1）资源标识：通过统一的资源标识体系，来标识不同所有方、不同类型的计算、存储、网络等资源，以便于资源信息分发与关联。

2）算力感知、算力建模及算力评估：面向全网泛在的算力资源，对各类算力资源的状态及分布进行评估、度量以及建模，以作为算力资源发现、交易、调度的依据。

3）多方、异构资源整合：通过网络控制面将来自不同所有方的资源信息进行分发，并与网络资源信息相结合，形成统一的资源视图。

4）轻量化：针对网络边缘动态的复杂环境，需要通过轻量化的资源技术，解决业务实时迁移的问题。

3. 类别3：数据编管

数据分布式存储：边缘网络模型具有去中心化的特性，处于边缘端的AI模型大多采用分布式计算的方式进行任务训练和推理，其数据亦采用分布式存储的形式。6G网络力求高效、准确地将模型数据进行分布式存储。

数据安全隐私：数据被国家认定为继土地、劳动力、资本、技术之后的第五生产要素。6G时代边缘产生的数据量将会呈现数量级的增长。大量的个人数据将被使用于训练模型和提供服务，如何保障数据安全隐私，是一个十分重要的研究方向。

4. 类别4：AI工作流编管

在网络AI训练中，可能同时运行数百个任务和上千个节点。有必要针对这样复杂的AI服务进行多层次的分解，如分解为多个工作流、多任务等形式，减低复杂度。AI工作流编管可以基于环境和服务来提供的精细化编管服务，具体包括特征提取、模型训练、模型切割、边缘模型部署、模型推理、模型量化压缩等。

第 10 章

要想有个性，必先有智慧——AI 使能个性化空口

本章将掌握

(1) 无线内生 AI 的基本原理。
(2) 空口控制面 AI 的特点。
(3) 发射机/接收机的 AI 技术。
(4) 大规模 MIMO 的 AI 技术。
(5) 基于 AI 的 CSI 反馈、信道估计和 CSI 预测。
(6) 无线 AI 算法的评估。
(7) 无线 AI 数据集建立准则。

> 《卜算子·个性化空口》
> 空口要个性，
> 智能又来报。
> 已是内生端到端，
> 物理层又闹。
> 估计和预测，
> 反馈为信道。
> 无线算法有好坏，
> 泛化想法妙。

移动通信制式的更新换代首先表现在空口性能的提升上。在 6G 时代，空口革命除了体现在极限速率的大幅提升上，还体现在空口能够随着周边无线环境的变化、端到端网络的状态及用户应用或业务的需求变化，动态调整空口协议栈的工作参数，从而动态调

整空口的无线时频资源和天线端口的空间资源。这就是自适应空口，也可以称之为个性化空口。

个性化空口是网络智能自治在无线侧的重要能力。基站和终端具备感知周边无线环境的能力，移动网络的各个节点能够感知网络状态和用户的应用或业务，利用内生的 AI 能力，实现面向用户的个性化空口。在传统物理层技术的基础上引入 AI，可以更全面地把握无线信道的特征和变化趋势，如小区内和小区间的干扰，从而提升移动通信空口资源调度的性能。

个性化空口的人工智能 AI 的基本流程如图 10-1 所示。

数据采集
- 基站终端信息：
  信道信息
  干扰信息
  终端移动速度
  终端位置
  资源分配
  业务信息等

模型训练
- AI模型选择与训练：独立AI模型和分布式模型训练
- 模型同步和参数传递

实时AI空口增强
- 基站终端AI协同配合
- 实时输出空口决策信息
- 输出资源调度参数

智能调度
- 调度器进行全局的资源分配、用户调度
- 实现空口性能的提升

图 10-1 空口 AI 工作流程

1）数据采集：基站、智能超表面、终端等利用对周边环境无线感知的能力，采集无线环境的信息，包含信道信息、干扰信息、终端移动速度、终端位置、资源分配、业务信息等。

2）模型训练：基站和终端针对要解决的空口问题，如覆盖问题、干扰问题、接入问题、移动性问题等，有针对性地进行空口 AI 模型的选择与训练，包含独立 AI 模型和分布式 AI 模型选择和训练。模型训练完成后，系统在网络节点之间，进行模型同步、参数传递；同时，将训练好的参数传递给相应的基站节点和用户终端。

3）实时 AI 空口增强：基于实时的空口测量数据，利用训练好的人工智能模型，基站和终端在一定的分布式算力的配合下，输出更优的决策，让空口协议栈工作在性能最优的状态，让无线调度器得到最优的资源调度参数。

4）智能调度：无线调度器基于空口 AI 的输入信息、参数信息以及其他高层和业务等信息进行全局的资源分配和用户调度，实现空口性能的改善。

无线 AI，尤其是物理层 AI，标准化过程将是一个"持久战"式的长期过程。举例来说，基于 AI 的多模块联合优化、绿色 AI 通信技术与基于 AI 的自演进，这些通信标准还需不断推进。推动标准化，充分发挥无线 AI 的潜力，有利于实现 6G 网络"数字孪生、智慧泛在"的美好愿景。

10.1 内生 RAN AI

AI 技术已经在核心网、网管网优、无线网等领域开始发挥作用。比如：在核心网，AI 的应用包括智能业务质量定义与分配、切片状态分析、用户体验分析等；在网管领域，AI 算法可以用来优化系统容量、覆盖、故障率、负载均衡、异常检测等方面的性能；在接入网，AI 的应用包含智能无线资源管理算法、接入控制、调度算法等。

AI 技术使能的智能无线通信是 6G 主要技术特征之一。其基本思想是通过无线通信技术与 AI 技术的有机融合实现无线的智慧内生，大幅度地提升无线通信系统的性能。

AI 技术与无线架构、无线数据、无线算法和无线应用结合，构建 6G 的内生 AI 的智能网络架构体系。内生 AI 在无线侧不仅仅是一种优化工具，而且是促进 6G 无线网络架构变革和空口技术颠覆的要素。

5G 的无线网络架构现阶段采用外挂式的 AI 技术，不具备支持 AI 内生的能力，缺少内生 AI 算法的运行环境和基础插件。5G 时代无线网络的 AI，主要用于"预测"，不是用于"资源调度"。"预测"的是业务特征、用户移动性、用户行为、信道环境等信息。

但是，随着垂直行业应用的井喷式涌现，差异化、实时性的业务需求引起资源管控复杂度的急剧提升。由于本身资源调度算法与业务的动态性不能很好地匹配，RAN 资源利用率低。因此，6G RAN 的内生 AI 通过智能资源管理与调度机制能够实现业务需求的动态自适应，提高系统资源利用率，保证更好的服务质量和用户体验，促进 RAN 的开放与智能。

6G 无线网络的 AI 内生有助于实现通信协议的自动升级和维护，完成接入网和核心网网元的智能化管理和部署，有效降低网络部署与运维成本，支持智能的多类型资源跨域管理。而 AI 内生的新空口技术能够通过调用 AI 算法支持无线资源的智能调度，与业务需求实时匹配。在 6G 的接口协议栈设计中，AI 的计算能力、数据处理和信令交互需求需要重点考虑。

具有内生 AI 的 6G 移动通信系统中，RAN AI 部署在基站内部，包含集中单元 CU（Centralized Unit）和分布单元 DU（Distributed Unit）。CU 与 DU 的 AI 功能按照各自的网络部署、计算能力和协议需求进行分割。CU 的 AI 功能需要协同多个 DU 的 AI 功能，而 DU 的 AI 功能主要负责本站点的用户业务。CU 的 AI 与 DU 的 AI 之间、无线网 AI 与核心网的 AI、网管 AI、甚至应用服务器的 AI 都有相应的接口，用于数据和 AI 信令的交互。

10.1.1 AI 的空口传输技术

基于 AI 的空口技术通过端到端的深度感知、机器学习、深度学习来增强数据平面和控制信令的效率和可靠性，支持可编程的空口、定制化的空口，重构变化的物理信道，灵活地进行拼接空口协议栈功能，动态地设置空口协议栈参数，自动协调并调度资源，以满足各种应用场景的不同要求。

AI 的空口传输技术（尤其是物理层 AI 技术）是用深度融合的 AI 技术对无线环境、资源、干扰以及业务等多维特性进行深度挖掘，应用到新型编码调制、多址、波形设计、预编码、信号检测、信道估计和预测、接收机算法、大规模多输入多输出（MIMO）、正交频分复用（OFDM）等物理层模块设计中。这就突破了现有空口的模块化设计的框架。

AI 空口技术能够根据流量和用户行为主动调整无线传输格式和通信动作，可以优化并降低通信收发两端的功耗。AI 空口技术在覆盖增强、干扰消除、时频资源优化分配、波束管理、跨层优化等方面有显著的性能增益。在移动通信系统的信号发送端，利用 AI 完成对应专题的优化处理，如自适应 QoS、自适应带宽适配、自适应编码调制、自适应 MIMO 预编码、动态功率控制等，可以大幅提升系统无线空口的性能。

然而，AI 空口的性能取决于无线系统感知的信道信息的准确性。很多时候，无线信道是快速变化的，小区内和小区间干扰普遍存在，实现精确的信道估计非常困难，再加上信道反馈开销大、反馈延迟等原因，发送端通过 AI 模型做出的决策并不能高效提升性能。因此，发射端如何通过高效率、高准确度的方式获知信道信息，是整个移动通信系统利用 AI 提升性能的关键要素。"高效率"要求低反馈开销、低参考信号开销、低复杂度、低时延，"高准确度"要求提升信道估计的算法性能。

业界在无线 AI 技术方面的研究仍面临诸多挑战：

1）缺乏科学公开、格式统一的数据集。不同研究机构采用的数据集并不统一，研究结果难以相互验证。

2）无线 AI 数据和应用具备自己的特征，如何将图像与语音处理领域的经典 AI 算法与无线数据以及无线领域的专家知识进行有机融合存在困难。

3）无线通信系统的显著特征之一是通信场景复杂多变（室内、室外、高铁等）与业务形式多样，如何让无线 AI 方案在有限算力的前提下适用于多种通信场景与业务形式，是业界目前需要克服的重要挑战。

4）无线 AI 的链路级和系统级的性能提升上界尚不明确。在综合考虑算力、功耗、数据集、信令开销等成本的前提下，AI 方案相对于传统基于专家知识的设计的性能增益有多大，还缺乏系统科学的分析与论证。这是无线 AI 未来标准化和产业化落地的先决条件。

10.1.2　空口控制面 AI

AI 技术作为无线网络智能化的主要使能技术之一，逐渐应用于核心网、网管以及接入网的物理层和高层协议栈等各个层面。6G 的空口协议栈将在 5G 空口协议栈的基础上向自适应、定制化、可编程的方向演进。这就需要在 5G 空口协议栈的基础上增强空口 AI

的功能，如图 10-2 所示。虽然 6G 空口的协议名称和协议层次有待标准的进一步明确，但空口 AI 化，跨层交互的发展趋势是比较明确的。

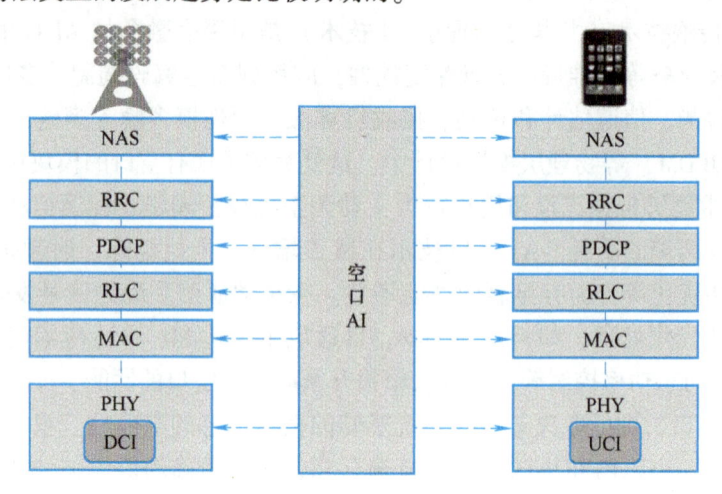

图 10-2　空口协议栈 AI 演进（以控制面为例）

空口 AI 在手机和基站实时测量的数据基础之上完成对各层功能参数（包括各层定时器、计数器、协议配置参数等）的动态调整，以适应无线环境和用户业务需求的变化，提高空口利用效率和用户体验。

空口协议栈可分为三层：

层三包括 NAS（非接入层）和 RRC（无线资源控制层）。NAS 层负责信令终端和核心网之间的信令交互，NAS 信令负责会话管理、移动性管理、安全管理、计费等，嵌套在 RRC 信令中，通过 RRC 信令由基站透传给 UE。RRC 层相当于空口协议栈的司令部，负责系统消息、准入控制、安全管理、测量与上报、切换和移动性、NAS 消息传输、无线资源管理。

层二负责对不同的层三数据进行区分标识，并提供不同的服务。

PDCP（分组数据汇聚协议层）相当于空口的防火墙，负责传输用户面和控制面数据、维护 PDCP 的 SN 号、路由和重复（双连接场景）、加密/解密和完整性保护、重排序、支持乱序递交、重复丢弃（用户面）等。

RLC（无线链路控制层）相当于空口的快递打包员，负责检错、纠错 ARQ（AM 实体）；分段重组（UM 实体和 AM 实体）；重分段（AM 实体）；重复包检测（AM 实体）。

MAC（媒体接入层）相当于空口的资源调度大师，负责逻辑信道和传输信道之间的映射、复用/解复用、调度、HARQ、逻辑信道优先级设置。

层一就是物理层，它是终端和基站信令和数据交换的高速公路，为高层的数据提供无线资源映射，还要完成物理层自身控制信令的处理。物理层对于其他任何来自上层的数据或信令都"一视同仁"，作为物理层的纯负荷在物理下行共享信道中传输。物理层的功能有

CRC 检测、调制编码、速率匹配、信道映射、功率控制、测量报告、MIMO 处理等。

上述每一层，都有参数需要配置。空口 AI 可以支撑协议栈每层的参数的自适应配置。

空口协议栈中，在基站和手机之间的无线环境中，负责控制用户面数据传送的信令体系有四级，如图 10-3 所示。

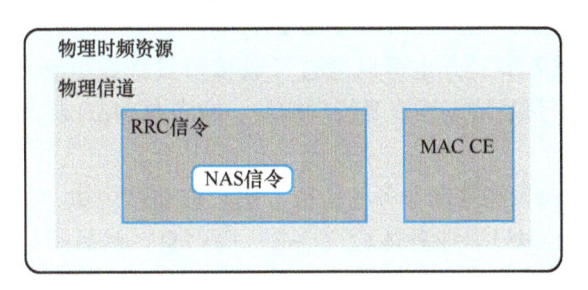

图 10-3　空口协议栈数据传送的四层控制信令体系

物理层的控制信令，收发交互时延仅有微秒级，负责物理时频资源的分配、功率控制及调制解调方案的确定。包括下行控制信令 DCI（Downlink Control Info）和上行控制信令 UCI（Uplink Control Info）。这些控制信令在 6G 时代需要在控制开销的同时基于 AI 进行增强。

DCI 包括：下行调度信息（DL assignments）、上行调度信息（UL grants）、SFI（Slot Format Indicator，时隙格式指示）和功控命令等。

UCI 包括：SR（Scheduling Request，上行调度请求）、HARQ ACK/NACK（下行发送数据的 HARQ 确认）、CSI（Channel State Indicator，信道状态指示）。CSI 包括 CQI、PMI、RI、LI（Layer Indicator，层指示）等。

物理层控制信令由于仅有微秒级的时延，对空口 AI 的快速响应能力要求最为苛刻，所以物理层 AI 的实现挑战也是最大的。

MAC 层的 CE（控制单元），交互时延是毫秒级的，负责上行同步的调整（如 TA，时间提前量）、DRX 周期调整等。

RRC 信令交互时延是几十或上百个毫秒，负责无线资源管理、移动管理、测量管理、连接管理等，如 RRC 连接建立信令等。

NAS 信令是核心网和 UE 交互的信令，交互时延在上百个毫秒，负责注册流程、会话管理、位置管理等。

MAC 层、RRC 层、NAS 层信令交互允许的时延较大，空口协议栈 AI 能力实现较为容易。

10.1.3　物理层 AI

RAN AI 负责空口算法模型的训练和推理。从物理层的感知单元接收采集的数据完成处理，输出 RAN 的功能配置和参数配置。以 AI 使能波束赋型为例，分布式单元 DU 的每个节点都要搜集每次波束赋型的空口质量反馈信息，联合计算节点的反馈信息，优化调整下一次信号发送的波束方向和大小。

根据内生 AI 功能作用的范围和时延需求的不同，AI 功能分别位于集中单元 CU 上和分布式单元 DU 上。RAN AI 也可以和核心网 AI、网管 AI 以及终端 AI 互相配合，联合提升空口协议栈的工作性能，尤其是物理层 AI 的性能。

运营商、设备商或者第三方也可以通过开放接口设计或更新 RAN AI 的某些专题算法。这些算法可以作用到基站无线资源管理模块，或者是 MAC 层的调度器，以增加 RAN 的性能增益。

RAN AI 可以学习与预测移动业务的特征、用户移动性规律、用户业务行为、信道与干扰情况、业务质量（QoS）、业务体验（QoE）等信息；然后把分析的结果通过接口传递到核心网、网管以及接入网功能（无线资源控制与管理、MAC 层、物理层等），支持网络的优化和业务的优化。RAN AI 可以针对不同的用户或者业务采用最合适的协议栈功能与处理算法，提高资源利用率。

物理层 AI 是 RAN（无线接入网）AI 能力的一部分，如图 10-4 所示。物理层 AI 可以部署在基站侧或终端侧，基站和终端之间的 AI 能力通过信令交互进行配合。

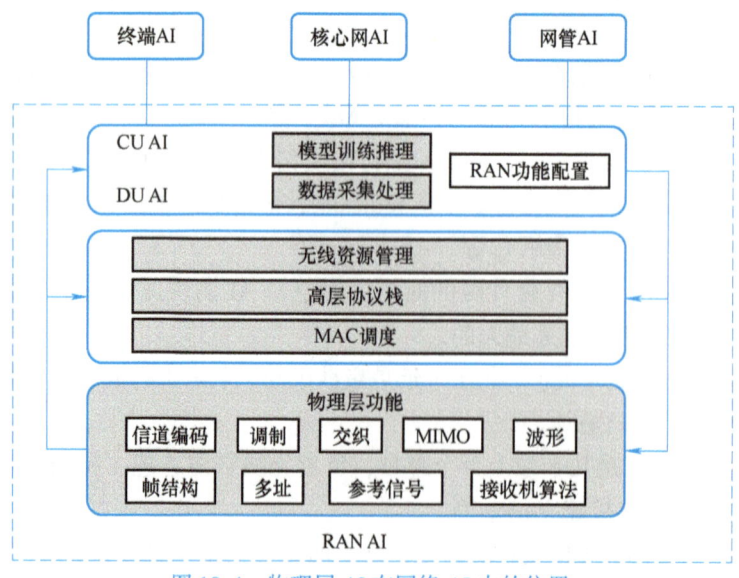

图 10-4　物理层 AI 在网络 AI 中的位置

物理层 AI 主要是对于物理信道相关的物理层功能进行 AI 的增强，侧重于对物理信道特征的提取，并针对不同的物理层技术进行相应的 AI 模型选择和训练。这些物理层功能包含帧结构、信道编码、调制、波形、多址、多天线 MIMO、接收机算法等。物理层 AI 的输出信息包括最优的帧结构、最优的编码调制方案、最优的多天线预编码矩阵等。这些输出信息提供给上层协议栈 MAC 层的调度器，以实现智能的实时业务和资源调度。

10.2 发射机/接收机 AI 技术

无线通信系统由发射机、无线信道、接收机构成。其中，发射机主要包括信源、信源编码、信道编码、调制、波形多址、MIMO 和射频发送等模块；接收机主要包括射频接收、信道估计与信号检测、MIMO 接收、波形多址处理、解调、信道解码、信源解码、信宿等模块。

发射机/接收机的 AI 技术的工作原理为：以感知到的无线环境数据、网络状态数据驱动训练好的机器学习模型优化发射机或接收机中的单个或多个功能模块，从而提升链路/系统级的性能，降低模块计算复杂度。

发射机/接收机 AI 技术按照优化对象和作用范围的不同，可分为以下两类：

1）基于 AI 技术的端到端通信链路设计，其原理为使用深度学习联合优化整个端到端通信系统。

2）基于 AI 技术的通信模块算法设计，即针对通信系统中的某一现有模块，或提高通信算法的性能，或降低通信算法的复杂度。

10.2.1 端到端无线链路 AI 设计

所谓"端到端"，就是贯通无线链路的两端，从发射端到接收机。在不断变化的无线环境下，基于 AI 深度学习技术，联合优化发射机和接收机，联合优化信源编解码和端到端物理层，如图 10-5 所示。这种 AI 设计思路以数据传送错误概率最小或数据传送效率最大为目标，使用神经网络学习特定传输内容的语义特征，将其与无线信道特征加以匹配，用更少的无线空口资源可以实现更大的传输速率，提高了整体的链路性能。端到端 AI 设计，比传统链路设计更多地考虑到无线信道中的非理想效应。

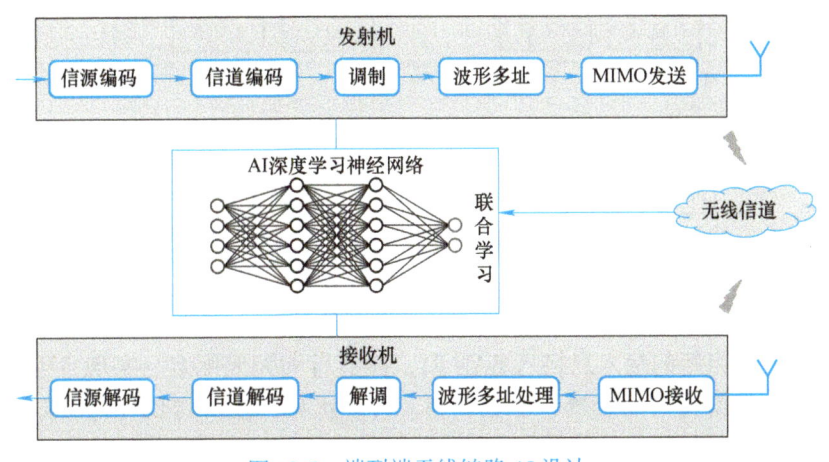

图 10-5 端到端无线链路 AI 设计

在空口协议栈物理层模块使用一般的 AI 模块，很难在性能上有所突破。人工智能 AI 与人类专家知识两者相结合可以大幅提高空口性能。比如说，基于 AI 对参考信号和空口资源分配进行多链路模块之间的联合设计，可以降低空口开销和系统复杂性，提高空口传送效率。

6G 无线接入网需要基于 AI 具备功能自动扩展能力和覆盖自动扩展能力。

6G RAN 引入了多种物理层新功能，如非正交多址、不同的天线波束赋型架构、超表面技术等。举例来说，把超表面（RIS）技术纳入到基于 AI 的从发射端到接收机的联合优化范围，这就是可重构智能超表面。我们通过智能地调整超表面的参数，提升收发联合优化的增益。

当 6G RAN 引入新的网络服务体时，希望这个服务能够快速握手、即插即用，实现立体全场景的快速覆盖扩展。这就是即插即用链路控制技术。

这里面的关键技术有：

1）流程感知：感知各种终端类型和各种业务类型的接入请求，启动合适的握手及控制信令流程。对于不同业务种类的接入点，需要准确识别，快速完成接入，实现覆盖的灵活扩展。

2）云对边的控制协调：云端引入 AI 能力，云、边、端 AI 协同控制如图 10-6 所示，对边缘接入点的灵活精准管控，包括接入控制、自动分配带宽资源、链路间协调等。

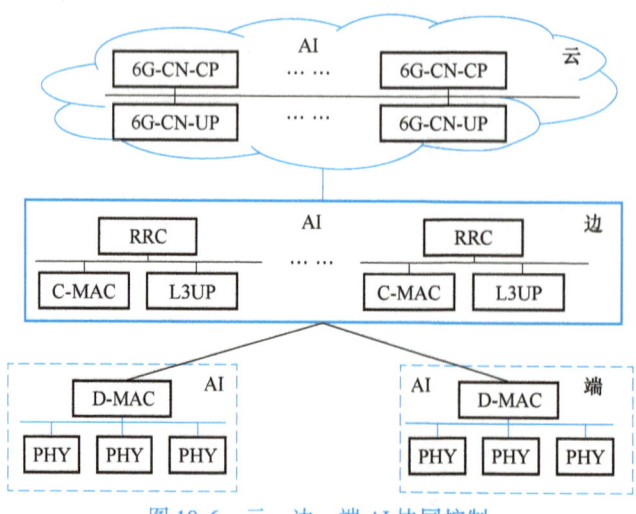

图 10-6 云、边、端 AI 协同控制

3）接入点的自生成、自优化：基于 AI 技术对各种接入点进行全自动化、全生命周期的管理和管控。当新的接入点接入 RAN 时，能够自动完成配置、实现自生成；当接入点启动运行时，根据实时场景进行参数调整、自动优化，按需迭代优化服务，以更好地满足灵活多变的业务需求。

4）大带宽、高实时性的传输技术：由于云、边、端之间存在大量的 AI 相关的信令实时交互或数据流量快速传送，这就需要云、边、端之间建立高速、高效的传输通道来确保即插即用接口间的信息交互。

10.2.2　发射机/接收机模块 AI 算法设计

发射机、接收机由很多模块组成，如信道编解码模块、调制解调模块、MIMO 与编码模块等。使用 AI 技术的深度神经网络模型替代发射机、接收机中的部分模块，以数据驱动的方式训练模型或相关参数，从而提升空口性能、降低无线系统的复杂度。

1. AI 模型训练主要的两种驱动方式

AI 技术的核心是 AI 的模型训练。AI 模型训练有两种方式：数据驱动、数据和模型双驱动。驱动方式本身蕴含着针对特定场景做特定优化的思路。基于模型训练的 AI 技术引入信道估计、信道状态信息反馈、信道预测等模块均具有明显的性能增益。

（1）数据驱动

基于数据驱动的方案将无线系统的各个功能块看作一个内部关系未知的黑盒子，然后用 AI 的深度学习模型取代它。基于数据驱动的 AI 深度学习的模型训练需要依赖海量数据。这些数据需要被人类分析员分别标记。深度学习模型学习了大量的实例数据后，代替无线功能模块，起到提升无线信号收发性能的作用。

但纯粹依赖数据驱动训练深度学习模型，有两个比较大的缺点：

第一，需要人工标记海量数据。积累和标记海量数据不但费时，而且成本高昂。

第二，基于数据驱动的深度学习模型泛化性和鲁棒性较弱。发射机/接收机的部分模块发生微小的变化，也会导致训练模型准确性大大降低。

（2）数据、模型双驱动

基于数据、模型双驱动的深度学习模型，在空口协议栈的物理层已有模型的基础上再进行数据驱动的模型训练。这个方案主要依赖通信模型或者算法模型，不改变原有无线系统的技术和模块结构。这样，与单纯靠数据驱动的发射机、接收机模型训练来看，可以显著减少所需的标记数据量，减少训练次数。

由于已有的模型具有环境自适应性和泛化性，因此数据、模型双驱动深度学习网络也具有这些特性，而且能在原模型基础上进一步提升系统的性能。

2. 无线训练模型的数据来源

无线训练模型的数据来源有两种，一个是标注数据，另外一个是基站或终端采集到的端到端的信道数据。旨在降低系统复杂度、提高无线性能的传统算法模型常以标注数据为学习对象；以优化链路级性能的模型算法，则通常以端到端的信道数据为学习对象。

针对这里两种数据来源的技术，分别介绍一下。

(1) 压缩感知技术

压缩感知技术是基于多层深度神经网络的物理层技术，如图 10-7 所示，用来提升解码、信号检测、信道估计算法的精度。最初的压缩感知算法需要进行多轮迭代，复杂度很高。模型、数据双驱动加入后，可以在相同的低导频开销下，获得优于基于初始压缩感知方法的估计精度。这种技术的缺陷在于需要使用传统算法生成的带标签数据。

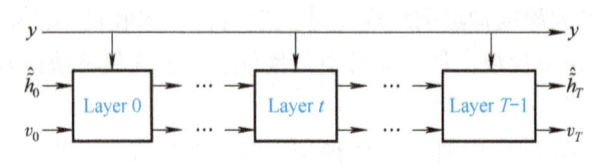

图 10-7　多层深度神经网络结构示意

(2) 信道编解码模块 AI 技术

信道编解码模块是无线系统的重要组成部分。大多数信道编码方案都是基于专家知识设计。比如说，Turbo 码是一种典型的容量逼近码，但使用基于专家知识设计的方案存在严重的错误平层和错误传播问题。

基于 AI 的信道编码方案，基于从发射机到接收机的端到端信道的数据驱动，可以解决错误层和错误传播的问题。在 Turbo 码训练模型中，引入一些可训练的权重，能够提高纠错性能。但基于深度神经网络的信道编码方案的机理，可解释性比较差。

除此之外，基于 AI 的编码和调制方式识别、多用户星座联合设计、波形设计、MIMO 预编码，也可以基于端到端的信道信息完成模型训练。

10.3　大规模 MIMO 的 AI 技术

6G 时代需要比 5G 更大规模的天线。因为 6G 的空口速率是 5G 的百倍，单基站容量可达到 5G 的上千倍，同时接入上千个连接。这里的大规模是指一个天线所包含的天线阵子数目。

有人可能会问：大规模天线阵列得多大、多重？有没有工程上的可实施性？

6G 系统使用的是纳米天线阵子，体积小、重量轻，单位面积将容纳成千上万个天线。纳米天线由于便于安装，将广泛地分布在人们工作和生活的环境中。6G 的纳米天线要求集成电子技术、新材料技术、空间复用技术等方面有重大突破。

超大规模（Multiple-Input Multiple-Output，MIMO）天线技术是物理层核心技术之一。天线阵列规模的增加，虽然可以带来更高的波束赋型精度与分集/复用增益，但也带来了新的问题。伴随着天线阵列规模的增大，物理层信道状态信息（Channel State Information，CSI）规模也增加，导致空口的信道估计、信道反馈等模块的开销快速上升。

AI 技术应用于大规模 MIMO 中的目的就是降低开销、提升增益，完成无线性能的优化，主要包括以下应用场景：

1）分布式 MIMO 的智能协作。
2）以最小的开销反馈信道信息。
3）精确的下行信道估计。
4）精确的信道预测。

10.3.1　从集中走向分布

大规模 MIMO 集中部署方式，由于路径损耗以及小区间干扰，小区边缘用户体验仍有待改善。6G 时代，超大规模 MIMO 由集中部署方式走向分布式部署。在多个分布式节点之间，再引入基于 AI 的智能协作，实现资源的联合调度和数据的联合发送，如图 10-8 所示，一方面有效消除干扰，增强信号接收质量；另一方面有效增强覆盖，为用户带来无边界性能体验。

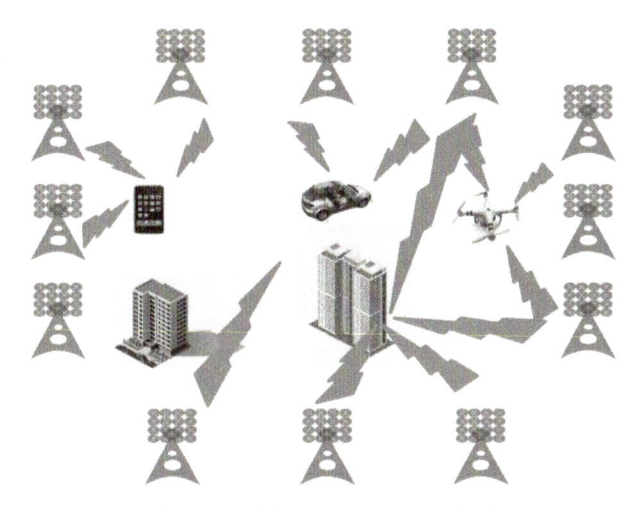

图 10-8　分布式 MIMO 的智能协作

6G 网络基于 AI 的分布式 MIMO 在提升信道容量方面的优势，尤其是更高频段、密集部署场景中将呈现出极大应用潜力。在天线总数、发射总功率及覆盖范围相同条件下，分布式 MIMO 系统中由于始终存在更接近用户的分布式节点，同时利用调度和赋型的智能协作，其性能较之集中式 MIMO 更为均匀，特别对于边缘用户性能增益更为显著。

但是由于分布式 MIMO 天线规模大，节点数显著较多，对节点间信息交互能力、联合协作节点的算力要求更高，赋型方案设计、干扰处理的算法复杂度就更大。同时，相干联合发送对节点之间同步性能、收发通道的一致性也提出了更高要求，需要进一步研究空口的校准方案。

传统 MIMO 方案是基于模型设计信号的处理方案，而基于 AI 的大规模 MIMO 技术是一种数据驱动的方法，能够从大量空口数据中挖掘出先前未知的特征，从而在性能上取得新的增益。因此，从原理上讲，基于 AI 的大规模 MIMO 技术有如下突出特点：

1）分布式大规模 MIMO 系统中的高维信道状态信息（CSI）处理，由于其规模庞大的特点，对系统节点算力要求非常高。

2）分布式大规模 MIMO 信道在多个维度存在相关性，适合使用机器学习等工具进行处理。

3）下行多用户 MIMO 预编码的 AI 方案需要充分考虑小区内和小区间干扰，还需结合上下行信道的部分互异性、用户之间相关性、时频域和其他变换域信道。

10.3.2 基于 AI 的 CSI 反馈

物理层信道状态信息（CSI）主要是终端用来反馈信道质量测量和时频偏跟踪的结果。既然它是作反馈汇报工作的，而不是实际传送数据的，希望低成本、多干事。即，空口传送的数据越多越好，但反馈开销越少越好。

物理层 AI 可应用于 CSI 处理和反馈，利用深度学习中的神经网络来学习无线通信中高维 CSI 的压缩方式，从而降低 CSI 反馈开销。现在的 MIMO 码本增强算法已经利用了信道的空间稀疏性以及时域稀疏性，来达到降低开销的目的。但这种码本优化方法是用同一套方案解决所有场景的信道反馈问题，没有针对具体场景做特定优化。

6G 在物理层用 AI 优化 CSI 反馈方面有如下的研究方向：

1）对一些特殊的天线形态进行灵活的优化设计。现有码本主要基于水平天线阵列来设计，没有针对 3D 天线等特殊天线进行优化，性能上局限性较为明显。

2）对一些特殊场景的特殊信道环境进行针对性的优化设计。在一些场景中，变换域（例如时延和多普勒域）的信道信息比现有的时频域信道具有更低的反馈开销。

3）将 FDD 信道上、下行信道的部分互异性体现在 MIMO 的码本设计和 CSI 反馈中。

4）不同用户之间信道的相关性也要考虑到 CSI 反馈中，这样可以进一步降低系统的整体反馈开销。

基于 AI 的 CSI 反馈的基本原理是将高维信道信息的反馈任务，视为端到端的 CSI 图像压缩恢复任务。如图 10-9 所示，其基本信号流程具有一种类似于自编码器（AutoEncoder, AE）的结构：

1）编码端（一般为终端侧）使用编码器将完整的信道信息经特征提取后压缩为一串满足反馈要求的比特流信息。

2）该信息经反馈链路反馈至解码端（一般为基站侧）。

3）解码端使用解码器将比特流信息进行解压缩和特征重建，最终恢复出完整的信道信息。

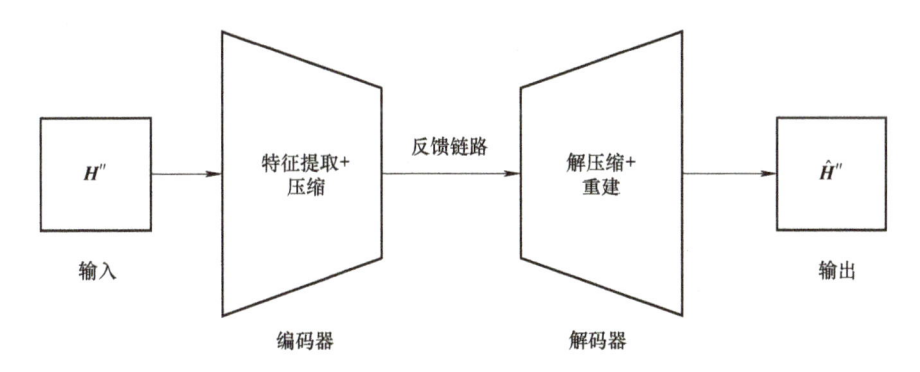

图 10-9 基于 AI 的 CSI 全信道信息反馈架构

编码器与解码器在端到端训练过程中，进行联合优化，从而获得最佳的 CSI 重构性能。在实际部署时，编码器与解码器需要按照训练过程的方式配对使用。即，一个编码器输出的压缩后 CSI，需要用相对应的解码器进行恢复。

10.3.3 基于 AI 的信道估计

物理层高精度信道信息捕获，是信号判决检测和波束赋型等技术的重要前提。

已有的 4G、5G 系统，信道估计的主要手段是基于参考信号辅助的信道估计方法。这种方法，参考信号的时频位置安排和参数设置在收发端均已知，通过一维或多维的插值捕获到所有时频空资源上的信道信息。但是这种信道估计方法的精度是不够的。

6G 基于 AI 的信道估计算法，通过对信道结构中的先验信息的学习，在相同参考信号开销下，可以明显提升信道估计精度。如果还是考虑基于参考信号辅助的信道估计框架，则基于 AI 的信道估计，需要学习的是从较少的已知信道信息到完整信道信息的映射，如图 10-10 所示。

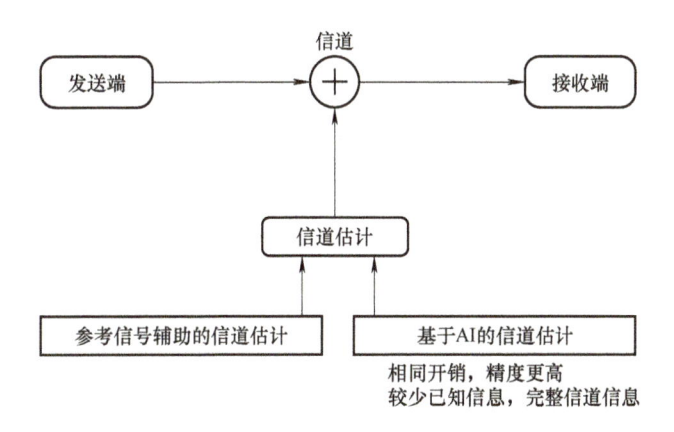

图 10-10 基于 AI 的信道估计系统框架图

基于 AI 的信道估计方案，仅需在链路的接收端进行部署，因此不存在多模型对齐问题。因为物理层传输过程需要进行大量信道估计，所以对信道估计方案的计算时延有较高要求。这也是基于 AI 的信道估计方案需要解决的主要问题之一。

用于信道估计的模型需要具备较好的泛化性。所谓泛化性就是指在多种不同的信噪比、场景、移动速度下都能满足信道估计的精度要求。模型泛化性不好，就会带来频繁的模型更新，这样带来的开销较大，模型就不适用。

10.3.4　基于 AI 的 CSI 预测

CSI 预测是指在已有 CSI 不增加新的空口资源开销的基础上，获得未知时频资源上 CSI 的技术。不同时刻、空间等维度的 CSI 虽然不完全相同，但存在一定程度的相关性，使得 CSI 预测成为可能。

传统 CSI 预测方案在处理复杂数据上，受限于预测精度而难以实用化。基于 AI 的 CSI 预测，有望明显提升预测精度，从而实现在实际系统中以低开销获取未知 CSI 的目标。

根据数据相关性类别，基于 AI 的 CSI 预测可以分为如图 10-11 所示的四类。

（1）考虑时间相关性

在随时间变化的信道或者高速移动的场景下，可以利用前一段时间内的 CSI 来预测下一个时刻或者下一段时间内的 CSI。循环神经网络架构可以很好地处理时间序列。神经网络可以刻画和捕捉信道在时间前后状态信息的变化和相关性，可以根据前几个时间点的 CSI 预测出下一时刻的 CSI。

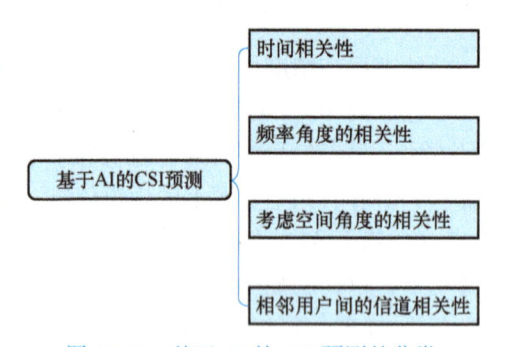

图 10-11　基于 AI 的 CSI 预测的分类

（2）考虑频率角度的相关性

根据频分双工 FDD（按照频率分上下行）的上行 CSI 来预测和重建下行 CSI。根据环境中的上行信道数据，用深度学习的方法预测 FDD 的下行信道，重建无线环境的反馈数据。

（3）考虑空间角度的相关性

根据基站部分天线与用户的 CSI，利用信道在空间和频率上的相关性，来预测和映射全部天线与用户的 CSI。这里的主要方法是引入了一个由全连接构成的信道映射关系神经网络，对这些映射关系进行学习。

（4）考虑相邻用户间的信道相关性

对于在同一个场景中、在同一个基站服务范围内的用户，其信道往往也具有很强的相关性。在不同位置的用户所享有的信道强弱可能不同。因此，可以通过部分用户的信道来预测区域内所有用户的信道。

10.4 无线 AI 算法的好坏问题

无线 AI 正"自上而下"地与无线网络的各个层面紧密地结合：从核心网、网络管理优化到接入网高层功能，乃至到接入网物理层功能都能够在 AI 技术的赋能下取得更优的性能。AI 技术是助力实现 6G 无线网络智能化的重要使能技术之一。

评估准则与评估指标是判断无线 AI 算法优劣性的准绳，是无线 AI 未来研究与标准化落地的重要依据；良好的数据集是无线 AI 研究的基础，不同的数据集直接影响 AI 算法设计与性能；基于某种数据集设计的 AI 算法往往在跨场景应用中存在泛化性不足的问题，需要大力研究泛化性提升的技术。

评估准则与评估指标、数据集建立、泛化性问题是无线 AI 性能的关键技术问题。物理层 AI 的这些性能关键技术问题面临的挑战如下：

1）评估用 AI 模型需要充分公开，包括模型结构与训练过程，便于参与方完整复现方案的评估结果。
2）缺少足够的科学公开的数据集。
3）如何根据无线数据的特点设计适合的 AI 算法。
4）如何克服场景变化带来的泛化性问题。
5）无线 AI 能够带来多少具体的系统级/链路级增益。

10.4.1 无线 AI 方案的评估指标

制订无线 AI 方案评估准则的第一步为选取合适的评价指标 KPI（Key Performance Indicators），如图 10-12 所示。所选 KPI 应当能够全面地反映无线 AI 方案的性能与开销，并且方便与传统非 AI 方案进行对比。总体上可以将相关的 KPI 分为性能与开销两类。

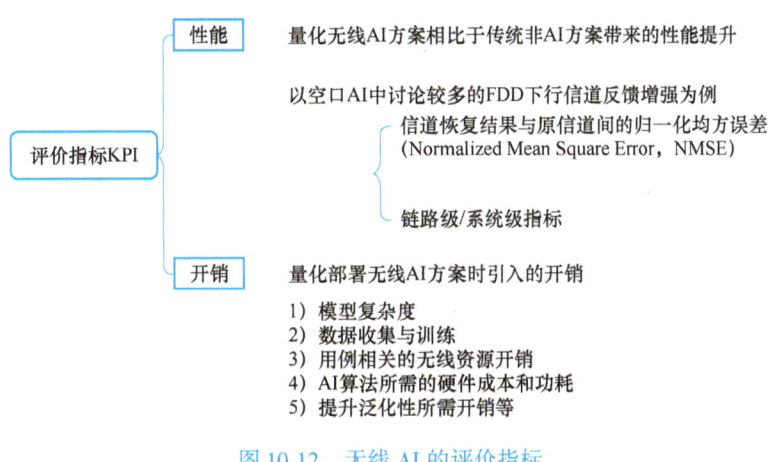

图 10-12 无线 AI 的评价指标

1. 性能相关 KPI

性能相关 KPI 的主要用途为量化无线 AI 方案相比于传统非 AI 方案带来的性能提升。鉴于目前无线 AI 的用例主要集中于对无线网络某些功能的增强，其性能评估 KPI 可以参考使用对应的传统非 AI 方案性能评估的 KPI。选取相同 KPI 也可以比较方便地进行性能对比。

以空口 AI 中讨论较多的 FDD 下行信道反馈增强为例，可以选取信道恢复结果与原信道间的归一化均方误差（Normalized Mean Square Error，NMSE）或是余弦相似度作为信道恢复精度的度量 KPI。还可以选择链路级/系统级指标（如误比特率或吞吐量等）作为反映信道反馈精度对系统性能影响的度量 KPI。

前者的优点在于评估较为简单，缺点是无法完全反映引入 AI 所带来的开销；相对地，后者优点为能反映出基于 AI 的信道反馈方案对于系统性能的整体影响，缺点为评估步骤更加烦琐。

2. 开销相关 KPI

开销相关 KPI 的主要用途为量化部署无线 AI 方案时引入的开销，主要包括：

（1）模型复杂度

推理阶段运行模型带来的计算开销。实际部署中，主要关注模型计算复杂度对运行时间的影响。然而，影响该指标的因素较多，即使是相同模型在不同硬件环境中部署，其运行时间也会有明显差异，很难直接比较运行时间。衡量模型复杂度的指标选用模型推理所需的浮点数运算量更好一些。

（2）数据收集与训练

第一个指标是因数据采集而产生的相关开销，包含离线开销和在线开销。相比之下，非 AI 方案则不需要数据收集与训练过程。因此出于公平比较的原则应当将该过程的开销计入 AI 方案的成本中。

对于在线训练方案来说，训练开销会对方案的时延有明显影响，因此，第二个需要纳入的评估指标是训练时延。

（3）用例相关的无线资源开销

具体用例中引入 AI 带来的无线资源开销。以基于 AI 的下行信道压缩反馈为例，其模型需要在终端与基站同时部署，并要求两者保持同步。该过程将涉及模型本身的传输，因此需要将相关开销纳入考虑之中。

但如果基于 AI 的信道反馈等用例只需在终端或基站侧部署模型，不存在模型传递带来的开销。

（4）AI 算法所需的硬件成本和功耗

大规模 AI 算法通常需要昂贵的硬件设备，以及巨大的功耗开销，这些是衡量 AI 算法性能非常重要的指标。

（5）提升泛化性所需开销

解决模型泛化性方面付出的开销。模型的泛化性一般指在满足一定性能要求的前提下，模型所能适用的范围。因为无线系统中的数据与无线环境密切相关，且无线环境本身存在不稳定性，再加上实际部署中对于模型推理时间的要求，所以在实际系统中，使用单个强大而复杂的模型应对所有无线环境的做法，将会面对模型训练与推理开销巨大的挑战。

无线 AI 模型都有一定的适用范围，一旦超出这种范围，例如终端由于移动性发生了小区切换，甚至是直接来到另一个城市，则之前使用的模型很可能因出现明显的性能下降而不可用的情况。

为了克服该挑战而使用的各种方案（包括模型更新等）带来的开销，均可视为泛化性相关的开销。泛化性问题是无线 AI，尤其是空口 AI 所面临的主要挑战之一。因此需要在评估指标中明确体现，从而保证模型在实际无线系统中的可用性。

10.4.2 数据集的建立准则

不同无线信道的数据集，对无线 AI 模型训练的效果不一样，该无线 AI 模型算法的性能增益也不一样，对该无线 AI 算法性能的评估结果也就不同。

（1）好数据集的特征

从运营商的角度来看，一个优秀的无线数据集应当在满足模型性能需求的前提下具有尽可能低的获取开销。面向未来，理想的评估数据集和评估用 AI 模型应该具有如下特征：

1）数据集需要实测信道数据的开销最小化。可以考虑主要或者全部基于现有信道模型产生。业界目前有大量的信道模型来刻画多种多样的通信场景中的信道环境。基于已有的模型，可生成贴近任意实际场景的信道信息，从而为 AI 模型的训练提供了充分的数据集。

2）训练集与测试集需要明确体现出对模型的泛化性要求与测试方法，从而最大限度地降低实际系统中因模型切换/重训等因素带来的开销。该问题是 6G 物理层 AI 的一个研究难点。

（2）数据集的选择如何影响无线 AI 性能的评估

数据集的选择将会从至少以下三个方面影响无线 AI 方案的评估：

1）AI 模型的性能很大程度上取决于其训练数据。如果训练数据集未能充分体现数据特征，则可能导致 AI 模型的测试性能大幅下降，甚至改变最终的评估结论。

2）对 AI 模型泛化能力的评估主要通过调整训练集与测试集之间数据分布的差异来实现。不合理的训练集与测试集可能造成对 AI 模型泛化能力的错误估计。

3）数据来源影响评估工作量与评估质量之间的折衷。虽然仿真数据易于获取，但其与真实数据存在一定差异，相比之下真实数据的获取成本高昂，还需要解决隐私保护等问题。

(3) 如何解决数据集对无线 AI 方案的影响

解决数据集对无线 AI 方案的影响问题，需要各方达成共识，形成都能接受的统一数据集来提升评估结果的说服力。

1) 一方面需要保证数据集达到一定规模，另一方面需要保证数据采样的环境足够多样以包含足够丰富的特征（针对数据集对无线 AI 方案的第一个影响）。

2) 需要人为在训练集与测试集之间设置一定的差异，且该差异能够体现出实际系统部署时对于模型泛化性能的要求（针对数据集对无线 AI 方案的第二个影响）。

3) 要明确评估的目的，从而针对性选择数据来源。如果评估的目的主要是比较无线 AI 方案与传统非 AI 方案的区别，则可以考虑使用仿真模型产生的无线数据；如果评估的目的是比较无线 AI 方案在实际系统中的性能，则需要考虑使用真实环境数据。（针对数据集对无线 AI 方案的第三个影响）。

(4) 数据集问题的挑战

虽然在评估阶段，可以使用大规模的数据集来保证测试结果尽量准确。但在实际网络中，数据集获取的开销远非可以忽略的水平，甚至会占用相当多的无线资源。

虽然部分数据采集过程可以与数据传输过程分开，并采取一定的错峰策略，也就是说，选择业务量较小的时候进行数据采集。但由于大量的数据采集将占用原本基站关断的时间，错峰策略可能与现有无线节能策略冲突。

统一数据集的形成需要进行多轮迭代才能逐渐满足各方需求，在这个过程中需要进行多次试错与调整。

在制定全面的评估准则与完备的公开数据集的同时，还需要考虑模型本身的可复现性和公开性，从而让任意参与方可以完整复现其他方面的评估结果，来确保评估结果的可信度。

10.4.3　泛化性提升技术

泛化性问题是无线 AI 评估中的核心问题之一。相关研究发现，无线 AI 方案的性能与适用场景存在一定的折衷关系。一个模型具备最好的性能与适用最广泛的场景是一对非常矛盾的目标。在制定模型评估标准时不宜要求过高的泛化性，否则会对评估的可行性造成影响。在实际评估中，可以考虑以基础模型的泛化表现为参考，进一步制定明确适中的泛化性场景要求。

考虑到评估时使用的基础模型需要具备一定的泛化性能，下面列举一系列可以提升模型泛化性能的技术：

(1) 迁移学习

迁移学习旨在将某领域或某任务中学到的知识应用在其他目标领域或任务中。通过迁移学习，仅使用少量样本就可以快速获得适合新场景的模型。

(2）元学习

元学习旨在通过多次学习的经验来改善和加快学习。通过元学习，可以通过少量的训练样本快速学习新的任务、适应新的场景。

(3）联邦学习

在联邦学习中，不同的数据持有方分别进行模型训练，之后将模型更新上传至中央节点，由该中央节点将多个模型进行聚合。由于最终的模型是由多个数据持有方的数据共同训练而成，因此模型将具有较好的泛化性。

以基于深度学习的下行信道预测为例，用户可以通过少量样本使用一种基于迁移学习和元学习的方法来快速适应新的环境。

如图 10-13 所示，相邻用户的信道往往具有相似的特征，在某一小范围的环境中往往可以训练出性能较好的信道预测模型。但将该环境下训练好的信道预测模型应用在其他环境中，信道预测的准确度就会显著下降。

采用直接迁移学习和元学习两种方法可以提升性能。

在直接迁移学习方法中，模型通过在其他环境中搜集的数据，使用传统深度学习方法预先进行学习，然后通过少量数据在新的环境下进行微调。

在元学习方法中，通过交替进行模型内部更新和模型间更新，来训练出一个模型的初始化参数，并在此初始化参数基础上在新环境下进行微调。

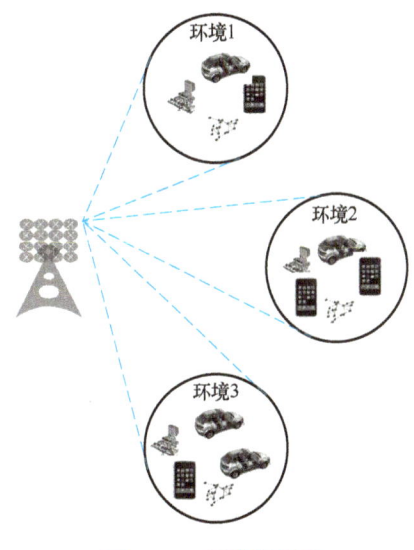

图 10-13　泛化性提升

10.5　无线 AI 演进方向

AI 技术应用在无线网络中，不仅有助于更精准地预测业务特征、用户移动性、用户行为、信道环境等信息，而且还可以实现智能资源管理与调度机制，从而保证更好的服务质量和用户体验，实现更好的公平性和系统资源利用率，促进无线通信网络的开放与智能。

在 6G 中，需要优化的问题规模通常比较大，使用迭代优化算法往往会使计算复杂度非常高，无法满足资源调度的实时性要求。而 AI 的深度神经网络具有黑箱式强大的函数逼近能力，它能够在接近迭代优化算法性能的同时，不会造成过高的计算复杂度。

10.5.1　无线网络资源管理的 AI 技术

如何利用神经网络实现智能化的无线网络资源管理是 6G 非常关键的问题。

首先，针对某一类场景的无线资源管理问题，设计出一种资源优化的迭代算法；然后设计这种场景的神经网络，设计时可利用迭代优化算法的特点来对神经网络的参数进行寻优。

可以使用资源优化的迭代算法的计算得到最优的资源管理策略，即算法的输入输出作为参考结果，从而形成训练样本集；提供给神经网络。

当在进行神经网络类型选择时，除了一般的前馈神经网络，也可以考虑诸如卷积神经网络或图神经网络等。而在进行神经网络设计时，一般无线资源优化问题的目标函数通常是系统效用，如系统频效、能效等。因此，对于面向无线资源智能管理所使用的神经网络，除了可以选均方误差函数作为神经网络的损失函数，也可以直接使用系统的效用函数作为神经网络的损失函数。

对于单独不同场景的问题实例，确定适当的损失函数，利用训练样本集训练神经网络可以得到网络模型。这样，再遇到新场景的问题实例时，可以利用训练好的神经网络模型计算资源管理策略。

可以利用无线资源优化问题的最优解结构，将算法的先验信息融入神经网络设计中，从而达到简化神经网络的输入输出设计。这样不仅可以加速神经网络训练速度，而且同时能够极大提高神经网络逼近迭代算法的能力。

利用上述设计思路，可以求解几乎所有无线资源优化问题，同时可以较为有效地提升在进行资源分配策略时的计算速度并节省计算开销。

10.5.2 物理层 AI 技术主要挑战

6G 时代，无线 AI，尤其是物理层 AI 技术，会面临着比较大的挑战。

1）基于 AI 的物理层链路（发射机与接收机）优化设计：如何根据信道状态和业务需求进行发射与接收神经网络的联合设计。

2）端到端收发链路的联合设计：发射机如何智能地根据信源的变化进行发射端神经网络的选择，接收端如何根据具体的需求获取有效信息。这种语义通信理论和经典的香农理论有很大不同，需要长期的研究和探索。

3）多域的联合优化：把基于 AI 的物理层技术真正有效地落实到端到端用户体验的提升存在很大挑战。用户体验的提升取决于业务提供商、核心网、网管、接入网、终端等各方面的高效配合，相关的接口需要开放，分布式 AI 算法的全局优化设计还有大量的工作。

4）绿色 AI 通信技术：AI 算法通常需要大量的数据集以及训练开销，对系统的成本和功耗有很大的挑战。6G 网络指标相比 5G 会有很大的提升，对绿色通信技术有迫切的要求。因此，迫切需要低训练开销、低成本、低功耗的 AI 算法实现。

5）基于 AI 的自演进通信标准：移动通信网络面临着业务需求长期高速增长、通信标准和设备更新频繁等挑战。基于 AI 的新空口通信协议需要根据场景自适应调整 AI 算法。

6) 基于量子计算的物理层 AI 技术：随着量子计算的快速发展，其巨大的算力为各行各业提供了全新的动能。基于 AI 的物理层和无线通信网络如何与量子计算进行深度的融合，是 6G 网络的一个重要课题。

10.5.3 物理层 AI 技术标准化演进进程

6G 网络的无线物理层 AI 技术的国际标准化进程，可以大体分为如下几个阶段：

1. 初级智能

物理层 AI 在部分物理层链路的关键技术中得到应用。例如信道估计、压缩、波束管理、无线定位等。这些技术需要相应的基站和终端之间信令流程的升级，对已有的无线接入网的架构不产生显著的影响。

在标准化过程中，首先要解决的是数据集的建立方法，基于现有的信道模型数据生成的数据集可以很好地支持 AI 模型训练。

在实际应用中，再结合具体的信道测量数据进行模型选择与更新。当然，也需要制定统一的评估准则来评价 AI 算法的性能与代价。

2. 中级智能

接入网的 AI 模块可以根据接入网、核心网、网管、业务服务器以及终端的信息进行物理层神经网络的调整以及高层协议的智能实现，并通过智能调度在满足用户业务需求的情况下，使得系统资源利用率最大化。

难点在于端到端物理层链路基于 AI 方式的实现、基于 AI 的接入网架构设计以及对于 AI 算法的安全监管机制。

3. 高级智能

根据用户的业务需求，实现全网络的 AI 能力（接入网、核心网、网管、业务服务器以及终端等）的联合优化，使得全网资源（时间、带宽、功率、算力等）实现动态最优分配，最大化体现效率与公平。

难点是多个实体之间 AI 功能的分割以及联合优化如何实现。

参 考 文 献

[1] 王振世. 一本书读懂 5G 技术［M］. 北京：机械工业出版社，2020.

[2] 童文，朱佩英. 6G 无线通信新征程：跨越人联、物联，迈向万物智联［M］. 华为翻译中心，译. 北京：机械工业出版社，2021.

[3] 中国移动研究院. 2030＋愿景与需求报告［R］. 北京：中国移动研究院，2019.

[4] IMT-2030（6G）推进组. 6G 总体愿景与潜在关键技术白皮书［R］. 北京：IMT-2030（6G）推进组，2021.

[5] IMT-2030（6G）推进组. 太赫兹通信技术研究报告［R］. 北京：IMT-2030（6G）推进组，2022.

[6] 中国联通. 中国联通太赫兹通信技术白皮书［R］. 北京：中国联通，2020.

[7] IMT-2030（6G）推进组. 6G 感知的需求和应用场景研究［R］. 北京：IMT-2030（6G）推进组，2023.

[8] IMT-2030（6G）推进组. 6G 沉浸式多媒体业务需求及关键技术研究报告［R］. 北京：IMT-2030（6G）推进组，2022.

[9] 中国移动通信有限公司研究院. 6G 全息通信业务发展趋势白皮书［R］. 北京：中国移动通信有限公司研究院，2022.

[10] IDC China. 工业知识与 ICT 技术深入融合驱动产业生态重构［R］. 北京：IDC China，2020.

[11] 未来移动通信论坛. 6G 智能轨道交通白皮书［R］. 北京：未来移动通信论坛，2022.

[12] IMT-2030（6G）推进组. 智能超表面技术研究报告［R］. 2 版. 北京：IMT-2030（6G）推进组，2022.

[13] IMT-2030（6G）推进组. 6G 网络架构愿景与关键技术展望白皮书［R］. 北京：IMT-2030（6G）推进组，2021.

[14] 6GANA TG1. 6G 网络 AI 概念术语白皮书［R］.［S.l.］：6GANA，2022.

[15] 中国移动通信有限公司研究院. 6G 服务化 RAN 白皮书［R］. 北京：中国移动通信有限公司研究院，2022.

[16] 中国移动通信有限公司研究院，东南大学，清华大学. 6G 物理层 AI 关键技术白皮书［R］. 北京：移动通信有限公司研究院，2022.

[17] 中国移动通信研究院. 6G 物联网未来应用场景及能力白皮书［R］. 北京：中国移动通信研究院，2023.

[18] 中国移动通信有限公司研究院. 6G 至简无线接入网白皮书［R］. 北京：中国移动通信有限公司研究院，2022.

[19] 中兴通讯股份有限公司. 2030＋网络内生安全愿景白皮书［R］. 深圳：中兴通讯股份有限公司，2021.

[20] 王振世. LTE 轻松进阶［M］. 2 版. 北京：电子工业出版社，2017.

[21] 王振世. 大话无线室内分布系统 [M]. 北京：机械工业出版社，2018.

[22] 中国联通. 中国联通算力网络白皮书 [R]. 北京：中国联通，2019.

[23] 曹畅，唐雄燕. 算力网络：云网融合2.0时代的网络架构与关键技术 [M]. 北京：电子工业出版社，2021.

[24] 3GPP. Study on New Radio（NR）to support non-terrestrial networks: TR 38. 811 v15.4.0 [R]. [S. l.]：3GPP, 2020.

[25] 3GPP. Solutions for NR to support Non-Terrestrial Networks（NTN）: TR 38. 821 v16.1.0 [R]. [S. l.]：3GPP, 2021.

[26] 3GPP. Study on Narrow-Band Internet of Things（NB-IoT）/enhanced Machine Type Communication（eMTC）support for Non-Terrestrial Networks（NTN）: TR 36. 763 v17.0.0 [R]. [S. l.]：3GPP, 2021.

[27] 3GPP. Non-terrestrial networks（NTN）related RF and co-existence aspects: TR 38. 863 v17.0.0 [R]. [S. l.]：3GPP, 2021.